“十三五”职业教育规划教材

药物制剂设备

第二版

朱国民　主编

化学工业出版社

·北京·

《药物制剂设备》（第二版）以制药企业对生产岗位的需求为目标，将制剂设备的知识和技能分解为14个实践模块共37个项目，主要内容涉及流体输送，浸出，分离，换热、蒸发与结晶，干燥，制药用水生产，灭菌，包装等生产环节设备的操作和养护；制剂生产设备以水针剂、大容量注射剂、粉针剂、口服液体制剂、口服固体制剂等剂型为例介绍；最后还介绍了净化空调设备及其操作。全书内容力求体现知识新、理论够、技能强的特点，突出制剂设备课程的实践性，注重学生动手能力的培养。

本书可作为高职高专药品生产技术、制药设备应用技术、化工装备技术（制药设备方向）、生产过程自动化技术（药物制剂自动化技术方向）、药学、中药制药技术、生物制药技术或相近专业师生的教材，也可作为制剂设备生产和操作人员、药企车间管理人员的参考用书。

图书在版编目（CIP）数据

药物制剂设备/朱国民主编. —2版. —北京：化学工业出版社，2018.4（2021.11重印）
“十三五”职业教育规划教材
ISBN 978-7-122-31987-6

Ⅰ.①药… Ⅱ.①朱… Ⅲ.①制剂机械-职业教育-教材 Ⅳ.①TQ460.5

中国版本图书馆CIP数据核字（2018）第077793号

责任编辑：章梦婕　李植峰　迟　蕾　　装帧设计：关　飞
责任校对：吴　静

出版发行：化学工业出版社（北京市东城区青年湖南街13号　邮政编码100011）
印　　装：北京捷迅佳彩印刷有限公司
787mm×1092mm　1/16　印张16½　字数411千字　2021年11月北京第2版第4次印刷

购书咨询：010-64518888　　售后服务：010-64518899
网　　址：http://www.cip.com.cn
凡购买本书，如有缺损质量问题，本社销售中心负责调换。

定　　价：45.00元

前言

随着我国高等职业教育教学改革的不断深入、办学规模的不断扩大，高职高专类教育的办学理念、教学模式正在发生深刻变化。同时，随着《中华人民共和国药典》、《药品生产质量管理规范》等的修订和相关政策、标准的颁布，对药学职业教育也提出了新的要求和任务。为使教材建设紧跟教学改革和行业发展步伐，开展了本次修订工作。

本教材是在2013年出版的一版《药物制剂设备》基础上修订而成，保持了原教材的基本体系，在淡化理论的同时根据实际工作岗位需求培养学生的实践技能，将实验实训类内容与主干教材贯穿在一起进行编写，适应现代职业教育理念的项目导向和“理实一体”的教学模式。同时，根据几年来教材使用反馈，并追踪国家和行业标准进展，对有关内容进行了修改、更新和完善。修订后的主要内容包括14个模块：流体输送设备，浸出设备，分离设备，换热、蒸发与结晶设备，干燥设备，口服固体制剂生产设备，制药用水生产设备，灭菌设备，水针剂生产设备，大容量注射剂生产设备，粉针剂生产设备，口服液体制剂生产设备，药用包装设备和净化空调设备。每个模块都配有“学习目的”、“知识要求”和“能力要求”栏目，使教学目标更加明确，也便于学生了解相关知识背景和应用的“知识链接”；在每个模块后均设有“目标检测”，帮助学生逐渐积累重要的知识内容。

本次修订配备了电子课件，借助二维码技术呈现，供教师教学选用，也可以为学生自学提供参考。

参加本书修订编写工作的有：朱国民编写绪论、模块一至模块三、模块六至模块十四，孙孟展编写模块四、模块五。在本次修订中，浙江华海药业制剂设备总监汤军给出了许多宝贵的意见。本书的编写自始至终均得到了学校和企业的大力支持，保证了编写的顺利完成，在此表示感谢，同时也感谢第一版教材的各位编写人员。

本书主要适用于高等职业学校药品生产技术、中药制药技术、制药设备应用技术、制药设备管理与维护技术、化工装备技术（制药设备方向）专业教学使用，也可供医药行业员工培训使用和参考。

由于编者水平所限，疏漏之处在所难免，恳请读者批评指正。

编者

2018年1月

第一版前言

《药物制剂设备》是适用于高职高专药物制剂技术、化工设备维修技术（制药设备方向）、制药设备管理与维护专业学生学习的一门核心课程。我们在编写过程中坚持以企业对药物制剂生产岗位的需求为目标，以有利于学生学习掌握设备知识与操作技术、养护能力为宗旨，力求使学生毕业之后实现快速上岗。教材在内容选择上坚持“新、够、强”的原则，即知识要新、理论要够、技能要强。在编排上基于工作过程的项目化设计，强调学生实践技能的培养，在工作中学习，并注意知识的迁移性。

本教材是校企合作编写的教材，在编写过程中力求体现如下特点：

1. 学校和企业人员共同参与教材的编写，根据职业岗位群的要求选取教材内容，课程项目取材于企业生产实际，使教材更具实用性。

2. 为了突出制剂设备课程的实践性，教材专门设计了14个实践模块和37个实践项目。

3. 教材在突出实践环节的基础上，强调基本知识的应用、学生自学能力和创新能力的培养。

4. 考虑到学习制剂设备的特点和难点，本教材采用了大量的图片、示意图，以帮助学生学习和理解。

5. 教材编排体系按照项目化教学设计。

6. 教材编写注重过程性考核和以学生为学习主体的理念。

7. 本教材采用模块化编写，模块之间既有联系又相对独立，授课教师可以灵活取舍。

《药物制剂设备》是团队合作的结晶，编者反复磋商、数易其稿。本书由朱国民担任主编，编者编写分工如下：朱国民编写绪论、模块一、模块九、模块十、模块十四；王博编写模块一、模块二、模块六；高娟利编写模块三、模块七、模块八、模块十一、模块十二、模块十三；孙孟展编写模块四、模块五、模块六。

本教材在编写过程中，得到了有关学校、企业、专家和同行的大力支持和帮助，我们在此表示衷心的感谢！

鉴于编者水平有限，书中不妥之处在所难免，敬请广大读者批评指正，以便进一步修订完善。

编者

2013年1月

目录

绪 论

学习目标

学习目的： 了解本课程的性质、任务、内容和目的，熟悉药物制剂设备的基本概念、药物制剂设备的分类、GMP对药物制剂设备的要求，为后续章节的学习和将来在药厂各个岗位的工作奠定基础。

知识要求： 掌握《药品生产质量管理规范》（GMP）对药物制剂设备的要求。
熟悉药物制剂设备的基本概念，药物制剂设备的分类。
了解本课程的内容及任务。

能力要求： 学会阅读药物制剂设备资料有关产品型号的基本知识。
会查阅GMP对设备的有关要求。

一、药物制剂设备课程的性质和任务

医药工业的发展是与制药设备和制药工程的水平紧密相关的。药品生产企业为进行生产所采用的各种机械设备统称为制药设备，其中包括制药专用设备和非制药专用的其他设备。药物制剂设备是药品生产技术、制药设备应用技术等专业的一门专业核心课程。通过该课程的学习，学生可掌握制剂设备的基本理论、基本知识和基本技能，熟悉常用的制剂设备和工艺设计，建立GMP概念，有利于加强职业技能培训，以便适应药厂大规模生产的实际需要。同时也是培养学生自学能力、团队合作与沟通能力，提高实际操作水平的重要课程。

本课程的教学目标是：学生具备本专业高素质的中、高级应用型的技术性专门人才所必需的药物制剂设备的基础理论、基本知识和基本技能，具有解决实际问题的能力，为学习专业知识、职业技能和继续学习或适应职业变化打下坚实的基础，并能够做到以下几点。

① 掌握该课程的基础理论和基本知识。

② 明确药品生产质量管理规范对制药设备管理的要求和管理常识。

③ 能够严格遵守设备操作规范，并对设备做到懂结构、懂原理、懂性能、懂用途；会使用，会维护保养，会排除常见故障。

④ 了解制药厂房、车间的基本布局要求。

⑤ 具有实事求是、认真仔细、科学严谨、一丝不苟的工作作风和创新意识，具有团结协作、爱护设备的优良品德，具有良好的心理素质和职业道德观念。

其总任务是通过学习，学生可成为高素质的中、高级本专业应用型的专门人才。

二、制药设备的分类及产品型号

根据国家、行业标准，按制药设备的基本属性可分为以下 8 大类。

第一类，原料药机械及设备（L）：实现生物、化学物质转化，利用植物、动物、矿物制取医药原料的工艺设备及机械。

第二类，制剂机械（Z）：将药物制成各种剂型的机械与设备。

第三类，药用粉碎机械（F）：用于药物粉碎（含研磨）并符合药品生产要求的机械。

第四类，饮片机械（Y）：对天然药用动物、植物、矿物进行选、洗、润、切、烘、炒、煅等方法制取中药饮片的机械。

第五类，制药用水设备（S）：采用各种方法制取制药用水的设备。

第六类，药品包装机械（B）：完成药品包装过程以及与包装过程相关的机械与设备。

第七类，药物检测设备（J）：检测各种药物成品、半成品或原辅材料质量的仪器与设备。

第八类，其他制药机械及设备（Q）：执行非主要制药工序的有关机械与设备。

其中，第二项制剂机械（Z）又可按剂型分为 14 类。

① 片剂机械（P） 将原料药与辅料经混合、制粒、压片、包衣等工序制成各种形状片剂的机械与设备。

② 小容量注射剂机械（A） 将药液制作成安瓿针剂的机械与设备。

③ 抗生素粉注射剂机械（K） 将粉末药物制作成西林瓶装抗生素粉注射剂的机械与设备。

④ 大容量注射剂机械（S） 将药液制作成大容量注射剂的机械与设备。

⑤ 硬胶囊剂机械（N） 将药物充填于空心胶囊内制作成硬胶囊制剂的机械与设备。

⑥ 软胶囊剂机械（R） 将药液包裹于明胶膜内的制剂机械与设备。

⑦ 丸剂机械（W） 将药物细粉或浸膏与赋形剂混合，制成丸剂的机械与设备。

⑧ 软膏剂机械（G） 将药物与基质混匀，配制成软膏，定量灌装于软管内的制剂机械与设备。

⑨ 栓剂机械（U） 将药物与基质混合，制成栓剂的机械与设备。

⑩ 口服液剂机械（Y） 将药液制成口服液剂的机械与设备。

⑪ 药膜剂机械（M） 将药物浸渗或分散于多聚物薄膜内的制剂机械与设备。

⑫ 气雾剂机械（Q） 将药液和抛射剂灌注于耐压容器中，制作成药物以雾状喷出的制剂机械与设备。

⑬ 滴眼剂机械（D） 将药液制作成滴眼药剂的机械与设备。

⑭ 酊水、糖浆剂机械（T） 将药液制作成酊水、糖浆剂的机械与设备。

三、GMP 与制药设备

药品生产质量管理规范（GMP）是药品生产和质量管理的最低标准，其贯穿于药品生产的各个环节，以控制产品质量。GMP 起源于国外，是由美国六位教授在 20 世纪 60 年代制定提出的。为了防止或减少发生人间悲剧或社会问题制定了世界上第一部药品 GMP。70 年代欧美国家一些药品生产企业注射剂感染引发的事故促使其发展；随着现代科学技术的不断进步，药品生产过程的验证技术也得到发展，这就使 GMP 随着质量管理科学理论在现代化药品生产企业中的实践而不断完善。在国际上，GMP已成为药品生产和质量管理的基本准则，它是一套系统的、科学的管理制度。实施GMP，是在药品生产的全过程中实施科学的全面管理和严密的监控，以获得预期的质量，可以防止生产过程中药品的污染、混药和错药，保证药品质量的不断提高。我国从1996年开始组织药品GMP认证和达标工作，国家食品药品监督管理局把实施GMP作为药品监督管理的重要措施和手段，于1999年正式颁布了我国的GMP，并于1999年7月1日起施行。GMP在2010年进行了修改，《药品生产质量管理规范（2010年修订）》已于2010年10月19日经卫生部部务会议审议通过，自2011年3月1日起施行。

GMP对直接参与药品生产的制药设备做了指导性的规定。药品生产企业除要求制药设备厂生产、销售的设备应符合GMP规定外，还要求有第三方权威机构验证的材料。GMP对制药设备的具体要求如下。

① 设备的设计、选型、安装应符合生产要求，易于清洗、消毒和灭菌，便于生产操作和维修、保养，并能防止差错和减少污染。

② 与药品直接接触的设备表面应光洁、平整、易清洗或消毒、耐腐蚀，不与药品发生化学变化或吸附药品。设备所用的润滑剂、冷却剂等不得对药品或容器造成污染。

③ 与设备连接的主要固定管道应标明管内物料名称、流向。

④ 纯化水、注射用水的制备、储存和分配应能防止微生物的滋生和污染。储罐和输送管道所用材料应无毒、耐腐蚀。管道的设计和安装应避免死角、盲管。储罐和管道应规定清洗周期、灭菌周期。注射用水储罐的通气口应安装不脱落纤维的疏水性除菌滤器。纯化水可采用循环，注射用水可采用70℃以上保温循环。

⑤ 用于生产和检验的仪器、仪表、量具、衡器等，其适用范围和精度应符合生产和检验要求，有明显的合格标志，并定期校验。

⑥ 生产设备应有明显的状态标志，并定期维修、保养和验证。设备安装、维修、保养的操作不得影响产品质量。不合格的设备如有可能应搬出生产区，未搬出前应有明显标志。

⑦ 生产、检验设备均应有使用、维修、保养记录，并由专人管理。

制药工艺的复杂性决定了设备功能的多样化，制药设备的优劣也主要反映在能否满足使用要求和无环境污染上，对于制药设备生产厂家而言，在设计制药设备时一般应符合以下几方面要求。

1. 功能设计要求

功能是指制药设备在指定的使用和环境条件下，完成基本工艺过程的机电运动功能，和操作中使药物及工作室区不被污染等辅助功能。随着高新技术的发展、交叉领域新技术的渗入，先进的原理、机构、控制方法及检测手段的应用，使制药设备的功能不断充实和完善，药品生产对设备的要求也越来越苛刻，常规的设计已不能满足制药中洁净、清洗、不污染的要求，因而必须考虑改进或增加制药生产所需的功能。

（1）净化功能　洁净是GMP的要点之一，对设备来讲包含两层意思，即设备自身不对药物产生污染，也不会对环境形成污染。要达到这一标准就必须在药品加工中，凡有药物暴露的室区洁净度达不到要求或有人机污染可能的，原则上均应在设备上设计有净化功能。

（2）清洗功能　目前设备多用人工清洗，能在线清洗的不多，人工清洗在克服了物料间交叉污染的同时，常常容易带来新的污染，加上设备结构因素，使之不易清洗，这样的事例在生产中比较多。随着对药品纯度和有效性要求的提高，设备就地清洗（CIP）功能将成为清洗技术的发展方向。在生产中因物料变更、换批的设备，需采取容易清洗、拆装方便的机构，所以GMP极其重视对制药系统的中间设备、中间环节的清洗及监控，强调对设备清洁的验证。

（3）在线监测与控制功能　在线监测与控制功能主要指设备具有分析、处理系统，能自动完成几个步骤或工序的功能，这也是设备连线、联动操作和控制的前提。GMP要求药品的生产应有连续性，且工序传输的时间最短。针对一些自动化水平不高、分散操作、靠经验操作的人机参与比例大的设备，如何降低传输周转间隔，减少人与药物的接触及缩短药物暴露时间，应成为设备设计及设备改进中重要的指导思想。

实践证明，在制药工艺流程中，设备的协调连线与在线控制功能是最有成效的，设备的在线控制功能取决于“机、电、仪”一体化技术的运用，随着工业PC机及计量、显示、分析仪器的设计应用，多机控制、随机监测、即时分析、数据显示、记忆打印、程序控制、自动报警等新功能的开发使得在线控制技术得以推广。

（4）安全保护功能　药物有热敏、吸湿、挥发、反应等不同性质，不注意这些特性就容易造成药物品质的改变。因此产生了诸如防尘、防水、防过热、防爆、防渗入、防静电、防过载等保护功能。应用仪器、仪表、电脑技术来实现设备操作中预警、显示、处理等来代替人工和靠经验的操作，可完善设备的自动操作、自动保护功能，提高产品档次。

2. 结构设计要求

设备的结构具有不变性，设备结构（整体或局部）不合理、不适用，一旦投入使用，要改变是很困难的。故在设备结构设计中要注意以下几点。

（1）结构要素　在药物生产和清洗的有关设备中，其结构要素是主要的方面。制药设备几乎都与药物有直接、间接的接触，粉体、液体、颗粒、膏体等性状多样，在药物制备中其设备结构应有利于上述物料的流动、移位、反应、交换及清洗等。实践证明，设备内的凸凹、槽、台、棱角等是最不利物料清除及清洗的，因此要求这些部位的结构要素应尽可能采用大的圆角、斜面、锥角等，以免挂带和阻滞物料，具有良好的自卸性和易清洗性对固定、回转的容器及制药机械上的盛料、输料机构是极为重要的。另外，与药物有关的设备内表面及设备内工作的零件表面（如搅拌桨等），应尽可能不设计有台、沟，避免采用螺栓连接的结构。

（2）非主要结构　制药设备中一些非主要部分结构的设计比较容易被轻视，这恰恰是需要注意的环节。如某种安瓿瓶的隧道干燥箱，结构上未考虑排玻璃屑，矩形箱底的四角聚积了大量玻璃屑，与循环气流形成污染，为此要采用大修方式才能得以清除。

（3）与药物接触部分的结构　与药物接触部分的构件，均应具有不附着物料的低粗糙度。抛光处理是有效的工艺手段。制药设备中有很多的零部件是采用抛光处理的，但在制造中抛光不到位也是经常发生的，故外部轮廓结构应力求简洁，这样可使连续回转体易于抛光到位。

（4）防止润滑剂、清洗剂的渗入　润滑是机械运动所必需的，在制药设备中有相当一部分属台面运动方式。动杆动轴集中、结构复杂又都与药品生产有关，且设备还有清洗的特定要求。无论何种情况下，润滑剂、清洗剂都不得与药物相接触，包括掉入、渗入等的可能性。解决措施大致有两种：一是采用对药物的阻隔；二是对润滑部分的阻隔，以保证在润滑、清洗中的油品及清洗水不与药物原料、中间体、药品成品相接触。

(5) 防止设备自身污染　制药设备在使用中会有不同程度的尘、热、废气、水、汽等产生，对药品生产构成威胁。要消除它，主要应从设备本身加以解决。每类设备所产生污染的情况不同，治理的方案和结构要求也不同。散尘在粉体机械中是最多见的，像粉碎、混合、制粒、压片、包衣、筛分、干燥等工序，设备应有对散尘的捕尘机构；散热、散湿的设备应有排气通风装置；非散热的设备应有保温结构。如设备具有防尘、水、汽、热、油、噪声、震动等功能，则无论是单台运转还是移动、组合、联动都能符合使用的要求。

3. 材料选用要求

GMP 规定制造设备的材料不得对药品性质、纯度、质量产生影响，其所用材料需具有安全性、可辨别性及使用强度。因而在选用材料时应考虑设备与药物等介质接触中，或在有腐蚀性、有气味的环境条件下不发生反应、不释放微粒、不易附着或吸湿等，无论是金属材料还是非金属材料均应具有这些性质。

(1) 金属材料　凡与药物或腐蚀性介质接触的及潮湿环境下工作的设备，均应选用低含碳量的不锈钢材料、钛及钛复合材料或铁基涂覆耐腐蚀、耐热、耐磨等涂层的材料制造。非上述使用的部位可选用其他金属材料，原则上用这些材料制造的零部件均应做表面处理，其次需注意的是同一部位（部件）所用材料的一致性。

(2) 非金属材料　在制药设备中普遍使用非金属材料，选用这类材料的原则是无毒性、不污染，即不应是松散状的或掉渣、掉毛的。特殊用途的还应结合所用材料的耐热、耐油、不吸附、不吸湿等性质考虑，密封填料和过滤材料尤应注意卫生性能的要求。

4. 外观设计要求

制药设备使用中牵涉换品种、换批号等，且很频繁，为避免物料的交叉污染、成分改变和发生反应，清除设备内外部的粉尘、清洗黏附物等操作与检查是必不可少且极为严格的。GMP 要求设备外形整洁就是为达到易清洁彻底而规定的。

(1) 强调对凸凹形体的简化　这是对设备整体及必须暴露的局部来讲的，也包括某些直观可见的零件。GMP 要求，进行形体的简化可使设备常规设计中的凸凹、槽、台变得平整简洁，减少死角，可最大限度地减少藏尘积污，易于清洗。

(2) 内置、内藏式设计　对与药品生产操作无直接关系的机构，应尽可能设计成内置、内藏式。如传动等部分即可内置。

(3) 包覆式结构设计　包覆式结构是制药设备中最多见的，也是最简便的手段。将复杂的机体、本体、管线、装置用板材包覆起来，以达到简洁的目的。但不能忽视包覆层的其他作用，如有的应有防水密封作用，有的要有散热通风作用（需开设百叶窗），有的要考虑拆卸以便检修。采用包覆结构时应全面考虑操作、维修及上述的功能要求。

5. 设备接口要求

在 GMP 系统中，设备与厂房设施、设备与设备、设备与使用管路之间都存在互相影响与衔接的问题，即接口关系。设备的接口主要是指设备与相关设备、设备与配套工程方面的，这种关系对设备本身乃至整个系统都有着连带影响。

(1) 接口与设备的关系　接口就设备本身来讲，有进口、出口之分。进口指进入设备中工作介质（蒸汽、压缩空气、原料、水等）的连接装置及材料、物料传送的输入端；出口则指设备使用中所排废水、汽、尘等传送部分的输出端。一些生产实例表明，接口问题对设备的使用及系统的影响程度是不应低估的。如设备气动系统气动阀前无压缩气过滤装置，阀被不洁气体、污物堵塞产生设备控制故障；纯水输水管系中有非卫生的管道泵，造成水质下降；多效蒸馏水机排弃水出口安装成非直排结构致使容器气堵；以及传送设备、器具不统一、不配套等都反应在接口问题上，所以接口的标准化及系统化配套设计是设备正常使用和生产协调的关键。

(2) 设备与设备的相互连接关系　特别强调制药工艺的连续性，要求缩短药物、药品暴露的时间，减小被污染的概率，制药设备连线、联动就成为其发展的趋向，因此设备与相关设备无论连线、可组合或单独使用的，都应把相互接口的通入、排出、流转性能作为一个问题。在非连续、不具备连线设备居多的情况下，单元操作较为普遍，从而致使药物要随工艺多次传送，洗好的瓶要放着待用，灌装时要人工振动，污染因素就因此增大了。

(3) 设备与工程配套设施的接口问题　此问题比较复杂，设备安装能否符合 GMP 要求，与厂房设施、工程设计很有关系。通常工程设计中设备选型在前，设备的接口又决定着配套设施，这就要求设备接口及工艺连线设备要标准化。

6. 设备 GMP 验证

验证就是证明任何程序、生产过程、设备、物料、活动或系统确实能达到预期结果，有文件证明的一系列活动。药品生产验证包括设备验证和产品验证。设备 GMP 验证包括设备的预确认（设计确认）、安装确认、运行确认和性能确认四个方面。

(1) 预确认　从设备的性能、工艺参数、价格方面考查对工艺操作、校正、维护保养、清洗等是否合乎生产要求，即证明设备的设计是否符合预定用途和规范要求。主要考虑以下 5 个方面的内容。

① 设备性能（如速度、装量范围等）；

② 符合 GMP 要求的材质；

③ 便于清洗的结构；

④ 设备零件、仪器仪表的通用性和标准化程度；

⑤ 合格的供应商。

(2) 安装确认　指机器设备安装后进行的各种系统检查及技术资料文件化工作，即证明设备的安装符合设计标准。主要包括以下 5 个方面的内容。

① 设备的安装地点及整个安装过程符合设计和规范要求；

② 设备上计量仪表、记录仪、传感器应进行校验并制定校验计划和标准操作规程；

③ 列出设备清单；

④ 制定设备保养规程及建立维修记录；

⑤ 制定清洗规程。

(3) 运行确认　指为证明设备达到设定要求而进行的运行试验。运行确认是根据标准操作规程草案对设备整体及每一部分进行空载试验来确认该设备能在要求范围内准确运行并达到规定的技术指标，即证明设备的运行符合设计标准。主要包括以下 4 个方面的内容。

① 标准操作规程草案的适用性；

② 设备运行的稳定性；

③ 设备运行参数的波动性；

④ 仪表的可靠性。

(4) 性能确认（模拟生产试验）　一般用空白料试车以初步确定设备的适用性。对简单和运行稳定的设备可依据产品特点直接采用物料进行验证，即证明在正常操作方法和工艺条件下能够持续符合标准。主要包括以下 3 个方面的内容。

① 进一步确认运行确认过程中考虑的因素；
② 对产品物理外观质量的影响；
③ 对产品内在质量的影响。

四、制剂设备发展动态

我国制剂设备随着制剂工艺的优化和剂型品种的日益增长而发展，一些新型先进的制剂设备的出现又将先进的工艺转化为生产力，促进了制药工业整体水平的提高。近年来制剂设备新产品不断涌现，如高效混合制粒机、一步制粒机、高速自动压片机、大输液生产线、水针剂生产线、粉针剂生产线、口服液自动灌装生产线、电子数控螺杆分装机、水浴式灭菌柜、双铝箔热封包装机、电磁感应封口机等。这些新设备的问世，为我国制剂生产提供了相当数量的先进或比较先进的制药装备。但是我国制剂设备与国际先进水平相比，设备的自控水平、品种规格、稳定性、可靠性、全面贯彻 GMP 等方面还存在不同程度的差距。

国外制药设备发展特点是：密闭生产，高效，多功能，提高连续化、自动化水平。围绕 GMP 和 cGMP 展开，以获得药品质量的更大保障和用药安全。具体包括装置设计和工程设计相结合；装备的联机性、配套性好，具有模块化设计；具有先进的在线清洗和在线灭菌；精密的设计和高加工质量；控制及在线监测性能好。

目标检测

1. 什么是制剂工艺？什么是制剂设备？两者的关系如何？
2. GMP 对制剂生产设备有哪些要求？
3. 设备验证的主要内容是什么？

PPT 课件

模块一
流体输送设备

学习目标

学习目的：流体输送机械是制药企业的基本单元操作设备，通过学习流体输送机械的有关知识、对流体输送设备操作技能的训练，为将来从事流体输送机械的操作和维护奠定基础，为提取、纯化和液体制剂打下流体输送技术的基础。

知识要求：掌握离心泵的结构、原理、技术参数、操作和维护。
掌握往复式压缩机和水环式真空泵的结构、工作原理及使用场合。
熟悉各类气体输送设备的特点和选用原则。
熟悉各类泵的特点和选用原则。
熟悉旋片式真空泵、喷射式真空泵结构的工作原理及使用场合。
了解通风机、鼓风机、压缩机的相关知识。

能力要求：能正确进行离心泵的操作和维护。
能正确操作往复式压缩机并对其进行维护。
能正确分析真空度不高的原因。
能正确拆装水环式真空泵。
能根据生产要求进行真空泵的选型。
学会解决流体输送过程中出现的一般性技术问题。

项目一　离心泵的操作与养护

一、操作准备知识

在医药生产中，常常需要将流体从低处输送到高处，或从低压送至高压，或沿管道送至较远的地方。为达到此目的，必须对流体加入外功，以克服流体阻力及补充输送流体时所不足的能量。为液体提供能量的机械称为泵。泵的种类很多，按照工作原理不同，可以分为离心式、往复式和旋转式三种，其中离心泵在生产中应用最为广泛。离心泵具有结构简单、流量大且均匀、操作方便的优点。它在医药生产中得到广泛的应用，约占生产用泵的80%～90%。

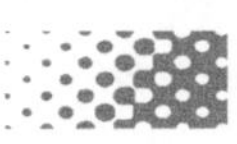

（一）离心泵工作原理

离心泵结构如图 1-1 所示。在离心泵蜗壳形泵壳内，有一固定在泵轴上的工作叶轮。叶轮上有 6～12 片稍微向后弯曲的叶片，叶片之间形成了使液体通过的通道。泵壳中央有一个液体吸入口与吸入管连接。液体经底阀和吸入管进入泵内。泵壳上的液体压出口与压出管连接，泵轴用电机或其他动力装置带动。启动前，先将泵壳内灌满被输送的液体。启动时，泵轴带动叶轮旋转，叶片之间的液体随叶轮一起旋转，在离心力的作用下，液体沿着叶片间的通道从叶轮中心进口处被甩到叶轮外围，以很高的速率流入泵壳。液体流到蜗形通道后，由于截面逐渐扩大，大部分动能转变为静压能。于是液体以较高的压力，从压出口进入压出管，输送到所需的场所。

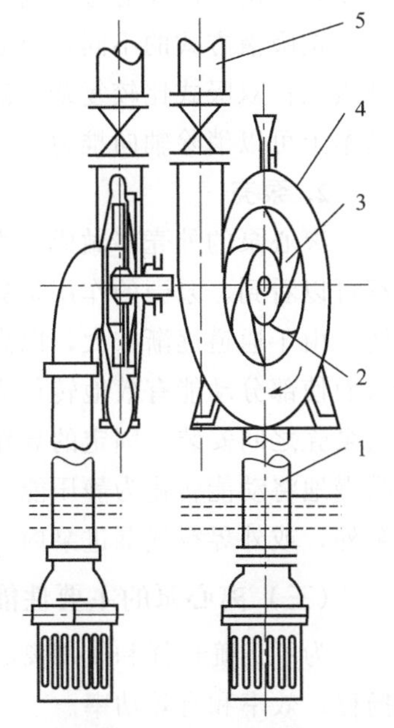

图 1-1　离心泵结构

1—吸液管；2—叶轮；3—叶片
4—泵壳；5—出液管

当叶轮中心的液体被甩出后，泵壳的吸入口就形成了一定的真空，外面的大气压力迫使液体经底阀吸入管进入泵内，填补了液体排出后的空间。这样，只要叶轮旋转不停，液体就源源不断地被吸入与排出。

离心泵若在启动前未充满液体，则泵壳内存在空气。由于空气密度很小，所产生的离心力也很小。此时，在吸入口处所形成的真空不足以将液体吸入泵内，虽启动离心泵，但不能输送液体。此现象称为“气缚”。为便于使泵内充满液体，在吸入管底部安装带吸滤网的底阀，底阀为止逆阀，滤网是为了防止固体物质进入泵内，损坏叶轮的叶片或妨碍泵的正常操作。

（二）离心泵的主要部件

离心泵的主要部件有叶轮和泵壳。

1. 叶轮

从离心泵的工作原理可知，叶轮是离心泵最重要的部件。按结构可分为以下三种：开式叶轮、半开式叶轮和闭式叶轮。结构如图 1-2 所示。

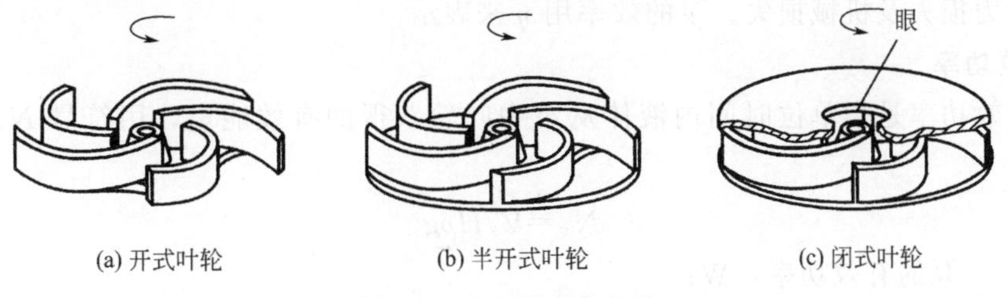

(a) 开式叶轮　　(b) 半开式叶轮　　(c) 闭式叶轮

图 1-2　离心泵叶轮结构

开式叶轮两侧都没有盖板，制造简单、清洗方便，但由于叶轮和壳体不能很好地密合，部分液体会流回吸液侧，因而效率较低，适用于输送含杂质的悬浮液。半开式叶轮吸入口一侧没有前盖板，而另一侧有后盖板，也适用于输送悬浮液。闭式叶轮叶片两侧都有盖板，这种叶轮效率较高，应用最广，但只适用于输送清洁液体。开式或半开式叶轮的后盖板与泵壳之间的缝隙内，液体的压力较入口侧为高，这使叶轮遭受到向入口端推移的轴向推力。轴向推力能引起泵的震动，轴承发热，甚至损坏机件。为了减弱轴向推力，可在后盖板上钻几个小孔，称为平衡孔，让一部分高压液体漏到低压区以降低叶轮两侧的压力差。这种方法虽然简便，但由于液体通过平衡孔短路回流，增加了内泄漏量，因而降低了泵的效率。

按吸液方式的不同，离心泵可分为单吸和双吸两种。单吸式构造简单，液体从叶轮一侧被吸入；双吸式比较复杂，液体从叶轮两侧吸入。显然，双吸式具有较大的吸液能力，而且基本上可以消除轴向推力。

2. 泵壳

离心泵的外壳多做成蜗壳形，其内有一个截面逐渐扩大的蜗形通道。从离心泵的工作过程可以看到，泵壳的作用是集液和能量转换。叶轮在泵壳内顺着蜗形通道逐渐扩大的方向旋转。由于通道逐渐扩大，以高速率从叶轮四周抛出的液体可逐渐降低流速、减少能量损失，从而使部分动能有效地转化为静压能。有的离心泵为了减少液体进入蜗壳时的碰撞，在叶轮与泵壳之间安装一固定的导轮，导轮具有很多逐渐转向的孔道，使高速液体流过时能均匀而缓慢地将动能转化为静压能，使能量损失降到最低程度。泵壳与轴要密封好，以免液体漏出泵外，或外界空气漏进泵内。

（三）离心泵的主要性能参数

为了正确选择和使用离心泵，需要了解离心泵的性能。离心泵的主要性能参数为流量、扬程、效率和有效功率。

1. 流量

泵的流量（又称送液能力）是指单位时间内泵所输送的液体体积。用符号 V_s 表示，单位为 L/ s 或 m^3/h。

2. 扬程

泵的扬程（又称泵的压头）是指单位重量液体流经泵后所获得的能量，用符号 H 表示，单位为米液柱。离心泵压头的大小取决于泵的结构（如叶轮直径的大小、叶片的弯曲情况等）、转速及流量。

3. 效率

液体在泵内流动的过程中，由于泵内有各种能量损失，泵轴从电机得到的轴功率，没有全部为液体所获得。泵的效率就是用以反映这种能量损失的。泵内部损失主要有三种，即容积损失、水力损失及机械损失。泵的效率用 η 来表示。

4. 有效功率

泵的有效功率是指单位时间内液体从泵中叶轮获得的有效能量，用符号 N_e 表示，可写成：

$$N_e=V_s H\rho g$$

式中 N_e——泵的有效功率，W；

V_s——泵的流量，m^3/s；

H——泵的压头，m；

ρ——液体的密度，kg/m^3；

g——重力加速度，m/s^2。

由于有容积损失、水力损失与机械损失，所以泵的轴功率 N 要大于液体实际得到的有效功率。由于泵在运转时可能发生超负荷，所配电动机的功率应比泵的轴功率大。在机电产

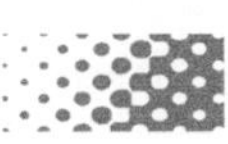

品样本中所列出的泵的轴功率，除特殊说明以外，均系指输送清水时的数值。

（四）离心泵的特性曲线

离心泵的扬程、流量、功率和效率是离心泵的主要性能参数。这些参数之间的关系曲线称为离心泵的特性曲线，如图 1-3 所示，可通过实验测定。特性曲线是在固定的转速下测出的，只适用于该转速。转速不同，泵的特性曲线也不同。

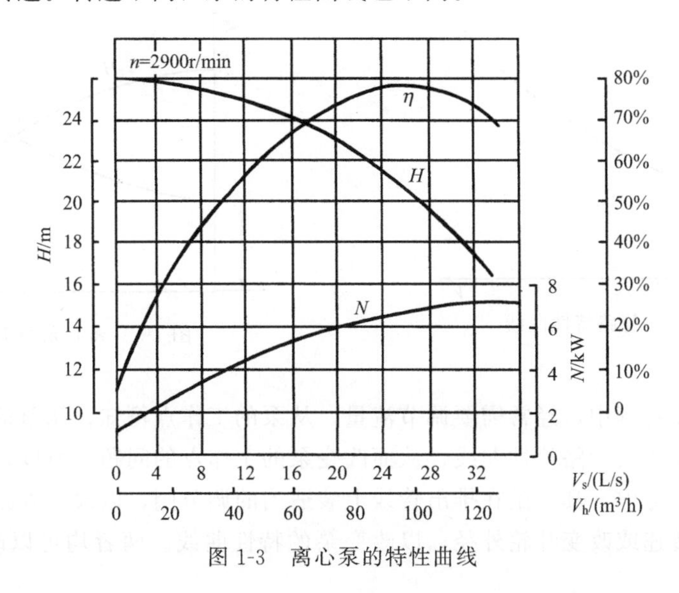

图 1-3　离心泵的特性曲线

1. H-V_s 曲线

H-V_s 曲线表示泵的扬程与流量的关系。曲线表明离心泵的扬程在较大流量范围内是随流量增大而减小的。不同型号的离心泵，H-V_s 曲线的形状有所不同。如有的曲线较平坦，适用于扬程变化不大而流量变化较大的场合；有的曲线比较陡峭，适用于扬程变化范围大而不允许流量变化太大的场合。

2. N-V_s 曲线

N-V_s 曲线表示泵的轴功率与流量的关系，曲线表明泵的轴功率随流量的增大而增大。显然，当流量为零时，泵轴消耗的功率最小。因此，启动离心泵时，为了减小启动功率，应将出口阀关闭。

3. η-V_s 曲线

η-V_s 曲线表示泵的效率与流量的关系。曲线表明开始效率随流量的增大而增大，达到最大值后，又随流量的增大而下降。该曲线最大值相当于效率最高点。泵在该点所对应的压头和流量下操作，其效率最高。所以该点为离心泵的设计点。选泵时，总是希望泵在最高效率下工作，因为在此条件下操作最为经济合理。但实际上泵往往不可能正好在该条件下运转，因此，一般只能规定一个工作范围，称为泵的高效率区。高效率区的效率应不低于最高效率的 92%左右。泵在铭牌上所标明的都是最高效率下的流量、扬程和功率。

（五）离心泵的工作点与流量调节

当离心泵安装在一定的管路系统中工作时，其扬程和流量不仅与离心泵本身的特性有关，而且还取决于管路的工作特性。管路特性曲线表示流量通过某一特定管路所需要的扬程与流量的关系。可以写成 $H_e=A+BV_s^2$，其中 A 是不变的，B 主要跟管路阻力有关。曲线如图 1-4 所示。管路特性与离心泵的性能无关。

1. 离心泵的工作点

将泵的特性曲线与管路的特性曲线绘在同一坐标系中，两曲线的交点称为泵的工作点 P，如图 1-5 所示。显然，该点所表示的流量与扬程，既是管路系统所要求，又是离心泵所能提供的。若该点所对应的效率是在最高效率区，则该工作点是适宜的。

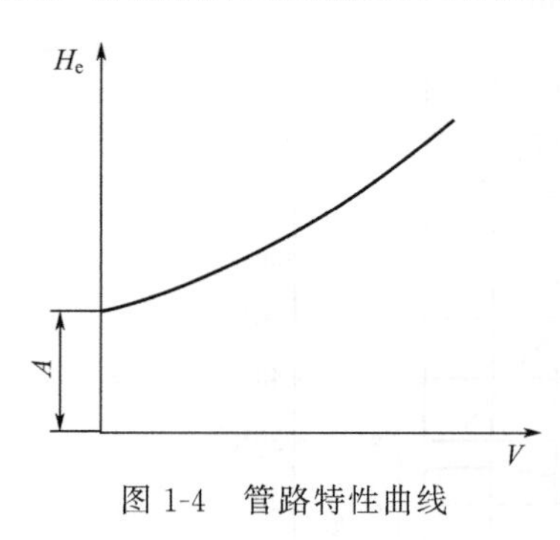

图 1-4　管路特性曲线

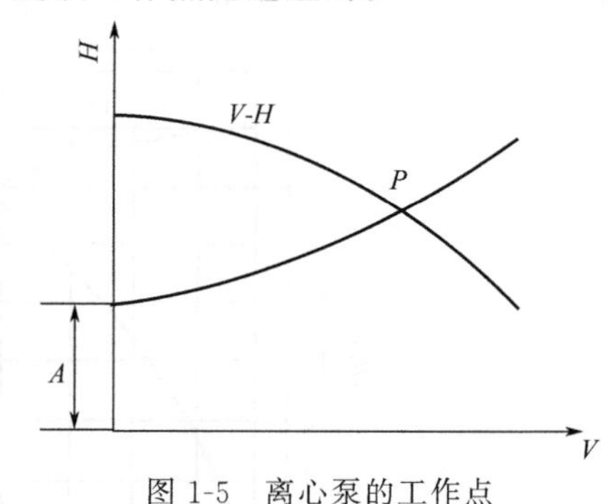

图 1-5　离心泵的工作点

2. 流量调节

泵在实际操作过程中，经常需要调节流量。从泵的工作点可知，调节流量实质上就是改变离心泵的特性曲线或管路特性曲线，从而改变泵的工作点的问题。所以，离心泵的流量调节，不外从两方面考虑：其一是在排出管线上装适当的调节阀，以改变管路特性曲线；其二是改变离心泵的转速或改变叶轮外径，以改变泵的特性曲线。两者均可以改变泵的工作点，以调节流量。

（六）离心泵的汽蚀现象与预防措施

当离心泵入口处的压力小于该液体在该温度下的饱和蒸汽压时，将有部分汽化，小气泡随液体流到叶轮内的高压区域，小气泡便会突然破裂，其中的蒸汽会迅速凝结，周围的液体将以高速冲向刚消失的气泡中心，造成很高的局部冲击压力，冲击叶轮，发生噪声，引起震动，金属表面受到压力大、频率高的冲击而剥蚀，使叶轮表面呈现海绵状，这种现象称为"汽蚀"。开始汽蚀时，汽蚀区域小，对泵的正常工作没有明显影响，当汽蚀发展到一定程度时，气泡产生量较大，液体流动的连续性遭到破坏，泵的流量、扬程、效率均明显下降，不能正常操作。

为避免汽蚀发生，可采取以下措施：降低泵的安装高度（提高吸液面位置或降低泵的安装位置），必要时采用倒灌方式；泵的位置尽量靠近液源，以缩短吸入管长度；减少吸入管路拐弯并省去不必要的管件和阀门；尽量减少吸入管路的压头损失；在工作泵前增加 1 台升压泵；降低泵所输送液体的温度，以降低汽化压力；设置前诱导轮；过流部件采用耐汽蚀的材料等。

（七）水泵的选型

水泵的选型主要是看设计工艺的要求、工作介质、工作介质特性、扬程、流量、环境和介质温度等数据。合适的水泵不但工作平稳、寿命长，且能最大限度地节省成本。下面是一般水泵选型的步骤。

1. 选泵列出基本数据

（1）介质的特性　介质名称、密度、黏度、腐蚀性、毒性等。

（2）介质中所含固体的颗粒直径、含量多少。

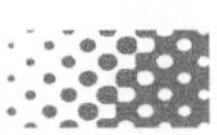

（3）介质温度　单位为℃。

（4）所需要的流量　一般工业用泵在工艺流程中可以忽略管道系统中的泄漏量，但必须考虑工艺变化时对流量的影响。

（5）压力　包括吸水池压力、排水池压力、管道系统中的压力降（扬程损失）。

（6）管道系统数据　包括管径、长度、管道附件种类及数目，吸水池至压水池的几何标高等。

（7）如果需要的话，还应做出装置特性曲线。

（8）在设计布置管道时，应注意如下事项。

① 合理选择管道直径。管道直径大，在相同流量下，液流速率小，阻力损失小，但价格高；管道直径小，会导致阻力损失急剧增大，使所选泵的扬程增加，配带功率增加，成本和运行费用都增加。因此应从技术和经济的角度综合考虑。

② 排出管及其管接头应考虑所能承受的最大压力。

③ 管道布置。应尽可能布置成直管，尽量减小管道中的附件和尽量缩小管道长度，必须转弯的时候，弯头的弯曲半径应该是管道直径的3～5倍，角度尽可能大于90℃。

④ 泵的排出侧必须装设阀门（球阀或截止阀等）和止回阀。阀门用来调节泵的工况点，止回阀在液体倒流时可防止泵反转，并使泵避免水锤的打击（当液体倒流时，会产生巨大的反向压力，使泵损坏）。

2. 流量的确定

（1）如果生产工艺中已给出最小、正常、最大流量，应按最大流量考虑。

（2）如果生产工艺中只给出正常流量，应考虑留有一定的余量。对于$V_s>100m^3/h$的大流量低扬程泵，流量余量取5%；对$V_s<50m^3/h$的小流量高扬程泵，流量余量取10%；$50m^3/h\leqslant V_s\leqslant 100m^3/h$的泵，流量余量也取5%；对质量低劣和运行条件恶劣的泵，流量余量应取10%。

（3）如果基本数据只给重量流量，应换算成体积流量。

二、标准操作规程

（一）离心泵的安装

（1）泵的安装是否合理，对泵的正常运行和使用寿命有很重要的影响，所以安装前必须仔细校正，不得草率，按厂家提供的安装尺寸预埋好地脚螺栓，做好混凝土基础。

（2）必须保证泵工作时不超过其允许汽蚀余量。泵的吸上高度必须根据泵的汽蚀余量特性、管路阻力损失特性及高温水吸入液面压力来确定。

（3）泵在吸上使用情况下，应在泵的吸入管路安装底阀，并在出口管路上设置灌液螺孔或阀门，以供启动时灌泵用；泵在倒灌使用情况下，应在吸入管路上安装阀门和过滤器，以免杂物进入。扬程高的泵应在出口流量控制阀门的外端管路上安装止逆阀，以防止突然停机时的水锤破坏。

（4）吸入或排出管路应该另有支架，不能用泵作支撑。

（5）检查泵的运转部件是否有卡住现象，应严格检查泵轴与电机的同轴度，最后用手转动联轴器，转动轻松、均匀、无碰擦现象则为正常。

（6）安装泵的地点，应便于巡回检查和检修。

（二）离心泵的操作

1. 启动前的准备工作

①详细了解被输送流体的物理、化学性质及工作条件。②将泵和现场清理干净；检查各部分螺栓、连接件是否有松动，有松动的要加以紧固，在紧固地脚螺栓时要重新对中找正。③检查托架内润滑油量、油位计是否完好。检查封油、冷却水系统，应无堵塞，无泄漏。④打开各管路阀门，用压缩空气吹洗整个管路系统。⑤检查确认电动机与泵的工作叶轮转向箭头一致，接好联轴器。⑥手动盘车，检查机组转动是否灵活。

2. 启动

①关闭压力表阀、真空表阀、出口阀。②向泵与吸入管路灌满水，吸入管路不准有存气或漏气现象，关闭放气阀。③开冷却水、密封部件冲洗液等。④启动电动机，打开压力表、真空表阀，启动时应关闭出口阀，待电机运转正常后，再逐渐打开出口阀调节所需流量。关闭出口阀时泵连续工作不能超过 3min。⑤泵运转时，要定期检查轴承的发热情况，轴封的泄漏情况，要保持润滑良好，注意有无噪声产生。如果泵运转中发现有异常声响时，应立即停车检查。

3. 停车

①先关闭压力表阀和真空表阀，再慢慢关闭离心泵的出口阀。使泵轻载，又能防止液体倒灌，以免管路内液体倒流，使叶轮受到冲击而损坏。②按电动机按钮，停止电动机运转。③关闭离心泵的进口阀和冷却水、密封液阀等。④如环境温度低于 0℃，停车后应将泵内水放出，以防冻裂。⑤长期停止使用，应将泵拆洗上油，妥善保管。

三、维护与保养

①定期检查泵和电机，更换易损零件。②经常注意对轴承箱加注润滑脂，以保证良好的润滑状态。③长期停机不使用时，除将泵内腐蚀性液体放净外，更要注意把各部件及泵内流动的残液清洗干净，并切断电源。④介质中如有固体颗粒，必须在泵入口处加装过滤器。

四、常见故障及处理方法

离心泵的常见故障及处理方法见表 1-1。

表 1-1　离心泵的常见故障及处理方法

常见故障	产生原因	处理方法
启动时泵不出水	①吸入管路系统存气或漏气 ②吸水扬程过高 ③底阀漏水 ④电机转向不对	①水注至泵轴心线以上，排除存漏气因素 ②降低泵的吸水高度 ③修理或更换底阀 ④电机重新接线
运转过程输水量减少	①转速不足 ②密封环磨损 ③底阀叶轮存杂物 ④出口管路阻力大 ⑤装置扬程过高	①检查电源系统 ②更换密封环 ③拆检底阀叶轮 ④缩短管路或加大管径 ⑤重新选泵
水泵内部声音反常	①流量太大 ②所输送的液温过高 ③有空气渗入 ④吸程太高	①减小出口阀门的开度 ②降低液温或增加吸入口压力 ③检查吸入管路，堵塞漏气处 ④降低吸入高度

续表

常见故障	产生原因	处理方法
轴承过热，水泵震动	①轴承润滑不良 ②轴承损坏 ③泵与电机轴线不同心	①更换润滑油 ②更换轴承 ③调整泵与电机的同心度
电机发热，功耗大	①流量太大 ②填料压得过紧 ③泵轴弯曲，轴承磨损或损坏 ④泵内吸进泥沙及其杂物	①适当减小出口阀门的开度 ②适当放松填料压盖 ③校直泵轴，更换轴承 ④拆卸清洗

五、拓展知识链接

（一）往复泵

1. 结构

如图 1-6 所示，往复泵由泵缸、吸入单向阀、排出单向阀、活塞、活塞杆及传动机构等组成。泵缸内活塞与单向阀间的空间为工作室。

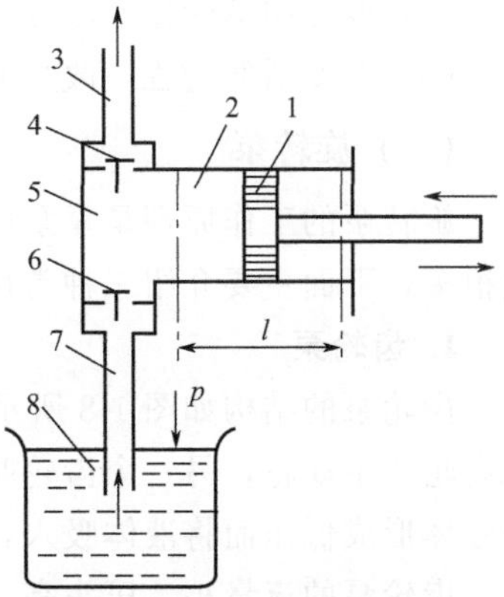

2. 工作原理

传动机构将电动机的旋转运动转化为活塞的往复运动。随着活塞向右移动，工作室的容积增大，泵内压力降低，上端排出阀关闭，下端的吸入阀打开，液体开始吸入泵内；当活塞向左移动，工作室的容积减小，泵内压力增大，下端的吸入阀关闭，上端的排除阀打开，液体从泵内排出，直到活塞移动到最左端时排液结束，完成一个工作循环。

活塞不断往复运动，液体就交替地被吸入和排出。往复泵是利用活塞移动对液体做功，将能量以静压力的形式直接传给液体。

图 1-6　往复泵结构原理示意

1—活塞；2—泵缸；3—排出管；4—排出单向阀；5—工作腔；6—吸入单向阀；7—吸入管；8—储液槽

3. 分类

（1）按往复运动件的形式分类　往复泵分为以下三类，如图 1-7 所示。

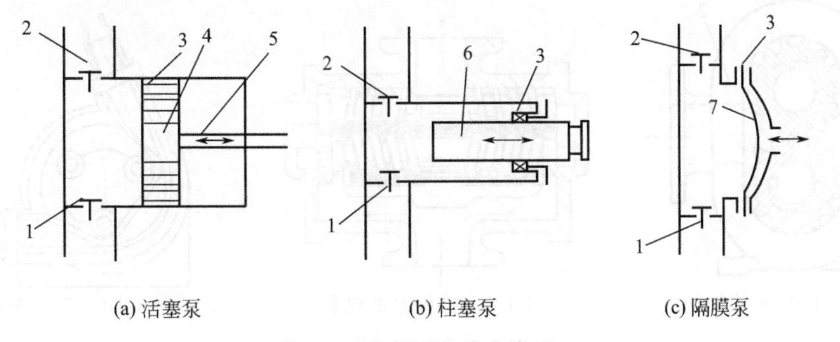

(a) 活塞泵　(b) 柱塞泵　(c) 隔膜泵

图 1-7　往复泵的基本类型

1—吸入单向阀；2—排出单向阀；3—密封环；4—活塞；5—活塞杆；6—柱塞；7—隔膜

① 活塞泵。工作室内做直线往复运动的元件有密封件（活塞环、填料等）的泵。往复运动件为圆盘形的活塞。活塞泵适用于中、低压工况。

② 柱塞泵。工作室内做直线往复运动的元件上无密封件，但在不动件上有密封件（填料、密封圈等）的泵。往复运动件为光滑的圆柱体，即柱塞。柱塞泵的排出压力很高。

③ 隔膜泵。借助于膜状弹性元件在工作室内做周期性挠曲变形的泵。隔膜泵适用于输送强腐蚀性、易燃易爆及含有固体颗粒的液体和浆状物料。

（2）按主要用途分类　可分为计量泵、试压泵、船用泵、清洗机用泵、注水泵等。计量泵包括柱塞计量泵、隔膜计量泵等，是定量输送不可或缺的设备。在连续和半连续的生产过程中，如果需要按照工艺的要求来精确、定量地输送液体，甚至将两种或两种以上的液体按比例进行输送，就必须使用计量泵。

4. 往复泵的流量调节

（1）旁路调节　旁路调节是所有容积式泵（包括往复泵和旋转泵）及旋涡泵的通用流量调节手段。通过旁路上调节阀和安全阀的共同调节，使压出流体超出需要的部分返回吸入管路，达到调节主管流量的目的。

（2）改变曲柄转速　改变减速装置的传动比可以改变曲柄转速，达到调节流量的目的。

（3）改变活塞行程　改变曲柄半径或偏心轮的偏心距可以改变活塞行程，达到调节流量的目的。

（二）旋转泵

旋转泵的工作原理是靠泵内一个或几个转子的旋转作用来吸入和排出液体。旋转泵的形式很多，下面主要介绍三种常用的旋转泵，即齿轮泵、螺杆泵和蠕动泵。

1. 齿轮泵

齿轮泵的结构如图 1-8 所示，主要由泵壳和一对相互啮合的齿轮组成。其中由电机带动的齿轮叫主动轮，另一个齿轮叫从动轮。当按图示方向旋转时，两齿轮的齿相互分开，在左侧腔体形成低压而将液体吸入，然后分两路沿壳壁推送至排出腔，在右侧形成高压将液体排出。齿轮泵的流量小、压头高，大多用来输送黏稠液体及膏状物料，不适合输送含有固体颗粒的悬浮液和有腐蚀性质的液体。

2. 螺杆泵

螺杆泵的结构如图 1-9 所示，主要由泵壳和一个或几个螺杆组成。双螺杆泵的工作原理与齿轮泵类似。螺杆泵的特点是扬程高、效率高、无噪声、震动小、流量均匀，适合扬程需要很高的场合或高压下输送黏稠液体。

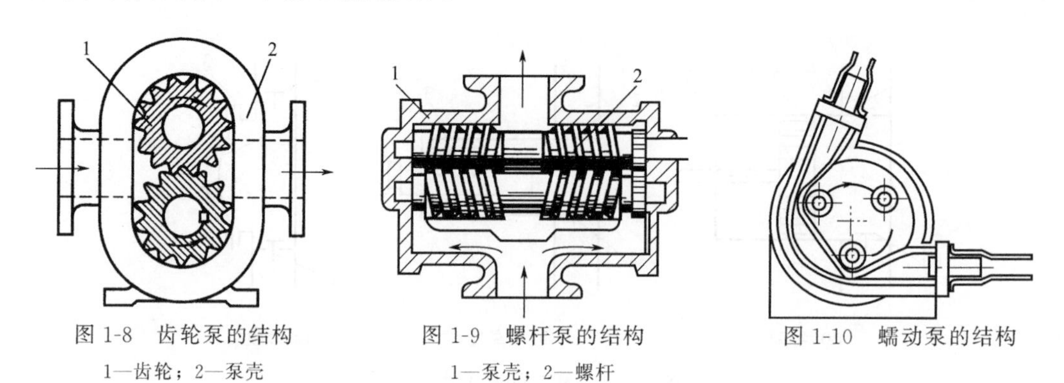

图 1-8　齿轮泵的结构
1—齿轮；2—泵壳

图 1-9　螺杆泵的结构
1—泵壳；2—螺杆

图 1-10　蠕动泵的结构

3. 蠕动泵

蠕动泵又称软管泵，它的结构如图 1-10 所示，是通过旋转的滚柱使胶管蠕动来输送液体。蠕动泵能输送一些带有敏感性、强腐蚀性、黏稠、纯度要求高、具有磨削作用及含有一

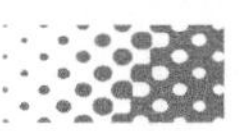

定颗粒状物料的介质。广泛应用于制药、化工等行业。

项目二　气体输送设备的操作与养护

在制药生产设备中，有许多原料和中间体是气体，如氢气、氮气、氧气、乙炔气、煤气、蒸汽等，当它们在管路中从一处送到另一处时，为了克服输送过程的流体阻力，需要提高气体的压力；另外，有些化学反应或单元操作需要在较高的压力下进行。这使得气体压缩和输送设备在制药生产中应用十分广泛。

气体输送机械主要用于克服气体在管路中的流动阻力和管路两端的压强差，以输送气体、产生一定的高压或真空来满足各种工艺过程的需要，因此，气体输送机械应用广泛，类型也较多。就工作原理而言，它与液体输送机械大体相同，都是通过类似的方式向流体做功，使流体获得机械能量。但气体与液体的物性有很大的不同，因而气体输送设备有其自己的特点。

气体输送机械一般按出口气体的压力或压缩比来分类（表 1-2）。气体输送机械出口气体的压力也称为终压。压缩比是指气体输送机械出口与进口气体的绝对压强之比。

表 1-2　气体输送机械按终压和压缩比分类

名称	终压(表压)	压缩比
通风机	≤0.015MPa	1～1.15
鼓风机	0.015～0.3MPa	<4
压缩机	>0.3MPa	>4
真空泵	当地的大气压	由真空度决定

气体输送设备在化工生产中应用十分广泛，主要用于以下三个方面。

（1）输送气体　为了克服输送过程中的流动阻力，需提高气体的压强。

（2）产生高压气体　有些单元操作或化学反应需要在高压下进行，如用水吸收二氧化碳、冷冻、氨的合成等。

（3）产生真空　有些化工单元操作，如过滤、蒸发、蒸馏等，往往要在低于大气压下进行，这就需要从设备中抽出气体，以产生真空。

由于气体输送机械的构造和操作原理与液体的输送机械类似，故气体输送机械亦可分为离心式、往复式、旋转式和流体作用式。下面着重讨论各类气体输送机械的操作原理和应用。

一、通风机

通风机是一种在低压下沿着导管输送气体的机械。在制药生产中，通风机的使用非常普遍，尤其是在高温和毒气浓度较大的车间，常用它来输送新鲜空气、排除毒气和降低气温等，这对保证操作人员的健康具有很重要的意义。

通风机可分为轴流式、离心式、斜流式和惯流式等多种形式，生产中应用得较多的是轴流式通风机和离心式通风机。

（一）轴流式通风机

轴流式通风机的结构如图 1-11 所示，在机壳内装有一个迅速转动的螺旋形叶轮，叶轮上固定着叶片。当叶轮旋转时，叶片推击空气，使之沿轴向流动，叶片将能量传递给空气，使空气的排出压力略有增加。也即送风方向与轴向相同，靠叶片的轴向倾斜，将轴向空气向前推进。

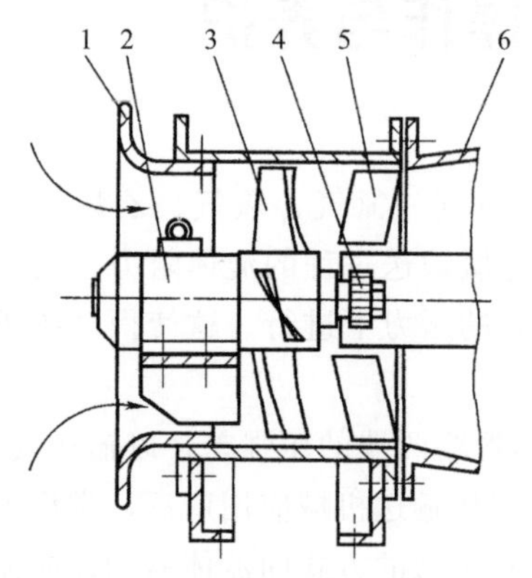

图 1-11　轴流式通风机的结构

1—进气箱；2—电机；3—动叶片；4—动叶调节控制头；5—导叶；6—扩压器

轴流式通风机的排气量大，但风压很小。输送腐蚀气体时，叶片应采用不锈钢或在普通钢材上喷涂树脂；输送含尘较多的气体时，则应在叶片较易磨损的部分堆焊碳化钨或其他耐磨材料。

轴流式通风机通常装在需要送风的墙壁孔或天花板上，也可以临时放置在一些需要送风的场合。主要用作车间通风。

（二）离心式通风机

1. 结构和工作原理

离心式通风机按其出口气体压力（风压）不同，可分为以下三类。

（1）低压离心通风机　出口风压低于 0.9807×10^3 Pa（表压）。

（2）中压离心通风机　出口风压为 $0.9807 \times 10^3 \sim 2.942 \times 10^3$ Pa（表压）。

（3）高压离心通风机　出口风压为 $2.942 \times 10^3 \sim 14.7 \times 10^3$ Pa（表压）。

离心式通风机的基本结构和工作原理与单级离心泵相似。机壳是蜗牛壳形，但机壳断面有方形和圆形两种，一般低、中压通风机多为方形，如图 1-12 所示，高压的多为圆形。叶轮与离心泵的叶轮相比较，直径较大，叶片数目也比较多。中、高压通风机的叶片则是后弯的。

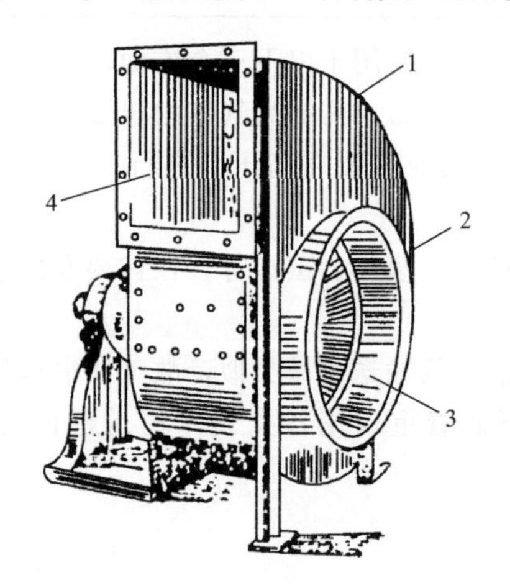

图 1-12　中、低压离心式通风机

1—机壳；2—叶轮；3—吸入口；4—排出口

离心通风机的进风口与外壳制成整体，装于风机蜗壳的侧面。进风口轴向截面为流线型，能使气流均匀地进入叶轮，以降低流动损失和提高叶轮的效率。

叶轮是离心通风机最重要的部件，其功能是将机械能转化为气体的静压能和动能。叶轮通常由前盘、叶片、后盘和轴盘（轮毂）组成，经过静、动平衡校正，运转平稳，工作性能良好。

叶轮上叶片的数目较离心泵的稍多，叶片比较短。中低压通风机的叶片常向前弯，高压

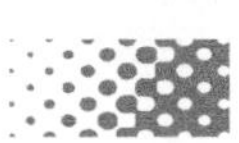

通风机的叶片则为后弯叶片。所以高压通风机的外形与结构与单级离心泵更为相似。

离心通风机动力传输由主轴、轴承箱、滚动轴承、皮带轮或联轴器组成。主轴一端连接叶轮，另一端连接皮带轮或联轴器。

离心通风机的工作原理和离心泵的相似，即依靠叶轮的旋转运动，形成真空区域，被大气压力压入的气体在叶轮上获得能量，从而提高了压强而被排出。

2. 离心通风机的性能参数与特性曲线

离心通风机的主要性能参数有风量、风压、轴功率和效率。由于气体通过风机时压强变化较小，在风机内运动的气体可视为不可压缩流体，所以前述的离心泵基本方程式亦可用来分析离心通风机的性能。

(1) 风量　风量是单位时间内从风机出口排出的气体体积，但以风机进口处的气体状态计，又称送风量或流量，以 Q 表示，单位为 m^3/s 或 m^3/h。

(2) 风压　风压是单位体积的气体流过风机时所获得的能量，以 H_T 表示，单位为J/m^3(即 Pa)。由于 H_T 的单位与压强的单位相同，故称为风压。风压的单位习惯上用 mmH_2O 来表示。

离心通风机的风压取决于风机的结构、叶轮尺寸、转速和进入风机的气体的密度。

离心通风机的风压目前还不能用理论方法进行计算，而是由实验测定。一般通过测量风机进、出口处气体的流速与压强的数值，按伯努利方程式来计算风压。

(3) 轴功率与效率　离心通风机轴功率为：

$$N=\frac{H_TQ}{1000\eta}$$

式中　Q——风量，m^3/s；

H_T——风压，J/m^3 或 Pa；

η——效率，因按全风压定出，故又称为全压效率。

上述性能参数也可通过绘制特性曲线表示。

3. 离心式通风机的选用

首先根据被输送气体的性质，如清洁空气、易燃易爆气体、具有腐蚀性的气体及含尘空气等选取不同性能的风机。

根据所需的风量、风压及已确定风机的类型，由通风机产品样本的性能表或性能曲线中选取所需要的风机。选择时应考虑可能由于管道系统连接不够严密造成的漏气现象，因此对系统的计算风量和风压可适当增加10%～20%。

离心式通风机一般用于车间通风换气，要求输送的是自然空气或其他无腐蚀性气体，且气体温度不超过80℃，硬质颗粒物含量不超过 $150mg/m^2$。

离心式通风机的叶片直径大、数目多，形状可分平直型、前弯型和后弯型。若要求风量大、效率低则选用前弯型叶片的通风机，如要求输送效率高则应选用后弯型叶片的通风机。

在满足所需风量、风压的前提下，应尽量采用效率高、价廉的风机。如对噪声有一定要求，则在选择时也应加以注意。

二、鼓风机

(一) 离心式鼓风机

离心式鼓风机又称蜗轮鼓风机或透平鼓风机，其结构类似于多级离心泵。离心式鼓风机一般由3～5个叶轮串联而成，图1-13所示为一台三级离心鼓风机的示意图。气体由吸入口吸入后，经过第一级叶轮和第一级扩压器，从蜗壳形流道中进入第二级的叶轮然后入口，再依次通过以后的所有叶轮和扩压器，最后经过蜗形机壳由排气口排出。气体经过的叶轮级数越多，接受的能量也越多，静压强越大。离心鼓风机的送气量大，但所产生的风压仍不太高，出口表压一般不超过294×10³Pa。

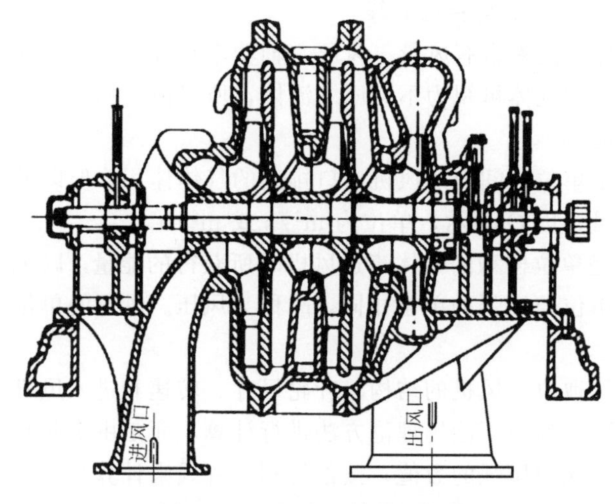

图1-13　三级离心鼓风机示意

离心式鼓风机特点：压缩比不高，各级叶轮尺寸基本相等，工作过程产热不多，不需冷却装置；连续送风无震动和气体脉动，无需空气储槽；风量大且易调节，易自动运转，可处理含尘的空气，机内无需润滑剂，故空气中不含油；效率比其他气体输送设备高。

由于离心式鼓风机的性能特点适合于远距离输送气体，故在制药生产中，常用于空调系统的送风设备。

（二）罗茨鼓风机

1. 罗茨鼓风机的工作原理

在制药生产中应用最广的是罗茨鼓风机。其工作原理与齿轮泵相似，如图1-14所示。它主要由一个跑道形机壳和两个转向相反的“8”字形转子组成。转子之间及转子和机壳之间的缝隙都很小。两个转子朝着相反方向转动时，在机壳内形成了一个低压区和一个高压区，气体从低压区吸入，从高压区排出。如果改变转子的旋转方向，则吸入口和压出口互换。形象地讲，也就是下侧两“鞋底尖”分开时，形成低压，将气体吸入；上侧两“鞋底尖”合拢时，形成高压，将气体排出。因此，开车前应仔细检查转子的转向。

2. 罗茨鼓风机的特点

罗茨鼓风机结构简单，转子啮合间隙较大（一般为0.2～0.3mm），工作腔无润滑油，强制性输气风量风压比较稳定，对输送带液气体、含尘气体不敏感，转速较低（一般$n \leqslant$ 1500r/min），噪声较大，热效率较低。通常罗茨鼓风机用来输送气体，也大量用作真空泵。

罗茨鼓风机的风量和转速呈正比，而且几乎不受出口压强变化的影响。罗茨鼓风机转速一定时，风量可大体保持不变，故称之为定容式鼓风机。这一类型鼓风机的单级压力比通常小于2，两级压力比可达3，输气量范围是2～500m³/min，出口表压强在80×10³Pa以内，但在表压强为40×10³Pa左右时效率较高。

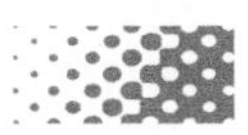

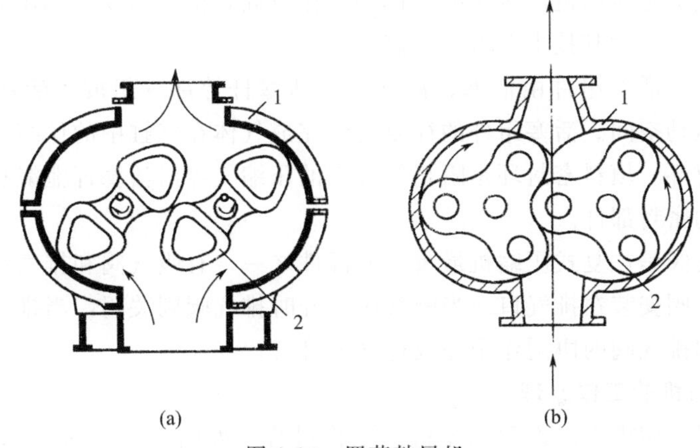

图 1-14　罗茨鼓风机

1—机壳；2—转子

3. 维护与保养

气体在进入罗茨鼓风机前，应除去尘屑和油污。罗茨鼓风机的出口应安装气体稳压罐，并配置安全阀。出口阀门不能完全关闭，一般采用回流支路调节流量（旁路调节）。此外操作温度要低于 85℃，否则会引起转子受热膨胀而卡住，发生碰撞。

三、压缩机

空气压缩机按工作原理可分为容积式和速度式两大类。①容积式：是通过直接压缩气体、使气体容积缩小而达到提高气体压力的目的，压缩机根据气缸侧活塞的特点又分为回转式和往复式两类。回转式压缩机又有转子式、螺杆式、滑片式三类，往复式压缩机有活塞式和膜式两种。②速度式压缩机：是靠气体在高速旋转叶轮的作用得到较大的动能，随后在扩压装置中急剧降速，使气体的动能转变成静压能，从而提高气体压力。速度式压缩机主要有离心式和轴流式两种基本形式。

（一）往复式压缩机

1. 往复式压缩机的主要构造

往复式压缩机主要由三大部分组成：运动机构（包括曲轴、轴承、连杆、十字头、皮带轮或联轴器等），工作机构（包括气缸、活塞、气阀等），机体。此外，压缩机还配有三个辅助系统：润滑系统、冷却系统以及调节系统。图 1-15 为单级往复式压缩机的工作原理示意图。但由于压缩机的工作流体为气体，其密度和比热容比液体小得多，因此在结构上要求吸气和排气阀门更轻便而易于开启。通过活塞的往复运动，使气缸的工作容积发生变化而吸气、压缩或排出气体。

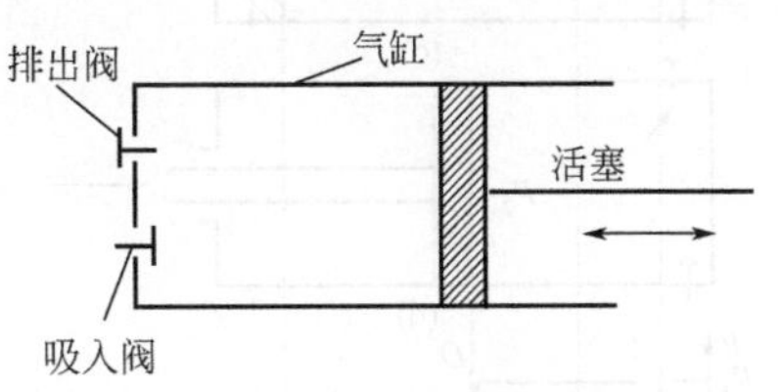

图 1-15　单级往复式压缩机工作原理示意

（1）机体　机体是往复式压缩机定位的基础构件，一般由机身、中体和曲轴箱（机座）三部分组成。机体内部安装各运动部件，并为传动部件定位和导向。曲轴箱内存装润滑油，外部连接气缸、电动机和其他装置。运转时，机体要承受活塞与气体的作用力和运动部件的惯性力，并将本身重量和压缩机全部或部分的重量传到基础上。机体的结构形式随压缩机形式的不同分为立式、卧式、角度式和对置式等多种形式。

（2）气缸　气缸是压缩机产生压缩气体的工作空间，由于承受气体压力大、热交换方向多变、结构较复杂，故对其技术要求也较高。

（3）活塞组件　活塞组件由活塞、活塞环、活塞杆等部件组成。活塞与气缸内壁缝隙小，形成密封的运动空间。活塞组件的往复运动完成气体在气缸中的压缩循环。

（4）填料密封环　填料密封环是阻止气缸内的压缩气体沿活塞杆泄漏和防止润滑油随活塞杆进入气缸内的密封部件。

（5）气阀　气阀是往复式压缩机最重要的部件之一，有吸气阀和排气阀两种。吸气阀安装在进气口，排气阀安装在排气口。当吸气阀打开时排气阀则关闭，当排气阀打开时则吸气阀关闭。吸气阀和排气阀的协同作用完成进气和排气。

2. 往复式压缩机的工作原理

现以单级往复压缩机为例说明压缩机的工作过程。如图 1-15 所示，吸气阀和排出阀都装在活塞的一侧，设压缩机入口处气体的压力为 p_1、出口处为 p_2。气缸与活塞端面之间所组成的封闭容积是压缩机的工作容积。曲柄连杆机构推动活塞不断在气缸中做往复运动，使气缸通过吸气阀和排气阀的控制，循环地进行膨胀-吸气-压缩-排气过程，以达到提高气体压强的目的。

为了防止活塞撞到气缸底部，当活塞运动到最左端时，即排气终了时，活塞与气缸盖之间必须留出一定的空隙，称为余隙，即通常在往复压缩机气缸底部特别设计了活塞运行的死点。如图 1-16（a）所示，因有余隙存在，排气过程终了时，活塞与气缸端盖之间仍残存有压力为 p_2 的高压气体。当活塞从最左端向右移动时，气缸内体积逐渐扩大，残留的高压气体不断膨胀，直至压强降至与吸入压力 p_1 相等为止，此过程为余隙气体的膨胀过程。如图 1-16（b）所示，活塞继续向右移动，吸气阀被打开，在恒定压强 p_1 下进行吸气，直至活塞回复到气缸的最右端截面为止，此过程为吸气过程。

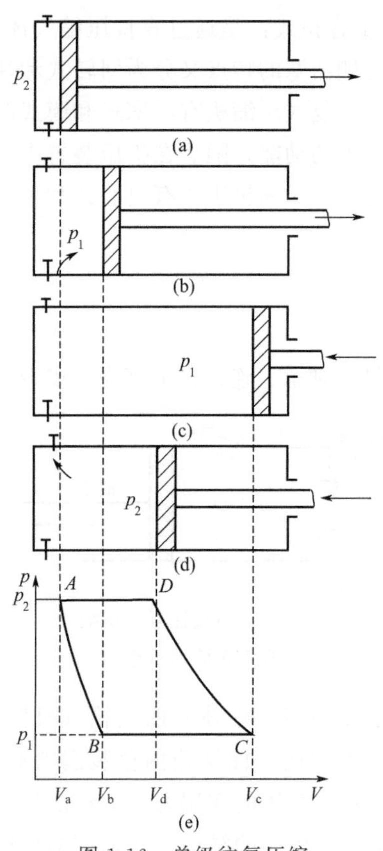

图 1-16　单级往复压缩机的工作过程

如图 1-16（c）所示，当活塞从最右端向左移动时，吸气阀关闭，气缸内气体受压缩，体积缩小，压力从 p_1 逐渐升高到 p_2，此过程为压缩过程。如图 1-16（d）所示，活塞继续向左移动，气缸内的压力增大到稍大于 p_2 时，排气阀开启，气体在压力 p_2 下自气缸排出，直到活塞移动到最左端，此过程为排气过程。

综上所述，往复压缩机的工作循环分为四个过程：余隙膨胀、吸气、压缩和排气。图 1-16（e）所示的 p-V 图表示在各过程中，气缸内气体压力和体积的变化情况，四边形 $ABCD$ 所包围的面积为活塞在一个工作循环中对气体所做的功。曲线 AB 对应膨胀过程，水平线 BC 对应吸气过程，曲线 CD 对应压缩过程，水平线 DA 对应排气过程。

往复式压缩机的结构和装置与往复泵相比有显著不同。由于气体具有可压缩性，气体受压缩后接受机械功所转变的热能而使温度升高。为避免气体的温度过高，

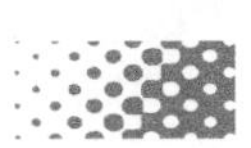

同时为了提高压缩机的效率。首先，往复式压缩机必须有除热装置，以降低气体的终温，因此在气缸壁上设计有散热翅片以冷却缸内气体；其次，必须控制活塞与气缸端盖之间的间隙即余隙容积。往复泵的余隙容积对操作无影响，而往复式压缩机的余隙容积必须严格控制，不能太大，否则吸气量减少，甚至不能吸气。因此，往复式压缩机的余隙容积要尽可能地减小。

由于有余隙的存在，往复式压缩机不能全部利用气缸空间，因而在吸气之前有气体的膨胀过程。当要求压力较高时，需采用多级压缩，每级压缩比不大于8，且因压缩过程伴有温度升高，气缸应设法冷却，级间也应有中间冷却器。多级压缩的过程较为复杂。往复压缩机的排气量、排气温度和轴功率等参数应运用热力学基础知识去解决。

由于往复式压缩机的气缸壁与活塞是用油润滑密封，送出的气体中含有润滑油成分，同时，往复式压缩机的噪声大，所以一般不能用作洁净车间空调系统的送风设备。

3. 往复式压缩机操作、运转的注意事项

(1) 往复式压缩机和往复泵一样，吸气与排气是间歇的，流量不均匀。但压缩机很少采用多动形式，而通常是在出口处连接一个储气罐（又称缓冲罐），这样不仅可以使排气管中气体的流速稳定，也能使气体中夹带的水沫和油沫得到沉降而与气体分离，罐底的油和水可定期地排放。

(2) 往复式压缩机气体入口前一般要安装过滤器，以免吸入灰尘、铁屑等而造成对活塞、气缸的磨损。当过滤器不干净时，会使吸入的阻力增加，排出管路的温度升高。

(3) 往复式压缩机在运行时，气缸中的气体温度较高，气缸和活塞又处在直接摩擦移动状态，因此，必须保证有很好的冷却和润滑，不允许关闭出口阀门，以免压力过高而造成事故。冷却水的终温一般不超过313K，应及时清除气缸水套和中间冷却器里的水垢，在冬季停车时，一定要把冷却水放尽，以防管道等因结冰而堵塞。

(4) 往复式压缩机气缸内的余隙是有必要的，但应尽可能小，否则余隙中高压气体的膨胀使吸气量减少，动力消耗增加。由于气缸中的余隙很小，而液体是不可压缩的，一定要防止液体进到气缸之内，否则，即使是很少的液体进入气缸，也可能造成很高的压强而使设备损坏。

(5) 应经常检查压缩机的各部分的工作是否正常，如发现有不正常的噪声和碰击声时，应立即停车检查。

(6) 往复式压缩机排气量调节的常用方式有转速调节和管路调节两类。其中管路调节可采取节流进气调节，即在压缩机进气管路上安装节流阀以得到连续的排气量；还可以采用旁路调节，即由旁路和阀门将排气管与进气管相连接的调节流量方式。

（二）速度式压缩机

速度式压缩机主要有离心式和轴流式两种基本形式。下面主要介绍离心式压缩机，如图1-17所示。

离心式压缩机是一种叶片旋转式压缩机，又称透平压缩机。主要结构和工作原理与离心式鼓风机相类似，只是离心式压缩机叶轮数更多，即离心压缩机都是多级的。为了获得较高的风压，离心压缩机的叶轮级数要比离心式鼓风机的级数多，通常在10级以上，且转速高于离心鼓风机，可达3500～8000r/min，采用大直径、大宽度叶轮，按直径和宽度逐段减小排列，以利于提高风压。离心式压缩机产生的风压要大于离心式鼓风机所产生的风压，可达到0.4～10MPa。

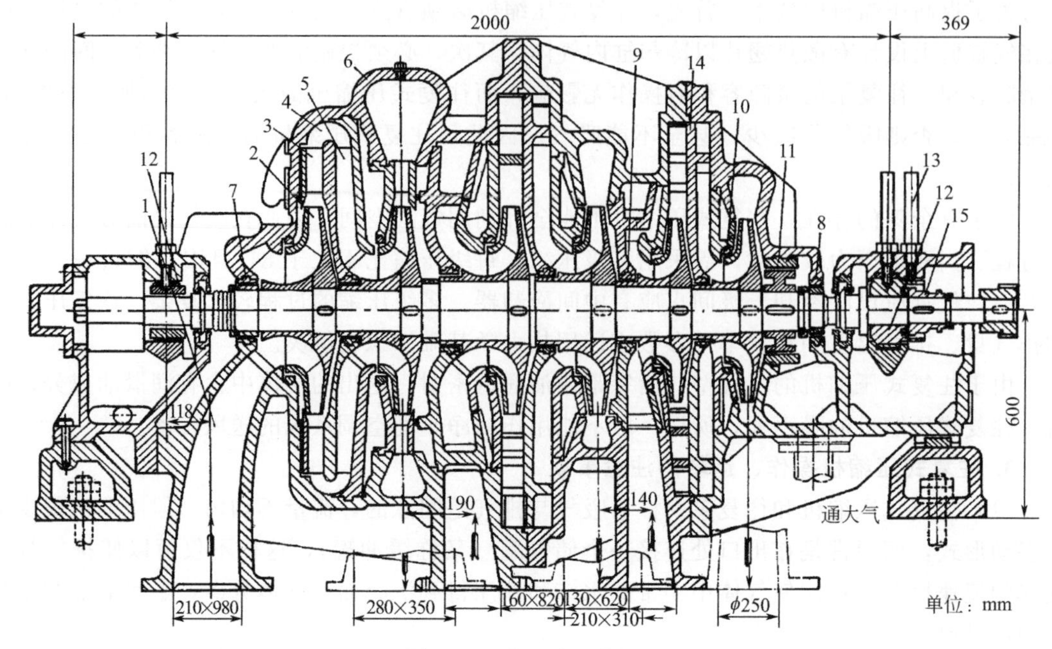

图 1-17　离心式压缩机

由于压缩比高，气体体积缩小，温度升高较快，故压缩机分为几个工段。每段包括若干级，叶轮直径逐段缩小，叶轮宽度也逐级有所缩小，并在段与段之间设计安装了冷却器以冷却气体，避免气体温度升得过高而损坏设备，同时可以减少功率的损耗。

与往复式压缩机相比，离心式压缩机具有机体体积较小、重量轻、风压高、流量大、供气均匀、运动平稳、易损部件少、机体内无润滑油污染气体、运转平稳和维修较方便等优点。离心式压缩机的制造精度要求极高，否则，在高转速情况下将会产生很大的噪声和震动。在流量偏离设计点时效率较低。

近年来离心式压缩机应用日趋广泛，并已跨入高压领域。目前，离心式压缩机总的发展趋势是向高速率、高压力、大流量、大功率的方向发展。

四、真空泵

在制药生产中，有许多单元操作需要在低于大气压强的情况下进行，如过滤、干燥、减压浓缩、减压蒸馏、真空抽滤、真空蒸发等，这就需要从设备或管路系统中抽出气体，使其中绝对压强低于大气压强而形成真空，完成这类任务所用的抽气设备统称为真空泵。

根据国家标准规定，真空被划为低真空、中真空、高真空、超高真空四个区域，各区域的真空范围如表 1-3 所示。

表 1-3　真空区域的划分

名称	真空范围	名称	真空范围
低真空	$10^{3}\sim10^{5}$Pa	高真空	$10^{-6}\sim10^{-1}$Pa
中真空	$10^{-1}\sim10^{3}$Pa	超高真空	$10^{-10}\sim10^{-6}$Pa

低真空获得的压力差可以提升和运输物料、吸尘、过滤；中真空可以排除物料中吸留或溶解的气体或所含水分，如真空除气、真空浸渍、真空浓缩、真空干燥、真空脱水和冷冻干燥等；高真空可以用于热绝缘，如真空保温容器；超高真空可以用作空间模拟研究表面特

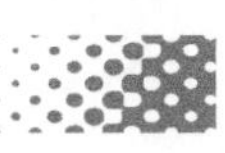

性，如摩擦和黏附等。制药生产中，有许多操作过程是在真空设备中进行的，如中药提取液的真空过滤和真空蒸发、物料的真空干燥、物料的输送等。下面简单介绍几种常用的真空泵。

（一）往复式真空泵

往复式真空泵是一种干式真空泵，是最古老的结构形式，其构造和工作原理与往复式压缩机基本相同，只是其吸气阀、排气阀要求更加轻巧，启闭更灵敏。往复式真空泵气缸内有一活塞，活塞上装有活塞环，保证被活塞间隔的气缸两端气密性好。活塞在气缸内做往复运动时，不断改变气缸两端的容积，吸入和排出气体。活塞和气阀联合作用，周期地完成真空泵的吸气和排气过程。但当所要求达到的真空度较高时，如要得到95%的真空度，其压缩比将达到20以上，此种情况会使余隙中残留气体的影响更大。为降低余隙的影响，可在气缸左右两端之间设置平衡气道，在真空泵气缸的两端加工出一个凹槽，使活塞运动到终端时，左右两室短时连通，以使余隙中残留的气体从活塞的一侧流到另一侧，降低余隙气体压力，以提高生产能力。

真空泵的压缩比通常比压缩机的大很多。往复式真空泵结构坚固、运行可靠、对水分不敏感，极限压力为1～2.6kPa，抽速范围为50～600L/s。主要用于大型抽真空系统，如真空干燥、真空过滤、真空浓缩、真空蒸馏、真空洁净及其他气体抽除等。往复式真空泵不适于抽除含尘或腐蚀性气体，除非经过特殊处理。由于一般泵体气缸都有油润滑，所以有可能污染系统的设备。

往复式真空泵由于转速低、排气量不均匀、结构复杂、零件多、易于磨损等缺陷，近年来已经越来越多地被其他形式的真空泵所替代。目前常用W型、WY型往复式真空泵，它们是获得低真空的主要设备。

（二）旋片式真空泵

1. 结构

如图1-18所示，旋片式真空泵主要由壳体、转子、旋片、排气阀、吸入阀、排气管、定子、定盖、弹簧等零部件组成。

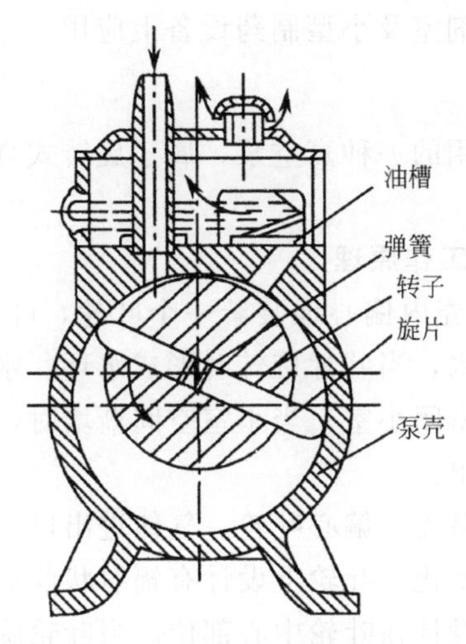

图1-18　旋片式真空泵

（1）壳体　旋片式真空泵的壳体是圆筒形，用金属板将壳体固定在油槽中，起固定作用的金属板应设计在壳体的上部，将壳体分隔成上下两部分，要求连接处不漏液。在壳体的上部设计有定盖，能将圆筒密封。定盖上开有两小孔，分别是气体吸入通道和气体排出通道。

（2）油槽　油槽是盛装真空油的容器，旋片式真空泵的全部机件都沉浸在真空油中，真空油起着密封、润滑和冷却的作用。

（3）转子　转子固定在电动机传动的转动轴上。在转子上开凿了贯通槽，槽内安装了弹簧，弹簧两端连接有金属旋片，在弹簧作用下旋片可自动伸缩，但始终与壳体内壁保持紧密接触，且将圆筒分隔成两个空间。

在安装时，将转子偏心地固定在壳体内，使转子的中轴线与壳体中轴线不重合，与壳体内腔保持内切状态。

2. 工作原理

旋片式真空泵在转动时，旋片在弹簧的张力和转动的离心力作用下，始终紧贴腔室内壁滑动，从而将圆筒形壳体内腔分割成两个气室。在转动过程中，两个旋片在交替地伸缩，气室也不断地扩大和缩小。扩大时，气室成真空而从吸气管吸入气体；缩小时，气室压力增大，将气体压出排气阀，如此往复，吸气和排气连续进行，从而起到抽真空的作用。

3. 使用注意事项

旋片式真空泵的关键部件是旋片和弹簧，当使用一段时间后，弹簧性能降低，旋片不能紧贴气室内壁，产生漏气现象，抽真空的能力降低或不工作，如出现类似现象则需要更换弹簧或旋片。

另外，如有水蒸气混入到真空油中，则真空油的密封性能很快下降，将严重影响旋片式真空泵的性能，所产生的真空度降低，甚至不能产生真空。因此在使用时需要安装干燥器和冷阱，以除去水分，避免真空油被水蒸气污染。

4. 适用场合

由于旋片式真空泵的工作都是与油联系在一起，所以它不适用于抽除含氧量过高、有毒、有爆炸性、侵蚀黑色金属、对真空油起化学作用及含有颗粒尘埃的气体。可用于抽除干燥气体或含有少量可凝性蒸汽的气体，即可用来抽除潮湿性气体。旋片式真空泵的抽气量小，可在一般化学实验室、制剂室及小型制药设备上应用。

（三）水环式真空泵

水环式真空泵是制药厂常用的一种真空泵，属于旋转式真空泵，广泛用于真空过滤、真空蒸馏、减压蒸发等操作。

1. 水环式真空泵的构造和工作原理

其结构如图 1-19 所示。外壳内偏心地装着一个叶轮，叶轮上有许多径向的叶片。开车前，泵壳内约充有一半容积的水，当叶片旋转时形成水环。水环兼有液封和活塞的作用，与叶片之间形成许多大小不等的密闭小室，当小室空间渐增时，气体从吸入口吸入室内；当小室空间渐减时，气体由出口排出。

水环式真空泵主要部件有泵壳、偏心叶轮、气体进出口、动力传输系统。泵壳制成蜗壳形，蜗壳形流道由小到大逐渐变化。叶轮上设计有辐射状前弯叶片，泵壳内装有 2/3 容积的水，叶轮沉浸在水中，进气口设计在叶轮中心部位。当叶轮旋转时，在离心力作用下，叶片将水甩出，叶轮中心部位即成局部真空，从而将外界的气体吸入。被甩出的水沿蜗壳形流道形成环形水幕。水幕紧贴叶片，将两叶片间的空间密封成大小不同的空气小室。当小室增大

时，小室内呈真空，气体从吸入口吸入；当小室变小时，小室内压力增大，气体由压出口排出。随着叶轮稳定转动，每个空气小室反复变化，使吸气、排气过程持续下去。通常，水环式真空泵可产生的最大真空度为 83kPa。

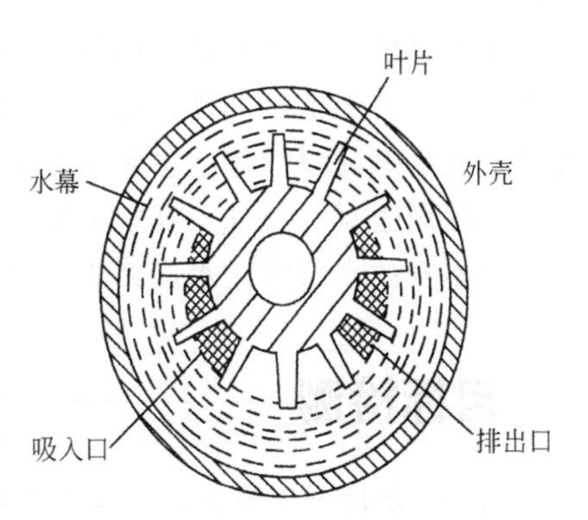

图 1-19　水环式真空泵结构示意

2. 水环式真空泵的特点

水环式真空泵的特点是结构简单紧凑，没有阀门，很少堵塞，易于制造和维修；排气量大而均匀，无需润滑，易损件少；由于旋转部分没有机械摩擦，操作可靠，使用寿命长。适用于抽吸含有液体的气体，尤其在抽吸有腐蚀性或爆炸性气体时更为适宜，因为不易发生危险，所以其应用更加广泛。其缺点是效率较低，为 30%～50%。另外，在运转时为了维持泵内液封以及冷却泵体，运转时需不断向泵内充水，该泵所能造成的真空度受泵体中水的温度所限制。水环式真空泵也可作鼓风机用，但所产生的表压强不超过 98kPa。当被抽吸的气体不宜与水接触时，泵内可充其他液体，所以这种泵又称为液环式真空泵。

3. 水环式真空泵操作、运转的注意事项

① 启动前先给真空泵内充入工作液；

② 检查泵的润滑情况，压力表、温度表是否完好，各连接部件是否紧固，泵的工作液是否达到要求；

③ 确保其盘车轻松自由；

④ 启动泵时先打开入口阀及旁路阀、气液分离罐顶的放空阀；

⑤ 真空泵在运转过程中要经常检查轴承、密封等运转情况及泵的紧固情况，要检查有无震动、噪声等异常情况，如发现有不正常的噪声和碰击声时，应立即停车检查；

⑥ 停泵时先关闭泵的进口阀，然后再关闭补充液入口阀；

⑦ 真空泵长期不用时要放掉工作液，防止冻坏设备和管路，同时要做好防腐保护，以免设备和管路发生锈蚀现象。

（四）喷射泵

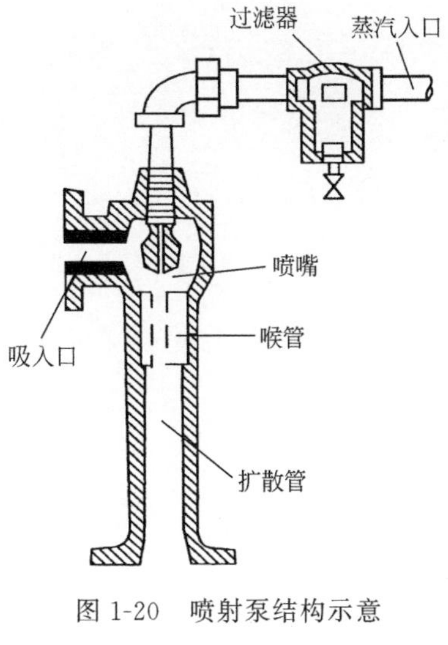

喷射泵是属于流体作用式的输送机械，它是利用流体流动时动能和静压能的相互转换来吸送流体。它既可用来吸送液体，又可用来吸送气体。在药品生产中，喷射泵用于抽真空时，称为喷射式真空泵。喷射泵的工作流体，一般为水蒸气或高压水。前者称为水蒸气喷射泵，后者称为水喷射泵，如图 1-20 所示，是单级水蒸气喷射泵。水蒸气在高压下以很高的速率从喷嘴喷出，在喷射过程中，水蒸气的静压能转变为动能而产生低压将气体吸入。吸入的气体与水蒸气混合后进入扩散管，速率逐渐降低，压力随之升高，然后从压出口排出。单级水蒸气喷射泵仅能达到 90% 的真空，为了达到更高的真空度，需采用多级水蒸气喷射泵。也可用高压空气或其他流体作为工作流体使用。

过滤器　蒸汽入口　喷嘴　喉管　吸入口　扩散管

图 1-20　喷射泵结构示意

喷射泵的主要优点是结构简单，制造方便，可用各种耐腐蚀材料制造，抽气量大，工作压力范围广，无活动部件，使用时间长。这种泵很适合处理含有机械杂质气体、水蒸气、强腐蚀性及易燃易爆气体。主要缺点是效率低，一般只有10%～25%，工作液体消耗量较大。喷射泵除用于真空脱气、真空蒸发、真空干燥外，还常作为小型锅炉的注水器，这样既能利用锅炉本身的水蒸气注水，又能回收水蒸气的热能。

目标检测

1. 请分析一下为什么离心泵在药厂用得最多，与输送液体有何关系。
2. 请分析一下离心泵在运行过程中出现剧烈震动的原因及解决办法。
3. 在接到一个液体输送设备的生产改造任务时，应从哪些方面去考虑？
4. 请分析一下离心泵打不出水的原因及解决办法。
5. 气体输送设备有哪些？各有何特点？
6. 分述几种常用真空泵的结构特点、工作原理及应用场合。
7. 离心式压缩机的密封油路如何维护？
8. 往复式真空泵气缸内壁与活塞之间的缝隙如何密封？

PPT课件

模块二
浸出设备

学习目标

学习目的：许多中药剂型在制作过程中的首要步骤就是中药有效成分的提取，通过学习浸提取的基本原理、操作、相关设备的构造、工作过程及使用场合，有利于将来从事中药提取领域的工作，能够根据生产要求进行浸出设备的选型、正确操作和维护等。

知识要求：掌握多功能提取罐、动态提取罐构造、工作过程、使用场合。

了解中药有效成分的浸出原理与浸出流程。

了解渗漉设备、超临界流体萃取设备、超声提取设备、微波提取设备。

能力要求：能根据生产要求进行浸出设备的选型。

能正确操作多功能提取罐，并对其进行维护与保养操作。

项目一　中药多功能提取设备

一、操作前准备知识

在中药制药生产中，选用合适的溶剂和工艺，将药材中的有效成分提取出来是一个重要的单元操作过程。如果待处理的药材混合物在常态下是固体，则此过程为液-固萃取，习惯上称为浸出，也称为提取或浸取，即应用溶液提取固体原料中的可溶组分的分离操作。

（一）提取原理

1. 提取过程

用一定溶剂浸出药材中能溶解的有效成分的过程，称为中药成分提取过程。分为 4 个步骤。

（1）浸润渗透　中药材被干燥粉碎，经溶剂浸泡后组织变软，溶剂渗透到细胞中。

（2）溶解　溶剂在细胞内将有效成分溶解而形成溶液。

（3）扩散　细胞内溶液浓度逐渐增高，在细胞内外出现较大浓度差，细胞内浓度大的溶液开始向细胞外扩散，并向固-液界面移动。

（4）转移　溶液从固-液界面向溶剂主体转移，有效成分被提取。

2. 影响提取速率的因素

提取速率是指单位时间内药物中有效成分扩散至溶剂的质量。它一般与固-液接触面积、浓度差和温度呈正比，与扩散距离和溶剂的黏度呈反比。在中药浸出中，影响提取速率的因素主要有以下几个方面。

（1）药材的粉碎程度　药材粉碎得越细，固-液相接触的面积越大，一般来说，提取速率会提高。但药材若是过细，大量的细胞被破坏，细胞内一些不溶物和树脂等也进入溶剂，使其黏度增大，反而会降低提取速率，故对花、叶等疏松药材应粉碎得粗一些，对根、茎和皮类药材宜粉碎得细一些。

（2）浸出溶剂　适当的溶剂对提取速率有很大影响，一般来说，对溶剂的要求如下。

① 有很好的选择性。即对有效成分和无效成分的溶解度有较大差别。

② 溶剂易回收。如用蒸馏回收则需要在组分间有较大的相对挥发度。

③ 表面张力稍大一些、黏度小些、无毒，且不与药材发生化学反应。

④ 价廉、易得。

（3）浸出温度　一般来说，温度高，浸出速率高。若浸出温度过高，一来会使一些有效的热敏性成分被破坏；其次有可能使一些无效成分在较高温度时浸出，从而影响浸出液的质量。

（4）浸出时间　一般来说，浸出有效成分的质量与浸出时间呈正比。但当扩散达到平衡时，随时间增加，浸出量不会再增加。此外，时间过长还会导致大量杂质浸出，故针对具体情况，通过实验办法求出最佳浸出时间。

（5）浸出溶液的 pH 值　在浸出过程中，溶剂的 pH 值有时与浸出速率有很大关系。如用低 pH 值溶剂提取生物碱、高 pH 值溶剂提取皂苷才会得到较好的浸出效果。

（6）流体的湍动程度　用搅拌来提高液体的湍动程度，可降低阻力，提高提取速率；改善浸出设备的结构也可提高液体的湍动程度。

（二）浸出设备的分类

（1）按浸出方法分类

① 煎煮设备。将药材加水煎煮取汁称之为煎煮法。传统的煎煮器有陶器砂锅、铜罐等，如煎汤剂常用砂锅、熬膏汁常用铜锅等，采用直火加热。在中药制剂生产中，通常采用敞口倾斜式夹层锅和多功能提取罐等，多由不锈钢制成，采用蒸汽或高压蒸汽加热，既能缩短煎煮时间，也能较好地控制煎煮过程。

② 浸渍设备。浸渍法系指用一定剂量的溶剂，在一定温度下，将药材浸泡一定的时间，以浸提药材成分的一种方法。按提取的温度和浸渍次数，可分为冷浸渍法、热浸渍法和重浸渍法。浸渍设备一般由浸渍器和压榨器组成。传统的浸渍器采用缸、坛等，并加盖密封，如冷浸渍法制备药酒。浸渍器应有冷浸器及热浸器两种，用于热浸的浸渍器应有回流装置，以防止低沸点溶剂的挥发。目前浸渍器多选用不锈钢罐、搪瓷罐、多功能提取罐等。

③ 渗漉设备。渗漉法系指将经过处理的药材粗粉置于渗漉器中，由上部连续加入溶剂，收集滤液提取成分的一种方法。渗漉器一般为圆柱形或圆锥形，其高度为直径的 2～4 倍。以水为溶剂或膨胀性大的药材用圆锥形渗漉器，大批量生产时常用的渗漉设备有连续渗漉器和多级逆流渗漉器等。

④ 回流设备。回流法系指用乙醇等易挥发的有机溶剂提取药材成分的一种方法。将提取液加热蒸馏，其中挥发性溶剂蒸发后被冷凝，重复流回到浸出器中浸提药材，这样周而复始，直到有效成分提取完全。回流法可分为循环回流热浸法和循环回流冷浸法。回流设备是主要用于有机溶剂提取药材有效成分的设备。通过加热回流能加快浸出速率和提高浸出效率，如索式提取器、煎药浓缩机及多功能提取罐等。

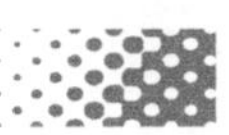

(2) 按浸出工艺分类

① 单级浸出工艺设备。单级浸出工艺设备是由一个浸出罐组成。将药材和溶剂一次加入提取罐中，经一定时间浸出后收集浸出液、排出药渣。如中药多功能提取罐。

单级浸出的浸出速率是变化的，开始速率大，以后速率逐渐降低，最后达到浸出平衡时速率等于零。

② 多级浸出工艺设备。多级浸出工艺设备由多个浸出罐组成，亦称多次浸出设备。它是将药材置于浸出罐中，将一定量的溶剂分次加入进行浸出。亦可将药材分别装于一组浸出罐中，新溶剂先进入第一个浸出罐与药材接触浸出后，浸出液放入第二个浸出罐与药材接触，这样依次通过全部浸出罐，成品或浓浸出液由最后一个浸出罐流入接受器中，如多级逆流渗漉器。

多级浸出的特点在于有效利用固-液两相的浓度梯度，亦可减少药渣吸液引起的成分损失，提高浸出效果。

③ 连续逆流浸出工艺设备。连续逆流浸出工艺设备是使药材与溶剂在浸出罐中沿反方向运动并连续接触提取，加料和排渣都自动完成的设备。如 U 形螺旋式提取器、平转式连续逆流提取器等。

连续逆流浸出具有稳定的浓度梯度，且固-液两相处于运动状态，是一种动态提取过程，浸出率高，浸出速率快，浸出液浓度高。

二、多功能提取罐

目前许多中药厂采用的浸出设备是多功能提取罐，为夹套式压力容器，其结构多种多样。多功能提取罐可用于中药材水提取、醇提取、提取挥发油、回收药渣中的溶剂等，适用于煎煮、渗漉、回流、温浸、循环浸渍、加压或减压浸出等浸出工艺，因为用途广，故称为多功能提取罐。国家标准中中药浸提罐的筒体有无锥式（W 形）、斜锥式（X 形）两类，目前装备厂制造的则还细分为直筒形、直筒变径形、正锥形和斜锥形四种。

多功能提取罐具有效率高、操作方便等优点。由于形状等差异，生产使用效果上也存在一些差异。多功能提取罐的区别见表 2-1。

表 2-1　不同类型多功能提取罐的区别

<table>
<tr><th rowspan="2">设备类型</th><th rowspan="2">结构不同点</th><th colspan="2">功能特性</th><th rowspan="2">缺点</th></tr>
<tr><th>相同点</th><th>不同点</th></tr>
<tr><td>正锥式</td><td>罐体下部为正锥形，罐体中大下小</td><td rowspan="5">常压、微压、水煎、温浸、热回流、强制循环渗漉作用、芳香油提取及有机溶剂回收等多种工艺操作，药液受热传递快，加热时间短，提取效率较高。出渣门采用普通双气缸启闭式或三气缸旋转式。旋转安全门采用单气缸启闭，双气缸旋转推动锁紧，斜面楔块自锁，彻底解决了因压缩空气气源压力不稳引起的渗漏或脱钩事故，使用安全系数高。出渣门上设有底部加热，使药材提取更加完全</td><td>提取药材量大；设备占用空间相对小</td><td>药材提取不完全，受热不均，内部有效成分提出慢</td></tr>
<tr><td>斜锥式</td><td>与正锥式类似，罐体下口偏向一侧</td><td>同正锥式</td><td>出渣困难，有的药材会停留在罐壁上，形成桥架</td></tr>
<tr><td>直筒式</td><td>罐体上下内径一样，部分设有双加热套</td><td>罐体太长，易产生提取假沸腾；对厂房有特殊要求</td><td rowspan="2">表面看已经沸腾，可是罐底的温度不够</td></tr>
<tr><td>蘑菇头式</td><td>罐体上大下小</td><td>加热面积小于正锥式，罐体长会产生假沸现象</td></tr>
<tr><td>倒锥式</td><td>罐体上小下大</td><td>底部相对较大，导致上部沸腾空间相对减少，易跑料</td><td>出渣门较大、重，容易发生变形、密封不严、漏液等故障；出料时药渣对出渣车等设备的瞬间冲击力较大</td></tr>
</table>

多功能提取罐的主要结构由罐体、出渣门、加料口、提升气缸、夹套、出渣门气缸等组

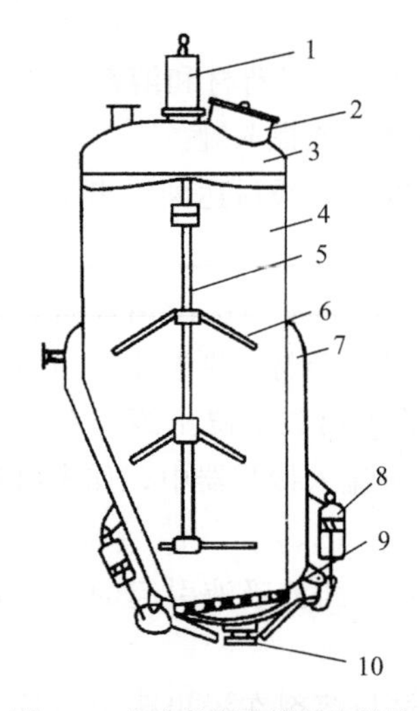

图 2-1 多功能提取罐基本结构

1—上气动装置；2—加料口；3—盖；4—罐体；5—上下移动轴；6—料叉；7—夹层；8—下气动装置；9—带滤板的活门；10—出渣口

成，如图 2-1 所示。出渣门上设有不锈钢丝网，这样使药渣与浸出液得到了较为理想的分离。设备底部出渣门和上部投料门的启闭均采用压缩空气作动力，由控制箱中的电磁气控阀控制气缸活塞，操作方便。也可用手动控制器操纵阀门，控制气缸动作。考虑安全因素，在提取罐进行浸提时需要设置锁紧装置以防下法兰的意外开启。浸提罐下封头上的花板设有过滤网，它与罐外的过滤器形成两级过滤，药液经过滤应达到相应要求。

多功能提取罐工作过程：药材经顶部加料口进入罐内，浸出液从活底上的滤板过滤后排出。下半部外面用一夹套装置，其夹层可通入蒸汽加热，或通水冷却药液。排渣底盖，可用气动装置自动启闭。提取罐在排除药渣时有可能因为药渣的膨胀而出现架桥现象，导致难以自动排出，为此，对直径较小、产生架桥现象可能性较大的斜锥式和无锥式提取罐设置破拱装置，以利于药渣的排出。此外，罐内装有料叉，可借助于启动装置自动提升排渣。

浸提罐内物料的加热通常设置蒸汽夹套。在较大的浸提罐中，如 $10m^3$ 浸提罐，可考虑罐内加热装置；对于动态浸提工艺，因为通过送液泵取出罐内液体进行循环，因此设置罐外加热装置也比较方便。对于药材含挥发油成分，需要用水蒸气蒸馏时还可在罐内设置直接蒸汽通汽管。

三、标准操作规程

1. 开车前的准备

（1）检查各动作气缸接头与气管的连接是否有泄漏，并加以排除。

（2）检查锁紧气缸下部缸盖上的小孔是否通畅，使该气缸活塞下方无残余气压，以保证良好紧锁。

（3）配套设备气泵压力控制在 0.6MPa 表压，要求压力稳定。然后将电气控制箱上带锁总电源开关接通，使控制电路通电。

（4）检查设备其他构件、仪表及安全装置是否完整无损及灵敏。

（5）检查报警装置是否灵敏（即压力表有压力而安全销未到位时，报警电铃能否报警）。

2. 投料阶段

（1）关闭出渣门　开启空压机，观察压力表，压力要大于 0.6MPa，打开压缩空气进气阀，操作气动阀，用启闭气缸把出渣门关闭；操作气阀，用锁紧气缸把门锁紧；操作气阀，用保险气缸把门销住，使出渣门紧锁。

（2）拧松各螺母，打开加料口盖，将物料从加料口投入。根茎类药材先加入，花草类药材后加入。

（3）合上加料口盖子，拧紧各螺母。

（4）至此提取操作即可开始，拔出钥匙，防止他人误操作而引起设备、人身事故，另外还需注意在整个提取过程中，应保持压缩空气不间断且压力稳定。

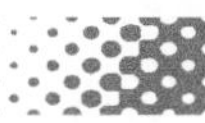

3. 提取阶段

(1) 加入溶剂 开冷却水阀使冷却器正常工作，开回流阀、测压阀（检测罐内压力，不能带压操作）使罐内和大气相通，开进溶剂阀，切线循环阀，启动离心泵向罐内定量注入溶剂。

(2) 通入蒸汽 开蒸汽进口阀、筒体夹套蒸汽阀、底部蒸汽阀、蒸汽凝水旁通阀，观察罐内提取温度及压力，沸腾后关闭夹套蒸汽阀，用底部蒸汽阀加热维持沸腾，一直达到工艺要求的时间。

(3) 循环提取 通入蒸汽后，开底部出液阀，切线循环阀，启动泵进行顺流循环 5min，通过切线方向循环快速把漂浮的药材溶入溶剂中，然后打开逆流循环阀，关切线循环阀、底部出液阀，进行逆流循环，以后每隔 10min 循环 1 次，提高提取效率。

4. 排渣阶段

提取过程结束，设备经排气口泄压完毕后，确认泄压完毕以压力表显示为准，即可进行排渣工作，步骤如下。

(1) 出液 关闭蒸汽系统各阀门，开底部出液阀、过滤阀，关闭逆流循环阀，启动泵将提取液通过过滤器送入储液罐。

(2) 出渣 操作气动阀，退出安全销，然后松开紧锁快阀，使出渣门缓缓打开，使药渣落下。若药渣车已满，用启闭气缸将门关上，空车来时，继续落渣。

(3) 冲洗 开冲洗阀用温水冲洗罐内及出渣门密封条等，开自来水水阀冲洗提取罐及药液软管。

四、安全操作注意事项

(1) 当本设备带压操作时，在设备内残余压力完全排放之前，严禁乱动加料口及安全销，否则，有造成重大事故的危险。

(2) 出渣门的密封预紧力，可通过调整搭钩、调节螺钉达到。

(3) 定期检查、更换有关密封圈，各回转销轴应经常注油。

(4) 提取时的压力、温度、时间等参数均由工艺确定，但不得超过本设备的设计参数值。严禁罐内超压。

(5) 要详细、及时记录好生产各数据，为生产管理提供依据。

五、维护和保养

(1) 轴承和密封圈应定期检查，如发现轴承缺油应注油，密封圈损坏则应及时更换。

(2) 应随时观察疏水器的管道视镜，确保疏水质量，若提取所需加热时间变长，可能和疏水器不畅有关。可将疏水器旁通管打开一点，若蒸发能力恢复，说明是疏水器故障，应检修、清理。

(3) 通过凝水管视镜观察，判断正常提取工作时的蒸汽加热情况、疏水器的工作状态，及时进行生产维护。

六、常见故障及处理方法

动态多功能提取罐的常见故障及处理方法见表 2-2。

表 2-2 动态多功能提取罐的常见故障及处理方法

常见故障	产生原因	处理方法
出渣门密封泄漏	①密封胶条老化 ②锁扣调节滑块脱落 ③空气压力不够 ④出渣门变形	①更换胶条 ②调紧滑块 ③将供给空气压力提高 ④加垫片适当调整
冷凝、冷却溶剂不回流	①汽阻液封不好 ②汽阻排空不畅 ③冷却水阀没打开或管路不通畅	①检查调整汽阻液封 ②检查排空是否堵塞 ③检查冷却水阀及管路
出渣门控制停气脱钩	①管道连接处泄气 ②控制气动阀泄漏 ③气缸密封泄漏 ④保险气缸销位不好 ⑤操作不当,销头变形	①处理连接口密封,重新连接 ②更换气动阀 ③更换气缸密封 ④检查调整销头 ⑤更换销头,严格按操作规程操作
出渣门关不上	①空气压力不够 ②联动轴承缺油不灵活 ③门不正,卡住 ④变形,整体下垂	①将供给空气压力提高至规定值 ②定期加油 ③调整万向轴及外管道连接 ④调整或更换连动杆
系统提取温度上不去	①蒸汽压力表、温度计不准 ②疏水器堵塞、损坏,疏水不畅	①校检压力表和温度计,若损坏则更换 ②将疏水器旁通管打开一点,若温度恢复,说明是疏水器故障,应检修、清理或更换
罐内带压	①料液位过高堵塞管道 ②蒸汽压力高、操作不当易暴沸堵塞管道	①减少投料量 ②检查蒸汽管道的测压开关是否畅通,各表是否正常,严格按规程操作
回流温度高	①冷却器密封不好 ②冷却管结垢 ③冷却水温高、冷却系统不正常	①更换密封 ②除垢 ③调整冷却水系统,降低冷却水

项目二 其他提取设备

一、渗漉

渗漉提取是指适度粉碎的药材于渗漉器中，由上部连续加入的溶剂渗过药材层后从底部流出渗漉液而提取有效成分的方法。渗漉时，溶剂渗入药材的细胞中溶解大量的可溶性物质之后，浓度增高，相对密度增大而向下移动，上层的浸出溶剂或较稀浸液置换其位置，造成良好的细胞壁内外的浓度差，使扩散较好地自然进行。故渗漉法属于动态提取法，提取效率高于浸渍法。渗漉法对药材的粒度及工艺条件的要求比较高，操作不当可影响渗漉效率，甚至影响正常操作。

（1）渗漉器　如图 2-2 所示，渗漉器一般为圆筒形设备，也有圆锥形，上部有加料口，下部有出渣口，其底部有筛板、筛网或滤布等以支持药粉底层。大型渗漉器有夹层，可通过蒸汽加热或冷冻盐水冷却，以达到浸出所需温度，并能常压、加压及强制循环渗漉操作。

为了提高渗漉速率，可在渗漉器下边加振荡器或在渗漉器侧加超声波发生器，以强化渗漉的传质过程。

（2）多级逆流渗漉器　多级逆流渗漉器克服了普通渗漉器操作周期长、渗漉液浓度低的

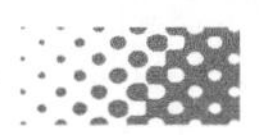

缺点。该装置一般由5～10个渗漉罐、加热器、溶剂罐、储液罐等组成，如图2-3所示。

药材按顺序装入1～5号渗漉罐，用泵将溶剂从溶剂罐送入1号罐，1号罐渗漉液经加热器后流入2号罐，依次送到最后5号罐。当1号罐内的药材有效成分全部渗漉后，用压缩空气将1号罐内液体全部压出，1号罐即可卸渣，装新料。此时，来自溶剂罐的新溶剂装入2号罐，最后从5号罐出液至储液罐中。待2号罐渗漉完毕后，即由3号罐注入新溶剂，改由1号罐出渗漉液，依此类推。

在整个操作过程中，始终有一个渗漉罐进行卸料和加料，渗漉液从最新加入药材的渗漉罐中流出，新溶剂是加在渗漉最尾端的渗漉罐中，故多级逆流渗漉器可得到较浓的渗漉液，同时药材中有效成分浸出较完全。

由于渗漉液浓度高，渗漉液量少，便于蒸发浓缩，可降低生产成本，适合大批量生产。

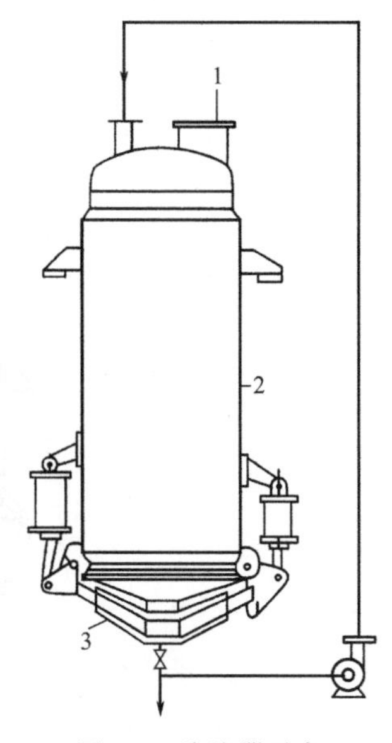

图2-2 渗漉器示意

1—加料口；2—罐体；3—出渣口

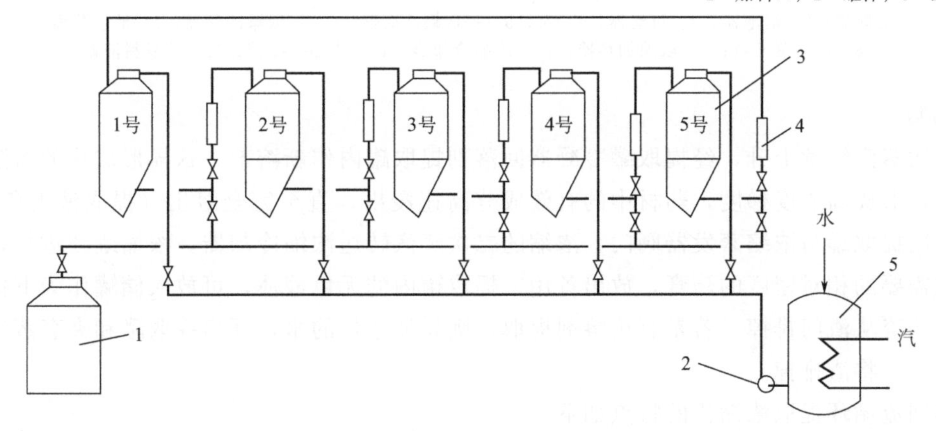

图2-3 多级逆流渗漉器工作原理

1—储液罐；2—泵；3—渗漉罐；4—加热器；5—溶剂罐

二、热回流循环提取浓缩机

热回流循环提取浓缩机是一种新型动态提取浓缩机组，集提取、浓缩为一体，是一套全封闭连续循环动态提取装置。该设备主要用于以水、乙醇及其他有机溶剂提取药材中的有效成分、浸出液浓缩，以及有机溶剂的回收。

热回流循环提取浓缩机的基本结构如图2-4所示，浸出部分包括提取罐、消泡器、提取罐冷凝器、提取罐冷却器、油水分离器、过滤器、泵；浓缩部分包括加热器、蒸发器、冷凝器、冷却器、蒸发料液罐等。

热回流循环提取浓缩机工作原理及操作：将药材置提取罐内，加药材5～10倍的适宜溶剂。开启提取罐和夹套的蒸汽阀，加热至沸腾，20～30min后，用泵将1/3浸出液送入浓缩蒸发器。关闭提取罐和夹套的蒸汽阀，开启浓缩加热器蒸汽阀使浸出液进行浓缩。浓缩时产生二次蒸汽，通过蒸发器上升管送入提取罐作为提取的溶剂和热源，维持提取

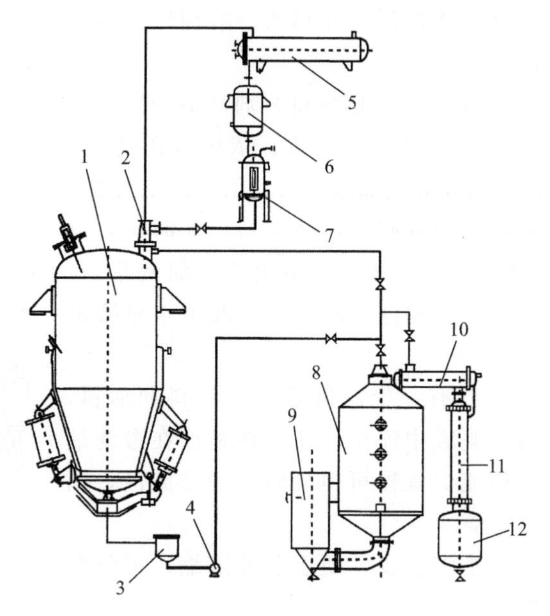

图 2-4 热回流循环提取浓缩机的基本结构

1—提取罐；2—消泡器；3—过滤器；4—泵；5—提取罐冷凝器；6—提取罐冷却器；7—油水分离器；8—浓缩蒸发器；9—浓缩加热器；10—浓缩冷却器；11—浓缩冷凝器；12—蒸发料液罐

罐内沸腾。

二次蒸汽继续上升，经提取罐冷凝器回落到提取罐内作新溶剂。这样形成热的新溶剂回流提取，形成高浓度梯度，药材中的有效成分高速浸出，直至完全溶出（提取液无色）。此时，关闭提取罐与浓缩蒸发器阀门，浓缩的二次蒸汽转送浓缩冷却器，浓缩继续进行，直至浓缩成需要的相对密度的药膏，放出备用。提取罐内的无色液体，可放入储罐作为下批提取溶剂，药渣从渣门排掉。若是有机溶剂提取，则先加适量的水，开启提取罐和夹套蒸汽，回收溶剂后，将渣排掉。

热回流循环提取浓缩机的特点如下。

① 收膏率比多功能提取罐高10%～15%，有效成分含量高一倍以上。由于提取过程中，热的溶剂连续加到药材表面，由上至下高速通过药材层，产生高浓度差，故有效成分提取率高，浓缩又在一套密封设备中完成，损失很小，浸膏里有效成分含量高。

② 由于高速浸出，浸出时间短，浸出与浓缩同步进行，故只需 7～8h，设备利用率高。

③ 提取过程仅加一次溶剂，在一套密封设备内循环使用，药渣中的溶剂均能回收利用，故溶剂用量比多功能提取罐少 30%以上，消耗率可降低 50%～70%，更适于有机溶剂提取中药材中的有效成分。

④ 由于浓缩的二次蒸汽作提取的热源，抽入浓缩器的浸出液与浓缩的温度相同，可节约 50%以上的蒸汽。

⑤ 设备占地小，节约能源和溶剂，故投资少、成本低。

三、连续提取器

连续提取器的特点是提取过程中，加料和排渣都是连续进行的。连续提取器适用于大批

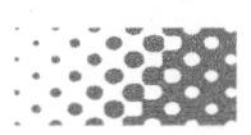

量生产，在工业中使用广泛。常见的连续提取器种类介绍如下。

1. U形螺旋式提取器

U形螺旋式提取器，为螺旋推进式浸出器的一种形式，该工艺是将药材与溶剂在浸出器中连续逆流接触提取，属于浸渍式连续逆流提取器的一种，主要结构如图2-5所示，由进料管、出料管、水平管及螺旋输送器组成，各管均有蒸汽夹层，以通蒸汽加热。

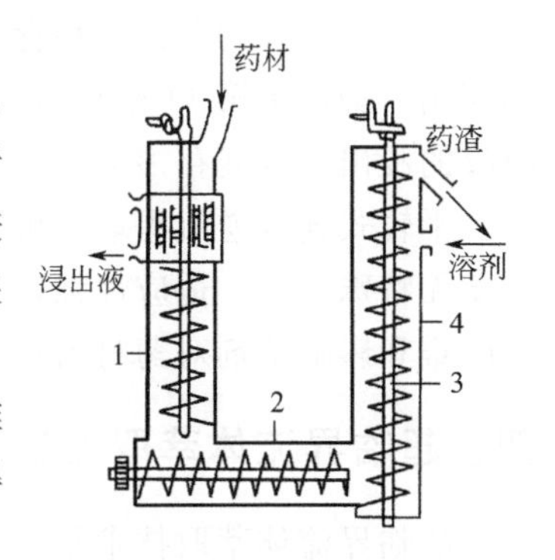

图2-5 U形螺旋式提取器的主要结构
1—进料管；2—水平管；3—螺旋输送器；4—出料管

药材自加料斗进入进料管，再由螺旋输送器经水平管推向出料管，溶剂由相反方向逆流而来，将有效成分浸出，得到的浸出液在出口处收集，药渣自动送出管外。

U形螺旋式提取器属于密闭系统，适用于挥发性有机溶剂的提取操作，加料卸料均为自动连续操作，劳动强度降低，且浸出效率高。

2. 平转式连续逆流提取器

平转式连续逆流提取器属于喷淋渗漉式连续提取器的一种，结构为在旋转的圆环形容器内间隔有12～18个料格，每个扇形格为带孔的活底，借活底下的滚轮支撑在轨道上，如图2-6(a)所示。

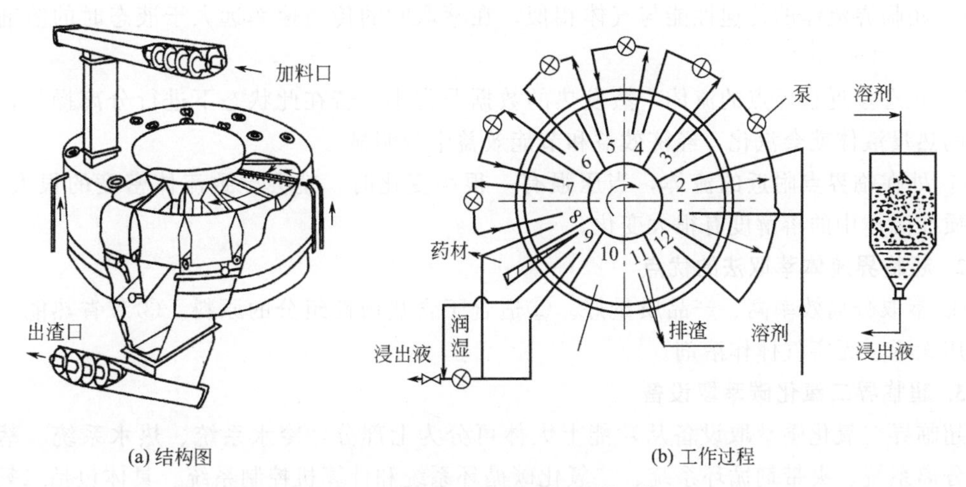

(a) 结构图
(b) 工作过程
图2-6 平转式连续逆流提取器工作

平转式连续逆流提取器的工作过程如图2-6(b)所示。12个回转料格由两个同心圆构成，且由传动装置带动沿顺时针方向转动。在回转料格下面有筛底，其一侧与回转料格铰接，另一侧可以开启，借筛底下的两个滚轮分别支撑在内轨和外轨上，当格子转到出渣第11格时，滚轮随内外轨断口落下，筛底随之开启排药渣；当滚轮随上坡轨上升，进入轨道，筛底又重新回到原来水平位置10格，即筛底复位格。浸出液储槽位于筛底之下，固定不动，收集浸出液，浸出液储槽分10个料格，即在1～9及12格下面，各格底有引出管，附有加热器。通过循环泵与喷淋装置相连接，喷淋装置由一个带孔的管和管下分布板组成，可将溶剂喷淋到回转料格内的药材上进行浸取。药材由9格进入，回转到11格排出药渣。溶剂由1、2格进入，浸出液由1、2格底下储液槽用泵送入第3格，按此过程到第8格，由第8格引出最后浸出液。第9格是新投入药材，用第8格出来的浸出液的少部分喷淋于其上，进行润湿，润湿液落入储液槽与第 8 格浸出液汇集在一起排出。第 12 格是淋干格，不喷淋液体，由第 1 格转过来的药渣中积存一些液体，在第 12 格让其落入储液槽，并由泵送入第 3 格继续使用。药渣由第 11 格排出后，送入一组附加的螺旋压榨器及溶剂回收装置，以回收药渣吸收的浸出液及残存溶剂。

平转式连续逆流提取器可密闭操作，用于常温或加温渗漉、水或醇提取。该设备对药材粒度无特殊要求，适应性强，生产能力大，操作简单。若药材过细应先润湿膨胀，可防止出料困难和影响溶剂对药材粉粒的穿透，影响连续浸出的效率。

四、超临界流体萃取设备

超临界流体萃取技术是一种用超临界流体作溶剂，对中药材所含成分进行萃取和分离的新技术。在临界压力和临界温度以上相区内的气体称为超临界流体。超临界流体萃取技术就是利用物质在临界点附近发生显著变化的特性进行物质提取和分离，能同时完成萃取和蒸馏两步操作，亦即利用超临界条件下的流体作为萃取剂，从液体或固体中萃取出某些有效成分并进行分离的技术。

1. 超临界流体的特征

① 超临界流体的密度接近于流体。因为溶质在溶剂中的溶解度多与溶剂的密度成正比，所以超临界流体的萃取能力比气体大数百倍，而与液体相近。

② 超临界流体的传递性能与气体相似，在萃取时的传质速率远大于液态时的溶剂提取速率。

③ 状态接近临界点的流体，蒸发热的数据非常小，若在此状态下进行分离操作，耗费很小的热量液体就会汽化，经济效益和节能效益十分明显。

④ 处在临界点附近的流体，当压强有一很小变化时，就会导致流体密度的很大变化，即溶质在流体中的溶解度有很大变化。

2. 超临界流体萃取法的优点

① 萃取分离效率高、产品质量好。②适合于含热敏性组分的原料。③节省热能。④可以采用无毒、无害气体作溶剂。

3. 超临界二氧化碳萃取设备

超临界二氧化碳萃取设备从功能上大体可分为七部分：冷水系统、热水系统、萃取系统、分离系统、夹带剂循环系统、二氧化碳循环系统和计算机控制系统。具体包括二氧化碳升压装置（高压柱塞泵或压缩机）、萃取釜、解析釜（或称分离釜）、二氧化碳储罐、冷水机、锅炉等设备。

由于萃取过程在高压下进行，所以对设备及整个高压管路系统的性能要求较高。

4. 超临界提取的实际应用

超临界提取应用在药物提取过程中，多采用间歇操作，将 2～3 个提取器并联到一起，其中一个进行卸料和装料，实际流程如图 2-7 所示。

五、超声提取设备

超声提取技术的基本原理主要是利用超声波的空化作用，加速植物有效成分的浸出提取，另外超声波的次级效应，如机械震动、乳化、扩散、击碎、化学效应等也能加速提取成分的扩散释放并充分与溶剂混合，利于提取。与常规提取法相比，具有提取时间短、产率

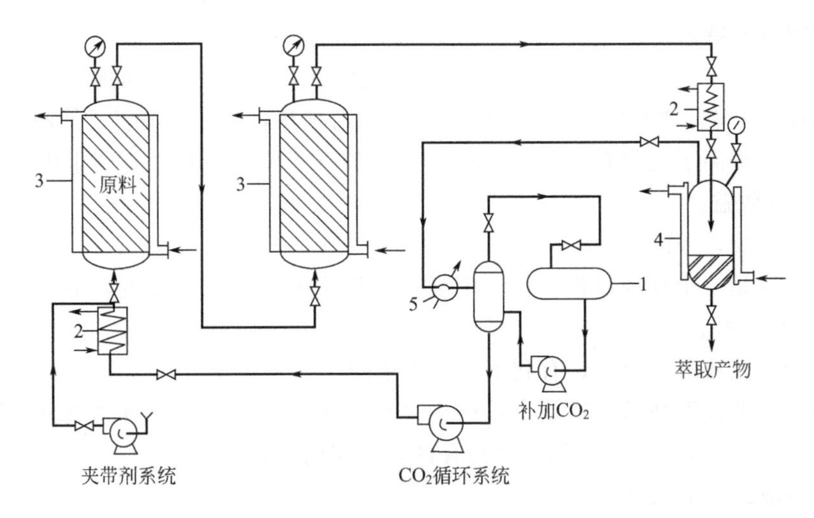

图 2-7　中试规模的超临界提取工艺流程

1—CO_2；2—加热器；3—萃取器；4—分离器；5—冷凝器

高、无需加热等优点。

1. 超声提取原理

超声波提取技术是利用超声波产生的强烈震动、高加速度、强烈的空化效应与搅拌作用等，加速药物有效成分进入溶剂，从而提高提出率、缩短提取时间，并且免去了高温对提取成分的影响。

① 空化效应。通常情况下，介质内部或多或少地溶解了一些微气泡，这些气泡在超声波的作用下产生震动，当声压达到一定值时，气泡由于定向扩散而增大，形成共振腔，然后突然闭合，这就是超声波的空化效应。这种增大的气泡在闭合时会在其周围产生高达几千个大气压的压力，形成微激波，它可造成植物细胞壁及整个生物体破裂，而且整个破裂过程在瞬间完成，有利于有效成分的溶出。

② 机械效应。超声波在介质中的传播可以使介质质点在其传播空间内产生震动，从而强化介质的扩散、传质，这就是超声波的机械效应。超声波在传播过程中产生一种辐射压强，沿声波方向传播，对物料有很强的破坏作用，可使细胞组织变形，植物蛋白质变性；同时，它还可给予介质和悬浮体以不同的加速度，且介质分子的运动速率远大于悬浮体分子的运动速率，从而在两者之间产生摩擦，这种摩擦力可使生物分子解聚，使细胞壁上的有效成分更快地溶解于溶剂之中。

③ 热效应。和其他物理波一样，超声波在介质中的传播过程也是一个能量的传播和扩散过程，即超声波在介质的传播过程中，其声能可以不断被介质的质点吸收，介质将所吸收能量的全部或大部分转变成热能，从而导致介质本身和药材组织温度的升高，增大了药物有效成分的溶解度，加快了有效成分的溶解速率。由于这种吸收声能引起的药物组织内部温度的升高是瞬时的，因此可以使被提取成分的结构和生物活性保持不变。

此外，超声波还可以产生许多次级效应，如乳化、扩散、击碎、化学效应等，这些作用也促进了植物体中有效成分的溶解，促使药物有效成分进入介质，并与介质充分混合，加快了提取过程的进行，并提高了药物有效成分的提取率。

2. 超声提取的特点

① 超声提取时不需加热，避免了中药常规煎煮法、回流法长时间加热对有效成分的不良影响，适用于对热敏物料的提取，同时由于其不需加热，因而也节省了能源。

② 超声提取提高了药物有效成分的提取率，节省了原料药材，有利于中药资源的充分利用，提高经济效益。

③ 溶剂用量少，节约溶剂。

④ 超声提取是一个物理过程，在整个浸提过程中无化学反应发生，不影响大多数药物有效成分的生理活性。

⑤ 提取物有效成分含量高，有利于进一步精制。

⑥ 应用超声波提取技术可提取中草药中多种的生物碱、苷类等有效成分。因此把超声波作为提取的一种手段，在这个领域中具有良好的应用前景。

3. 超声提取的影响因素

① 时间。超声提取通常比常规提取的时间短。超声提取的时间一般在 10～100min 即可得到较好的提取效果，如绞股蓝中绞股蓝总皂苷的提取。而药材不同，提取率随超声时间的变化亦不同。

② 超声频率。超声频率是影响有效成分提取率的主要因素之一。超声频率不同，提取效果也不同，应针对具体药材品种进行筛选。由于介质受超声波作用所产生气泡的尺寸不是单一的，存在一个分布范围。因此提取时超声频率应有一个变化范围。

③ 温度。超声提取时一般不需加热，但其本身有较强的热作用，因此在提取过程中对温度进行控制也具有一定意义。

④ 药材组织结构。药材本身的质地、细胞壁的结构及所含成分的性质等对提取率都有影响，只能针对不同的药材进行具体的筛选。对于同一药材，其含水量和颗粒的细度对提取率可能也会有一定的影响。

⑤ 超声波的凝聚机制。超声波的凝聚机制是超声波具有使悬浮于气体或液体中的微粒聚集成较大的颗粒而沉淀的作用。在静置沉淀阶段进行超声处理，可提高提取率和缩短提取时间。

六、微波提取设备

微波是波长介于 1mm～1m 的电磁波。它介于红外线和无线电波之间。微波在传输过程中遇到不同的介质，依介质性质不同，会产生反射、吸收和穿透现象，这取决于材料本身的几个主要特性：介电常数、介质损耗系数、比热容、形状和含水量等。因此在微波萃取领域中，被处理的物料通常是能够不同程度吸收微波能量的介质，整个加热过程是利用离子传导和偶极子转动的机制，因此具有反应灵敏、升温快速均匀、热效率高等优点。我国目前使用的工业微波频率主要为 915MHz（大功率设备）和 2450MHz（中、小功率设备）。其中 2450MHz 相当于波长 12.2cm 的微波，是目前应用最广泛的频率，常见的商用微波炉均为这一频率。

1. 基本原理

微波萃取的基本原理是微波直接与被分离物作用，微波的激活作用导致样品基体内不同成分的反应产生差异，使被萃取物与基体快速分离，并达到较高产率。溶剂的极性对萃取效率有很大的影响。不同的基体，所使用的溶剂也完全不同。从植物物料中萃取精油或其他有

用物质，一般选用非极性溶剂。这是因为非极性溶剂介电常数小，对微波透明或部分透明，这样微波射线自由透过对微波透明的溶剂，到达植物物料的内部维管束和腺细胞内，细胞内温度突然升高，而且物料内的水分大部分是在维管束和腺细胞内，因此细胞内温度升高更快，而溶剂对微波是透明（或半透明）的，受微波的影响小，温度较低。连续的高温使其内部压力超过细胞壁膨胀的能力，从而导致细胞破裂，细胞内的物质自由流出，传递转移至溶剂周围被溶解。而对于其他的固体或半固体试样，一般选用极性溶剂。这主要是因为极性溶剂能更好地吸收微波能，从而提高溶剂的活性，有利于使固体或半固体试样中的某些有机物成分或有机污染物与基体物质有效地分离。

2. 微波萃取的特点

传统的萃取过程中，能量首先无规则地传递给萃取剂，再由萃取剂扩散进基体物质，然后从基体中溶解或夹带出多种成分出来，即遵循加热-渗透进基体-溶解或夹带-渗透出来的模式，因此萃取的选择性较差。

微波萃取能对体系中的不同组分进行选择性加热。因而成为一种能使目标组分直接从基体中分离的萃取过程。与传统萃取相比，其主要特点是：快速、节能、节省溶剂、污染小，而且有利于萃取热不稳定的物质，可以避免长时间高温引起物质的分解，特别适合于处理热敏性组分或从天然物质中提取有效成分。与超临界萃取相比，微波萃取的仪器设备比较简单廉价，适用面广。

3. 微波萃取的影响因素

影响微波萃取的主要工艺参数包括萃取溶剂、萃取功率和萃取时间。其中萃取溶剂的选择对萃取结果的影响至关重要。

(1) 萃取溶剂的影响　通常，溶剂的极性对萃取效率有很大的影响，此外还要求溶剂对分离成分有较强的溶解能力，对萃取成分的后续操作干扰较少。常用的微波萃取的溶剂有甲醇、丙酮、乙酸、二氯甲烷、正己烷、乙腈、苯、甲苯等有机溶剂，和硝酸、盐酸、氢氟酸、磷酸等无机试剂，以及己烷-丙酮、二氯甲烷-甲醇、水-甲苯等混合溶剂。

(2) 萃取温度和萃取时间的影响　萃取温度应低于萃取溶剂的沸点，而不同的物质最佳萃取回收温度不同。微波萃取时间与被测样品量、溶剂体积和加热功率有关，一般情况下为10～15min。对于不同的物质，最佳萃取时间也不同。萃取回收率随萃取时间的延长而增加，但增长幅度不大，可忽略不计。

(3) 溶液pH的影响　实验证明，溶液的pH对萃取回收率也有影响。

(4) 试样中的水分或湿度的影响　因为水分能有效吸收微波能产生温度差，所以待处理物料中含水量的多少对萃取回收率的影响很大。对于不含水分的物料，要采取再湿的方法，使其具有适宜的水分。

(5) 基体物质的影响　基体物质对微波萃取结果的影响可能是因为基体物质中含有对微波吸收较强的物质，或是某种物质的存在导致微波加热过程中发生化学反应。

4. 微波萃取设备

一般说来，工业微波设备必须具备以下基本条件：①微波发生功率足够大、工作状态稳定，一般应配备有温控附件；②设备结构合理，可随意调整，便于采购和运输，能连续运转，操作简便；③安全，微波泄漏符合条件。

用于微波萃取的设备分两类：一类为微波萃取罐，另一类为连续微波萃取线。两者主要区别在于：前者是分批处理物料，类似多功能提取罐；后者是以连续方式工作的萃取设备。

目标检测

1. 影响提取速率的因素有哪些？

2. 多功能提取罐工作时冷凝、冷却溶剂不回流是什么原因引起的？如何解决？

3. 多功能提取罐工作时回流温度高是什么原因引起的？如何解决？

4. 简述超临界萃取方法的特点。

PPT 课件

模块三
分 离 设 备

学习目标

学习目的： 通过学习过滤和离心等机械分离方法进行非均相混合物分离，为将来从事制药生产中机械分离设备的操作和维护奠定基础。

知识要求： 掌握常用过滤机和离心机的结构、工作原理和操作。

熟悉常用过滤机和离心机的类型、性能特点和适用对象。

了解非均相物系的其他分离设备。

能力要求： 能正确操作和维护常用过滤机和离心机。

学会根据待分离物料的特点选择合适的机械分离设备。

项目一 板框压滤机的操作与养护

一、操作前准备知识

（一）概述

依靠机械作用力，对固-液、液-液、气-液、气-固等非均相混合物进行分离的设备均称为机械分离设备。

在制药生产中，常用的非均相分离方法主要有以下三种。

① 过滤法。使非均相物料通过过滤介质，将颗粒截留在过滤介质上而得到分离。

② 沉降法。颗粒在重力场或离心力场内，借自身的重力或离心力使之分离。

③ 离心分离。利用离心力的作用，使悬浮液中的微粒分离。

按分离的推动力不同，机械分离设备可分为加压过滤、真空过滤、离心过滤、离心沉降、重力沉降、旋流分离等。其中，利用离心沉降或离心过滤操作的机械统称为离心机；利用重力沉降或旋流器操作的设备统称为沉降器；真空过滤和加压过滤设备称为过滤机械。

固-液分离在制药工业生产上是一类经常使用又非常重要的单元操作。在原料药、制剂乃至辅料的生产中，固-液分离技术的能效都将直接影响产品的质量、收得率、成本及劳动生产率，甚至还关系到生产人员的劳动安全与企业的环境保护。

常压过滤效率低，仅适用于易分离的物料，加压和真空过滤机在制药工业中被广泛采用。例如，抗生素生产中发酵液过滤一般多采用板框压滤机、转筒真空过滤机和带式真空过滤机，也有采用立式螺旋卸料离心机等。在原料药的生产上，大部分产品是结晶体。结晶体先通过三足式离心过滤机脱水，然后干燥，最后获得最终产品。

（二）过滤的基本概念和过滤方式

1. 基本概念

过滤是非均相物系通过过滤介质，将颗粒截留在过滤介质上而得到分离。待过滤的悬浮液称为料浆或滤浆，过滤过程中使液体（或气体）通过而截留固体颗粒的多孔性材料称为过滤介质，被截留在过滤介质上的固体称为滤渣或滤饼，通过过滤介质的液体称为滤液。过滤机按操作方式可分为间歇式和连续式两类。

2. 过滤方式

按过滤的机制不同，将过滤分为滤饼过滤和深层过滤。

（1）滤饼过滤　滤液通过过滤介质，而颗粒被截留在过滤介质表面形成滤饼，滤饼层成为过滤介质的过滤称为滤饼过滤，所用的过滤介质称为表面型过滤介质，常以织物、多孔固体、多孔膜等作为过滤介质。如滤布、滤网。

（2）深层过滤　过滤时固体颗粒沉积在过滤介质的空隙内，过滤介质表面不形成滤饼的过滤称为深层过滤，所用的过滤介质称为深层过滤介质，一般以沙子、石棉、硅藻土等堆积物作为过滤介质。如滤芯、颗粒状过滤床层等。

（三）加压过滤机

在滤室内施加高于常压的操作压力的过滤机称为加压过滤机，简称压滤机。压滤机的操作压力一般为0.3～0.8MPa，个别可达3.5MPa，适用于固-液密度差较小而难以沉降的分离，或固体含量高和要求得到澄清的滤液，或要求固相回收率高、滤饼含湿量低的场合。由于压滤机的过滤推动力大、过滤速率高，单位过滤面积占地少，对物料的适应性强、过滤面积的选择范围宽，故应用十分广泛。

加压过滤机按操作特点可分为间歇式和连续式两类，其分类详见图3-1。间歇式加压过滤机的加料、过滤、洗涤、吹除、卸饼等操作过程是依次周期性间歇地进行的，其价格低、适应性强、结构形式多。最常用的有板框压滤机、厢式压滤机、加压叶滤机及筒式压滤机等。连续式加压过滤机的加料、过滤、洗涤、吹除和卸饼等操作过程为同时连续进行。与真空过滤相比，具有过滤速率高、含湿量低、环境洁净且更适于自动化控制操作等特点。

（四）板框式压滤机的结构与工作原理

板框式压滤机是广泛应用的一种间歇式操作加压过滤设备，也是最早应用于工业过程的过滤设备。如图3-2所示，板框式压滤机主要由固定架、固定头、滤框、滤板、可动头和压紧装置组成，两侧的固定架把可动头和压紧装置连在一起构成机架，机架上靠近压紧装置端设有固定头。在固定头和可动头之间依次交替排列滤板和滤框，滤板和滤框之间夹着滤布。压紧装置的驱动可用手动、电动和液压传动等方式。

滤板和滤框的结构如图3-3所示，滤板和滤框的两上角均开有圆孔，滤板的表面呈各种凸凹纹。滤框的作用是汇聚滤渣和承挂滤布。滤板的作用是支撑滤布和排出滤液，其凸出的部分可以支撑滤布，凹下的部分则形成排液通道。滤板又分为洗涤板和过滤板，在过滤板和洗涤板的下角侧面都装有滤液的出口阀，在洗涤板左上角，还开有与板面两侧相通的侧孔

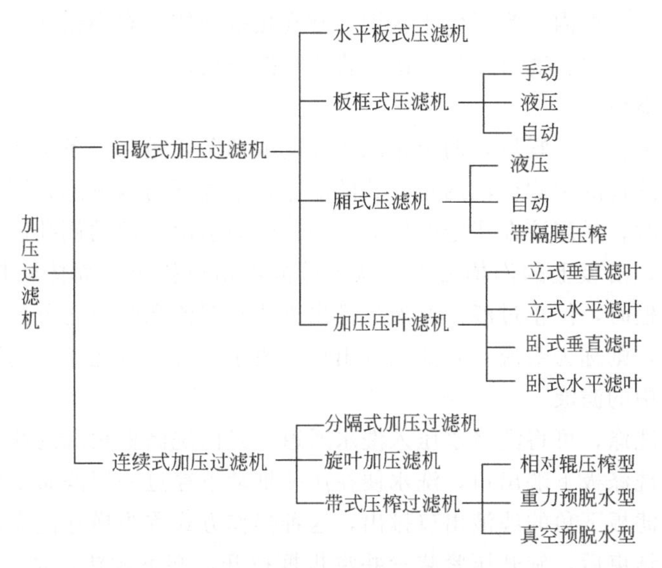

图 3-1　加压过滤机的分类

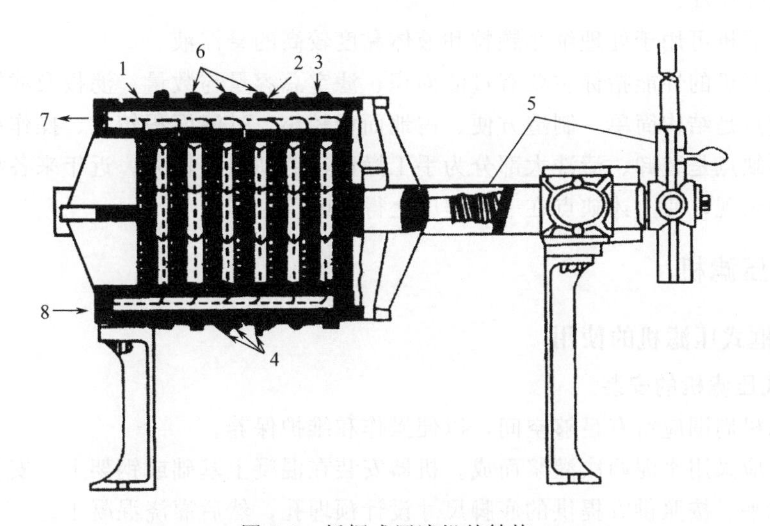

图 3-2　板框式压滤机的结构

1—固定架；2—滤板；3—滤框；4—滤布；5—压紧装置；
6—滤渣积聚在滤框中；7—滤液出口；8—滤浆进口

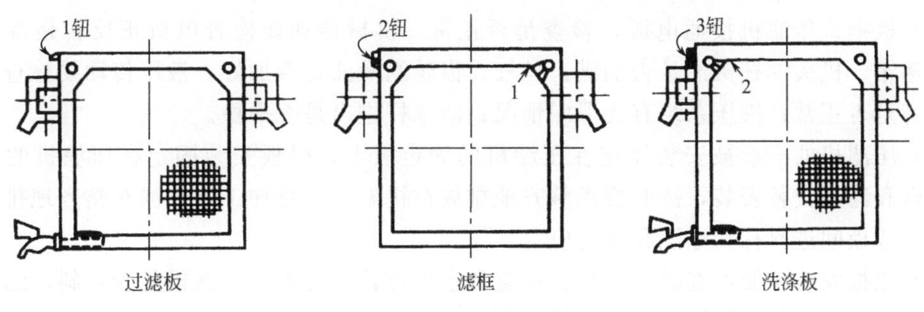

图 3-3　滤板和滤框的结构

1—滤浆通道；2—洗涤液通道

道，洗涤水可由此进入框内。为了便于区别，常在板框外侧铸有小钮或其他标志。通常，过滤板为 1 钮、滤框为 2 钮、洗涤板为 3 钮，装合时按钮数以 1-2-3-2-1-2-3-…的顺序排列板与框，构成过滤和洗涤单元。

过滤板和滤框装合、压紧后，两上角的圆孔构成两条通道。一条是滤浆的通道，另一条是洗水的通道。在滤框的两侧覆以两角开孔的滤布，空滤框与两侧滤布围成了容纳滤浆及滤饼的空间。当过滤时，悬浮液在指定的压力下经滤浆通道由滤框的侧孔进入滤框空间，滤液分别透过两侧滤布，沿板上的沟槽流下，从下端滤液出口排出，固体颗粒则被截留于滤框内，待滤饼充满滤框时，停止过滤。滤液的排出方式有明流和暗流之分。若滤液由每块滤板底部出口直接排出，则称为明流；若滤液排出后汇集于总管后再送走，则称暗流。暗流多用于不宜暴露于空气中的滤液。

如果滤饼需要洗涤，可将洗涤水压入洗水通道，经由洗涤板角端的侧孔进入板面与滤布之间。此时，关闭洗涤板下端出口，洗水便在压差推动下穿过一层滤布及整个滤饼，再横穿另一层滤布，由过滤板下角的滤液出口排出，这种操作方式称为横穿洗涤法，其作用在于提高洗涤效果。洗涤结束后，旋开压紧装置并将板框拉开，卸下滤饼，清洗滤布，重新装合，进入下一个操作循环。

板框式压滤机可用于处理细小颗粒和液体黏度较高的悬浮液。

板框式压滤机的性能指标主要有过滤面积、滤室总容量与数量、滤板及滤饼厚度、过滤压力等。其优点是结构简单、制造方便、占地面积较小、过滤面积较大、操作压力高、适应能力强。它的缺点是装卸、清洗大部分为手工操作，劳动强度较大。近年来各种自动操作的板框压滤机的出现，使上述缺点在一定程度上得到改善。

二、板框式压滤机

（一）板框式压滤机的使用

1. 板框式压滤机的安装

（1）压滤机周围应留有足够空间，以便操作和维护保养。

（2）基础应采用水泥两次灌浆而成。机器安装在混凝土基础或钢架上。安装时以两横梁为基础校正水平。按照供方提供的底脚尺寸设计预埋孔，然后灌浇混凝土。

（3）固定板和支脚用地脚螺栓固定，油缸座不固定，以保证主梁在受力状况下有一定的轴向位移。如果两端同时固定，有可能导致压不紧或者损坏机架。

（4）按照过滤的物料、压力、温度选择材质适宜的滤布。

（5）板框式压滤机接通电源，检查是否正常。机械传动要检查电机正反转是否符合要求；减速箱、机头油杯机油是否加满；丝杠、齿轮润滑油是否加好；液压传动要检查齿轮泵运转声音是否正常；液压系统有无泄漏情况；活塞杆进出是否平稳。

（6）压滤机的头板被安装固定在压滤机的固定板上，尾板安装固定在压滤机的压紧板上，滤框和滤板交替安装，按照要求整齐地排放在机架上，将加工好的滤布整齐地排在滤板上，注意滤板间进料孔和漂洗孔相对应。

（7）滤板安装时要检查滤板序列、垂直和水平位置是否正确，滤板是否歪斜，滤板的中心是否对齐，数量是否足够。

2. 板框式压滤机的运转

（1）操作前的准备工作

① 检查管路与压滤机板框、滤布是否保持清洁。

② 按规定穿戴好工作服、鞋、帽等保护品，检查环境卫生符合要求，准备好设备运行记录。

③ 设备状况检查

a. 检查进出管路、连接是否有渗漏或堵塞。b. 检查油泵能否正常运转，油液是否清洁，油位是否足够。c. 检查机架各连接零件及螺栓、螺母有无松动，随时予以调整紧固。相对运动的零件必须经常保持良好的润滑。d. 检查管道上的阀门是否处于正常开关位置，进液泵及各阀门是否正常。e. 检查压力表、安全阀等安全附件是否完好。f. 带电设备接地是否完好。

(2) 板框式压滤机的运转　板框式压滤机的运转流程见图 3-4。开始过滤时滤液往往混浊，然后转清。如滤板间有较大渗漏，可适当加大顶板顶紧力、旋紧锁紧螺母，但因滤布有毛细现象，仍有少量滤液渗出，属正常现象，可由容器接收。

压滤结束，卸滤渣后要将滤布、滤板、滤框冲洗干净，叠放整齐，以防板框变形，也可依次放在压滤机里用压紧板顶紧，以防变形。

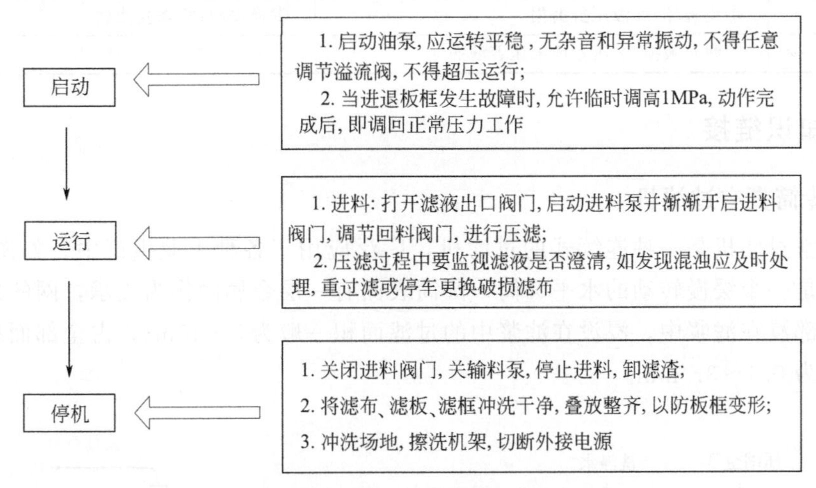

图 3-4　板框式压滤机的运转流程

3. 安全操作注意事项

(1) 压滤机的减速器齿轮、压紧螺杆、减速器等应运转平稳、无异音。

(2) 压滤机压紧时，前机座无晃动。

(3) 滤板和滤框的移动装置及卸料装置、电气控制系统等要运转正常。

(4) 液压压紧装置密封性要良好，液压系统运行正常、无泄漏现象。

(5) 设备带压操作，压力表、安全阀等安全附件要定期校验，带电设备接地完好。

(二) 板框式压滤机的维护与保养

(1) 定期清洗保持设备清洁，要经常清洗、更换滤布，工作完毕时应及时清理残渣，不能在板框上干结成块，以防再次使用时堵塞、漏料。

(2) 经常检查、紧固各连接部位螺栓；各传动部位轴承和滑动导轨按规定注油润滑，经常更换液压油、机油；板框式压滤机油箱的油位必须在规定位置。

(3) 压滤机长期不用应上油封存，拆下的板框应平整地堆放在通风干燥的库房，存放时应防止弯曲变形。

(4) 设备带压操作，压力表、安全阀等安全附件要定期校验，带电设备接地完好；滤板和滤框的移动装置及卸料装置、电气控制系统等要动作可靠；液压压紧装置密封性要良好，液压系统动作可靠、无泄漏现象。

(三) 板框式压滤机常见故障及处理方法

板框式压滤机常见故障及处理方法见表 3-1。

表 3-1　板框式压滤机的故障原因及处理方法

常见故障	产生原因	处理方法
压紧面漏液	①主轴磨损；②滤板、滤框变形；③进料压力过高；④压不紧；⑤压紧面有杂质；⑥进料口、出液口未拧紧；⑦橡胶膜损坏	①调直或更换主轴；②更换滤板、滤框；③调整进料压力；④调继电器电流；⑤清除杂质；⑥拧紧进、出料管口；⑦更换橡胶膜
压紧装置失灵	①推力轴承损坏以致损坏螺杆；②大齿轮轴套螺母之螺纹损坏	①更换轴承、螺杆；②换大齿轮轴套螺母
尾板断裂	①尾板安装不符合要求；②材质不符；③电流继电器失灵；④压偏	①换尾板、螺杆；②更换尾板；③更换继电器；④重新压紧
压力不足	①皮碗坏；②液压缸磨损	①换皮碗；②修复油缸
滤液混浊或出液少	①滤布破损；②压紧面未压着滤布	①更换或修补；②调整、铺平

三、拓展知识链接

(一) 转筒真空过滤机

转筒真空过滤机是一种连续式的过滤机，广泛应用于各种工业生产中。如图 3-5 所示，设备的主体是一个缓慢转动的水平圆筒，圆筒表面有一层金属网作为支承，网的外围覆盖滤布，筒的下部浸在滤浆中，浸没在滤浆中的过滤面积一般为 5～40m^2，占全部面积的30%～40%，转速为 0.1～3r/min。

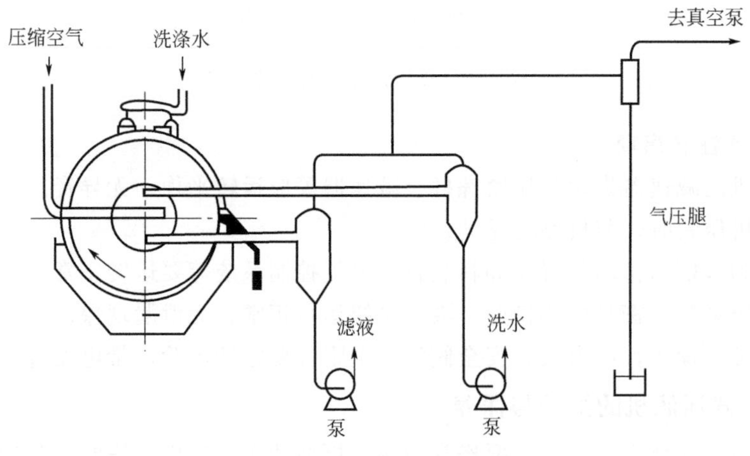

图 3-5　转筒真空过滤机装置

如图 3-6 所示，圆筒沿径向被分割成若干互不相通的扇形格，每格都有单独的孔道与分配头相通。通过分配头、圆筒旋转时其壁面的每一个格，可依次与真空管和压缩空气相通。因此在回转一周的过程中，每个扇形格表面可顺序进行过滤、洗涤、吸干、卸渣和清洗滤布

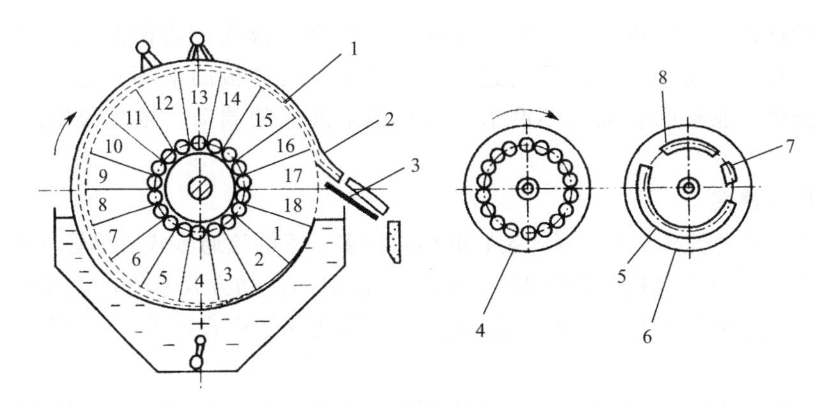

图 3-6　转筒及分配头的结构

1—转筒；2—滤饼；3—刮刀；4—转动盘；5—真空凹槽；6—固定盘；7—压缩空气凹槽；8—洗水真空凹槽

等项操作。

分配头是转筒真空过滤机的关键部件，由紧密贴合的转动盘与固定盘构成，转动盘随筒体一起转动，固定盘内侧面开有若干长度不等的弧形凹槽，各凹槽分别与真空系统和吹气系统相通。

转筒在操作时可以分成如下几个区域。

① 过滤区。当浸在悬浮液内的各扇形格同真空管路相接通时，格内为真空。由于转筒内外压力差的作用，滤液穿过滤布后被吸入扇形格内，经分配头被吸出，在滤布上则形成一层逐渐增厚的滤渣。

② 吸干区。当扇形格离开悬浮液时，格内仍与真空管路相接通，滤渣在真空下被吸干。

③ 洗涤区。洗涤水喷洒在滤渣上，洗涤液和滤液一样，经分配头被吸出。滤渣被洗涤后，在同一区域内被吸干。

④ 吹松区。扇形格同压缩空气管相接通，压缩空气经分配头，从扇形格内部向外吹向滤渣，使其松动，以便卸料。

⑤ 滤布复原区。经吹松滤渣这部分扇形格移近到刮刀时，滤渣就被刮落下来。滤渣被刮落后，可由扇形格内部通入压缩空气或蒸汽，将滤布吹洗干净，开始下一个循环的操作。

各操作区域之间，都有不大的休止区域。这样，当扇形格从一个操作区域转向另一个操作区域时，各操作区域不致互相联通。

转筒真空过滤机的最大优点是连续自动操作、节省人力、生产能力大，尤其适宜处理颗粒较大且容易过滤的料浆，对于难以过滤的细而黏的物料，可采用预涂助滤剂的方法。缺点是设备结构比较复杂、投资费用高、过滤面积不大。此外，由于真空吸滤，因而过滤推动力有限，不宜用于过滤温度较高的悬浮液，滤饼洗涤不够充分。

（二）膜过滤设备

膜片是膜分离设备的核心，良好的膜分离设备应具备以下条件：①膜面切向速度快，以减少浓差极化；②单位体积中所含膜面积比较大；③容易拆洗和更换新膜；④保留体积小且无死角；⑤具有可靠的膜支撑装置。目前膜分离设备有许多种形式，其中最常用的有板式、管式、折叠筒式、中空纤维式和螺旋卷式。

1. 板式膜过滤器

板式膜过滤器的结构类似于板框式过滤机，如图 3-7 所示。滤膜复合在刚性多孔支撑板上，支撑板材料为不锈钢多孔筛板、微孔玻璃纤维压板或带沟槽的模压酚醛板。料液从膜面上流过时，水及小分子溶质透过膜，透过液从支撑板的下部孔道中汇集排出。为了减少浓差极化，滤板的表面为凹凸形，以形成浓液流的湍动。浓缩液则从另一孔道流出收集。

2. 管式膜过滤器

(1) 通用型管式膜过滤器　管式装置的形式很多。管的流通方式有单管（管规格一般为 DN25mm）及管束（管规格一般为 DN15mm），液流的流动方式有管内流和管外流式，由于单管式和管外式的湍动性能较差，目前趋向采用管内流管束式装置，其外形类似于列管式换热器，见图 3-8。

管子是膜的支撑体，有微孔管和钻孔管两种，微孔管采用微孔环氧玻璃钢管、玻璃纤维环氧树脂增强管、烧结金属滤芯、烧结非金属滤芯等。钻孔管采用增强塑料管、不锈钢管或铜管（孔径为 1.5mm），管状膜装入管内或直接在管内浇膜。管式膜分离装置结构简单，适应性强，清洗安装方便，单根管子可以更换，耐高压、无死角，适宜于处理高黏度及固体含量较高的料液，比其他形式应用更为广泛。其不足是体积大、压力大、单位体积所含的过滤面积小。

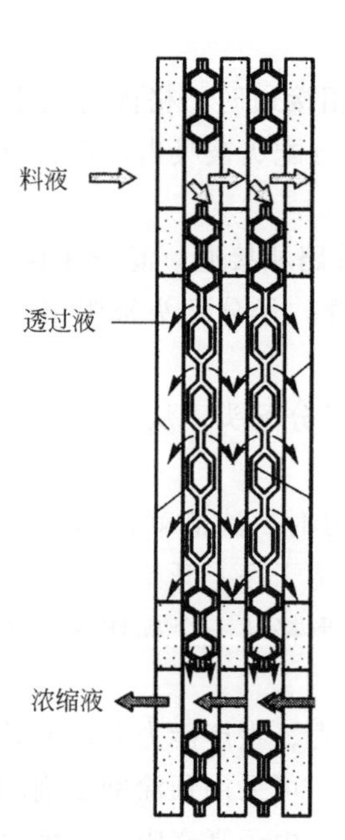

图 3-7　板式膜过滤器

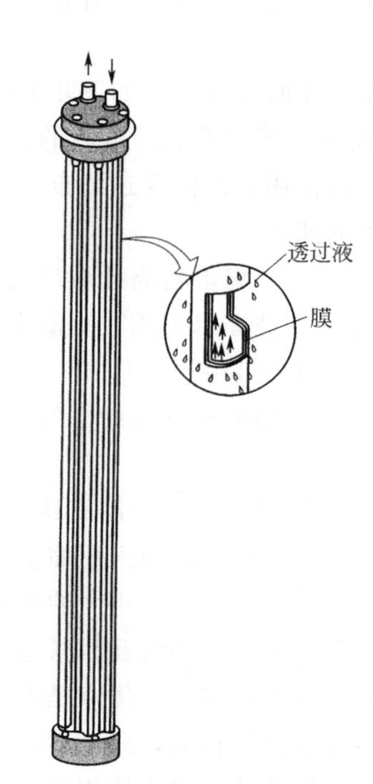

图 3-8　管式膜过滤器

(2) 陶瓷膜过滤器　陶瓷膜具有耐高温、耐化学腐蚀、机械强度高、抗微生物能力强、渗透量大、可清洗性强、孔径分布窄、分离性能好和使用寿命长等特点，目前已在化工与石油化工、食品、生物和医药等领域获得成功应用。图 3-9 为陶瓷滤膜的横断面，图 3-10 为陶瓷滤膜工作原理示意图。

陶瓷膜过滤器的优点：①相对于有机膜而言，可以耐受更高的过滤温度，因此非常适合高温过程；②可以通过高温蒸汽对膜组件进行杀菌，因此适合于除菌过滤过程；③过滤孔径一般在 0.01～0.04μm 之间选择，通常是一个微滤过程；④耐强酸、强碱；根据物料的黏度、悬浮物含量可选择不同通道的陶瓷膜进行应用。缺点是国产陶瓷膜的质量还不稳定，进口的组件单位造价比有机膜高不少。

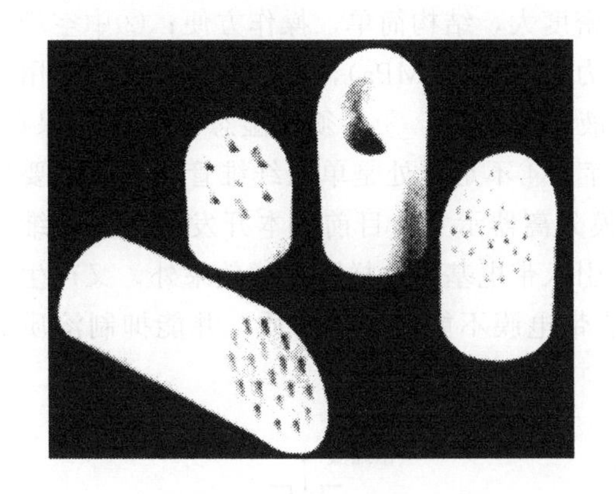

图 3-9 陶瓷滤膜的横断面

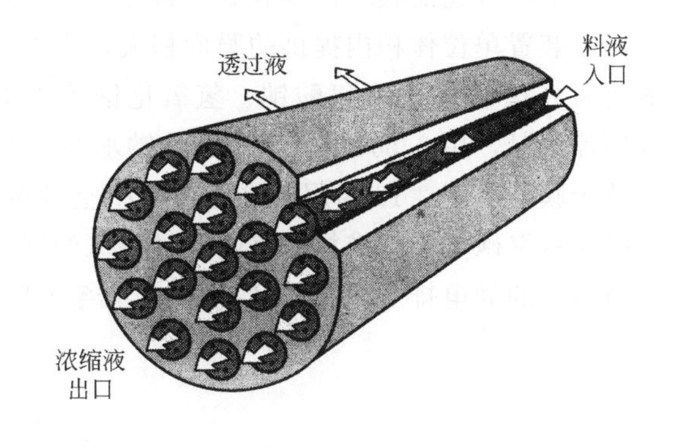

图 3-10 陶瓷滤膜工作原理示意

3. 折叠筒式膜过滤器

折叠筒式膜过滤器的滤芯见图 3-11。

折叠筒式膜过滤器的优点是：①由于滤芯采用折叠式，单位体积的过滤面积增大了，提高了过滤效率；②有广泛的化学兼容性；③聚砜膜的双层结构经久耐用，特别是密集的微孔结构提高了过滤效率，延长了最终过滤器的寿命，微孔独特的几何形状提高了过滤难度较大溶液的过滤量；④释出物特别低；⑤产品出厂前都经过 100%完整性测试，保证了使用安全可靠；⑥过滤精度严格符合《中华人民共和国药典》和《美国药典》的要求；⑦所有的部件在生物安全方面通过了《美国药典》的实验，并不会在高温中热解，双层 O 形密封环，防止液体流过；热焊接结构能承受恶劣的工作条件。

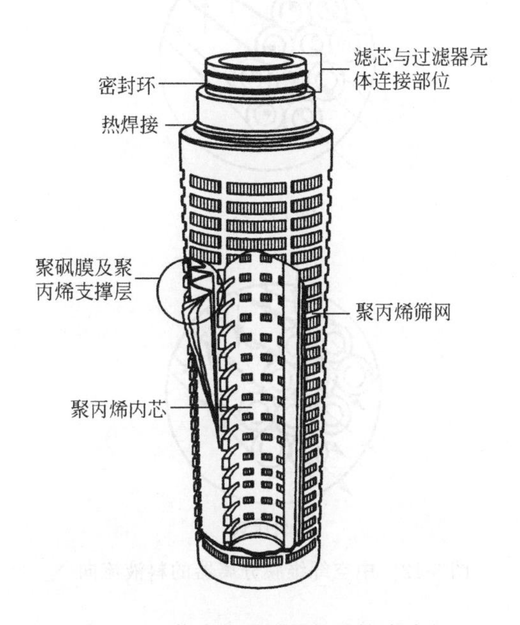

图 3-11 装有聚砜膜的折叠筒式滤芯

4. 中空纤维膜分离器

中空纤维膜分离器中料液的流向有两种形式：一种是内压式，即料液从空心纤维管内流过，透过液经纤维管膜流出管外，这是常用的操作方式；另一种是外压式，料液从一端经分布管在纤维管外流动，透过液则从纤维管内流出，水处理常采用外压方式，如图 3-12 所示。

为增大膜分离器单位体积的膜面积，可采用空心纤维管状膜，中空纤维超滤膜是以高分子材料采用特殊工艺制成的不对称半透膜，呈中空毛细管状，微孔密布管壁。可根据需要制成不同直径的纤维膜，内径一般为 0.5～1.4mm，外径 1.1～2.3mm。中空纤维有细丝型和粗丝型两种。细丝型适用于黏性低的溶液，粗丝型适用于黏度较高和带有固体粒子的溶液。用环氧树脂将许多中空纤维的两端胶合在一起，形似管板，然后装入一管壳中。在压力的作用下能使小分子物质透过膜成为超滤液，其他的高分子物质、胶体、超微粒子、细菌等则被膜面阻挡成为浓缩液，从而达到物质的分离、浓缩和提纯目的。

中空纤维超滤膜组件具有如下特点：①装填密度大，结构简单，操作方便；②中空纤维膜分离装置单位体积内提供的膜面积大，操作压力低（<0.3MPa），且可反向清洗，可用过氧化氢（双氧水）、次氯酸钠、氢氧化钠等水溶液灭菌消毒；③必须在湿态下使用与保存，长期停用时，用0.5%甲醛或次氯酸钠水溶液保存；④不足之处是单根纤维管损坏时需要更换整个膜件。图3-13为用于水处理的中空纤维膜分离器示意。目前日本开发的中空纤维带电膜是将聚砜空心纤维材料表面经过特殊处理，引入带电基，这样除过滤效果外，又产生一个与溶质的静电排斥效果，从而可以分离某些非带电膜不能分离的溶质，并能抑制溶质的吸附。

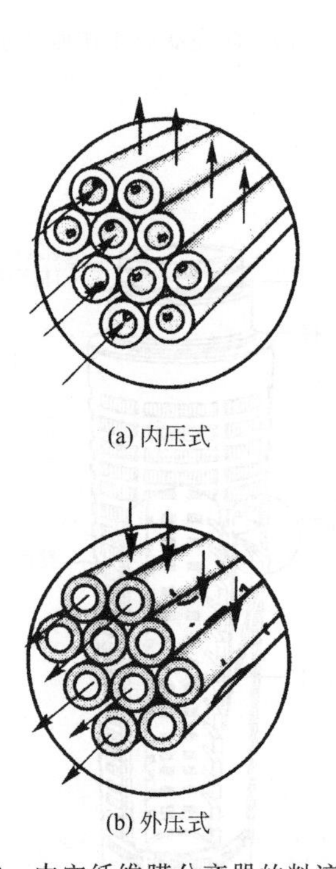

图3-12　中空纤维膜分离器的料液流向

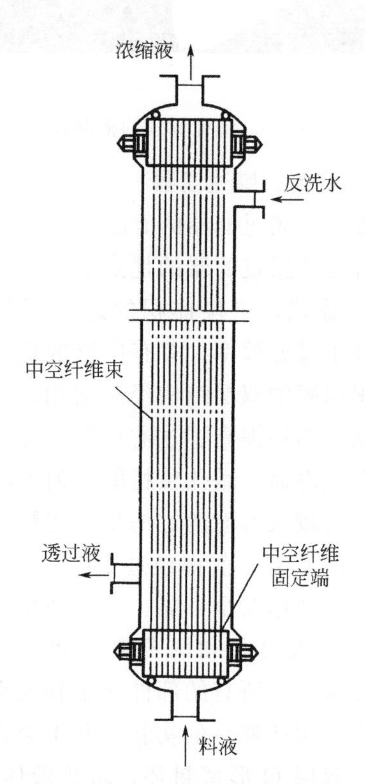

图3-13　中空纤维膜分离器

5. 螺旋卷式膜分离器

螺旋卷式反渗透装置是由若干个卷式组件按一定排列方式组装而成的，将反渗透膜、产水流道材料、原水流道材料按一定次序围绕中心管制成元件，若干膜组顺次连接装入外壳内。操作时，将原水加压输入装置中，料液在膜表面通过间隔材料沿轴向流动，而透过液则沿螺旋形流向中心管，就能达到水与盐分、胶体、微粒、细菌等分离的目的，如图3-14所示。

中心管可用钢、不锈钢或聚氯乙烯管制成，管上钻小孔，透过液侧的支撑材料采用玻璃微粒层，两面衬以微孔涤纶布，间隔材料应考虑减少浓差极化及降低压力降。螺旋卷式膜分离器端面封头必须可靠，防止渗漏。螺旋卷式膜的特点是膜面积大、湍流状况好、换膜容易，适用于反渗透；缺点是流体阻力大、清洗困难。

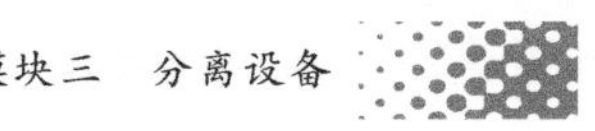

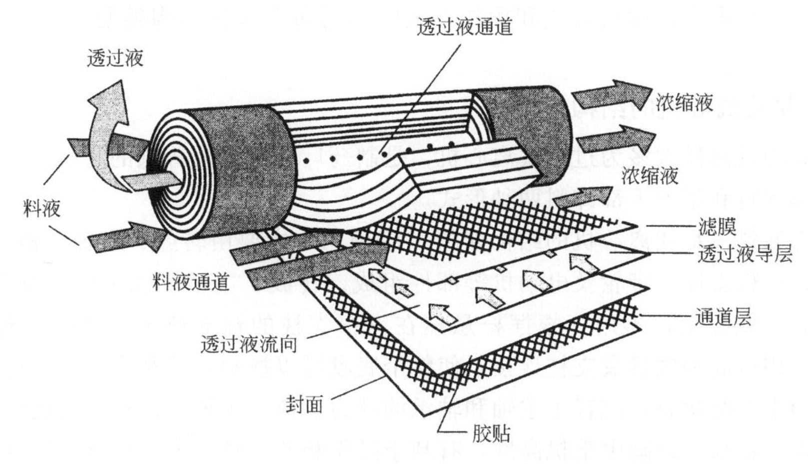

图 3-14　螺旋卷式膜分离器工作原理示意

项目二　离心机的操作与养护

一、操作前准备知识

离心分离是利用离心机转鼓旋转产生的离心力，来实现悬浮液、乳浊液及其他物料分离或浓缩的操作。离心分离过程一般分为离心过滤、离心沉降和离心分离 3 种。

（一）过滤式离心机

离心过滤过程常用来分离固体浓度较高且颗粒较大的悬浮液。此过程由过滤式离心机完成。过滤离心机的离心过滤原理如图 3-15 所示。过滤式离心机转鼓上均匀分布许多小孔，供排出滤液用，转鼓内壁上覆有过滤介质。转鼓旋转时，转鼓内的悬浮液在离心力的作用下，其中的固体颗粒沿径向移动被截留在过滤介质表面，形成滤饼层，而液体则透过饼层、过滤介质和鼓壁上的小孔被甩出，从而实现固体颗粒与液体的分离。

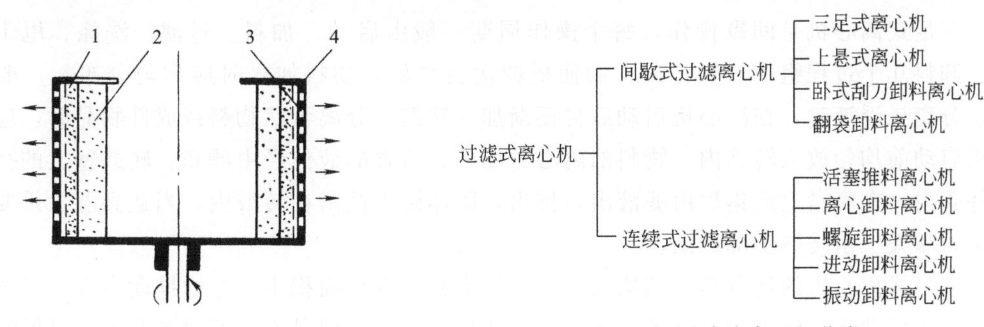

图 3-15　过滤离心机的离心过滤原理

1—滤饼；2—悬浮液；3—过滤介质；4—转筒

图 3-16　过滤式离心机分类

过滤式离心机一般用于固体颗粒尺寸大于 10μm、滤饼压缩性不大的悬浮液的过滤。滤式离心机由于支撑形式、卸料方式和操作方式的不同而有多种结构类型。图 3-16 为过滤离心机的分类。

（二）三足式离心机的结构与原理

三足式离心过滤机大多为过滤式离心机，是制药厂中应用较普遍的离心机。按卸料方式分有人工上部卸料和刮刀下部卸料两种形式。

人工上部卸料三足式离心机的结构如图 3-17 所示，主要由转鼓、主轴、轴承、轴承座、底盘、外壳、三根支柱、带轮及电动机等部件组成。转鼓、主轴、轴承座、外壳、电动机、V 形带轮都装在底盘上，再用三根摆杆悬挂在三根支柱的球面座上。摆杆套有缓冲弹簧，摆杆两端分别用球面和底盘及支柱连接，使整个底盘可以摆动，这种支承结构可自动调整装料不均导致的不平衡状态，减轻了主轴和轴承的动力负荷。主轴短而粗，鼓底向内凹入，使转鼓质心靠近上轴承，以减少整机高度，有利于操作和使转动系统的固有频率远离离心机的工作频率，减少震动。离心机由装在外壳侧面的电动机通过三角皮带驱动，停车时，转动机壳侧面的制动器把手使制动带刹住制动轮，离心机便停止工作。

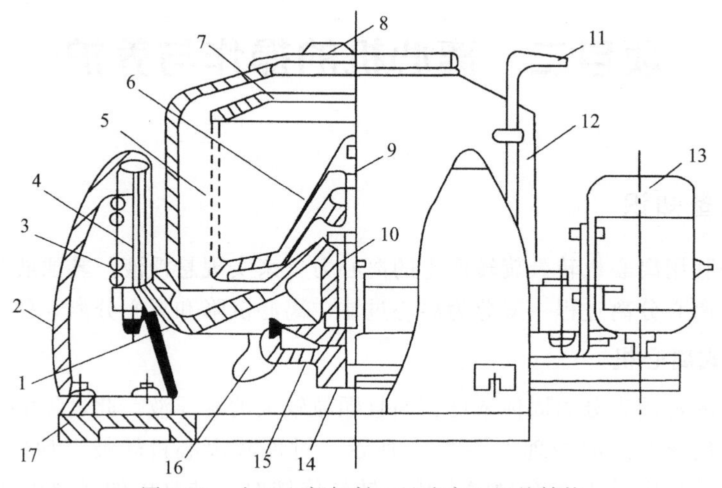

图 3-17　人工上部卸料三足式离心机的结构

1—底盘；2—支柱；3—缓冲弹簧；4—摆杆；5—转鼓体；6—转鼓底；7—拦液板；8—机盖；9—主轴；10—轴承座；11—制动器把手；12—外壳；13—电动机；14—三角带轮；15—制动轮；16—滤液出口；17—机座

三足式离心机是间歇操作，每个操作周期一般由启动、加料、过滤、洗涤、甩干、停车、卸料几个过程组成。操作时，为使机器运转平稳，物料加入时应均匀分布。一般情况下，分离悬浮液时，在离心机启动后再逐渐加入转鼓。分离膏状物料或成件物品时，应在离心机启动前均匀放入转筒内。物料的离心力场中，所含的液体经由滤布、转鼓壁上的孔被甩到外壳内，在底盘上汇集后由滤液出口排出，固体则被截留在转鼓内，当达到湿含量要求时停车，靠人工由转鼓上部卸出。

三足式离心机的优点是：结构简单、操作平稳、占地面积小、过滤推动力大、过滤速率快、滤渣可洗涤、滤渣含液量低，适用于过滤周期长、处理量不大但滤渣要求含量低时的过滤。对粒状、结晶状或纤维状的物料脱水效果较好，晶体不易磨损。操作的过滤时间可根据滤渣中湿含量的要求控制，灵活方便，故广泛用于小批量、多品种物料的分离。其缺点是：需从转筒上部卸除滤饼、需要比较繁重的体力劳动、传动机构和制动都在机身下部。

近年来，出现了自动刮刀下部卸料三足式离心机，克服了上部卸料离心机的缺点，但结构复杂、造价高，故应用较少。

二、三足式离心机

(一) 三足式离心机操作

1. 操作前设备确认

确认离心机是否已清洁；检查离心机通电是否正常，检查远程控制是否已开启；检查离心机内外部是否有杂物等影响离心机正常工作；确认外接管道及装置是否连接可靠；确认滤袋放置是否正确。

2. 离心操作

(1) 泵打入式装料离心　泵的连接：泵的进液管接到釜底阀上，泵的出液管接在离心机上；开启离心机加料模式，待离心机启动后开启输液泵，调节输液泵出液阀，将料液均匀地打入离心机内；输液泵输液速率可根据产品分离的难易而定；当滤饼到一定厚度时停止加料；加料完毕后启动脱液模式进行脱液；脱液完毕后加淋洗液淋洗；待离心机出口无液体流出时，关闭离心机，待离心机停止运转后取出滤饼。

(2) 倒入式装料离心　打开离心机上盖，将料液倒入离心机内；开启离心机加料模式，待离心机出口无液体流出时，停机再倒入料液离心；加料完毕后启动脱液模式进行脱液；脱液完毕后加淋洗液淋洗；待离心机出口无液体流出时，关闭离心机，待离心机停止运转后取出滤饼。

(3) 母液收集　离心母液量大的，可以用真空抽的方式将母液先抽到收集罐中，待离心完后再放出；离心母液量相对较少的，在离心机出口处接自吸泵将母液抽到收集桶中；母液不需要收集的，在离心机出口处接上引流管，将母液直排。

(二) 三足式离心机的常见故障及处理方法

三足式离心机的常见故障及处理方法见表 3-2。

表 3-2　三足式离心机的常见故障及处理方法

常见故障	产生原因	处理方法
离心机强烈震动	①布料不均匀 ②滤布局部破损漏料 ③鼓壁部分滤孔堵塞 ④出液口堵塞，底盘内积液使转鼓在积液中旋转 ⑤主轴螺母松动 ⑥缓冲弹簧断裂 ⑦安装不平或柱脚连接螺钉松动 ⑧转鼓变形 ⑨制动环摩擦片单边摩擦转鼓底	①根据物料性质采用合理的加料方式，尽量使转鼓内物料分布均匀 ②更换滤布 ③卸下机壳，清除转鼓壁内外的沉积物 ④卸下机壳和出液管，清除管内和底盘内的沉积物 ⑤拧紧螺母，垫好防松垫圈 ⑥更换缓冲弹簧 ⑦调校机座使三柱脚水平；调校球面垫；圈座和垫圈使底盘水平；拧紧连接螺钉 ⑧整形，重新动平衡校正 ⑨更换或修整摩擦片，调校制动球
异常响声	①转鼓、外壳内有异物，转动件碰擦 ②各传动部位连接松动 ③轴承过度磨损或已损坏，润滑失效 ④三角带伸长或磨损	①清除异物，正确安装转动件 ②拧紧各部位的紧固件，尤其是轴承座与底盘的连接螺钉和防松垫圈 ③更换轴承，清洗轴承内腔；更换润滑脂 ④调整电机底板上的调节螺栓，张紧三角带或更换三角带

续表

常见故障	产生原因	处理方法
跑料过多或滤渣含液量过大	①加料量过大，造成拦液板翻液 ②滤布（网）选用不当或堵塞 ③滤布与鼓壁贴合不好或局部已破损	①按工作容积加料 ②测量固相粒度，通过试验选用合适滤布或清洗滤布（网） ③重新铺好滤布（网）或更换滤布（网）
离合器和电动机温度过高	①每小时循环次数大于5次，电动机启动频繁；离心机启动时间大于60s ②超载运行造成运转电流大	①调整工序时间，尽量使每小时循环次数控制在5次以内，减少无谓的开、停车，拆下离合器的离心块，检查、修磨摩擦面，使贴合面大于70%；加重离心块的重量，但允差小于5g；更换已磨损的摩擦片，不允许铆钉与皮带轮碰擦；清除摩擦面的油渍和污物 ②减少加料量
制动失灵	①扁头轴因腐蚀而卡死 ②扁头轴、摩擦带已磨损	①拆下扁头轴清除锈渍，涂润滑脂 ②拆下扁头轴和摩擦带

三、拓展知识链接

（一）沉降式离心机

离心沉降过程常用来分离固体含量较少且粒度较细的悬浮液。此过程由沉降式离心机完成，沉降式离心机转鼓的鼓壁上无孔，依靠悬浮液中固相和液相的密度不同实现分离。沉降离心的原理如图3-18所示，转筒绕其垂直轴旋转，此时液体和固体颗粒都受到两个力的作用：向下的重力和水平方向的离心力。对于工业离心机，其离心力远大于重力，以至于实际上可忽略重力。其中密度大的颗粒沉于鼓壁，而密度小的液体集于转鼓中央，并不断引出。其分离原理是颗粒在离心力场中获得非常大的离心力，从而加速了悬浮液中颗粒的沉降。

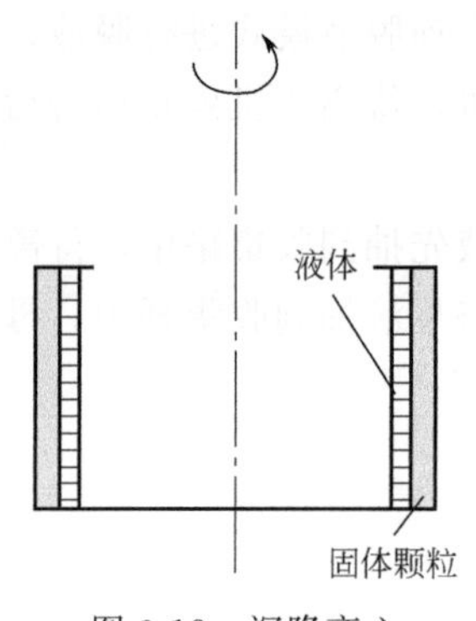

图3-18　沉降离心工作原理

1. 三足式沉降离心机

三足式沉降离心机结构与三足式过滤离心机的最大区别是转鼓壁上不开孔。物料进入高速转动的转鼓底部，在离心力作用下，固体颗粒沉降至转鼓壁，澄清的液体沿转鼓向上流动，经拦液板连续溢流排出。当沉渣达到一定厚度时停止进料。澄清液先用撇液管撇出机外，剩下较干的沉渣可根据物料性质，采用不同的方式卸除。软的和可塑性大的沉渣用撇液管在全速下撇除；粗粒状和纤维状较干的沉渣用刮刀在低速下刮料，经转鼓底的卸渣口排出；或者停车用人工从上部卸料；也可以用特殊喷嘴加入的液体重新制浆，然后将浆液排出机外。

该机型分离效率较低，一般只适宜处理较易分离的物料；因是间歇操作，为避免频繁的卸料、清洗，处理的物料一般含固量都不高（3%～5%）。该机的结构简单，价格低，适应性强，操作方便。常用于中小规模的生产，如要求不高的料浆脱水、液体净化、从废液中回收有用的固体颗粒等。

近年来，该机型的发展较快，品种规格增多。如图3-19所示的三转鼓沉降三足式离心机，是该机型在结构上的重大改进，即在主轴上同心安装三个不同直径的转鼓，悬浮液通过三根单独进料管分别加入不同的转鼓。这样可有效利用转鼓内空间，增加液体在转鼓内的停留时间，并能在较低的转速获得相同的分离效率。

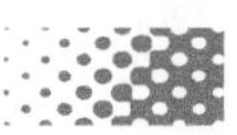

2. 螺旋卸料沉降离心机

螺旋卸料沉降离心机是在全速下连续完成进料、分离、排液、排渣的离心机。

(1) 卧式螺旋卸料沉降离心机 卧式螺旋卸料离心机的工作原理如图 3-20 所示。操作时，悬浮液经加料管连续输入机内，经螺旋输送器的内筒进料孔进入转鼓内，在离心力的作用下悬浮液在转鼓内形成环形液流，固体颗粒在离心力的作用下沉降到转鼓的内壁上，由于差速器的差动作用使螺旋输送器与转鼓之间形成相对运动，沉渣被螺旋输送器推送到转鼓小端的干燥区进一步脱水，然后经排渣口排出。液相形成一个内环，环形液层深度是通过转鼓大端的溢流挡板进行调节的。分离后的液体经溢流口排出，被分离的悬浮液从中心加料管进入螺旋输送器内筒，然后再进入转鼓内。固体粒子在离心力的作用下沉降到转鼓内表面上，由螺旋推送到小端排出转鼓。分离液由转鼓大端的溢流孔排出。

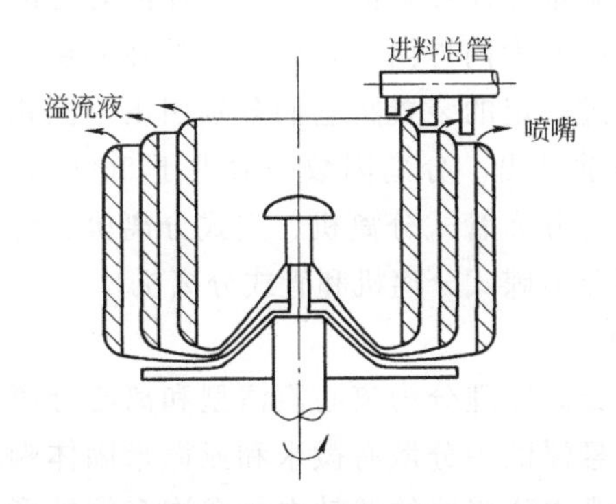

图 3-19 三转鼓沉降三足式离心机工作原理示意

图 3-20 卧式螺旋卸料离心机工作原理

1—进料口；2—三角皮带轮；3—右轴承；
4—螺旋推送器；5—进料孔；6—机壳；7—转鼓；
8—左轴承；9—行星差速器；10—过载保护装置

调节转鼓的转速、转鼓与螺旋的转速差、进料量、溢流孔径向尺寸等参数，可以改变分离液的含固量和沉渣的含湿量。

卧式螺旋卸料沉降离心机主要有以下优点。

① 操作自动连续，分离效果好，能长期运行，维护方便；

② 对物料的适应性强，能分离的固相粒度范围和浓差变化范围大；

③ 结构紧凑，能够进行密闭操作，可在加压和低温下分离易燃、有毒的物料；

④ 分离因数较高，单机生产能力大（悬浮液生产能力可达 $200m^3/h$）；

⑤ 应用范围广，对物料的固相粒度和浓度范围适应性强，能完成固相脱水（特别是含有可压缩性颗粒的悬浮液）、细粒级悬浮液的液相澄清、粒度分级和液-液-固三相分离等过程。

主要缺点是固相沉渣的含湿量一般比过滤离心机高（大致接近真空过滤机），洗涤效果不好，结构较复杂，价格较高。

(2) 立式螺旋卸料沉降离心机 该机型的工作原理与卧螺离心机基本相同，主要是转鼓的位置布置和支撑方式不同，如图 3-21 所示。被分离的物料从下部的中心进料管经螺旋输送器内筒的加料室进入转鼓内，在离心力的作用下固相颗粒沉降到鼓壁内表面，由螺旋输送器向下推至转鼓小端的排渣口排出，液相则沿螺旋通道向上流动，澄清液由溢流口排出转鼓，从机壳中部的排液管排出。

立式螺旋卸料离心机采用悬吊支撑结构，整个回转体都由上端的轴承悬吊支撑在机

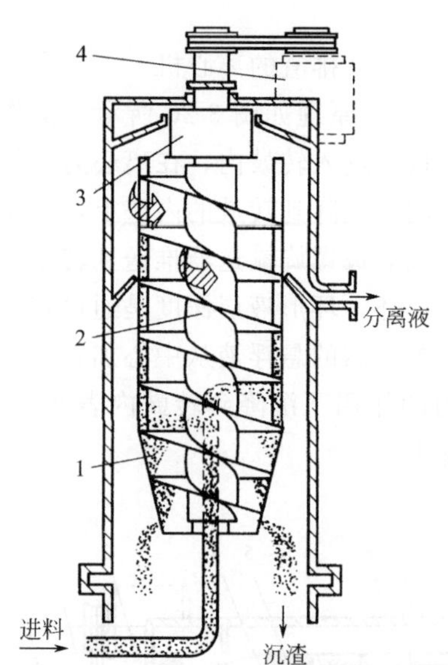

图 3-21　立式螺旋卸料沉降离心机工作原理
1—转鼓；2—输料螺旋；3—差速器；4—电动机

座上，轴承座与机座之间有特殊设计的橡胶隔振器，可减小传递给基础的动载荷。

由于采用上悬吊支撑结构，只需在上端轴颈和机壳之间安装一个动密封装置就可以达到与外界隔离的目的，密封结构简化、可靠，可以完全避免密封液向机内泄漏而污染产品，密封液也可选用价廉的水或油。该机可直接安装在钢架结构上，安装维护方便。

（二）分离式离心机

离心分离过程常用于分离两种密度不同的液体所形成的乳浊液或含有极微量固体颗粒的悬浮液。在离心力的作用下，液体密度不同分为内外两层，密度大的在外层，密度小的在内层，通过一定的装置将它们分别引出，固相则沉于转鼓壁上，间歇排出。分离因数一般大于 50000，属于高速离心机。它可分为管式分离机、室式分离机、碟式分离机。以下主要介绍碟式分离机和管式分离机。

1. 碟式分离机

碟式分离机按分离原理分为离心澄清型和离心分离型两类。澄清型用于悬浮液中分散有微米和亚微米固体颗粒的分离；分离型用于乳浊液的分离，即液-液分离。碟式分离器的转鼓内装有许多倒锥形碟片，碟片数为 30～100 片。它可以分离乳浊液中轻、重两液相，如油类脱水、牛乳脱脂等，也可澄清有少量原粒的悬浮液。

如图 3-22 所示的分离乳浊液的碟式分离机，碟片上开有小孔，乳浊液通过小孔流到碟片间隙。在离心力作用下，重液倾斜沉向于转鼓的器壁，由重液排出口流出。轻液则沿斜面向上移动，汇集后由轻液排出口流出。

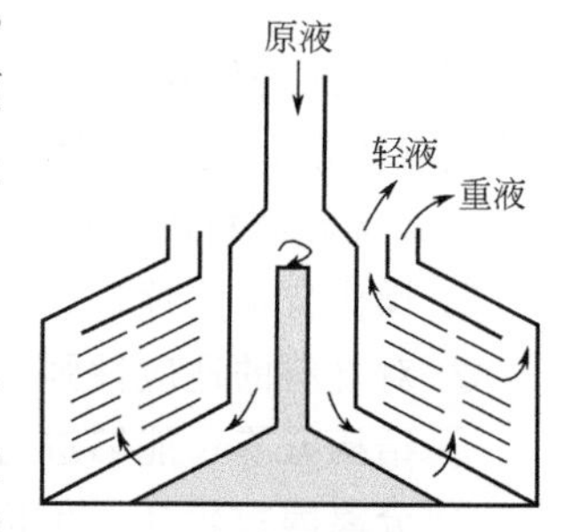

图 3-22　碟式分离机

2. 管式分离机

管式分离机是高分离因数的离心机，分离因数可达 15000～65000。适用于含固量低于 1%、固相粒度小于 5μm、黏度较大的悬浮液澄清，或用于轻液相与重液相密度差小、分散性很高的乳浊液及液-液-固三相混合物的分离。管式分离机的结构简单、体积小、运转可靠、操作维修方便，但是单机生产能力较小，需停车清除转鼓内的沉渣。管式分离机结构如图 3-23 所示。管状转鼓通过挠性主轴悬挂支撑在皮带轮的缓冲橡胶块上，电动机通过平皮带带动主轴与转鼓高速旋转，工作转速远高于回转系统的第一临界转速，转鼓质心远离上部支点，高速旋转时能自动对中，运转平稳。在转鼓下部设有振幅限制装置，把转鼓的振幅限制在允许值的范围内，以确保安全运转。转鼓内沿轴向装有与转鼓同步旋转的三叶板，使进入转鼓内的物料很快与转鼓同速旋转。转鼓底盖上的空心轴插入机壳下部的轴承中，轴承外侧装有减振器，限制转鼓的径向运动。转鼓上端附近有液体收集器，收集从转鼓上部排出的液体。

管式分离机转鼓有澄清型和分离型两种，如图 3-24 所示。澄清型用于含少量高分散固体粒子的悬浮液澄清，悬浮液由下部进入转鼓，在向上流动的过程中，所含固体粒子在离心

力作用下沉积在转鼓内壁，轻液从转鼓上部溢流排出。分离型用于乳浊液或含少量固体粒子的分离，乳浊液在离心力的作用下在转鼓内分为轻液层和重液层，分界面位置可以通过改变重液出口半径来调节，以适应不同的乳浊液和不同的分离要求。分离型管式分离机的液体收集器有轻液和重液两个出口，澄清型只有一个液体出口。

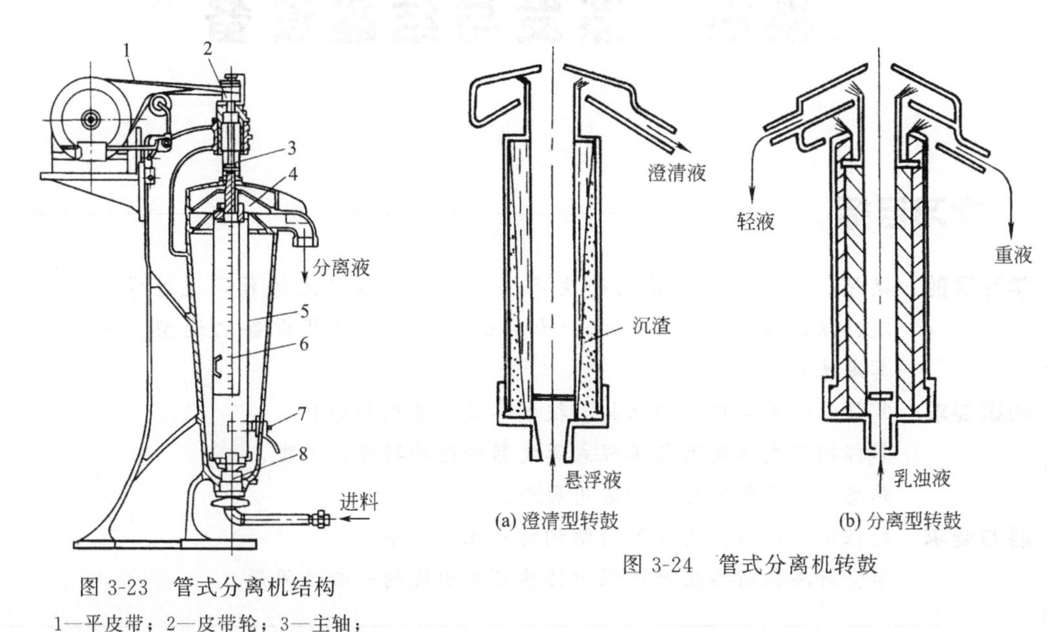

图 3-23　管式分离机结构

1—平皮带；2—皮带轮；3—主轴；
4—液体收集器；5—转鼓；6—三叶板；
7—制动器；8—转鼓下轴承

图 3-24　管式分离机转鼓

管式分离机有开式和密闭式两种结构。密闭式的机壳是密闭的，液体出口管上有液封装置，可防止易挥发组分的蒸汽外泄。

目标检测

1. 常用压滤机的类型有哪些？
2. 板框式压滤机漏液时如何处理？
3. 离心机发生异常震动时如何处理？
4. 离心机运转时应注意什么事项？
5. 如何对三足式离心机的故障进行分析与排除？

PPT 课件

模块四
换热、蒸发与结晶设备

学习目标

学习目的：换热、蒸发、结晶是制药生产过程中的基本单元操作，通过学习换热、蒸发、结晶设备的有关知识，为换热、蒸发、结晶设备的选型、操作和维护奠定基础。

知识要求：掌握管壳式换热器的结构、技术参数、选型和维护。
掌握循环式蒸发器与单程式蒸发器的结构特点、选型。
熟悉结晶设备的特点和选用原则。

能力要求：能根据换热器、蒸发器的结构特点正确选型。
学会解决在药品生产过程中传热可能出现的一般性问题。

项目一　管壳式换热器的操作与养护

一、操作前准备知识

（一）管壳式换热器的结构

管壳式换热器（图 4-1）主要由壳体、换热管、管板（又称花板）和管箱（又称封头）

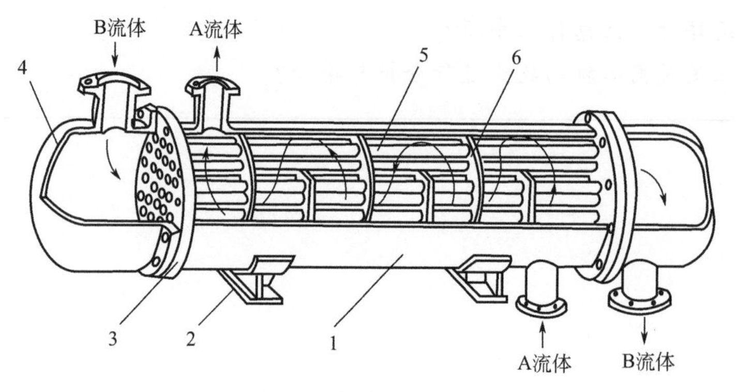

图 4-1　管壳式换热器

1—壳体；2—支座；3—管板；4—管箱；5—换热管；6—折流板

等部件组成。换热管5安装在壳体1内，两端固定在管板3上，固定的方法一般用胀管器使管子胀大变形而固定在管板的孔中，称为胀管法。管箱4用螺栓与壳体两端的法兰相连，必要时，可将管箱拆除，以进行检修或清洗。

（二）管壳式换热器的工作原理

冷热流体在管程或壳程中流动，两者不相混合，热量先由热流体经对流传热传给管壁，再通过热传导将热量传递给管壁另一侧，该侧热量通过冷流体的对流传热进行热交换，把热量传递给冷流体，达到传热的目的。

二、标准操作规程

（一）开车前的准备工作

（1）检查压力表、温度计、安全阀、液位计是否齐全完好。

（2）检查螺栓的紧固，以保证压紧垫片。

（3）检查与换热器连接的各阀门开关是否正确。

（4）投用前的换热器，应按规定进行水压试验，试压压力是设计压力的1.25～1.5倍。试压时应检查胀接处、焊口、管箱垫片、连接阀处、小浮头处有无泄漏，如有泄漏则进行处理。试压完毕后的换热器，应放尽换热器中的存水，以免引起水击和汽化而损坏内件。

（5）换热器的主体与附件用法兰螺栓连接、垫片密封，由于材质不同，升温过程中各部分膨胀不均，易造成法兰松弛而引起介质的泄漏，因此在换热器开车过程中，应进行热紧。

（二）开车操作

（1）开启冷流体进口阀和放空阀，向换热器注液至规定液位。

（2）缓慢开启热流体阀门，先预热后加热，以防换热管和壳体密封处温差过大引起泄漏或损坏。

（3）根据工艺要求调节冷热流体的流量，使其达到所需的温度。

（三）停车

换热器的停车方法和开车方法相反。应先关热源后关冷源、先关进口再关出口。

（1）停车前先停泵，切断电源。

（2）停泵后，先缓慢地关闭热介质进口阀门，再关闭冷介质的进口阀门。最后关闭两介质的出口阀门。

（3）打开管线和设备上的放空阀，放空冷、热介质。

（4）停用完毕后，对换热器进行压缩空气或蒸汽吹扫。吹扫时，应关闭进出口阀，打开放空阀。

三、安全操作注意事项

（1）严禁超温、超压操作。

（2）换热器不得在超过铭牌规定条件下使用。

（3）检修前，切断相连的工艺管路，清除物料并释放换热器内的压力。

（4）在投用过程中，换热器应先开冷源再开热源，先开出口再开进口，这是因为如果先加入热流体会造成各部件热胀，后进冷介质又会使各部件急剧收缩，这种剧烈的一胀一缩极易造成密封的泄漏。

（5）严禁盲目改变换热器结构和材质或对焊缝不探伤检查等操作，避免造成换热器的强度大大降低，导致发生爆炸事故。

（6）严禁操作违章、操作失误、阀门关闭、长期不排污等，以免引起超压爆炸。

四、维护与保养

（1）应定期对管程、壳程介质的温度及压降进行监测，分析换热器的工作情况。防止介质流量、温度、压力的急剧变化，超温、超压都将引起换热器的泄漏。

（2）监测进、出口压力差变化，可判断换热器的结垢情况、堵塞情况和泄漏情况。高压流体向低压流体泄漏，会使低压流体压力上升，高压介质压降增大，会产生污染和其他后果。操作时若发现压力骤变，除检查换热器本身问题外，还应考虑其他因素，如管路是否畅通等。

（3）定时检查换热器有无外漏。换热器的外漏容易发现，一般由螺栓松动或垫片损坏引起密封面泄漏，或由于设备的焊接部分有砂眼或裂缝、法兰接头及配管连接部分的缺陷等引起，可根据情况及时处理。

（4）定时检查换热器有无内漏，如因管子腐蚀、磨损引起的减薄和穿孔；因龟裂、腐蚀、震动而使扩管部分松脱；因与挡板接触而引起的磨损、穿孔；浮动头盖的紧固螺栓松开、折断及这些部分的密封垫片劣化等。换热器的内漏不易发现，只能通过介质温度、压力和流量等的变化、出现异声或震动等现象来分析判断；也可在冷却水出口管道上接取样管，定期取样检查有无被冷却的介质混入，以判断冷却器的内漏。换热器的内漏使冷、热两种流体混合，从安全方面考虑，应立即对装置进行拆开检查。

（5）定期检查地脚螺栓是否松开，水泥基础是否裂开、脱落，钢支架脚是否异常变形、损伤劣化。

（6）定期检查保温、保冷装置的外部有无损伤情况，特别是覆在外部的防水层及支脚容易损伤，所以要注意检查。

（7）定期检查外面涂料的劣化情况。

（8）定期检查主体及连接配管有无发生异常震动和异响。如发生异常情况，则要查明其原因并采取必要的措施。

（9）定期检查和清除管程和壳程的结垢，可用机械法和化学法清除。化学除垢后应用清水清洗干净。

（10）使用超声波等非破坏性的厚度测定方法定期测定换热器的厚度，及时发现异常腐蚀。

（11）冬季停用时，及时排放设备内的介质。

五、常见故障及处理方法

管壳式换热器的常见故障及处理方法见表 4-1。

表 4-1　管壳式换热器的常见故障及处理方法

常见故障	产生原因	处理方法
结合面有泄漏	①连接螺栓有松动 ②密封件有缺陷或中间夹杂异物 ③焊缝有砂眼和裂缝	①调紧螺栓 ②排除缺陷或清除异物 ③进行焊缝探伤，找出缺陷并补焊

续表

常见故障	产生原因	处理方法
换热效率明显降低	①介质通路不畅 ②结垢严重 ③壳体内不凝气或冷凝液增多	①清理介质通路 ②根据介质的种类、性质选用合适的去垢方法 ③排放不凝气或冷凝液
管束产生震动	①进口压力波动 ②壳程介质流速太快 ③管束和折流板的结构不合理 ④支座的刚度较小	①调整进口压力 ②调节壳程介质流速 ③改进管束和折流板结构 ④增加支座的刚度
内泄漏	①管子腐蚀、磨损引起的减薄和穿孔 ②因龟裂、腐蚀、震动而使扩管部分松脱 ③管子因与挡板接触而引起磨损、穿孔 ④开停车频繁、温度变化过大，设备急剧膨胀或收缩，使花板胀管、法兰泄漏 ⑤浮动头盖的紧固螺栓松开、拧断以及这些部分的密封垫片劣化等	①更换换热管 ②找出松脱的管子，重新胀接 ③更换换热管 ④尽量减少开、停车次数，严格按照操作规程操作 ⑤拧紧浮动头盖的紧固螺栓，更换折断螺栓和劣化的密封垫片
发生异常震动和异响	①管束发生震动 ②发生内泄漏 ③换热器结垢、堵塞 ④发生水击 ⑤操作失误、阀门关闭，致使器内压力过高	①按“管束产生震动”处理 ②按内泄漏处理 ③清除结垢 ④找出水击原因并清除 ⑤及时发现并排除
换热器冷热不均	①空气没有放净 ②堵塞	①放净空气 ②找出堵塞，清除

六、相关知识链接

（一）浮头式换热器

当壳体与管束间的温差比较大而管束空间也经常清洗时，可以采用浮头式换热器，结构如图 4-2 所示。换热器两端的管板有一端不与壳体相连，可以沿管长方向在壳体内自由伸缩（此端称为浮头），从而解决热补偿问题。另外一端的管板仍用法兰与壳体相连接，因此整个管束可以由壳体中拆卸出来，对检修和管内、管外的清洗都比较方便，所以浮头式换热器的应用较为广泛。但缺点是结构比较复杂，金属消耗量多，造价因此也较高。

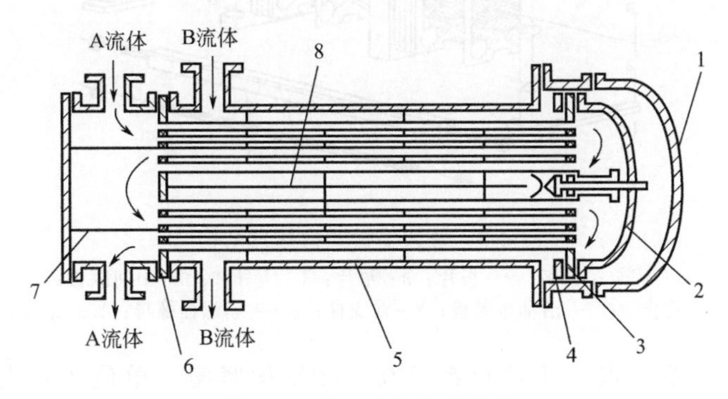

图 4-2　浮头式换热器结构

1—壳盖；2—浮头；3—浮动管板；4—浮头法兰；5—壳体；6—固定管板；7—管程隔板；8—壳程隔板

（二）U 形管式换热器

U 形管式换热器的每根管子都弯成 U 形，管子的两端分别安装在同一固定管板的两侧，并用隔板将封头隔成两室。由于每根管子都可以自由伸缩，且与其他管子和外壳无关，故即使壳体与管子间的温差很大时，也可使用。缺点是管内的清洗比较困难。

（三）板式换热器

板式换热器具有传热效果好、结构紧凑等优点，是新型换热器的一种。在温度不太高和压力不太大的情况下，应用板式换热器比较有利。

1. 普通板式换热器

板式换热器由传热板片、密封垫片和压紧装置三部分组成，详细结构如图 4-3 所示。作为传热面的板片可以用不同的金属（如不锈钢、黄铜、铝合金等）薄板压制成型。由于板片厚度一般仅为 0.5～3mm，其刚度不够，通常将板片压制成各种槽形或波纹形的表面。这样不仅增强了刚度以防板片受压时变形，而且也增强了流体的湍动程度，并加大了传热面积。每片板的四个角各开一个孔，板片周边与孔的周围压有密封垫片槽。密封垫片也是板式换热器的重要组成部分，一般由各种橡胶、压缩石棉或合成树脂制成。装置时先用黏结剂将垫片粘牢在板片密封槽中，孔的周围部分槽中根据流体流动的需要来放置垫片，从而起到允许或阻止流体进入板面之间的通道的作用。将若干块板片按换热要求依次排列在支架上，由压板借压紧螺杆压紧后，相邻板间就形成了流体的通道。借助板片四角的孔口与垫圈的恰当布置，使冷、热流体分别在同一板片两侧的通道中流过并进行传热。除两端的板外，每一板片都是传热面。采用不同厚度的垫片，可以调节通道的宽窄。板片数目可以根据工艺条件的变化而增减。

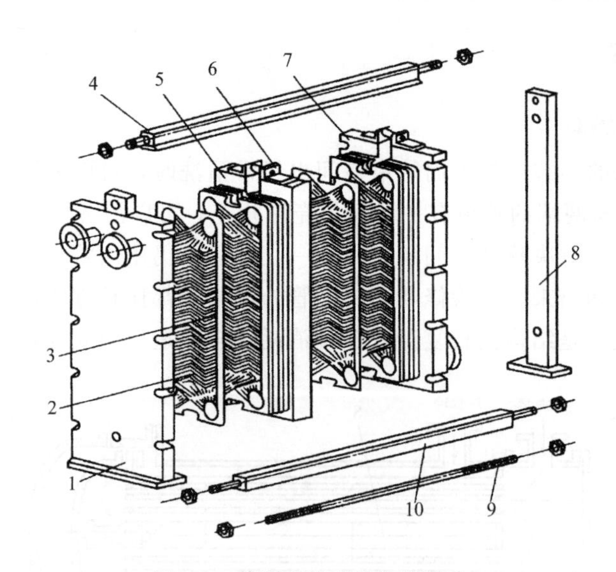

图 4-3　普通平板式换热器结构

1—固定压紧板；2—板片；3—垫片；4—上导杆；5—中间隔板；
6—滚动装置；7—活动压紧板；8—前支柱；9—夹紧螺栓螺母；10—下导杆

板式换热器的主要优点：①传热系数高；②结构紧凑，单位体积设备提供的传热面积大；③操作灵活性大；④金属消耗量低；⑤板片加工制造，以及检修、清洗都比较方便。

板式换热器的主要缺点：①允许的操作压力比较低；②操作温度不能太高；③处理量不大。

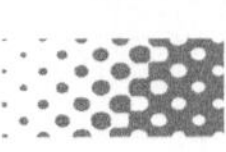

2. 螺旋板式换热器

螺旋板式换热器如图 4-4 所示。由两张薄板平行卷制而成，如此形成两个相互隔开的螺旋形通道。两板之间焊有定距柱用于保持其间的距离，同时可增强螺旋板的刚度。在换热器中心装有隔板，使两个螺旋通道分隔开。在顶部和底部有盖板或封头，以及两流体的出入口接管。一般由一对进出口位于圆周边上，而另一对进出口则设在圆鼓的轴心上。冷热两流体以螺旋板为传热面分别在板片两边的通道内做逆流流动并进行换热。

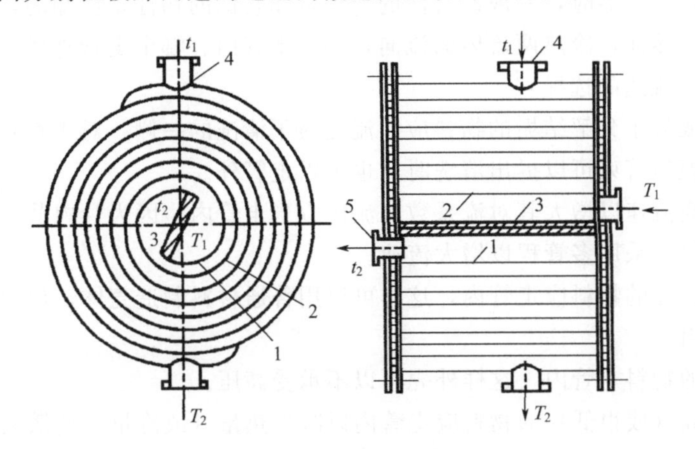

图 4-4　螺旋板式换热器

1，2—金属板；3—隔板；4，5—冷流体接管

螺旋板式换热器的主要优点：①传热系数高；②不易结垢和堵塞；③可在较小的温差下进行操作，能充分利用温度较低的热源；④结构紧凑，制作简便。

螺旋板式换热器的主要缺点：①操作压力和温度不能太高；②不易检修；③阻力损失较大。

3. 板翅式换热器

板翅式换热器是一种轻巧、紧凑、高效的换热器，由若干基本元件和集流箱等部分组成。基本元件是由各种形状的翅片、平隔板、侧封条组装而成。在两块平行薄金属板（平隔板）间，夹入波纹状的翅片，两边以侧封条密封，即组成一个基本元件（单元件）。根据工艺要求，将各单元件进行不同的叠积或适当排列，并用钎焊焊成一体，得到的组装件称为芯部或板束。常用的是逆流和错流式换热器组装件，然后再将带有流体进出口的集流箱焊接到板束上，就组成了完整的板翅式换热器，我国目前最常用的翅片形式主要有光直形翅片、锯齿形翅片和多孔形翅片三种，结构如图 4-5 所示。

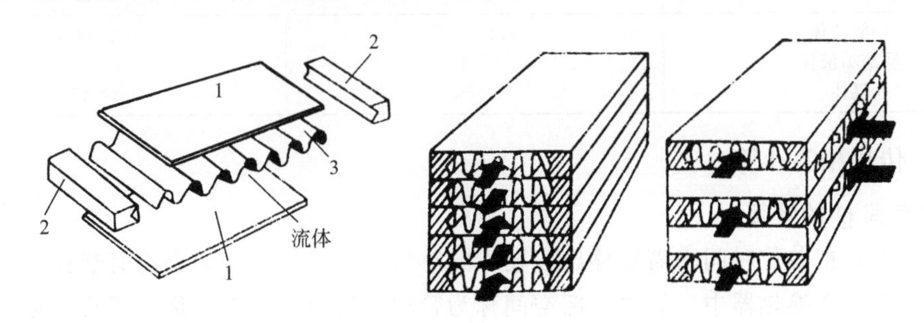

图 4-5　板翅式换热器结构

1—平隔板；2—侧封条；3—翅片（二次表面）

板翅式换热器的特点：①结构紧凑，适应性强；②传动系数大；③制造工艺比较复杂，清洗和检修困难。

七、拓展知识链接

（一）管壳式换热器的选用

在选用管壳式换热器时，一般说流体的处理量和它们的物性是已知的，其进、出口温度由工艺要求决定，然而，冷热两流体的流向，哪个走管内、哪个走管外尚待确定。在使用过程中应注意流程、流速的选择。

（1）不洁净或易于分解结垢的物料应当流经易于清洗的一侧。对于直管管束，上述物料一般应走管内，但当管束可以拆出清洗时，也可以走管外。

（2）需要提高流速以增大其对流系数的流体应当走管内，因为管内截面积通常比管间的截面积小，而且易于采用多管程以增大流速。

（3）具有腐蚀性的物料应走管内，这样可以用普通材料制造壳体，仅仅管子、管板和封头要采用耐蚀材料。

（4）压力高的物料走管内，这样外壳可以不承受高压。

（5）温度很高（或很低）的物料应走管内以减少热量（或冷量）的散失。如果为了更好地散热，也可以让高温的物料走壳程。

（6）蒸汽一般通入壳程，因为这样便于排出冷凝液，而且蒸汽较清洁，其对流传热系数又与流速关系较小。

（7）黏度大的流体一般在壳程空间流过，低流速下可以达到湍流，有利于提高管外流体的对流传热系数。

以上各点常常不可能同时满足，而且有时还会互相矛盾，故应根据具体情况，抓住主要矛盾，做出适宜的决定。

流体在管程或壳程中的流速，不仅直接影响对流传热系数的数值，而且影响污垢热阻。从而影响总传热系数的大小。特别对于含有泥沙等较易沉积颗粒的流体，流速过低甚至可能导致管路堵塞，严重影响设备的使用。但增大流速又会使压力损失显著增大，因此选择适宜的流速十分重要。管壳式换热器内常用的流速范围见表 4-2。

表 4-2　管壳式换热器内常用的流速范围

流体种类	流速/(m/s)	
	管程	壳程
一般液体	0.5～1.5	0.2～1.0
易结垢液体	>1	>0.5
气体	5～30	3～15

（二）传热相关计算

1. 热负荷 Q 的计算

在工程上，把单位时间内需要移出或输入的热量叫作热负荷。如果没有热损失，热负荷就是传热速率。在换热器中，管道内部空间称为管程，管道夹套空间称为壳程。通常热流体作管程，冷流体走壳程。当两种流体分别通过管程和壳程时，即发生热交换过程。高温流体对间壁传递热量，间壁通过热传导将热量从高温侧传递到低温侧，低温侧间壁将热量通过对

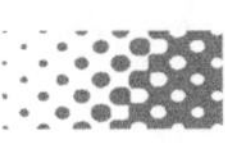

流传热传递给冷流体。

如不考虑间壁上的热损失，根据能量守恒定律，在单位时间内，热流体放出的热量应等于冷流体吸收的热量，亦即等于传热速率。即：

$$Q_{放}=Q_{吸}=Q$$

① 无相变的热负荷：若两流体均无相变化，则

$$Q=W_hC_{ph}(T_1-T_2)=W_cC_{pc}(t_2-t_1)$$

② 有相变的热负荷：若有相变，如液体沸腾、蒸汽冷凝等，则

$$Q=W_h\gamma=W_cC_{pc}(t_2-t_1)$$

式中　W_h、W_c——高温流体和低温流体的质量流量，kg/s；

C_{ph}、C_{pc}——高温流体和低温流体的定压比热容，J/(kg·K)；

γ——饱和蒸汽的冷凝潜热，在数值上等于液体的汽化潜热，J/kg。

2. 总传热系数的计算

高温流体在管程流动，低温流体在壳程流动，假设壳程为圆管，且管程内壁直径为 d_i，管程外壁直径为 d_o，管壁厚度为 b，则总热阻是两次对流传热阻力与一次热传导阻力之和：

$$R=R_i+R_d+R_o$$

根据热阻的定义可得：

$$K=\frac{1}{R}$$

式中，K 为总传热系数，W/(m²·℃)。

以外表面积为基准的总传热系数计算公式为：

$$\frac{1}{K}=\frac{d_o}{\alpha_i d_i}+\frac{bd_o}{\lambda d_m}+\frac{1}{\alpha_o}$$

若换热器表面有污垢，对传热会产生附加热阻，称为污垢热阻，用 R_{si} 和 R_{so} 分别表示内、外壁的污垢热阻。因存在污垢热阻，总传热系数表达式应修改为：

$$\frac{1}{K}=\frac{d_o}{\alpha_i d_i}+\frac{bd_o}{\lambda d_m}+\frac{1}{\alpha_o}+R_{si}\frac{d_o}{d_i}+R_{so}$$

3. 总传热速率方程

冷、热流体通过间壁的传热是三个环节的串联过程。对于定态传热，总传热速率与换热器的传热面积成正比，与换热器的平均温度差和换热器的总传热系数成正比。总传热速率方程式为：

$$Q=KS\Delta t_m$$

式中　K——总传热系数，W/(m²·℃)；

S——传热面积，m²；

Δt_m——传热平均温度差，℃。

4. 传热平均温度差 Δt_m 的计算

根据两流体沿换热壁面流动时各点温度的变化，冷热流体之间的平均温度之差可以分为恒温传热和变温传热两种情况。

(1) 恒温传热平均温度差的计算方法　若换热器间壁两侧都有相变化，冷热流体所进行的热交换就是恒温传热。冷热流体不随传热时间、管道长短变化而改变。两者之间的温差在任何时间、任何位置都相等。即：

$$\Delta t_m = T - t$$

（2）变温传热平均温度差的计算方法　间壁一侧或两侧流体的温度随传热壁面位置的改变而变化，与传热时间无关，称为定态变温换热；如果流体的温度随换热器壁面和传热时间而改变，称为非定态换热。制药生产过程中的换热基本上是定态变温换热。

对于间壁换热，冷热流体相对流动方式有并流、逆流、错流、折流等多种形式。不同形式的流动，冷热两流体的平均温度差不尽相同。下面只介绍并流与逆流的传热平均温度差的计算方法。

设热流体的进口温度为 T_1，出口温度为 T_2，冷流体的进口温度为 t_1，出口温度为 t_2。Δt_1 和 Δt_2 分别是冷热流体进口温度差和出口温度差，取较大值为 Δt_2，则并流和逆流时的传热平均温度差可用下式计算：

$$\Delta t_m = \frac{\Delta t_2 - \Delta t_1}{\ln \dfrac{\Delta t_2}{\Delta t_1}}$$

项目二　升膜式蒸发器的操作与养护

一、操作前准备知识

（一）结构

升膜式蒸发器主要由加热室、除沫器、分离室等部件组成。蒸发室是一组列管式换热器，结构如图 4-6 所示。列管直径为 25～50mm。管长 3～10m，管径比为 100～150，无中央循环管设置。加热蒸汽与原料液进口均设置在蒸发室下部，浓缩液出口设置在分离室的下部。

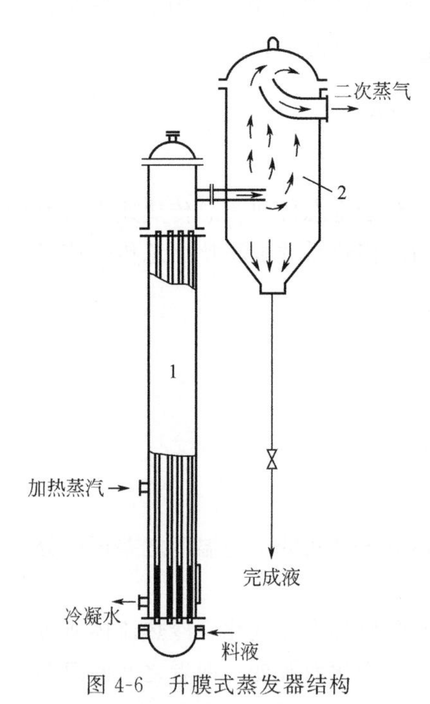

图 4-6　升膜式蒸发器结构

1—加热室；2—分离室

（二）工作原理

原料液预热至沸点或接近沸点后，从蒸发器底部通入，进入列管受热后迅速沸腾汽化，生成的蒸汽快速上升，同时带动原料液沿管内壁呈膜状上升，并在上升过程中不断汽化为蒸汽。蒸汽和部分料液经过除沫器除沫后，进入分离室并分离成二次蒸汽和浓缩液，二次蒸汽从顶部导出，浓缩液从底部排出。

特点：蒸发量大，适用于较稀溶液的浓缩，不适用于黏度大、易结晶或易结垢物料的蒸发。

二、标准操作规程

（一）操作前的准备工作

（1）检查蒸发器外表面、接口、焊缝等部位有无裂

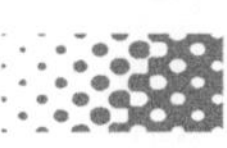

缝、过热变形及泄漏等，必要时对上述部位进行无损探伤检查。

（2）检查蒸发器本体与相邻管道和构件之间有无接触，以防运行中因震动造成磨损和噪声。

（3）检查安全附件和接地线是否完好、支座螺栓是否紧固、视镜是否完好。

（4）检查保温层是否完好，无破损、脱落与潮湿现象。

（5）检查捕沫装置及其附件固定完好，无变形。

（6）检查分布器、导流筒的固定和变形情况，检查热电偶套管是否完好、器内壁表面和加热管的腐蚀情况。

（7）检查液体箱或沉降室内表面的腐蚀情况及加热室关闭与加热管的腐蚀泄漏情况。

（8）确认所有阀门和仪表动作灵活可靠、指示准确，泵完好待用。

（9）对蒸发器进行水压试验和气密性试验，对需要抽真空的装置进行抽真空。

（10）用自来水或清洁的工业用水清洗系统和各单体设备，放净余水；对不易用水洗净的管道和设备，应采用压缩空气或氮气吹净。

（11）对系统通水进行水循环试车，以打通流程，检查工艺缺陷和设备、仪表的性能。水循环结束后，放净存水，用压缩空气吹干。

（12）通入操作压力≤0.3 MPa（表压）的蒸汽对设备进行预热，打开惰性气体排空阀放空惰性气体。

（二）开车操作

（1）根据不同物料的蒸发、不同蒸发设备及所附带的不同自控装置，按照事先设定的程序，开启真空阀、加料阀、冷却水阀。

（2）缓缓开启蒸汽阀门，并打开加热器的旁通阀，将不凝性气体排出口关闭，调节蒸汽压力保持稳定加热。

（3）调节进料阀门的开启度，控制物料在加热管内稳定成膜。

（4）查看分离室的液位显示，当液位达到规定值时再开启相关输送泵。

（5）监测蒸发室温度，检查其蒸发情况，检查产品浓度。调整装置处于稳定运行状态。

（6）设备进入正常操作后，要注意保持“三个稳定”即蒸汽压力稳定、进料流量稳定、初始料液含量稳定，从而确保获得稳定、合格的浓缩成品。

（三）停车操作

（1）通告系统前后工序或岗位准备停车。

（2）关闭蒸汽阀，停止加料。

（3）当蒸发停止后，停真空泵并关闭所有阀门。

（4）停冷凝液泵和所有生产用泵，停止向冷凝器和冷却水器供水，关闭冷凝器管路、工艺管路和生产用管路的所有阀门。保持密封和冲洗水流动。

（5）如装置内部检修，应用水冲洗，以去掉装置内残留液体。一般应保持密封和冲洗水至少流动1h。如装置不需要冲洗，应保持密封冲洗水流动数小时，以避免造成密封损坏。

三、安全操作注意事项

(1) 开车前，要认真检查蒸发室是否有水，避免在通入蒸汽时剧热或水击引起蒸发器的整体剧震。

(2) 进口物料流量应随具体情况灵活选择，当出料黏度过高时，可相应增加料液进口的流量，反之则可相应降低流量。

(3) 操作过程不应有缺料或流量过小等不正常现象发生，以免蒸发器内壁产生结焦，影响设备正常运转。

(4) 按规定时间检查控制室仪表和现场仪表读数，如超出规定，应迅速查找原因。

(5) 经常对设备和管路进行严格检查、探伤，特别是视镜玻璃要经常检查、适时更换，以防因腐蚀造成事故。

(6) 当发生事故时，首先用最快的方式切断蒸汽，以避免料液温度继续升高，再停止进料，打开真空器的开关，停止蒸发操作。

(7) 检修蒸发器前，要泄压、泄料，并用水冲洗降温，再用冷水进行冒顶洗出处理，去除设备内残存腐蚀性液体；同时要检查有关阀门是否能关死，否则加盲板，以防检修过程中物料窜出伤人；拆卸法兰螺栓时应对角拆卸，确认无液体时再卸下，以免液体喷出，并且注意管口下面不能有人。操作、检修人员应穿戴好防护衣物，避免热液、热蒸汽伤害；检修时外面需有人监护，便于发生意外时及时抢救。

四、维护与保养

(1) 严格执行操作规程，操作人员必须按规定的时间间隔检查该装置的调整运行情况，并如实、准时填写运转记录单。

(2) 在蒸发容易析出结晶的物料时，易发生管路、加热室、阀门等的结垢堵塞现象。因此需定期用水冲洗保持畅通，或采用真空抽拉等措施补救。

(3) 蒸发器的温度计、压力表、真空表及安全阀等都必须定期校验，要求准确可靠，确保蒸发器的正确操作控制及安全运转。

(4) 经常观察各台加料泵、过料泵、强制循环泵的运行电流及工况。

(5) 蒸发器周围环境要保持清洁无杂物，设备外部的保温层要完好，如有损坏，应及时维护，以减少热损失。

(6) 严格执行大、中、小修计划，定期进行拆卸检查修理，并做好记录。

五、常见故障及处理方法

升膜式蒸发器的常见故障及处理方法见表 4-3。

表 4-3 升膜式蒸发器的常见故障及处理方法

常见故障	产生原因	处理方法
蒸发器内有杂音	①蒸发室内有空气 ②加热管漏 ③冷凝水排出不畅 ④部分加热管堵塞 ⑤蒸发器部分元件脱落	①开放空阀排除 ②停车修理 ③检查冷凝水管路 ④清洗蒸发器 ⑤停车修理

续表

常见故障	产生原因	处理方法
蒸发器效率不佳	①加热管结垢 ②蒸汽压力低 ③真空度低 ④加热管漏，冷凝水渗出 ⑤料液浓度低 ⑥加热室积水 ⑦蒸发器内结晶太多，影响传热效率 ⑧成膜不稳定	①清洗 ②提高压力 ③检查真空系统，提高真空度 ④视情况停车处理 ⑤提高料液浓度 ⑥及时排出冷凝水 ⑦清洗蒸发器 ⑧按工艺要求控制好进料的浓度、流量和二次蒸汽的升速，适当提高进料温度
蒸发器过料不畅	①循环泵坏 ②蒸发器罐底或管道被异物堵塞 ③管道或阀门被盐堵塞 ④进、出口所用阀门坏	①调换备用泵 ②停车取出异物 ③用冷凝水冲洗 ④停车调换
蒸发器冷凝水含料液多	①蒸发室上部密封不好 ②蒸发器加热室漏	①停车检查密封部位，并修理 ②停车检修

六、相关知识链接

（一）蒸发概述

药材经过浸提与分离后得到的大量浓度较低的浸出液，既不能直接应用也不利于制备其他剂型，因此常通过蒸发与干燥等过程，获得体积较小的浓缩液或固体产物。蒸发主要应用于三个方面：药液的浓缩、回收浸出操作的有机溶剂和制取饱和溶液，为溶质析出结晶创造条件。

1. 蒸发的操作条件

进行蒸发操作的适用条件：在单元操作中，通过液体的汽化作用来分离混在一起的两种物质。

适用于蒸发操作的必要条件：①工作对象是溶液，溶剂是挥发性物质，加热后可汽化；②溶质为不挥发性物质，即加热后也不能汽化。如果溶质和溶剂均为挥发性物质，且挥发度不同，则可用蒸馏的方法分离，如固体与附于其上的液体分离可采用干燥操作。

2. 蒸发的种类

（1）按加热方式分　可分为直接加热蒸发与间接加热蒸发。直接加热蒸发是将热载体直接通入溶液之中，使溶剂汽化；间接加热蒸发是热能通过间壁传给溶液。

（2）按操作压强大小分　可分为常压蒸发、加压蒸发和减压蒸发。

常压蒸发是指蒸发操作在大气压力下进行，设备不一定密封，所产生的二次蒸汽自然排空；加压蒸发是指蒸发操作在一定压强下进行，此时设备密封，溶液上方压强高，溶液沸点也升高，所产生的二次蒸汽可用来作为热源重新利用；减压蒸发是指蒸发在真空中进行，溶液上方是负压，溶液沸点降低，这就加大了加热蒸汽与溶液的温差，传热速率提高，很适合于热敏性溶液的浓缩。

（3）按蒸发的效数分　可分为单效蒸发和多效蒸发。单效蒸发是指二次蒸汽不再用作加热溶液的热源；多效蒸发是指二次蒸汽用作另一蒸发器的热源。

单效蒸发的流程：料液进入蒸发器的蒸发室，接受加热蒸汽的热量并开始沸腾，从而产生二次蒸汽，经蒸发室上方除沫器，二次蒸汽与所夹带的雾沫进行分离，此后进入冷凝器凝结成液体，不凝气经真空泵排出。

3. 蒸发的设备

蒸发设备基本上由加热室、分离室和除沫室三部分组成。

(1) 加热室　可分为夹套式、蛇管式、管壳式三种。目前多用管壳式。加热蒸汽走管间、料液走管内。

(2) 分离室　也称蒸发室，作用是将加热室产生的夹有雾沫的二次蒸汽与雾滴分开，多位于加热室上方的一个较大的空间。

(3) 除沫室　分内置、外置两种，作用是阻止细小液滴随二次蒸汽溢出。从结构上除沫室可分为离心式、挡板式和丝网式等。

(二) 循环式蒸发器

1. 中央循环管式蒸发器

中央循环管式蒸发器结构如图 4-7 所示，加热室为一管壳式换热器，换热器中央装一管径比列管大得多的中央循环管，由于管径大，管内横截面积大，单位体积溶液的传热面积小得多，接受热量小，温度相对较低，中央管内的液体密度相对列管中的液体要大，形成液体从各管上升、从中央管下降的自然循环，流速可达 0.5 m/s 左右。

优点：构造简单，设备紧凑，便于清理检修，适用于黏度较大的物料。由于应用广泛，中央循环管式蒸发器又称为标准式蒸发器。

2. 悬筐式蒸发器

悬筐式蒸发器结构如图 4-8 所示，加热室中的列管制成一体，悬挂在蒸发室的下方。加热蒸汽通过中央的管子进入加热室的管间。不设较粗的中央循环管，而在加热室和壳体之间形成一横截面积较大的环隙。液体由列管向上再向四周环隙向下循环流动。

特点：循环效果比中央循环管好，但构造较复杂，价格较昂贵，适用于易结垢或有结晶析出的溶液。

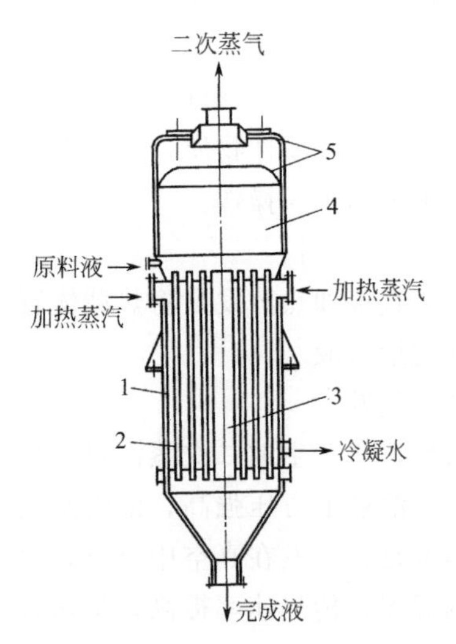

图 4-7　中央循环管式蒸发器结构

1—加热室；2—加热管；3—中央循环管；4—蒸发室；5—除沫室

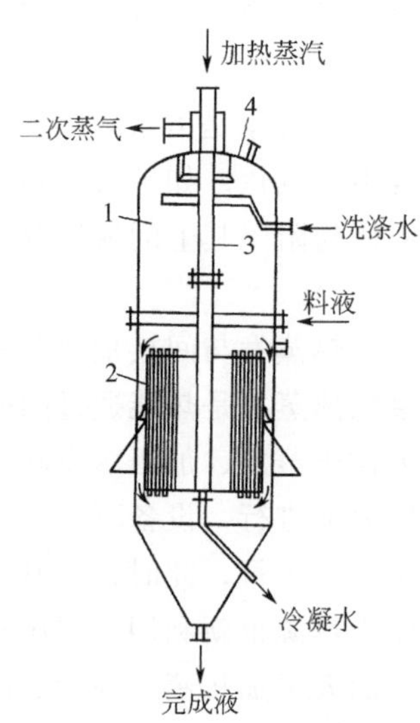

图 4-8　悬筐式蒸发器结构

1—蒸发室；2——加热室；3—中央管；4—外壳

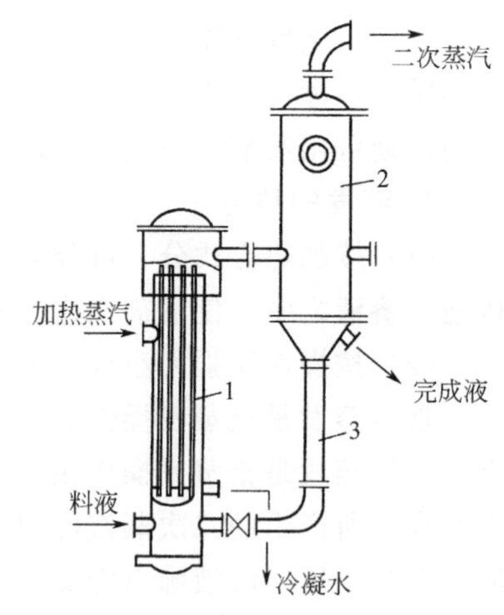

图 4-9　外加热式蒸发器结构

1—加热室；2—蒸发室；3—循环管

3. 外加热式蒸发器

外加热式蒸发器结构如图 4-9 所示。加热室和蒸发室分为两个设备。受热后沸腾溶液从

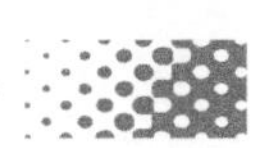

加热室上升至蒸发室，分离出的液体部分经循环管返回加热室。因循环管内液体不受热，使此处料液密度比加热室料液大很多，故而加快了循环速率。有较高的传热速率，还能降低整个蒸发器的高度，适应能力强，但结构不紧凑，热效率较低。

4. 强制循环蒸发器

强制循环蒸发器中液体流动靠泵的外加动力。蒸发速率较高，料液能很好地循环，适用于黏度大，以及易出结晶、泡沫和污垢的料液。缺点是增加了动力设备和动力消耗。

（三）单程式蒸发器

在药剂生产中，有些料液在较高温度下或持续受热时间较长时，会破坏药物中的有效成分，从而降低药效，我们称这种物料为热敏性物料。对于热敏性物料，采用循环式蒸发器不合适（不断循环加热），需要采用一种物料受热时间至几秒钟就能达到浓缩要求的蒸发设备。单程式蒸发器主要分为升膜式蒸发器、降膜式蒸发器和回转式薄膜蒸发器等。

1. 升膜式蒸发器

升膜式蒸发器中形成的液膜与蒸发的二次蒸汽气流方向相同，由下而上并流上升。受热时间很短，对热敏性物料的影响相对较小，对于发泡性强、黏度较小的热敏性物料较为适用。

2. 降膜式蒸发器

降膜式蒸发器结构与升膜式蒸发器大致相同，区别在于管板的上方装有液体分布板或分布头。蒸发器的料液由顶部进入，通过分布板或分配头均匀进入每根换热管，并沿管壁呈膜状下降，液体的运动是靠本身的重力和二次蒸汽运动的拖带力作用，下降速率比较快，成膜的二次蒸汽流速可以较小，对黏度较高的液体也较易成膜。停留时间短，适用于热敏性物料的蒸发，也适用于黏度较大的料液的浓缩。

3. 回转式薄膜蒸发器

回转式薄膜蒸发器是通过旋转的刮板使液料形成液膜的蒸发设备。液料从进料管以稳定的流量进入随轴旋转的分配盘中，在离心力的作用下，通过盘壁小孔被抛向器壁，受重力作用沿器壁下流，同时被旋转的刮板刮成薄膜，薄膜在加热区受热，蒸发浓缩，同时受重力作用下流，瞬间另一块刮板将浓缩液料翻动下推，并更新薄膜，这样物料不断形成新液膜蒸发浓缩，直至液料离开加热室流到蒸发器底部，完成浓缩过程。浓缩过程产生的二次蒸汽可与浓缩液并流进入气液分离器排除，或以逆流形式向上到蒸发器顶部，由旋转的带孔叶板把二次蒸汽所夹带的液沫甩向加热板，除沫后的二次蒸汽从蒸发器顶部排出。

回转式薄膜蒸发器适用于易结晶、结垢和高黏度的热敏性物料，但是设备加工精度高、消耗动力较大、传热面积小、蒸发量小。

（四）蒸发相关计算

1. 单效蒸发的物料衡算

对连续稳定的单效蒸发器（物料及热量衡算示意见图 4-10），单位时间内所得完成液的质量 R 与二次蒸汽的质量 W 之和等于进料液的质量 F，即：

$$F=W+R$$

在蒸发操作中溶质始终存在于料液中，既不增加也没减少，则在单位时间内有：

$$FX_{w0}=RX_{w1}=(F-W)X_{w1}$$

则水分蒸发量为：

$$W=F(1-X_{w0}/X_{w1})$$

完成液的浓度为：

$$X_{w1}=FX_{w0}/(F-W)$$

在实际生产过程中，往往采取一近似的检测方法来确定是否达到要求的蒸发量，即测量完成液的密度 ρ_1，然后用下式计算：

$$W=\frac{1000(\rho_1-\rho_0)F}{\rho_0(\rho_1-1000)}$$

式中　F——料液量，kg/h；

W——水分蒸发量，kg/h；

X_{w0}，X_{w1}——料液和完成液的浓度（质量分数）；

ρ_1，ρ_0——料液和完成液的密度，kg/m³。

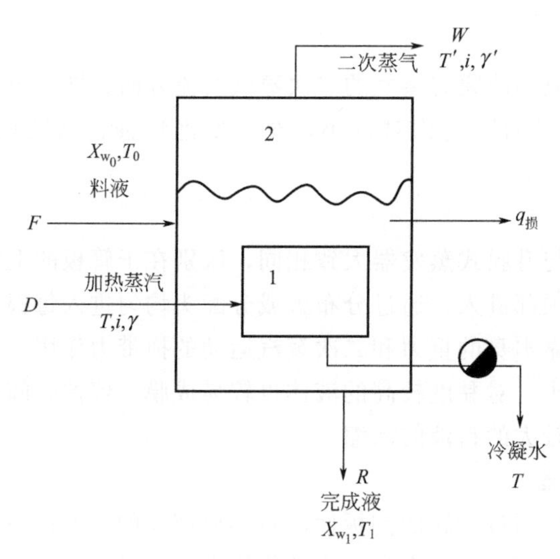

图 4-10　单效蒸发的物料及热量衡算示意

1—加热室；2—蒸发室

2. 单效蒸发的热量衡算

对连续稳定操作的蒸发器进行热量衡算，衡算基准为 1h。衡算式为 $Q_{入}=Q_{出}$，式中的 $Q_{入}$ 与 $Q_{出}$ 分别代表 1h 内带入和带出蒸发器的总热量。

带入蒸发器的热量有如下几种。

原料液带入的热量：　$Q_1=FC_mT_0$

加热蒸汽带入的热量：　$Q_2=Di$

带出蒸发器的热量有如下几种。

完成液带走的热量：　$Q_3=RC_mT_1=(F-W)C_mT_1$

二次蒸汽带走的热量：　$Q_4=Wi'$

加热蒸汽冷凝水带走的热量：$Q_5=DC_{水}T$

设备散失的热量：　$Q_6=q_{损}$

将以上各式代入衡算式，得：

$$Di+FC_mT_0=Wi'+(F-W)C_mT_1+DC_{水}T+q_{损}$$

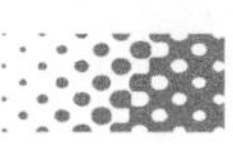

整理得：

$$D(i-C_{水}T)=W(i'-C_mT_1)+FC_m(T_1-T_0)+q_{损}$$

式中　　D——加热蒸汽消耗量，kg/h；

i，i'——加热蒸汽与二次蒸汽的热焓量，kJ/kg；

T，T_0，T_1——加热蒸汽、进料液与完成液的温度，K；

C_m，$C_{水}$——料液与水的平均比热容，kJ/(kg・K)；

$q_{损}$——单位时间内蒸发器散失的热量，W。

$$i-C_{水}T=\gamma$$

$$i'-C_mT_1=\gamma'$$

式中　γ，γ'为加热蒸汽与二次蒸汽的汽化潜热。

$$D\gamma=W\gamma'+FC_m(T_1-T_0)+q_{损}$$

加热蒸汽消耗量为：

$$D=[W\gamma'+FC_m(T_1-T_0)+q_{损}]/\gamma$$

若物料为沸点进料，则 $T_0=T_1$

$$D=(W\gamma'+q_{损})/\gamma$$

若忽略蒸发器的热损失，则：

$$D=W\gamma'/\gamma$$

在估算蒸发器的加热蒸汽用量时，可用加热蒸汽与二次蒸汽的汽化潜热之比，计算更加方便快捷。在单效蒸发器中 γ'/γ 的值总是大于1，即1kg加热蒸汽产生不了1kg二次蒸汽。

3. 蒸发器传热面积

蒸发系传热性质的操作过程，其工作效率取决于传热速率，计算蒸发器的传热速率就可以用总传热速率方程 $q=KA\Delta T_m$ 来计算，传热面积为 $A=q/K\Delta T_m$。

式中，q 用加热蒸汽传热量 $D\gamma$ 计；总传热系数 K 计算参照换热设备相关计算；ΔT_m 为加热蒸汽的饱和温度与溶液的温度之差，由于进料液浓度与完成液有较大差别，故溶液的沸点只能由实验测定。

项目三　强制循环蒸发结晶器的操作与养护

一、操作前准备知识

（一）结构

强制循环蒸发结晶器主要由循环泵、加热器、结晶室、循环管等结构组成。

（二）工作原理

强制循环蒸发结晶器是一种晶浆循环式连续结晶器，结构如图4-11所示。操作时，料

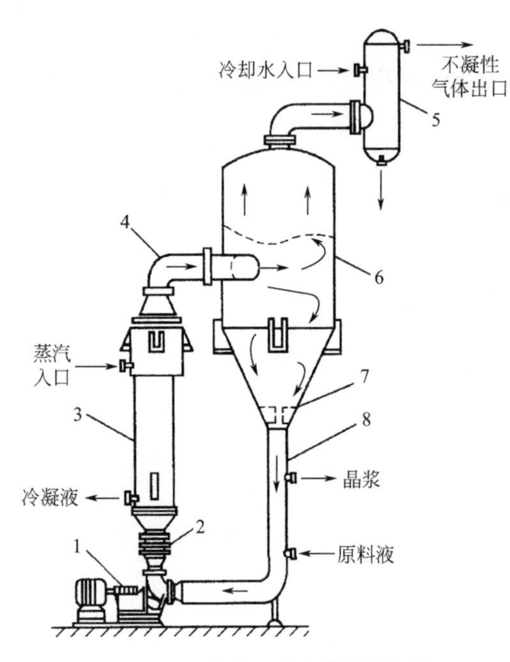

图 4-11 强制循环蒸发结晶器结构

1—循环泵；2—伸缩接头；3—加热器；4—返回管；5—大气冷凝器；6—主体；7—旋涡破坏装置；8—循环管

液自循环管下部加入，与离开结晶室底部的晶浆混合后，由泵送往加热室。晶浆在加热室内升温（通常为 2～6℃），但不发生蒸发。热晶浆进入结晶室后沸腾，使溶液达到过饱和状态，于是部分溶质沉积在悬浮晶粒表面上，使晶体长大。作为产品的晶浆从循环管上部排出。

强制循环蒸发结晶器生产能力大，但产品的粒度分布较宽。

二、标准操作规程

（一）操作前的准备工作

（1）检查蒸发结晶器内是否有杂物，设备内表面是否有严重腐蚀、脱落现象。

（2）检查循环料管路、加热器、搅拌机、加料循环泵等是否正常。

（3）检查各系统控制阀门是否处于正确开、闭状态。

（二）开机运行

（1）按照岗位操作标准，打开料液进口阀，开启循环加料泵缓慢向蒸发结晶器进料，逐步加大进料流量。

（2）开启蒸发结晶器上部的搅拌桨，对蒸发结晶器内的料液缓慢搅拌。

（3）缓慢开启加热器进蒸汽阀，调整阀门到适当开度，保持蒸汽满足蒸发结晶要求。

（4）测定蒸发结晶器内料液的温度、结晶物结晶比，待符合生产条件后，开启晶浆泵抽出结晶物进行分离。

（5）每班清理卫生，保持工作场所、设备、工具清洁。

（三）停车

（1）关闭料液输送阀，停止向蒸发结晶器加入新料液。

（2）加热器停止进入加热蒸汽。

（3）当晶浆泵抽出的结晶物明显变少时，关闭该泵进口阀，停泵。

（4）关闭循环料液阀门，停循环加料泵。

（5）关停蒸发结晶器上的搅拌桨。

（6）做好停车后的现场清理。

三、安全操作注意事项

（1）检查用电设备接地、绝缘良好，防止漏电伤人。

（2）料液若具有腐蚀性，操作时要穿戴好工作服、鞋、帽、防护镜和手套，防止对人员的损害。

（3）操作过程中杜绝“跑、冒、滴、漏”，如不慎沾污皮肤，要先立即用大量清水冲洗，

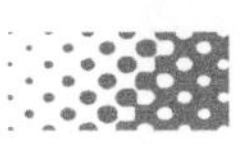

必要时立即送医院处理。

四、维护与保养

(1) 保持设备清洁、各部分齐全、有效。

(2) 按要求检查蒸汽、循环料液管路等是否有“跑、漏”现象。

(3) 控制仪表等要定期校验。

(4) 进入蒸发结晶器检修前，必须用洁净水将蒸发结晶器清洗干净。

(5) 停工期间，保持蒸发结晶器内洁净，防止设备污染或冻坏。

五、常见故障及处理方法

强制循环蒸发结晶器的常见故障及处理方法见表 4-4。

表 4-4　强制循环蒸发结晶器的常见故障及处理方法

常见故障	产生原因	处理方法
结晶器内装置腐蚀	①材质不符合 ②料液温度不符合要求 ③料液浓度不符合要求	①按规定要求材质加工内装置 ②调整料液温度到规定范围 ③调整料液浓度到规定范围
结晶器内壁结疤	①料液结晶物浓度过高 ②料液循环量不足	①用结晶泵及时抽出结晶物 ②增大循环料量
生产的结晶颗粒过小	①搅拌过快 ②料液浓度过低	①降低搅拌速率 ②降低料液温度，增大蒸发量
生产量不足	①设计参数与实际生产参数不匹配 ②料液温度过低 ③结晶物抽出不及时 ④料液循环量小	①按设计参数要求进行生产控制 ②用加热器提高料液到控制温度 ③将结晶物及时抽出分离 ④增大料液循环量

六、拓展知识链接

(一) 结晶概述

结晶是指溶质以晶体状态从溶液中析出的过程，是获得高纯度固体物质的基本单元操作。

溶质从溶液中结晶出来要经历两个阶段：首先生成微小的晶粒作为结晶的核心即晶核，称为成核过程；然后长大成为晶体，称为晶体成长过程。溶液达到过饱和浓度是结晶的必要条件，因而结晶首先要制成过饱和溶液，然后把过饱和状态破坏，析出结晶。

按改变溶液浓度方式不同，常用结晶方法可分为以下几类。

1. 蒸发结晶法

在常压、加压、减压状态下加热溶液，使一部分溶剂蒸发，而使溶液浓缩达到过饱和状态。浓缩液进入过饱和区起晶（自然起晶或晶种起晶），并不断蒸发，以维持溶液在一定的过饱和度下使晶体成长析出，此结晶方法主要适用于溶解度随温度变化较小的物质。

2. 冷却结晶法

冷却结晶法基本上不去除溶剂，溶液的过饱和度系借助冷却获得，故适用于溶解度随温度降低而显著下降的物质。工业上常采用先将溶液升温浓缩，蒸发部分溶剂，再用降温方法，使溶液进入过饱和区，并不断降温，以维持溶液的一定过饱和度，使晶体成长析出。

3. 盐析结晶法

盐析结晶法不是用冷却或蒸发的方法造成溶液的过饱和，而采用加入某种物质以降低溶质在溶剂中的溶解度的方法来产生过饱和。盐析结晶法可与冷却法结合，提高回收率，且结晶过程温度较低，有利于不耐热的物质结晶。但需配备回收设备处理母液。

（二）结晶槽

结晶槽是一种槽形容器，器壁设有夹套或器内装有蛇管，用于加热或冷却槽内溶液。结晶槽可用作蒸发结晶器或冷却结晶器。为提高晶体生产强度，可在槽内增设搅拌器。结晶槽可用于连续操作或间歇操作。间歇操作得到的晶体较大，但晶体易连成晶簇，夹带母液，影响产品纯度。这种结晶器结构简单，生产强度较低，适用于小批量产品的生产。

目标检测

1. 如用管壳式换热器开车不排出不凝性气体会有什么后果？如何操作才能排尽不凝气？
2. 管壳式换热器的泄漏有几种情况？怎么预防？
3. 循环型蒸发器的结构、原理是什么？适用于哪种场合？
4. 简述强制循环蒸发结晶器的工作原理。
5. 结晶器生产量不足的原因可能有哪些？应如何解决？
6. 在制药工业生产中为什么一般采用真空浓缩而不是常压浓缩？

PPT 课件

模块五
干 燥 设 备

学习目标

学习目的：干燥设备是制药企业的基本单元操作设备，通过学习干燥设备的有关知识，进行设备操作、维护技能训练，为将来从事干燥设备的操作和维护奠定基础。

知识要求：掌握厢式干燥器、流化床干燥器的结构、原理、技术参数、操作和维护。
熟悉干燥器的选用原则，以及喷雾干燥器、真空冷冻干燥器的结构、原理、特点。

能力要求：会正确操作和维护厢式干燥器和流化床干燥器。
学会针对生产需求选择合理的干燥设备。

项目一　厢式干燥器的操作与养护

一、操作前准备知识

（一）结构

厢式干燥器主要由箱体、箱门、鼓风机、气流调节器、装料托盘、装料推车、隔板、加热器和温度控制系统等部分组成，如图 5-1 所示。

（二）工作原理

操作时将湿物料放入若干托盘内，把托盘置于厢内各层隔板上，作为干燥介质的空气通过厢顶部的鼓风机进入箱内，经过加热器加热后进入托盘间的空隙，干燥室用隔板隔成若干层，空气在隔板的导引下，经历若干次加热、干燥、再加热、再干燥后，携带物料汽化的水汽，由下方经右侧通道作为废气排出。为节省热能和空气，在排空之前由气流调节器控制将部分废气返回鼓风机进口与新鲜空气汇合再次被用来作为干燥介质。

优点：设备结构简单，操作方便，能适应各种不同性质的物料（如粉粒状、浆状、膏状和块状等）的干燥。物料损失小，盘易清洗。

缺点：物料得不到分散，干燥时间长，若物料量大，所需的容积也大；工人劳动强度大，如需要定时将物料装卸或翻动时，粉尘飞扬，环境污染严重，热效率低，一般在 60% 左右。

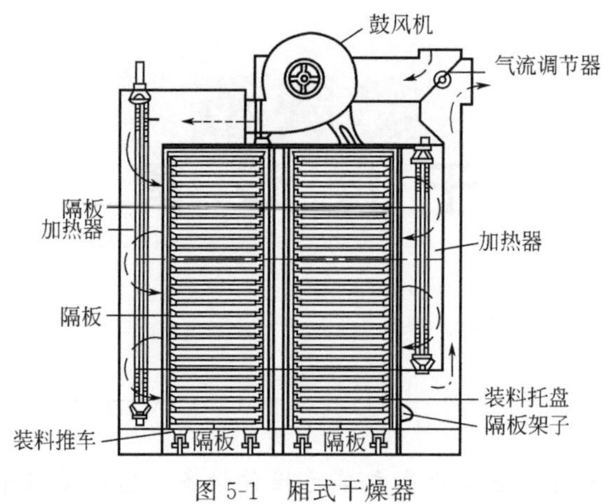

图 5-1　厢式干燥器

二、标准操作规程

（一）操作前准备

（1）按要求清洁设备，尤其是厢体内壁。

（2）检查设备各部分，如发现异常及时排除。

（3）检查电气控制面板及按钮、开关是否完好。

（4）检查蒸汽管道及电磁阀有无泄漏，如有，及时排除。

（二）开机

（1）将物料推入厢体，注意关严厢门。

（2）接通电源，按下风机按钮，启动风机。

（3）切换开关，放在“自动”位置，设定好温度控制点、极限报警点，然后将仪表拨动开关放在测量位置。

（4）关掉电磁阀两边的截止阀，打开旁通阀，同时打开疏水器旁通阀，放掉管道中的污水，然后按相反顺序关掉旁通阀，打开截止阀。

（5）将切换开关置于“手动”位置，按下“加热”按钮开关，反复进行几次，检查电磁阀开关是否灵活，若无异常现象，将切换开关置于“自动”位置投入使用。

（6）待温度升到设定值后，打开排湿系统。

（7）待物料干燥合格后，关掉排湿、加热、风机，断开物料，准备下一批物料的操作。

（三）停车

（1）关掉电源，按工艺要求清洗设备。

（2）检查电磁阀是否完全关闭（观察蒸汽压力表指示）、蒸汽管路是否有泄漏，如有异常及时处理。

（3）检查设备各部件是否正常。

三、安全操作注意事项

（1）设备处于工作状态时，禁止打开烘箱门。

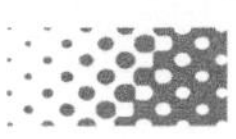

（2）清洗设备时，防止电气部件进水。

（3）推、拉出料车时，要严谨操作，防止料盘滑落或者料车与厢体发生剧烈碰撞。

四、维护与保养

（1）保持设备清洁、各部件齐全、有效。

（2）按要求检查蒸汽管路、经常检查风筒等部件是否有漏气现象。

（3）控制仪表等要定期校验。

（4）经常检查各紧固件是否松动，如松动应加以紧固。

五、常见故障及处理方法

厢式干燥器的常见故障及处理方法见表5-1。

表5-1　厢式干燥器的常见故障及处理方法

常见故障	产生原因	处理方法
温度不升高	①蒸汽压力太低 ②疏水器失灵 ③排湿阀处于常开状态 ④风机转向不符 ⑤显示仪表不正确 ⑥没有采取保温措施	①按要求提高蒸汽压力 ②疏水器有杂物堵塞，清除杂物 ③关闭排湿阀 ④电源线两端任意对调 ⑤检查热电阻是否固定良好、接线是否正确，必要时用标准电阻箱校验温度仪 ⑥烘箱外部加保温层
箱内温度不均匀	①百叶窗叶片调整不当 ②烘门未关严	①进行调整 ②检查并排除
风机噪声大	①风机或电机螺栓松动 ②风机叶片碰壳，轴承磨损 ③电机缺相运转	①检查并排除 ②检查并排除 ③检查线路及电气开关
干燥速率太慢	①箱内温度太低 ②排湿选择不当 ③风量太小 ④热量散失	①按要求提高蒸汽压力 ②调整排湿阀开度 ③检查风机及风管有否漏气，叶片是否有杂物 ④检查需保温部位，看是否进行保温

六、干燥

在药物制剂生产过程中，对洗涤后的原生药材、水分含量过高的饮片及制粒后的半成品等都需要将其所含水分除去，以便进一步加工、储藏和使用。在生产上把利用热能将物料中的水分汽化，再经流动着的惰性气体带走以除去固体物料中的水分的过程称为干燥。常用的惰性气体有烟道气和空气等，统称为干燥介质。干燥介质既是将热量传递给固体物料的载热体，又是将汽化后的水分即水蒸气带走的载湿体。空气是中药生产中最常用的干燥介质。在固体物料和干燥介质之间，既发生能量传递又发生物质（水分）传递。干燥过程是传热与传质都存在的复合过程。

1. 基本概念

传热过程进行需要有传热动力，即温度差。只要空气的温度高于湿物料的温度，就能保证空气向物料传递能量，使物料中的水分得以汽化成水蒸气。水蒸气被空气带走是传质过程。温度与空气总压一定时，空气中所携带的水蒸气有一最大值，携带有最大值水蒸气的空气称饱和空气。用空气中水蒸气的分压来表示水蒸气量时，饱和空气中的水汽分压称饱和水汽压，记为 P_0；若空气是饱和空气，它就不能携带水蒸气离开固体物料。要干燥过程顺利进行，必须使作为干燥空气中水汽的分压 P 小于饱和水汽分压 P_0。为说明空气容纳水汽可能性的大小，引入相对湿度的概念。

$$\Phi = P/P_0 \times 100\%$$

式中，Φ 为相对湿度；P 为空气中水汽的分压，kPa；P_0 为空气饱和水汽分压，kPa。

$\Phi=100\%$时，空气中水汽分压达到饱和，值越小，表示空气能继续吸纳更多的水分。

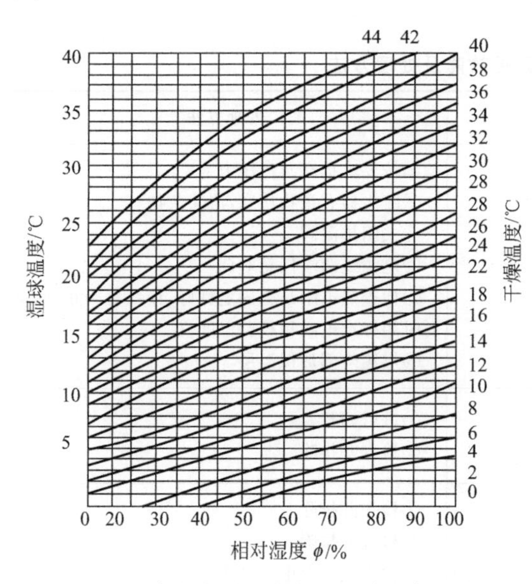

图 5-2　空气的相对湿度与干湿球温度的关系

相对湿度一般用干湿球温度来测量。干球温度就是用普通温度计测得的湿空气的真实温度 t_1，而湿球温度是由湿纱布包着水银温度计的水银球，在湿空气中所显示的温度 t_w。当湿空气流经包水银球的纱布时，纱布表面的水分吸收纱布内的热量而汽化，并被湿空气带走，使得原来纱布周围温度相同的空气比纱布中水的温度高，因此发生空气向纱布水分传热。当两者达到平衡时，包纱布的水银球就显示湿球温度。Φ 值越低，汽化并携走纱布上的水分越多，吸收纱布内水分的热量越多，湿球温度就越低。空气的相对湿度与干湿球温度的关系如图 5-2 所示。

2. 物料中所含水分的性质

在干燥过程中，一般选用具有一定温度和湿度的空气作为干燥介质。单位时间内物料的水分汽化被带走的量在干燥时会越来越少，最后物料被湿空气带走的水分量与从湿空气中吸收的水分量相等，此时的物料水分量就称作平衡水分。平衡水分是不能通过干燥去除的。

影响平衡水分的因素有物料的种类和干燥介质的性质。第一个影响因素是由物料中水分与物料的结合状态决定的；第二个影响因素是空气的湿度和相对湿度。

物料和水分的结合方式有化学结合、物化结合与机械结合三种。

化学结合是指一些矿物中所含的结晶水，不能通过干燥方法来去除；物化结合是指小毛细管吸附和渗透到物料细胞组织内的水分，与物料结合得比较强，不容易被干燥去除；机械结合是指表面润湿水分、粗大毛细管和孔隙中的水分，这些水分容易通过干燥去除掉。

结合方式不同，用干燥去除的难易程度不同，将物料中的水分划分为结合水分与非结合水分两种。

(1) 非结合水分　以机械结合方式存留于物料之中的水分，包括物料表面的润湿水分与粗大毛细管内与孔隙的水分，通过干燥容易去除掉。

（2）结合水分　以物化结合方式存留于物料之中的水分，包括细小毛细管吸附的水分和渗透到细胞组织内的水分，它们与物料结合得较紧，故通过干燥不易去除。

3. 干燥的基本原理

湿物料的水分在未与干燥介质接触时均匀分布在物料中，当通入干燥介质后，湿物料表面的水分开始汽化，且与物料内部形成一湿度差，物料内部的水分就会以扩散的形式向表面移动，至表面后再被汽化，由干燥介质连续不断地将汽化的水蒸气带走，从而使湿物料完成干燥过程。

水分在物料内部扩散和在表面汽化同时进行，但在干燥过程不同时间内，物料的湿度、温度变化不尽相同，通常可分为预热、恒速干燥和降速干燥三个阶段。

（1）预热阶段　物料加入干燥器时，一般其温度低于热空气的湿球温度，在干燥过程开始时，通入的热空气将热量传入物料，少部分热量用于汽化物料表面的水分，大部分热量用于加热物料使其温度等于热空气的湿球温度。

（2）恒速干燥阶段　继续通入热空气后物料温度不再升高，此时意味着进入恒速干燥阶段。此时热空气释放的显热全部供给水分汽化所需潜热。物料不再吸收热量而一直保持为 t_w，只要通入热空气的流量、温度和湿度保持不变，则在一定时间内水分汽化并被带走的量就不变，故称恒速干燥阶段。湿物料中的水分约有 90% 是此时被除去的，该阶段去掉的水主要是物料中的非结合水。

（3）降速干燥阶段　当进行干燥中的物料的温度又从 t_w 继续升高，这意味着热空气释放的显热除供给物料表面水分汽化外，尚有部分富余热量使物料温度提高，这是因为物料中的非结合水基本去除干净了，结合水不能通过扩散很好地移至物料表面，以至润湿表面逐渐干枯，汽化表面向内部移动，此时除去的主要是结合水。与恒速阶段相比，去除同样水分需要几倍的干燥时间且随物料水分减少，去除时间会延长，故称为降速阶段。

4. 影响干燥的因素

影响干燥的主要因素有物料性质、干燥介质、干燥器等。

（1）物料的性质　包括湿物料的结构、化学组成、形状及大小、水分的结合方式和物料的堆积方式等。

（2）物料的初始湿度与最终湿度的要求　物料初始湿度高，需干燥水分多，干燥时间长，对速率有影响。最终湿度要求尤为重要，此值太小要除去难以汽化的结合水，应使干燥速率降低很多。

（3）物料的温度　物料温度越高，水分汽化越快，干燥速率越高。在恒速干燥阶段，物料最高温度为干球温度，此时要注意物料的热敏性。

（4）干燥介质的温度　干燥介质温度越高，传热推动力越大（热空气与湿物料的温差），传热速率越高，水分汽化越快，干燥速率越高。在干燥中，干燥介质进出温差越小，平均温度越高，干燥速率越高。

（5）干燥介质的湿度和流速　采用热空气为干燥介质，其相对湿度越小，吸纳水分的空间就越大，传质推动力越大，水分汽化越快，介质流速越大，带走水汽越快，这两者均可使干燥速率提高，很明显介质的这一性质主要影响恒速干燥阶段。

（6）干燥介质流向　流动方向与物料汽化表面垂直时，干燥速率最快，平行时最慢。前者更容易润湿表面上方的空气状态，汽化后的水分可更快地被空气带走。

（7）干燥器的结构　干燥设备为物料与干燥介质创造接触的条件，它的结构设计以有利于传热、传质的进行为原则，因此好的干燥设备能提供最适宜的干燥速率。选用干燥器要针对具体情况全面分析，解决主要矛盾才能选好。

5. 干燥的热效率及干燥效率

在干燥系统中，空气必须经过预热器和加热器获得能量 Q_1，提高温度后才能作为干燥介质去干燥物料。它在干燥器内放出热量 Q_2，一部分热量 Q_3 用来汽化水分，其余用来加热湿物料和补偿干燥器的热量损失。

热效率：

$$\eta=\text{干燥器内汽化水分耗热}/\text{加入干燥系统的热量}=Q_3/Q_1\times100\%$$

干燥效率：

$$\eta=\text{干燥器内汽化水分耗热}/\text{空气在干燥器放出热量}=Q_3/Q_2\times100\%$$

项目二　流化床干燥器的操作与养护

一、操作前准备知识

（一）结构

流化床干燥系统主要由鼓风机、加热器、加料器、流化床干燥室、旋风分离器、袋滤器等组成，如图 5-3 所示。单层流化床干燥器上大下小，呈蘑菇形，流化床下部的圆筒直径逐渐减小，底部装有气体分布板，在干燥室中部设计有加料口；流化床上部的圆筒直径较大，形成开阔空间，供物料颗粒上下沸腾使用。空气和水蒸气从上部的尾气管排出，被引风机输送到旋风分离器分离收集颗粒，从旋风分离器中出来的气体含有细粉，经袋式过滤机过滤后，空气和水蒸气排空，细粉被收集在细粉储存器中。

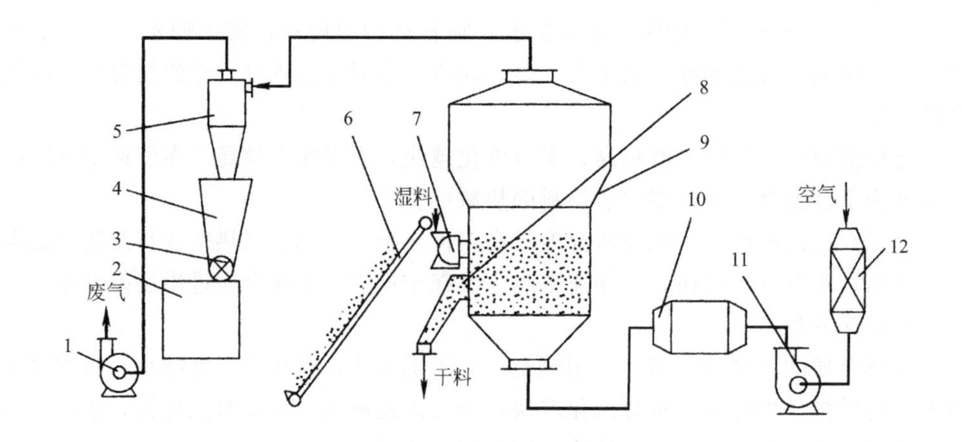

图 5-3　流化床干燥流程

1—引风机；2—料仓；3—星形加料器；4—集灰斗；5—旋风分离器；6—皮带输送器；7—抛料斗；8—排料管；9—流化床；10—加热器；11—鼓风机；12—空气过滤器

（二）工作原理

理论基础是流态化技术，容器中放好固体颗粒，气体从托板下方通过颗粒的间隙向上吹，由于容器下部颗粒堆积密度较大，气体通道截面积较小，气体压强较高，固体颗粒受气流作用而悬浮起来。当颗粒浮至上方，气体通道面积加大，压强降低，固体又落至托板上，并再一次被气流托起。固体颗粒如此上下翻动，容器内固体颗粒层体积增大，并能沿着压力差方向移动，性能颇似流体，故称之为流态化。此情况与液体沸腾状态相似，又称沸腾化。而沸腾状态可使气体、固体充分接触，利于高效传质传热。

二、标准操作规程

（一）开机前准备

（1）将捕集袋套在袋架上，一并放入清洁的上气室中，松开定位手柄后摇动手柄使吊杆放下，然后用环螺母将捕集袋架固定在吊杆上，摇动手柄升高到尽头，将袋口边缘四周翻出密封槽外侧，勒紧绳索，打结。

（2）将物料加入盛料器内，检查密封圈内空气是否排空，排空后可将盛料器缓缓推入上、下气室之间，此时盛料器上的定位头与机身上的定位块应该吻合，就位后的盛料器应与密封槽基本同心。

（3）接通压缩空气气源及电加热电源，开启电气箱的空气开关，面板上的电源指示灯亮。

（4）总进气减压阀压力调至0.5MPa左右，气封减压阀调到0.1MPa，气封压力可根据充气密封情况适当调整，但不得超过0.15MPa，否则密封圈易爆裂。

（5）预设进风温度和出风温度（一般出风温度为进风温度的一半），然后切换开关复位，温度调节仪显示实际进风温度。

（6）选择“自动/手动”设置。

（二）开机操作

（1）合上“气封”开关，等指示灯亮后观察充气密封圈的鼓胀密封情况，密封后可操作下一步。

（2）启动风机。根据观察窗内物料沸腾情况，转动机顶的手阀调节手柄，控制出风量，以物料沸腾适中为宜。若出风量过大，真空度太高，会产生过激沸腾，使得颗粒易碎，细粉多，且热量损失大，干燥效率低，应将风量调小；若出风量过小，真空度太小，物料难以沸腾，使得物料湿度大、黏度大，不易干燥，应将风量调大。

（3）开动电加热约0.5min后，开启“搅拌”，确保搅拌器不伤物料，待物料接近于干燥，应关闭“搅拌”。

（4）检查物料的干燥程度，在取样口取样，以物料放在手上搓捏后仍可流动、不粘手为干燥。

（5）干燥结束后时，关闭加热器。

（6）待出风口温度下降至室温时，关闭风机。

（7）待1min后，按“震动”按钮点动（约8～10次），使捕集袋内的物料掉入盛料器内。

（8）关闭“气封”，待充气密封圈回复原状后，拉出盛料器小车，卸料。

（三）清洁程序

（1）拉出盛料器后，放下捕集袋架，放下过滤袋，关闭风门。

（2）用一定压力的饮用水冲洗残留在主机各部分的物料，卸料后的盛料器分布板缝隙要彻底清洗干净，不能冲洗的部位用毛刷或净布擦拭。

（3）捕集袋应及时清洗干净，烘干备用。

三、安全操作注意事项

（1）电气操作顺序

启动:风机开→加热开→搅拌开

停机:加热关→搅拌关→风机关

（2）手动状态　实际进风温度≥预设进风温度时，自动关闭加热器必须靠人工控制搅拌器和风机的关闭。

（3）自动状态

实际进风温度≥预设进风温度时，加热器自动关闭；

实际进风温度<预设进风温度时，加热器重新启动；

实际出风温度≥预设出风温度时，自动关闭搅拌器和风机。

（4）关闭风机后，必须等候约1min，再按“震动”，确保捕集袋不致在排气未尽的情况下因震动而破损。

（5）关闭“气封”后，必须等密封圈完全回复（圈内空气放尽），方可拉出盛料器，否则易损坏充气密封圈。

四、维护与保养

（1）保证设备各部分完好可靠。

（2）设备外表及内部应洁净，无污物聚集。

（3）向润滑油杯和油嘴加润滑油和润滑脂。

（4）气动系统的空气过滤器应清洁。

（5）气动阀活塞应完好、可靠。

（6）水冲洗系统无泄漏。

（7）沸腾干燥机机身和盛料器、沸腾室内壁可用水冲洗或用湿布擦干净，但要防止电气箱受潮、密封器进水及气封管路内进水；清洗下气室时，水量不能高于进风口，以防加热器和风机受潮。

（8）空气过滤器的清洁：应每隔半年清洗或更换滤材。

五、常见故障及处理方法

流化床干燥器的常见故障及处理方法见表5-2。

表5-2　流化床干燥器的常见故障及处理方法

常见故障	产生原因	处理方法
死床	①进机物料过湿或块多 ②热风量少或温度低 ③床面干料层高度不够 ④热风量分配不均	①降低物料的含水量 ②增加风量,升高温度 ③缓慢出料,增加干料层厚度 ④调整进风阀开度

续表

常见故障	产生原因	处理方法
尾气含尘量大	①分离器破损，效率下降 ②风量大或床内温度高 ③物料颗粒变细小	①检查修理 ②调整风量和温度 ③检查操作指标变化
沸腾床流动不好	①风压低或物料多 ②热风温度低 ③风量分布不均匀	①调节风量和物料 ②加大加热蒸汽量 ③调节进风阀开度

六、相关知识链接

（一）流化床干燥器

1. 用途

流化床干燥器主要用于湿粒的干燥，如片剂、胶囊剂颗粒的干燥。在干燥过程中，湿物料在高压温热空气中不停地纵向跳动，大大增加了蒸发面，加上气流的流动，干燥效果比较好。

最简单的沸腾干燥器是单层圆筒干燥器。颗粒状湿物料由容器左侧加入，热气流通过下部多孔分布板进入干燥室与物料接触。当气流速率足够大时固体层沸腾，两者进行传热传质，干燥后的物料从沸腾层上方侧管引出，而干燥后的废气先经顶部旋风分离器回收夹带的粉尘后自旋分中新管排出。

单层圆筒沸腾干燥器是分批投料的，干燥时间也可自由调整，适应性较强。但其辅助操作性时间长，生产能力不高，热效率低，经济效益差。

药剂生产中，使用较为普遍的是卧式多室沸腾干燥器，可分为沸腾室、粗粉尘收集、细粉尘收集、热源、动力几部分，多用于连续式操作。

2. 操作参数

单层流化床适合于不易结块的物料，特别适合于物料表面水分的干燥。干燥物料的粒度应控制在 30μm～6mm 范围内，太小容易产生沟流，太大则需要较高的气流量，增加动力消耗。

若干燥的是粉料，则要求湿物料的含水量不超过 5%；若干燥的是颗粒状物料，则要求含水量不超过 15%，否则物料流动性不好、易于结块、干燥度不均匀，还会产生不正常工作情况。

3. 相关状态名词解释

（1）沟流和死床　在单层流化床干燥器中，如果加热空气流速大于流化所需要的临界流速而床层不流化，湿物料层被空气吹成若干条沟槽，这种现象叫作沟流。产生沟流后沸腾干燥不能进行叫作死床。

（2）腾涌　腾涌又称活塞涌。在单层流化床干燥器底部，上升的气流穿过气流分布板后，形成气泡，在物料性质和干燥器因素等多方面作用下，气泡越来越多，且相互汇集成更大的气泡，直径接近床层直径，并将湿物料如活塞般抛起，到达一定高度后崩裂，物料破碎成颗粒并被向上抛送一段距离后再纷纷落下，这种现象叫腾涌。

在干燥过程中出现腾涌，将产生干燥不均匀的现象，有时会使干燥无法正常进行。消除腾涌现象的方法有调节进料量、选用床高与床径之比相对较小的床层、对物料进行预处理等。

4. 特点

（1）颗粒与气流在高度湍流状态下进行传热传质，故传热传质速率很高，体积传热系数较大。

(2) 沸腾床使物料充分混合、分散，因此产品质量均一。

(3) 生产能力大，干燥速率高，处理物料量大，特别适合干燥大批量的湿物料。

(4) 结构简单，造价较低，维修方便。

(5) 因其停留时间一般在几分到几十分钟，对热敏性物料要慎用，对易结块的物料因其不易形成流态化状态，故不适宜用此法干燥。

(二) 喷雾干燥器

1. 工作原理

将液体物料在传热介质中雾化成细小液滴，使得气-液两相传热传质面积得以增加，液体物料中的水分在几秒内就能迅速汽化并被干燥介质带走，使雾滴被干燥成粉状干料。中药制剂中的一些溶解度较高的冲剂可利用喷雾干燥技术来生产。喷雾干燥流程如图 5-4 所示。

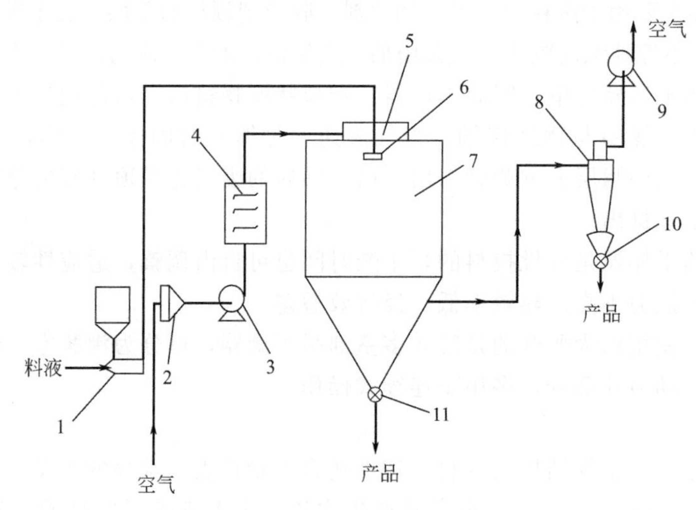

图 5-4 喷雾干燥流程

1—供料系统；2—空气过滤器；3—鼓风机；4—加热器；5,8—旋风分离器；6—雾化器；7—干燥塔；9—引风机；10，11—卸料阀

2. 干燥过程

干燥过程分三个阶段。

(1) 料液雾化　液体物料通过雾化器分成细小的液滴。料液雾化有两项要求，雾滴均匀、雾滴直径不宜过大。雾滴不均匀，会使小颗粒已干而大颗粒尚未达到湿度要求；雾滴直径过大会使产品湿度过大，一般控制在 20～60μm。

(2) 雾滴与热空气接触　喷雾干燥的干燥介质大多用热空气，雾滴相对热空气的流向有并流、逆流和混流三种。并流时，热空气先与湿度大的物料接触，因而温度降低、湿度增加，故干燥后物料温度不高；由于一开始温差大，湿度差也大，水分蒸发迅速，液滴易破裂，故干燥产品常为非球颗粒，质地较疏松。逆流时，刚雾化的料液滴与即将离开干燥室的热空气相遇，温度差在干燥过程中变化不大，且其平均温差也高于并流，液滴在干燥室停留时间较长，混流时固-液传质传热特性介于并流、逆流之间，但其停留时间最长，故对能耐高温的物料最适用，传质传热效果较好，热效率高，适用于非热敏性物料。

(3) 雾滴的干燥　喷雾干燥与固体颗粒的干燥一样，既有恒速和降速干燥两个阶段，也有水分在液滴内部向表面扩散和在表面蒸发两个过程，只是速率要快一些。

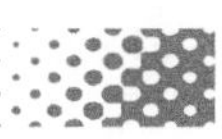

3. 喷雾干燥工艺流程

(1) 一级喷雾干燥系统　热空气作为干燥介质通入干燥室将湿物料的水分及干燥后的固体颗粒一起带出干燥器，进入气-固分离部分。气-固分离有以下三种形式。

① 旋风分离加湿除尘，经此法分离和排放的废气含尘可在 $25mg/m^3$。

② 旋风分离加袋滤器，排放废气含尘一般小于 $10mg/m^3$。

③ 使用电除尘器，分离效率高，但耗能大，投资高，适用于粉尘的性质对空气污染较严重或是操作压强要求较低的场合。

液体原料含有有机溶剂，应选氮气或二氧化碳作为干燥介质，要回收循环使用，采用封闭式喷雾干燥系统。

(2) 二级喷雾干燥系统　由于喷雾干燥气液接触时间短，往往干燥后物料的湿度达不到规定要求，需在喷雾干燥后加一级沸腾干燥，形成二级喷干系统。与一级喷干系统相比干燥速率高，热效率高，含水量降至很低，温度也低，便于直接包装。

(3) 雾化器　将液体物料经雾化器喷成极细的雾滴，使气液传热传质面积增大许多倍，能在很短的时间内完成内部扩散，是通过表面汽化和带走水汽的干燥过程。喷干效果的关键是能否将液体物料喷得很细很均匀。

雾化器也称作喷嘴，按工作原理分为气流式、压力式和离心式三种。

① 气流式喷嘴。气液两个通道，通入流速差异很大的气体和液体，气体流速 200～340m/s，液体流速小于 2m/s，如此大的流速差使其在接触时产生很大的摩擦力，从而使液体物料雾化。

② 压力式雾化器。压力为 2～20MPa 的液体物料从通道中的切向入口进入旋转室，并沿室壁形成锥形薄膜。当从喷嘴孔中喷出压力突然变小、液膜伸长变薄、进而分裂成细小雾滴、导引液体切向进入旋转室的零件称喷嘴芯，有斜槽形、螺旋形和旋涡形等结构，以适应不同的液体物料。

③ 离心式雾化器。料液流入安装在干燥室内的高速旋转的盘子上，在离心作用下，液流伸展成薄膜并向边缘加速运动，当离开盘边缘时，分散成雾滴。盘的转速和液体流速对雾滴的大小和均匀有很大影响。一般圆周速率控制在 90～150m/s。效果没其他两种好，但是其最大特点是不易堵塞，适用于混浊液体物料。

4. 喷雾干燥的特点

(1) 因物料雾化成直径很小（约为 10～60μm）、表面积很大的液体（雾化前为 $1\times10^{-3}m^2$，雾化后具有 $200m^2$），故其传热、传质速率极高。

(2) 传热、传质速率高，干燥时间很短，一般物料在干燥室内只停留 3～10s。

(3) 通过对进料速率和干燥介质性质的调整，可对成品的粒度、水分进行控制，从而直接包装。

(4) 热空气用量较大，热效率较低，耗能多，干燥 1kg 水约需 4200kJ，操作费用高。

(5) 干燥进行期间有粘壁现象发生，粘壁是指被干燥物料黏附于干燥室内壁的现象。发生粘壁会使产品出料困难，粘壁较严重时不得不停工清理，导致生产效率降低。

产生粘壁的原因具体如下。

① 半湿物料粘壁。指雾化后的液滴未被干燥即与干燥室壁面接触所致，原因多是液滴被雾化后直接被甩至壁面。防止这种粘壁主要应调整雾化器。

② 低熔点物料热熔性粘壁。处理办法：干燥室采用夹层结构，便于用冷却水冷却干燥

室壁面。

③ 干粉表面黏附。此现象不可避免，但稍施震动即可脱落，此外提高干燥室内壁面的光洁度可减少这种粘壁。

（三）气流干燥器

气流干燥器主体设备为一长管，下部置一多孔托板，托板下方吹入热空气，当热空气流速足够大时，将湿物料颗粒吹起并带至上方。湿颗粒在长管中与热空气做并流运动的同时，也完成了自身的干燥过程。气流和固体颗粒出干燥管后，再采用旋分和袋滤进行固气分离，使废气排出。

特点：颗粒在气流中高度分散，传热传质表面很大，传热传质速率很高，干燥时间极短，一般仅为几秒；气-固两相并流操作，空气温度可取400℃，而物料温度仅为60～70℃，传热动力大；结构简单，生产能力大，占地面积小。

缺点：气流阻力大，动力消耗大，操作费用高。

（四）干燥器的选型

视工厂客观条件、物料性质、生产批量、干燥效果要求等综合影响因素来考虑选用。可参考表5-3。

表 5-3　干燥器选型参考

加热方式	干燥器	物料							
		溶液	泥浆	膏糊状	粒径(100目)以下	粒径(100目)以上	特殊性状	薄膜状	片状
		萃取液、无机盐	碱、洗涤剂	沉淀物、滤饼	离心机滤饼	结晶、纤维	填料、陶瓷	薄膜、玻璃	照相、薄片
对流	气流	5	3	3	4	1	5	5	5
	流化床	5	3	3	4	1	5	5	5
	喷雾	1	1	4	5	5	5	5	5
	转筒	5	5	5	1	1	5	5	5
	厢式	5	4	1	1	1	1	5	1
传导	耙式真空	4	1	1	1	1	5	5	5
	滚筒	1	1	4	4	5	5	适用多滚筒	5
	冷冻	2	2	2	2	2	5	5	5
辐射	红外线	2	2	2	2	2	1	1	1
介电	微波	2	2	2	2	1	2	2	2

注：1. 适合；2. 经费许可时才适合；3. 特定条件下适合；4. 适当条件下适合；5. 不适合。

目标检测

1. 如何判断厢式干燥器厢内物料干燥程度及把握干燥时间？
2. 厢式干燥器的结构由哪些组成？
3. 简述流化床干燥器的电气操作顺序及须严格按此操作的原因。
4. 流化床干燥器清洗时应注意哪些问题？
5. 简述厢式干燥器厢物料干燥速率慢的原因及对策。

PPT 课件

模块六
口服固体制剂生产设备

学习目标

学习目的： 固体制剂生产设备是制药企业最重要的生产操作设备线之一，通过学习固体制剂生产设备的有关知识、对固体制剂生产设备操作技能进行训练，为将来从事固体制剂生产设备的操作和维护奠定基础。

知识要求： 掌握快速混合制粒机、沸腾制粒机、旋转式压片机、高效包衣机、全自动胶囊填充机、模压式软胶囊机的结构、原理、技术参数、操作和维护。

熟悉粉碎机、混合设备、筛分设备的特点和选用原则。

了解固体制剂生产流程。

能力要求： 能对固体制剂关键岗位设备快速混合制粒机、沸腾制粒机、旋转式压片机、高效包衣机、全自动胶囊填充机、模压式软胶囊机进行正确的操作和维护。

会解决固体制剂生产过程中的一般性技术问题。

项目一　万能粉碎机的操作与养护

一、操作前准备知识

（一）结构

万能粉碎机（图 6-1）主要由带有钢齿的圆盘和环形筛构成。装在主轴上的回转圆盘钢齿较少，固定在密封盖上的圆盘钢齿较多，且是不转动的。当盖密封后，两盘钢齿在不同半径上以同心圆排列方式互相处于交错位置，转盘上的钢齿能在其间作高速旋转运动。

（二）工作原理

万能粉碎机的粉碎功能是在各级粉碎腔中完成的。物料放入料斗中后，在插板的控制下进入进料口，物料在活动粉碎盘高速旋转的离心力作用下，逐级进入一至四级粉碎腔，在一、二、三级高速旋转的粉碎刀碰撞下，其运动速率也不断被加速。高速运动的物料与物料、物料与动粉碎刀及物料与内外固定粉碎器的相互碰撞下，不断被逐级粉碎。同时，物料在高速旋转的各级动粉碎刀与固定粉碎器之间及与固定粉碎盘之间不断被剪切，在这两种粉碎功能的同时作用下，物料被粉碎成细颗粒状粉体。这些

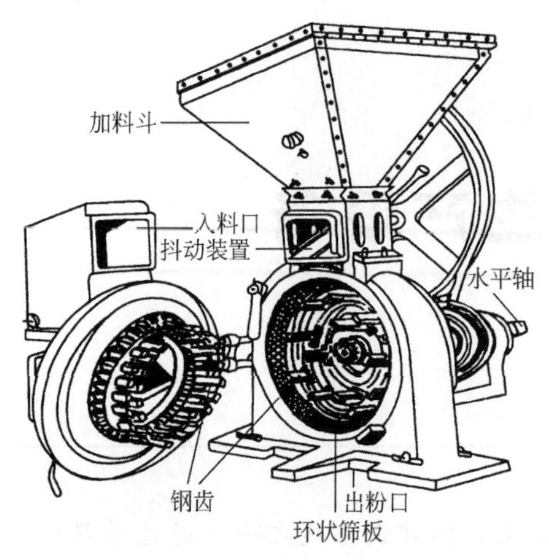

图 6-1 万能粉碎机结构示意

粉体在高速旋转的离心力作用下，不断地被排出筛网，成为合格的产品。

万能粉碎机属于撞击式粉碎机，以撞击作用为主，属于中细碎机种，适用于多种中等硬度的干燥物料，如结晶性药物，非组织性的块状脆性药物以及干浸膏颗粒等的粉碎。平均粒径在 60～120 目，生产能力为 20～800 kg/h。

但腐蚀性大、剧毒药、贵重药不宜使用万能粉碎机。由于粉碎过程中会发热，故也不宜用于含有大量挥发性成分、软化点低和具有黏性药物的粉碎。

二、标准操作规程

(一) 开车前的准备

(1) 机器上所有的紧固零件必须拧紧。

(2) 注油器内注入足够的润滑油。

(3) 打开活门检查粉碎腔内是否有异物或有无卡住现象。

(二) 开车

(1) 粉碎物料时必须空载启动，待机器运转正常后再逐步加料。

(2) 粉碎物料时应检查，决不允许有金属物进入机内，以免损坏机件。

(3) 给料应均匀，当粉碎机过载或转速降低时，必须停止给料，待运转正常后再继续给料。

(三) 停车

粉碎机停车前，首先要停止给料，待粉碎腔内物料完全粉碎，并被排出机外，方可切断电源停车。

三、安全操作注意事项

(1) 电源要符合电机要求，设备必须有电源接地装置。各单机及管道法兰用接地导线接起来，以避免静电火花引起的粉尘爆炸。如通电后有异常情况，根据线路图检查。

(2) 物料中严禁混有金属物（如螺栓、螺母等），物料水分含量不得大于 5%。

(3) 禁止在超负荷情况下开机。

(4) 粉碎机应该放在坚实平整、不会引起震动的地面上工作。在接上电源、试车、生产之前，要彻底检查各螺栓是否紧固、各零部件是否损坏。

四、维护与保养

(1) 操作者必须是基本了解粉碎机的结构性能、并经过安全技术教育的熟练工人。

(2) 运转时禁止进行任何调整、清理或检查等工作。

(3) 运转时严禁打开活动门，以免发生危险和损坏机件。

(4) 粉碎机和电器设备均应接地良好。

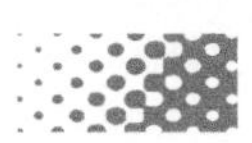

（5）要经常检查紧固件是否松动，轴承温度是否正常，注油器是否有润滑油。

（6）粉碎机在无负荷情况下，转动应是无杂音的。如有不正常现象发生，应立即停车，根据故障性质加以排除。

（7）消除机内积粉，调换筛网，检查调换粉碎刀、粉碎器、固定粉碎盘及活动粉碎盘时，只要打开活动门即可进行各项检查作业。

五、常见故障及处理方法

万能粉碎机的常见故障及处理方法见表 6-1。

表 6-1　万能粉碎机的常见故障及处理方法

常见故障	产生原因	处理方法
主轴转向相反	电源线相位连接不正确	检查并重新接线
操作中有胶臭味	皮带过松或损坏	调整或更换皮带
钢齿、钢锤磨损严重	物料硬度过大或使用过久	更换钢锤或钢齿
粉碎时声音沉闷、卡死	加料过快或皮带松	加料速率不可过快，调紧或更换皮带
热敏性物料粉碎声音沉闷	物料遇热发生变化	用水冷式粉碎或间歇粉碎

六、相关知识链接——粉碎

（一）概述

粉碎是借机械力将大块固体物料粉碎成适宜程度的碎块或细粉的操作过程。

在药物制剂生产时，需要将药物和辅料进行粉碎，以提高复方药物或药物与辅料的混合均匀；增加药物的比表面积，以利药物溶解和吸收，使某些难溶性药物的溶出速率增加，提高其生物利用度；粉碎后的药物有利于制备各种剂型，如散剂、片剂、混悬剂、胶囊剂等，提高这些剂型的质量；通过粉碎能加速中药材有效成分的溶解和扩散，减少溶剂的用量，提高浸出率，使提取更加完全。

（二）粉碎的一般原理

固体物质的形成依赖于分子的内聚力。粉碎是利用机械力部分破坏物质分子间的内聚力，使其成为破碎品。

固体药物由于其分子排列结构不同而分为晶体和非晶体。极性晶体药物具有相当的脆性，较容易粉碎，粉碎时一般沿着晶体结合面碎裂成小晶体。非极性晶体药物缺乏脆性，当外加机械力进行粉碎时，可能产生局部变形而阻碍粉碎，此时，可加入少量挥发性液体来降低其分子间的内聚力，帮助其粉碎。非晶体药物的分子结构呈不规则排列。当外力作用时，一部分的机械能消耗在药物的弹性变形上，最后变成热能，通常可用降低温度的办法来增加非晶体药物的脆性。

粉碎时，粉碎机的机械能只有一部分转变为药物的表面能，其余的能量消耗在如下几方面：①未粉碎粒子的弹性变形；②粒子间的摩擦；③粉粒与粉碎机的摩擦；④粉碎机的震动与噪声；⑤生热；⑥物料在粉碎室内的迁移。为使机械能尽可能地转变为表面能，有效应用到粉碎过程中，应及时将已达到要求的粉末过筛取出，使粗颗粒有充分机会接受机械能。若细粉始终保留在粉碎系统中，不但能在粗颗粒中缓冲，而且消耗大量机械能，影响粉碎效率，同时产生大量不需要的过细粉末，所以在粉碎机内安装药筛或利用空气将细粉吹出，都是为了使粉碎顺利进行。

(三) 粉碎方法

1. 干法粉碎

该法是将药物预先经过适当干燥，使药物中的含水量降低至5%以下。干燥温度不高于80℃。

2. 湿法粉碎

该法是在药物中加入适量水或其他液体进行研磨的粉碎方法。选用的液体以药物遇湿不膨胀、不引起化学变化、不妨碍药效为原则。可得到细度较高的粉末，同时对某些刺激性较强的或有毒药物可避免粉尘飞扬。

3. 开路粉碎和闭路粉碎

物料只通过设备一次即得到粉碎产品，称为开路粉碎。适用于粗碎或粒度要求不高的碎粒。粉碎产品中含有尚未达到粉碎粒径的粗颗粒，通过筛分设备将粗颗粒重新送回粉碎机二次粉碎，称为闭路粉碎，也称循环粉碎，用于粒度要求较高的粉碎。

4. 低温粉碎

将物料或粉碎机进行冷冻的粉碎方法称为低温粉碎。

(四) 其他粉碎设备

根据粉碎原理，可分为锤式粉碎机、振动磨、球磨机、气流粉碎机等几种粉碎设备。

1. 球磨机

球磨机由不锈钢、瓷制或玛瑙制的圆筒，内装一定数量的大小圆钢、瓷、玛瑙球构成。物料在球磨机的圆筒内连续地研磨、撞击和滚压作用而碎成细粉。球磨机使用时将药物与圆筒装入滚筒后，在电动机的带动下以一定速率转动，要求有适当的速率，才能获得较好的粉碎效果。

球磨机适于粉碎结晶性药物（如朱砂、$CuSO_4$ 等）、易溶化的树脂（松香等）、树胶等以及非组织的脆性药物。对具有刺激性的药物可防止有害粉尘飞扬；对具有较大吸湿性的浸膏可防止吸潮；对挥发性药物及细料药也适用。如易与铁起作用的药物可用瓷制球磨机进行粉碎。对不稳定药物，可充惰性气体密封，研磨效果好。属于细碎机种，碎制品的粒径在100目以上，除广泛用于干法粉碎外，还可以用湿法干燥。

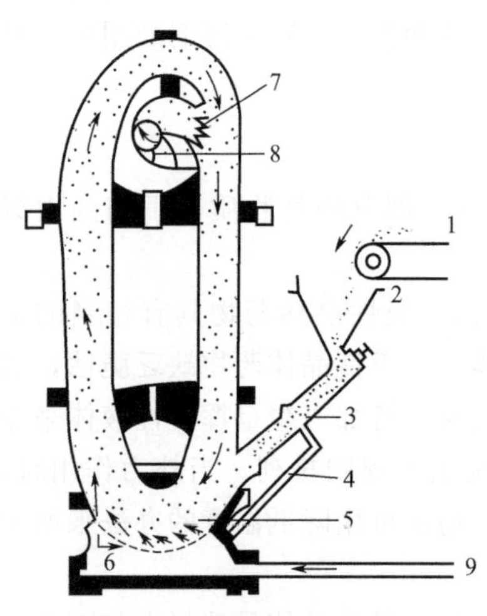

图 6-2　环形气流粉碎机结构

1—输送带；2—加料斗；3—文丘里送料器；4—支管；5—粉碎室；6—喷嘴；7—分级器；8—出口；9—空气

2. 气流粉碎机

气流粉碎机又称流能磨，是将经过净化和干燥的压缩空气通过一定形状的喷嘴，形成高速气流，以其巨大的动能带动物料在密闭粉碎腔中互相碰撞而产生剧烈的粉碎作用。粉碎效率高、能耗低、磨损小，能粉碎高硬度的物料，产品粒度分布窄，粒度调整极为方便，操作方便，全封闭作业，抗污染性极好，适用范围广，设备运行平稳、安全可靠。

气流粉碎机种类较多，有圆盘式气流粉碎机、环形气流粉碎机、靶式气流粉碎机等。其

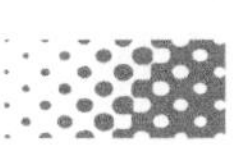

中环形气流粉碎机较为常用，结构见图 6-2。

压力气体自底部喷嘴喷入粉碎室后立即膨胀变为超音速气流在机内高速循环。物料自加料斗经文丘里送料器输至环形粉碎室底部喷嘴上，射入“O”形环道下端的粉碎腔，在粉碎腔外周粉碎喷嘴高速射流的作用下，物料在粉碎室内随气流高速回转，相互间发生猛烈的碰撞、摩擦及剪切作用，从而实现粉碎。粉碎的微粉随气流上升到分级器，粗粒子由于较大的离心力，沿环形粉碎室外侧返回粉碎腔循环粉碎，质量较小的微粉由气流带出，由中心出口进入捕集系统排出。

七、相关知识链接——带传动

带传动属于挠性传动，是一种应用较广的机械传动。带传动是通过中间的挠性件——传动带，把主动轴的运动和动力传递给从动轴。带传动通常用于减速装置，一般安装在传动系统的高速级。

（一）带传动的工作原理及类型

带传动按照传动原理分为摩擦式带传动和啮合式带传动两种。

1. 摩擦式带传动

摩擦式带传动一般由主动带轮、从动带轮和张紧在两轮上的封闭挠性带组成，如图 6-3 所示。带轮通常由三部分组成：轮缘（用以安装传动带）、轮毂（与轴连接）、轮辐或腹板。带轮的常用材料是铸铁，如 HT150、HT200。转速较高时可用铸钢或钢板冲压后焊接而成，功率小时可用铸铝或非金属。带是挠性的中间零件，通过它将主动轮的运动和动力传递给从动轮。由于安装时带轮被张紧，所以静止时带已经受到预拉力，并在带与带轮接触面上产生正压力。当主动带轮回转时，依靠带与带轮之间的摩擦力带动从动带轮一起回转。这样，主动轴的运动和扭矩就通过带传递给从动轴。

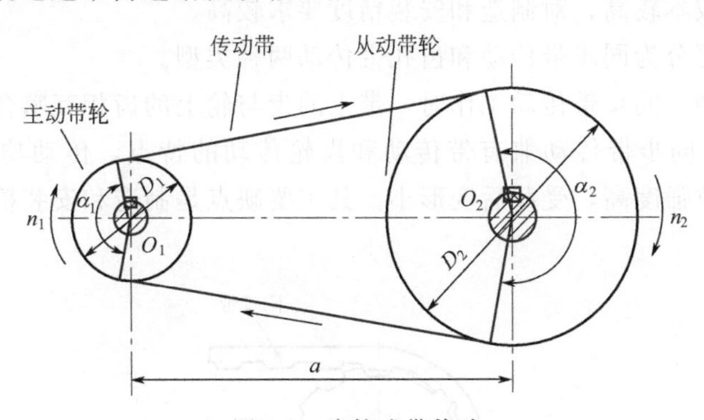

图 6-3　摩擦式带传动

普通 V 带轮两侧面间的夹角是 40°，带在带轮上弯曲时，由于截面形状的变化使带的楔角变小。为使带轮槽角适应这种变化，国标规定普通 V 带轮槽角为 32°、34°、36°、38°。

按传动带的横截面形状，如图 6-4 所示，摩擦带传动分为以下几种。

（1）平带传动　平带，如图 6-4(a) 所示的横截面为扁平形，其工作面是与带轮相接触的内表面，常用的平带为橡胶帆布带。平带传动结构简单，易于制造和安装，常用于中心距较大、传递功率小于 30kW、速率一般不超过 30m/s、传动比 $i<5$ 的场合，传动效率较高，为 92%～98%。

（2）V 带传动　V 带，又称三角带，如图 6-4(b) 所示的横截面为等腰梯形（或近似等腰梯形)，其工作面是传动带与带轮轮槽相接触的两个侧面。V带与平带相比，由于正压力作用在楔形面上，当量摩擦系数大，根据楔形面的受力分析可知，在相同压紧力和相同摩擦因数的条件下，V带产生的摩擦力比平带约大3倍，能传递较大的功率，结构也紧凑，故应用最广。V带传动适用于传递中小功率（40～76kW）、带速在5～25m/s、传动比$i \leqslant 7$～15、传动效率为90%～96%的场合。

(3) 多楔带传动　多楔带，如图6-4(c)所示是在平带基体上、由若干V带组成的，它相当于平带与多根V带的组合，兼有两者的优点，可克服多根V带长度不等、传力不均的缺点。多楔带多用于结构要求紧凑的大功率传动中。

(4) 圆带传动　圆带，如图6-4(d)所示的横截面为圆形，通常用皮革或棉绳制成。圆带传动适用于低速、传递小功率场合，如仪表、缝纫机等。

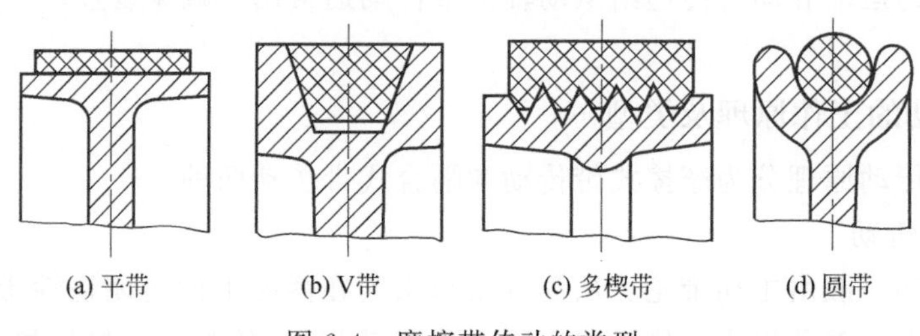

图6-4　摩擦带传动的类型

2. 啮合式带传动

啮合式带传动是依靠带上的齿或孔与带轮上的齿直接啮合传递运动。啮合式带传动既具有传动平稳、无噪声的优点，又具有传动比准确（恒定）、速率范围大、结构紧凑、传动功率较大及效率高的优点。多用于要求传动平稳、传动精度较高的场合，如数控机床、纺织机械等。它的缺点是成本较高，对制造和安装精度要求较高。

啮合式带传动可分为同步带传动和齿孔带传动两种类型。

(1) 同步带传动　同步带传动工作时，带上的齿与轮上的齿相互啮合，以传递运动和动力，如图6-5所示。同步带传动兼有带传动和齿轮传动的特点，传动功率较大，传动效率高，结构紧凑，抗拉强度高，受载后变形小。其主要缺点是制造和安装精度要求高，中心距要求严格。

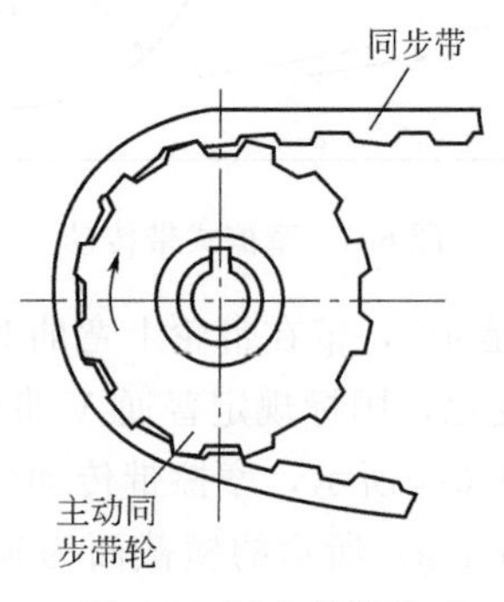

图6-5　同步带传动

(2) 齿孔带传动　齿孔带传动工作时，带上的孔与轮上的齿相互啮合，以传递动力。这种传动也可保证同步运动，如放映机、打印机采用的就是齿孔带传动。

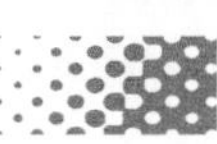

（二）带传动的特点及失效形式

1. 带传动的特点

（1）带传动的主要优点

① 由于传动带具有良好的弹性，所以能缓和冲击，吸收震动，传动平稳，无噪声。

② 传动带与带轮是通过摩擦力传递运动和动力的。因此过载时，传动带在轮缘上会打滑，从而可以避免其他零件的损坏，起到安全保护的作用。

③ 可用于两轴中心距较大的传动。

④ 结构简单，易于制造、安装和维修，成本低廉。

（2）带传动的主要缺点

① 因带传动存在滑动现象，所以不能保证恒定的传动比。

② 轮廓尺寸较大，带传动的效率较低，为87%～98%。

③ 使用寿命短，不适宜高温、易燃及有腐蚀介质的场合。

④ 带必须张紧在带轮上以产生摩擦力，故对轴的压力大。

2. 带传动的失效形式

① 打滑。由于过载，带在带轮上打滑而不能正常转动。

② 带的疲劳破坏。带在变应力状态下工作，当应力循环次数达到一定值时，带将发生疲劳破坏，如脱层、撕裂和拉断。

（三）V带传动

工程中V带传动应用最广。V带传动是由一条或数条V带和V带轮组成的摩擦传动。V带安装在相应的轮槽内，仅与轮槽的两侧接触，而不与槽底接触。

1. V带的结构和类型

V带的结构分为帘布结构和线绳结构两种。两种结构均由伸张层、强力层、压缩层和包布层组成，见图6-6。伸张层和压缩层采用弹性好的膜料，易于产生弯曲变形。强力层是V带的主要承力层，两种结构分别使用胶帘布和胶线绳，用来承受带的拉力。包布层用胶帆布制成，较耐磨，对V带起保护作用。帘布结构制造方便，型号多，应用较广；线绳结构比较柔软，抗弯曲疲劳性能也较好，但拉伸强度低，仅适用于载荷不大、小直径带轮和转速较高的场合。常用的V带主要类型有普通V带、窄V带、宽V带、半宽V带等，它们的楔角（V带两侧边的夹角α）均为40°。

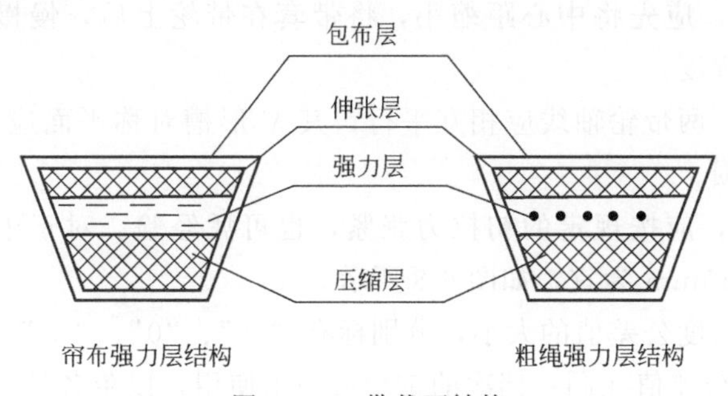

图6-6　V带截面结构

2. 包角α

带与带轮接触弧所对应的圆心角称为包角，见图6-3。包角越大，带与带轮接触弧越长，摩擦力也就越大，因而对带传动的承载能力越有利。由于小带轮包角 α_1 总小于大带轮包角 α_2，所以对小带轮包角应加以限制，一般规定 $\alpha \geqslant 120°$。

3. 传动比 i

定义：带传动的传动比就是主动带轮的角速率 ω_1 与从动轮角速率 ω_2 之比。也与两带轮的基准直径成反比，即：

$$i=\frac{w_1}{w_2}=\frac{n_1}{n_2}=\frac{D_2}{D_1}$$

（四）带传动的张紧

带传动工作一定时间后，在拉力的作用下，会因发生塑性变形而变长，传动带会发生松弛现象，使张紧力降低，影响带传动的正常工作，甚至引起打滑而不能正常工作。因此，需定期检查与重新张紧，以产生和保持必需的张紧力，保证带传动具有足够的工作能力。常见的张紧方法有两种。

1. 调整中心距

调整中心距的张紧装置有带的定期张紧和带的自动张紧两种。

当两带轮的中心距可调整时，可采用滑轨和调节螺钉、摆动架和调节螺杆进行定期张紧。图 6-7(a) 适用于两轴线水平或倾斜不大的传动，通过调节螺钉，使电动机在滑道上移动，直到所需位置，使带达到预期的张紧程度，这种张紧方式适用于水平传动或接近水平的传动；图 6-7(b) 适用于垂直或接近垂直的传动，通过螺栓使电动机绕定轴摆动，达到调整中心距、使带张紧的要求；图 6-7(c) 利用电动机及摆架的重力，使带轮随同电动机绕固定轴摆动，实现自动张紧，适用于中小功率的传动。

2. 采用张紧轮

当两轮的中心距不能调整时，可采用张紧轮定期将带张紧。为避免反向弯曲应力降低带的寿命并防止包角过小，应将张紧轮置于松边内侧靠近大带轮处，可使带只受到单向弯曲。图 6-7(d) 和图 6-7(e) 所示的张紧轮装置是通过重锤的重力使张紧轮压在带上，从而实现张紧。

（五）V 带传动的安装与维护

V 带传动的安装与维护步骤有以下几个方面。

(1) 安装 V 带时，应先将中心距缩小，将带套在带轮上后，慢慢调大中心距拉紧带，直到达到合适的张紧程度。

(2) 安装带轮时，两带轮轴线应相互平行，其 V 形槽对称平面应重合，避免带受力不均，以防带的侧面磨损。

(3) 安装 V 带时，应按规定的初拉力张紧，也可凭经验。对于中等中心距的带传动，带的张紧程度以按下 15mm 为宜，如图 6-8 所示。

(4) V 带按带的长度公差值的大小，分别标有“+”、“0”、“−”等三挡标记。对于多根 V 带传动，要选择公差值在同一档次的带配成一组使用，以免各带受力不匀。

(5) 定期对 V 带进行检查（一般带的寿命为 2500～3500h），看有无松弛和断裂现象，以便及时调整中心距或更换 V 带。更换时，要求成组更换。

(6) 要采用安全防护罩，避免日光暴晒及将铁屑、沙尘带入工作表面，以保障操作人员

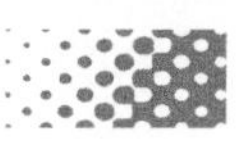

安全；同时防止油、酸、碱对 V 带的腐蚀。

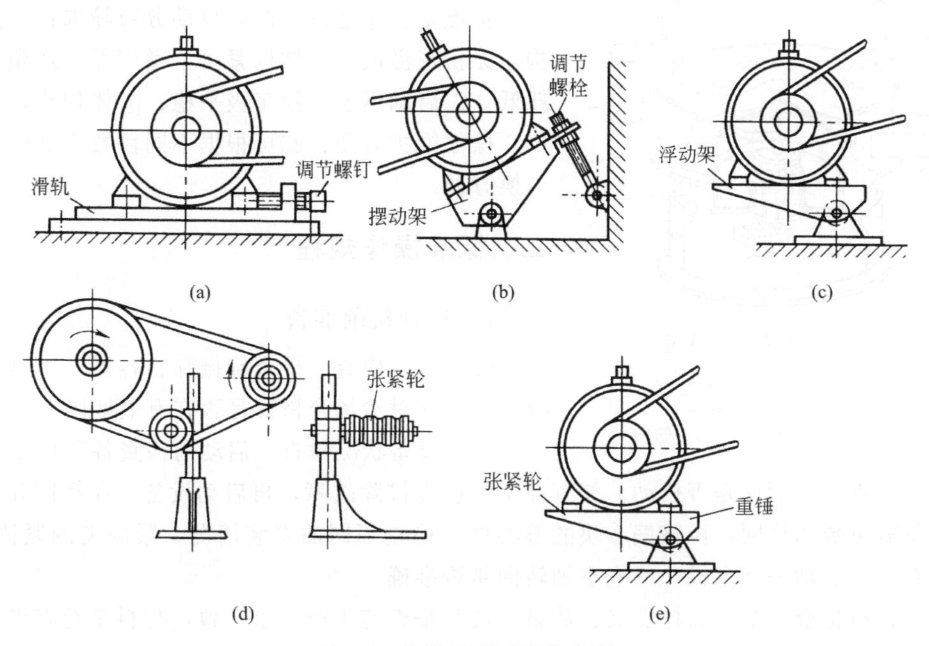

图 6-7　普通 V 带的张紧装置

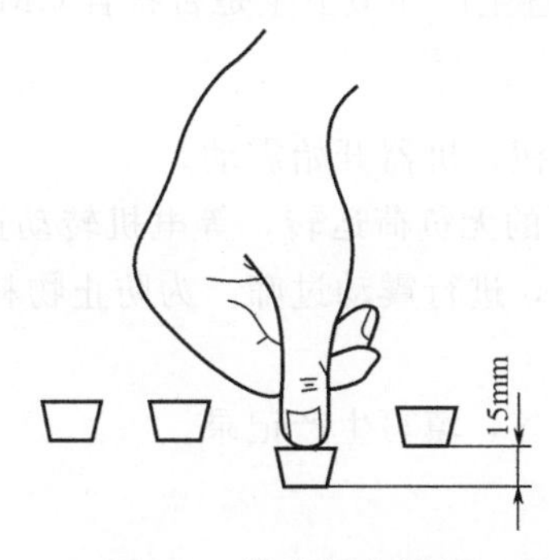

图 6-8　带张紧度判断

项目二　旋振筛的操作与养护

一、操作前准备知识

（一）结构

旋振筛是一种特殊型、高精度细微粉筛选机，由进料口、防尘盖、筛筐、筛网、托盘、筛盘、弹簧、震动电机、固定螺栓、出料口等组成，见图 6-9。

（二）工作原理

该机原理是利用偏心轮或凸轮的往复震动，物料在重力作用下通过筛网入底槽，由出料口

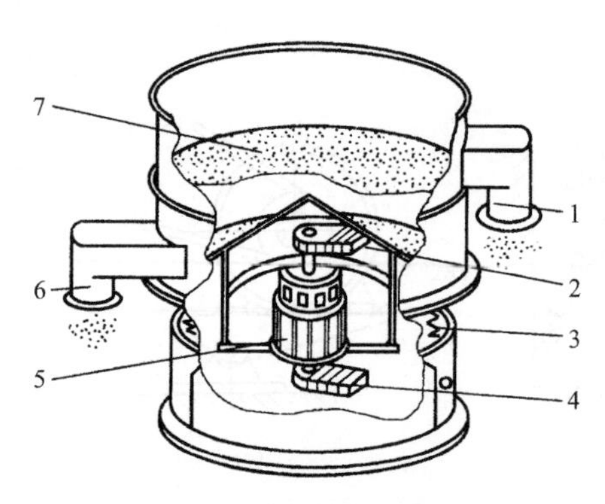

图 6-9 旋振筛结构示意

1—粗料出口；2—上部重锤；3—弹簧；4—下部中锤；5—电机；6—细料出口；7—筛网

排出，粗粉粒顺着筛移动，自筛出口直接落入粉碎机。

特点是：①连续生产，自动分级筛选；②封闭结构，无粉灰溢散；③结构紧凑，噪声低，产量高，能耗低；④启动迅速，停车极平稳；⑤体积小，安装简单，操作维护方便；⑥可根据不同目数安装丝网，且更换方便。

二、标准操作规程

（一）开机前准备

（1）卫生检查　检查旋振筛、容器、工具是否洁净干燥，核对清场合格证是否在有效期内。

（2）设备状况检查　启动前检查各部件是否安装准确，再检查各紧固件是否松动。如有异常，应先排除故障，再启动设备。在筛网扎箍上安装产品所需目数的筛网，调整偏心块的偏心度。检查筛网的安装情况，紧固夹的紧固情况。打开检查门，启动一下电机，检查主轴转向是否准确。

（3）物料检查　检查物料品名、数量、质量是否与生产要求一致，物料是否有黑点、异物、金属屑等。发现异常上报处理。

（4）按 GMP 要求着装，检查生产环境卫生是否符合 GMP 要求，准备好生产记录。

（二）开机运行

（1）接通电源，按下开关按钮，机器开始震动。

（2）机器必须进行 3～5min 的无负荷运转，等电机转动正常后，在确认无异常情况下，开始向加料斗内缓慢、均匀加料，进行震动过筛。为防止物料洒落或粉尘飞扬，在进料口和出料口安装连接管或布套。

（3）按工艺要求定期清洗设备，填写生产记录。

（三）停机

（1）生产结束后，不要马上关机，应连续再开机 5min 左右，使筛网和筛底中的物料全部排干净。

（2）关机，断开电源。

三、安全操作注意事项

（1）不允许在未装筛网和紧固件未紧固的情况下开机。

（2）不允许在超负荷的情况下开机。

（3）不允许在机器运转时做任何调整。

（4）在生产过程中发现异常情况，必须停机检查，排除故障后才能继续生产。

（5）调整偏心块后再开机，必须把偏心块固定在轴上的螺栓全部旋紧。

（6）振幅调节后，一定要把筛网架和底盘安装好，紧固夹紧后才能开机。

四、维护与保养

（1）设备运转 100h 后，机器上所有的螺母、螺栓和紧固件都应彻底检查一遍，如有松

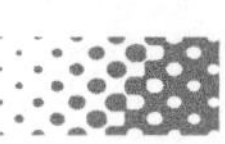

动，要及时紧固。

(2) 传动机构轴承在每次检修后充填2/3滚动轴承润滑脂。

(3) 加油嘴每工作500h加油1次，牌号为锂基润滑脂。

(4) 调节器部件。

① 偏心轮不得任意调整，如需要可按说明书调整。

② 试机、调整、定期维修时，离合器（橡胶）4个螺栓应用固定扳手调整，并保留离合器间隙距离。

③ 主轴轴承座、橡胶骨架油封等易损件每月应检查1次。

五、常见故障及处理方法

旋振筛的常见故障及处理方法见表6-2。

表6-2 旋振筛的常见故障及处理方法

常见故障	产生原因	处理方法
噪声太大	①紧固夹未紧固 ②离合器螺栓松动	①加强紧固 ②拧紧螺栓
产品粒径不均匀	筛网破损或安装不紧密，有缝隙	更换筛网或重新安装筛网
电机轴承发烫	①润滑不良 ②粉尘侵入	①加润滑剂 ②清理电机
设备不抖动	①偏心失效 ②缺少润滑 ③轴承磨损	①调节或更换偏心重块 ②加强润滑 ③更换轴承

六、相关知识链接

(一) 筛分概述

筛分是利用外力使筛面上的粉粒群产生运动而分离或分级的过程，广泛用于制药原料、中间产品、辅料按规定粒数范围进行分离或分级。

筛分效率是指实际筛过粉末数量与可筛过粉末数量之比。

在筛分中，并非所有小于筛孔的粉末都一定能通过筛孔。

(二) 其他筛分设备

1. 悬挂式偏重筛粉机

悬挂式偏重筛粉机主要由主轴、偏重轮、筛子、接受器等组成。筛粉机悬挂于弓形铁架上，弓形架下边的圆盘可移动，不需要固定。

操作时，开动电机，带动主轴旋转，偏重轮随即高速旋转，由于偏重轮一侧焊接着偏重铁，使筛的两侧因不平衡而产生震荡。当药粉装入筛子中，细粉很快通过筛网而落入到接受器或空桶中。

特点：结构简单，占地面积小，使用方便，易于操作，间歇操作，过筛效率较高，适用于无显著黏性的药粉筛分。

2. 电磁振动筛粉机

该设备结构是筛的边框上支撑着电磁振动装置，磁芯下端与筛网相连。操作时，由于磁

芯的运动，使筛网在垂直方向运动，筛网不易堵塞。适用于黏性较强的药粉的过筛。

3. 微细分级机

微细分级机为离心式气流分离筛。其工作原理是根据轮叶高速旋转，由于粒子质量不同而产生的离心力大小不同，将粗粒与细粒分开。

物料随气流经给料管、可调管送入机内，经过锥形体进入分级区，轴带动轮筐高速旋转改变分级粒度。细粒随气流经过叶片的缝隙经排出口分出，粗粒被叶片阻隔，沿中部机体的内壁向下运动，由环形体从下部的粗粒排出口排出。气流经过下落的粗粒物料，将夹杂的细粉分出。

特点：①分级范围广，细度在 5～120μm 之间；②分级精度高；③结构简单，维修、操作、调节容易；④可以与各种粉碎机配套使用。微细分级机可用于各种物料的细粉筛分，广泛用于医药、化工、农药等行业。

项目三　三维运动混合机的操作与养护

一、操作前准备知识

（一）结构

在传统的混合机中，物料在工作时只做分与合的扩散和对流运动，由于离心力的产生，对密度差异悬殊的物料在混合过程中产生密度偏析，而使混合均匀度低、效率差。三维运动混合机的混合容器为两端锥形的圆桶，桶身被两个带有万向节的轴连接，其中一个轴为主动轴，另一个轴为从动轴。见图 6-10。

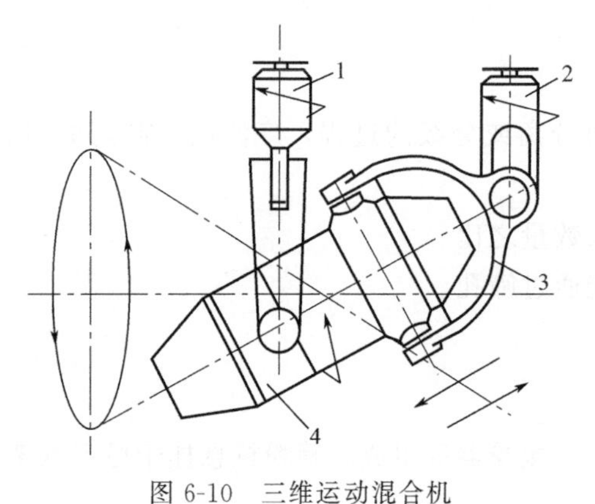

图 6-10　三维运动混合机

1—主动轴；2—从动轴；3—万向节；4—混合桶

（二）工作原理

当主动轴旋转时，由于两个万向节的夹持，混合容器在空间既有公转，又有自转和翻转，做复杂的空间运动。

当主轴转动一周时，混合容器在两空间交叉轴上下颠倒 4 次，因此物料在容器内除被抛落、平移外还做翻倒运动，进行着有效的对流混合、剪切混合和扩散混合，使混合在没有离心力的作用下进行，故具有混合均匀度高、物料装载系数大的特点。

各组分可有悬殊的质量比，混合时间仅为6～10min/次。最佳装载容量为料桶的 80％，最大装载系数为 0.9。混合均匀性可达 99％。混合同时可进行定时、定量喷液，适用于不同密度和状态的物料混合。

二、标准操作规程

（一）开机前准备工作

（1）开机时，空载启动电机，观察电机运转正常，停机开始工作。

 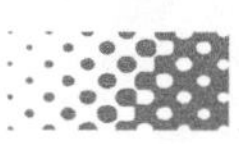

(2) 观察料桶运动位置，使加料口处于理想的加料位置，松开加料口卡箍，取下料桶盖进行加料，加料量不得超过额定装量。

(3) 加料完毕后，盖上料桶盖，上紧卡箍即可开机混合。

(二) 开机运行

(1) 根据工艺要求，调整好时间继电器。

(2) 严格按规定的程序操作，开机进行混合。

(3) 混合机到设定的时间会自动停机，若出料口位置不理想，可点动开机，将出料口调整到最佳位置，关闭电源，方可开始出料操作。

(4) 出料时打开出料阀即可出料。

(5) 出料时应控制出料速率，以便控制粉尘及减少物料损失。

三、安全操作注意事项

(1) 必须严格按照设备的标准操作规程进行操作。

(2) 设备运行时，严禁进入混合桶运动区域内。

(3) 在混合桶运动区域范围外应设隔离标志线，以免人员误入运动区。

(4) 设备运转时，若出现异常震动和声音时，应停机检查，并通知维修工人。

(5) 设备的密封胶垫如有损坏、漏粉，应及时更换。

(6) 操作人员在操作期间不得离岗。

四、维护与保养

(1) 加料、清洗时应防止损坏加料口法兰及桶内抛光镜面，以防止密封不严与物料堆积。

(2) 定期检查皮带及链条的松紧，必要时应进行调整或更换。

(3) 定期给链条及被动轴前端游动滑块注润滑油。

五、常见故障及处理方法

(1) 电机不运转 检查电源开关是否合上，零线是否接上，接线是否牢固，继电器是否有问题。

(2) 停机时出料口不在最佳位置 应检查调整光电继电器位置，使之处于最佳位置。

六、相关知识链接

(一) 混合

1. 概述

由两种或两种以上的不均匀组分组成的物料，在外力作用下使之均质化的操作称为混合。

药物粉末的混合与微粒形状、密度、粒度、分布范围及表面效应有直接关系，与粉末的流动性也有关系。混合时微粒之间会产生作用于表面的力，使微粒聚集而阻碍微粒在混合器中的分散。包括范德瓦耳斯力、静电荷力及微粒间接触点上吸附液体薄膜的表面张力，因这些力作用于表面，故对细小微粒的影响较大。其中静电力是阻止物料在混合器中混合的主要原因。根据药物不同组分分别加入表面活性剂或润滑剂等帮助混合，达到混合最佳效果。

固体物料混合机制主要有以下三种：对流混合、剪切混合、扩散混合等。常用的混合方法有搅拌混合、研磨混合、过筛混合等。

2. 其他混合设备

在大生产中，固体物料的混合采用容器旋转型混合机、容器固定型混合机及气流混合机。容器旋转型混合机包括V形混合机、立式圆筒混合机、三维运动混合机、球磨机等。固定型混合机包括多种类型的混合机或混合桶，常用的有卧式槽形混合机、双螺旋锥形混合机、多用混合机等。

(1) V形混合机　V形混合机是由两个圆筒呈V形交叉结合而成，并安装在一个与两筒体对称线垂直的圆轴上，两个圆桶一长一短，圆口用盖封闭。当容器围绕轴旋转一周时，容器内的物料一合一分。容器不停转动时，物料经多次的分开与混合而达到均匀。其结构见图6-11。

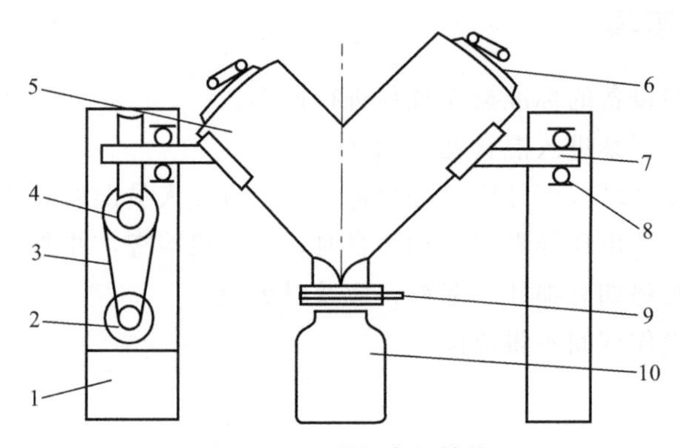

图6-11　V形混合机结构

1—机座；2—电机；3—传动带；4—蜗轮蜗杆；5—容器；
6—容器盖；7—旋转轴；8—轴承；9—出料口；10—盛料器

V形混合机以对流混合为主，混合速率快，在旋转混合机中效果最好，应用非常广泛。操作中最适宜的转速可取临界转速的30%～40%，最适宜充填量为30%，用于流动性较好的干性粉状、颗粒状物料的混合。适用面较宽，如遇易结团块的物料，可在器内安装一个逆向旋转的搅拌器，以适用混合较细的粉粒、块状、含有一定水分的物料。物料可做纵横方向流动，混合均匀度达99%以上。混合效率高，一般在几分钟内即可混合均匀一批物料。

(2) 槽形混合机　槽形混合机由混合槽、搅拌桨、蜗轮减速器、电机及机座等部分组成，见图6-12。在干粉混合过程中要加黏合剂或润湿剂，加入的浓度和加入量根据原辅料性质及其他条件而变化。槽形混合机可以实现这一混合过程。

主电机通过皮带、蜗杆、蜗轮带动搅拌桨旋转，由于桨叶具有一定的形状，在转动过程中对物料产生各方向的推力，使物料翻动，从而达到均匀混合的效果。副电机可使混合槽倾斜105°，使物料在混合后能倾出。一般槽形混合机内装料约占槽体积的80%。

槽形混合机搅拌效率低，混合时间长，而且混合时搅拌轴两端的密封件容易漏粉，影响产品质量和成品率，搅拌时粉尘外溢，污染环境。但因其价格低廉、操作简捷、易于维修，在对产品均匀度要求不高的药物生产中仍得到广泛的应用。

（二）链传动

1. 链传动的组成

链传动是属于具有挠性件的啮合传动，由主动链轮1、从动链轮2和链条3组成，如

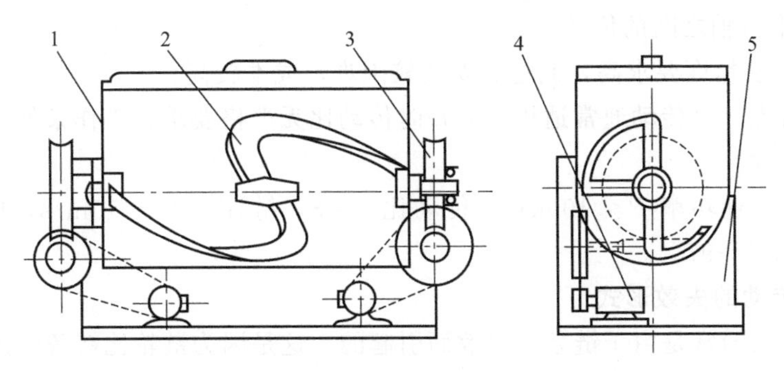

图 6-12　槽形混合机

1—混合槽；2—搅拌桨；3—蜗轮减速器；4—电机；5—机座

图 6-13所示。链轮具有特定的齿形，链条套装在主动链轮和从动链轮上。工作时，通过链条的链节与链轮轮齿的啮合来传递运动和动力。

2. 链传动的类型及特点

(1) 链传动的类型　按照链的不同用途，链分为传动链（$v \leqslant 15$m/s）、起重链（$v \leqslant 0.25$m/s）和牵引链（$v \leqslant 2 \sim 4$m/s）三种。传动链用于一般机械中传递动力和运动；起重链用于起重机械中提升重物；牵引链用于链式输送机中移动重物。常用的传动链根据其结构的不同，可分为滚子链和齿形链两种，如图 6-13 和图 6-14 所示。

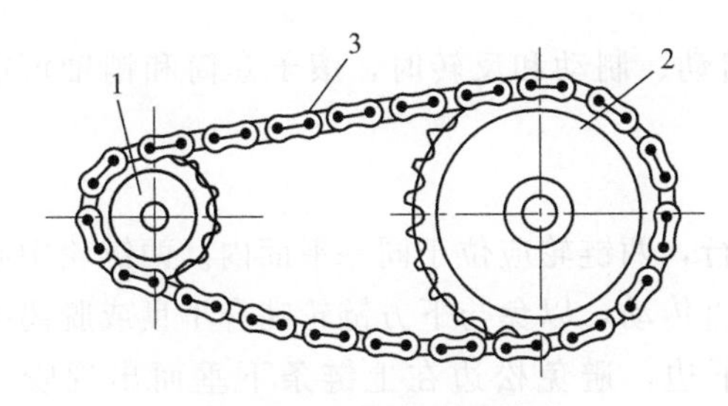

图 6-13　套筒滚子链传动

1—主动链轮；2—从动链轮；3—链条

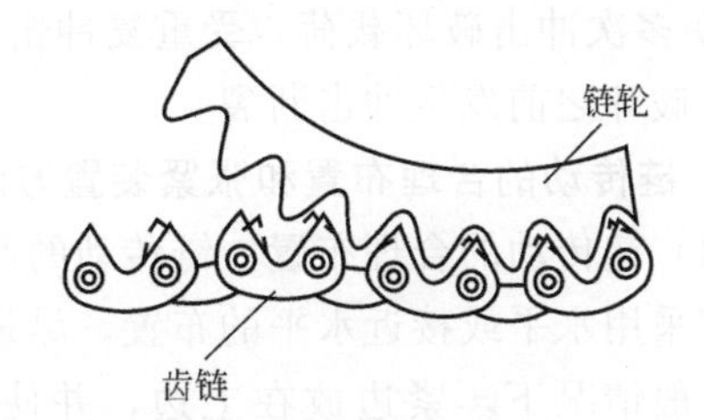

图 6-14　齿形链传动

(2) 链传动的类型及特点　与同属挠性类（具有中间挠性件的）传动的带传动相比，链条绕在链轮轮齿上与之啮合时，呈正多边形。所以链传动具有与带传动不同的特点。

① 链传动的主要优点

a. 由于链传动是啮合传动，没有带传动的弹性滑动和打滑现象，因此，链传动有准确的平均传动比。

b. 链传动比带传动过载能力大，传动效率高（0.95～0.98），结构紧凑，尺寸较小。

c. 链传动不需要初拉力，所需张紧力小，作用于轴上压力小。

d. 链传动能在恶劣的工作条件（如低速重载、高温、多尘、有腐蚀、湿度大、油污多等）下正常工作。故在矿山、冶金、建筑、农业、石油和化工机械中获得广泛应用。

e. 容易实现多轴传动。

② 链传动的主要缺点

a. 由于链节是刚性的，故瞬时链速和瞬时传动比不稳定，因此传动平稳性较差，工作中有一定的冲击和噪声。

b. 只限于平行轴之间的传动。

c. 链传动安装精度要求高，制造、安装较困难，成本较高。

根据上述特点，链传动通常适用于对瞬时传动比无严格要求、工作条件差，两轴平行且中心距较大的传动。

一般链传动传递功率 $P<100\text{kW}$，传动比 $i\leqslant 8$，链速 $\leqslant 12\sim 15\text{m/s}$，中心距 $a\leqslant 5\sim 6\text{m}$，效率 $\eta=95\%\sim 97\%$。

3. 滚子链传动的失效形式

链传动的失效通常是由于链条的失效而引起的。这是因为链轮比链条的强度高，链轮的寿命是链条寿命的 2～3 倍以上。链条的主要失效形式如下。

① 链条的疲劳破坏。在链传动中，链条两边拉力不相等。在变载荷作用下，经过一定应力循环系数，链板将产生疲劳损坏，如发生疲劳断裂、滚子表面发生疲劳点蚀。在正常润滑条件下，疲劳破坏常是限定链传动承载能力的主要因素。

② 链条铰链的胶合。润滑不当或速率过高时，使销轴和套筒之间的润滑油膜受到破坏，以致工作表面发生胶合。胶合限定了链传动的极限转速。

③ 链条铰链的磨损。润滑密封不良时，极易引起铰链磨损，铰链磨损后链节变长，容易引起跳齿或脱链，从而降低链条的使用寿命。

④ 链条的静力拉断。若载荷超过链条的静力强度时，链条就被拉断。这种拉断常发生于低速重载或严重过载的传动中。

⑤ 多次冲击破坏载荷。受重复冲击或反复启动、制动和反转时，滚子套筒和销轴可能在疲劳破坏之前发生冲击断裂。

4. 链传动的合理布置和张紧装置方法

(1) 链传动的合理布置　链传动的两轴应平行，两链轮应位于同一平面内。两链轮中心连线宜采用水平或接近水平的布置，尽量避免垂直传动，以免与下方链轮啮合不良或脱离啮合。一般情况下，紧边放在上边，并使松边在下边，避免松边在上链条下垂而出现咬链现象。

(2) 链传动的张紧　链传动的张紧目的主要是避免垂度过大时啮合不良，同时也可减小链条震动，增大链条与链轮的啮合包角。

张紧方法：①增大两轮中心距；②用张紧装置张紧，如图 6-15 所示，张紧轮直径稍小于小链轮直径，并装在松边外侧靠近小链轮处。

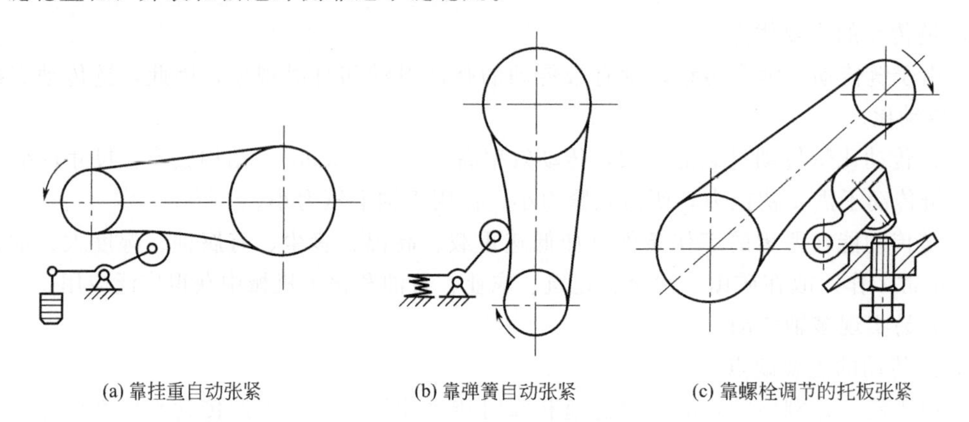

图 6-15　链的张紧装置

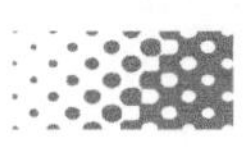

项目四　快速混合制粒机的操作与养护

一、操作前准备知识

（一）结构

快速混合制粒机主要由盛料器、搅拌桨、搅拌电机、制粒刀、制粒电机、电器控制器和机架等组成，见图 6-16。

造粒过程是由混合及制粒两道工序在同一容器中完成的。

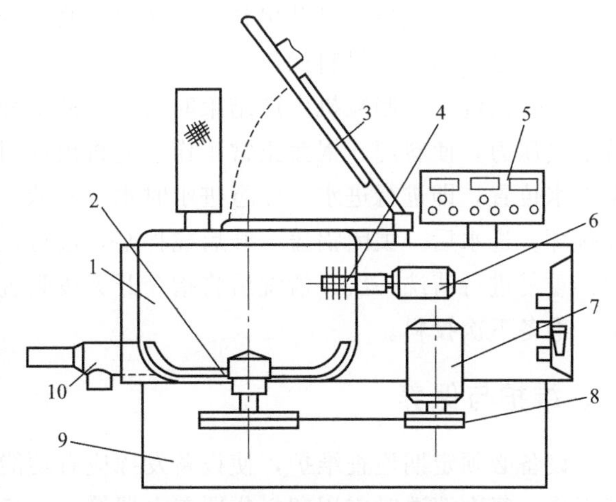

图 6-16　卧式快速混合制粒机结构示意

1—盛料器；2—搅拌桨；3—盖；4—制粒刀；5—控制器；6—制粒电机；7—搅拌电机；8—传动带；9—机座；10—控制出料门

（二）工作原理

粉状物料在固定的锥形容器中，由于混合桨的搅拌作用，使物料碰撞分散成半流动的翻滚状态，并达到充分的混合。随着黏合剂的注入，使粉料逐渐湿润，物料形状发生变化，加强了搅拌桨和筒壁对物料的挤压、摩擦和捏合作用，从而形成潮湿均匀的软材。这些软材在制粒机桨的高速切割整粒下，逐步形成细小而均匀的湿颗粒，最后由出料口排料。颗粒目数大小由物料的特性、制粒刀的转速和制粒时间等因素制约。

操作时先将主、辅料按处方比例加入容器内，开动搅拌桨。先将干粉混合 1～2min，待均匀后加入黏合剂。物料在变湿的情况下再搅拌 4～5min。此时物料已基本成软材状态，再打开快速制粒刀，将软材切割成颗粒状。由于容器内的物料快速翻动和转动，使得每一部分的物料在短时间内都能经过制粒刀部位，即都能切成大小均匀的颗粒。

混合制粒时间短（8～20min），制成的颗粒大小均匀、质地结实、细粉少，压片时流动性好，压成片后硬度高，崩解、溶出性能也较好。制粒时所消耗的黏合剂比传统的槽形混合机要少，且槽形混合机所做的品种移到该机器上操作，其处方不需做多大改动就可进行操作，成功的把握较大。工作时室内环境清洁，设备清洗方便。

二、标准操作规程

（一）开机前准备

（1）接通水、电、气源，工作时应保持气源压力稳定，不得随意切断电源，以免影响正常工作。

（2）做好清洁工作，打开料斗盖，检查出料门是否关上，成品桶置于出料口下，准备试车用粉料及黏合剂。

（二）开机

（1）先按升盖按钮打开锅盖，将粉料倒入锅内，启动搅拌桨、制粒桨。设置两桨速率至中低速运转 1～2min 后再调节搅拌桨转速至中高速；搅拌桨电流逐步升高，持续 2～5min 后电流达到峰值，继续搅拌 1min 即可成粒；如电流达不到峰值，可再添加少量黏合剂，继续搅拌 1～2min 即可。

（2）各物料电流峰值需根据实践试验后测得。测试峰值电流准确性，对制粒效果起着极其重要的影响，如取得一个最佳的峰值电流，必须准确称准物料及制粒液重量，慢慢添加。通过手动调节速率，不断摸索，做好记录，根据搅拌桨和制粒转速及转速时间的变化，总结最佳制粒效果要用试错逼近法来选定，然后批量生产时按所测参数输入进行程序控制。

（3）造粒完成后，打开出料门，在搅拌桨的推动下，颗粒从出料口落入成品桶。出料结束，即可进行第二次投料操作。

（4）清洗　当制粒机生产结束时或当更换品种时，必须对机器进行清洗。清洗时必须保持空气压力，使料门、锅盖正常工作。先将出料门关闭，开启锅盖，观察水位将指令开关拨至进水位置，即进行进水。注意进水时水位应低于制粒刀位置，以免制粒刀快速启动时把刀片打坏。进水后，关闭锅盖，开启搅拌桨，进行搅拌冲洗，再按出料键自动出料。如不够清洁再重复进行清洗一次，清洗后将指令开关拨到进气位置，将密封室剩水吹净，整个清洗结束，准备下次投料。

三、维护与保养

设备必须定期检查维护，使设备发挥应有功能，保持正常运行，电器面板及元器件要保持干燥，每次清洗时应用塑料袋罩盖电器箱，以免水冲进。周围操作场地应保持清洁。

（1）搅拌桨系统、制粒刀系统　每三个月检查固定螺钉是否松动，并对油杯加上润滑脂，检查皮带是否松动，检测电机绝缘电阻，检查两轴密封圈。制粒刀的紧固螺母是左旋，拆卸时要注意。

（2）气缸　每一个月对气动三联件加一次机油，并检查气缸密封圈是否泄漏。

（3）电气控制系统　每六个月要清除电器元器件上附着的粉料和杂物，检查接地线是否可靠。

四、常见故障及处理方法

快速混合制粒机的常见故障及处理方法见表 6-3。

表 6-3　快速混合制粒机的常见故障及处理方法

故障现象	产生原因	处理方法
出料门速率不当	①单向节流阀调节不当 ②电磁阀排气量调节不当	①调整单向节流阀 ②调整电磁阀排气回路节流阀
运行、制粒、搅拌不工作	观察状态显示，如显示“准备”状态时锅盖未降下或清洗门柄帽未旋紧，急停按钮未复位	将锅盖降下，旋紧柄帽。旋转释放其急停按钮，使状态显示为“就绪”状态
运行中电机停转	观察变频器故障显示状态	对照变频器说明书，查原因改写参数
触摸屏出现“?”	通信线接触不良	检查通信线接头、插座

续表

故障现象	产生原因	处理方法
未成颗粒	峰值电流设定过低	调高峰值电流值
指令开关拨至进气位置无气	①管路堵塞 ②模片阀线圈烧坏	①疏通管路 ②更换模片阀
指令开关拨至进水位置无水		

五、相关知识链接——气动技术

气压传动与控制简称“气动技术”。它是以空气压缩机为动力源，以压缩空气为工作介质进行能量传递或信号传递的工程技术，是实现各种生产控制、自动化作业的重要手段之一。

气压传动的工作原理是利用空压机把电动机或其他原动机输出的机械能转换为空气的压力能，然后在控制元件的作用下，通过执行元件把压力能转换为直线运动或回转运动形式的机械能，从而完成各种动作，并对外做功。气压传动系统包含传动技术和控制技术两个方面的内容。空气的黏性极小，流动过程中阻力小、速率快、反应灵敏，且气动可大大降低对药物污染的可能，因此，在制剂设备中较多地被应用。一个完整的气压传动系统由气源装置、执行元件、控制元件和辅助元件 4 个部分组成。

(一) 气源装置

1. 气源系统的组成

气源装置为气动设备提供满足一定质量要求的压缩空气，是气动系统的重要组成部分。由气源装置组成的系统称为气源系统。

气动系统对压缩空气的主要要求：具有一定压力和流量，并具有一定的净化程度。

气源装置由以下四部分组成：①气压发生装置（空气压缩机）；②净化、储存压缩空气的装置和设备；③管道系统；④气动三大件。

2. 气压发生装置

空气压缩机（简称空压机）是气动系统的动力源，它是把电动机等输出的机械能转换成压缩空气的压力能的能量转换装置。空气压缩机分容积型和速率型两类。

3. 气动辅助元件

气动系统对压缩空气质量的要求：压缩空气要具有一定压力和足够的流量，具有一定的净化程度。不同的气动元件对杂质颗粒的大小有具体的要求。

混入压缩空气中的油分、水分、灰尘等杂质会产生不良影响，必须要设置除油、除水、除尘，并可使压缩空气干燥、提高压缩空气质量、进行气源净化处理的辅助元件。

气动辅助元件主要有：①压缩空气的净化装置和设备，一般包括后冷却器、油水分离器、储气罐、干燥器、过滤器；②管道系统和气动三大件；③气动辅件，如消声器。

4. 气动三大件

气动三大件主要是分水过滤器、油雾器和减压阀。这里主要介绍分水过滤器和油雾器。

(1) 分水过滤器　空气的过滤是气动系统中的重要环节，过滤器的作用是进一步滤除压缩空气中含有的固体粉尘颗粒、水分和油分等各类杂质。主要为安装在支管道上的过滤器。常用的过滤器有：一次过滤器（称简易过滤器），其滤灰效率为 50%～70%；二次过滤器，其滤灰效率为70%～90%；高效过滤器，其滤灰效率大于99%。

① 一次过滤器。其气流由切线方向进入筒内，在惯性的作用下分离出液滴，然后气体由下向上通过多孔钢板、毛毡、硅胶、焦炭、滤网等过滤吸附材料，干燥清洁的压缩空气便从筒顶排出。

② 二次过滤器。普通分水滤气器的结构如图6-17所示，其工作原理为：压缩空气从输入口进入后，被引入旋风叶子1，旋风叶子上有很多呈一定角度的缺口，迫使空气沿切线方向运动并在存水杯3内产生强烈的旋转，夹杂在气体中较大的水滴、油滴等，在惯性力作用下与存水杯3内壁碰撞，并分离出来沉到杯底；而微粒灰尘和雾状水汽则在气体通过滤芯2时被拦截而滤去，洁净的空气便从输出口输出。

（2）油雾器　气压传动中的各种阀和气缸一般都需要润滑，油雾器是一种特殊的供油润滑装置。它以压缩空气为动力，将润滑油喷射呈雾状并混合于压缩空气中，随着压缩空气进入需要润滑的部位，达到润滑气动元件的目的。气动控制阀、气缸和气动马达主要是靠这种混合有油雾的压缩空气实现润滑的，其优点是方便、干净和润滑质量高。图6-18所示为普通油雾器的结构图。压缩空气从输入口进入后，一部分气体通过小孔a进入特殊单向阀（由阀座、钢球和弹簧组成）阀座的腔内，在钢球上下表面形成压力差，此压力差部分被弹簧的弹力所平衡，使得钢球处于中间位置，因而压缩空气就进入储油杯5的上腔c中，使油面受压，润滑油经吸油管6将单向阀的钢球7托起，钢球上部通道有一个边长小于钢球直径的四方孔，使钢球不能将上部通道完全封死，润滑油能不断地经节流阀8流入视油器9内，到达喷嘴1中，再被主通道中的气流从小孔b中引射出来，雾化后从输出口输出。通过视油器9可以观察滴油量，上部的节流阀8用于调节滴油量，可在0～200滴/min范围内调节。

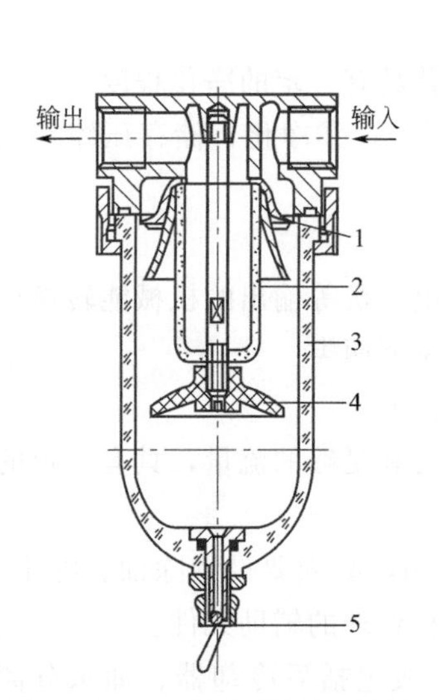

图6-17　普通分水滤气器的结构

1—旋风叶子；2—滤芯；3—存水杯；4—挡水板；5—手动排水阀

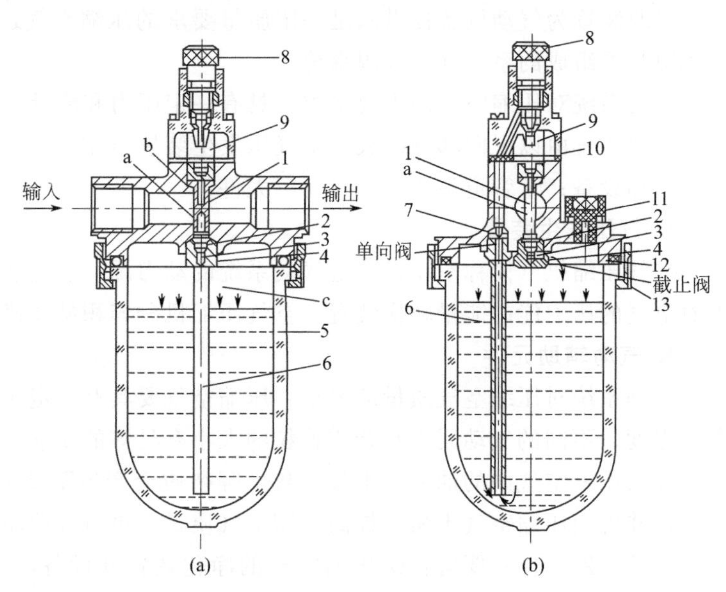

图6-18　普通油雾器的结构

1—喷嘴；2，7—钢球；3—弹簧；4—阀座；5—储油杯；6—吸油管；8—节流阀；9—视油器；10—密封垫；11—油塞；12—密封面；13—螺母

a,b—小孔；c—上腔

普通型油雾器能在工作状态下加油，在拧松油塞11后，c腔与大气相通而压力下降，同时输入进来的压缩空气将钢球压在阀座4上，切断压缩空气进入c腔的通道。此时由于吸

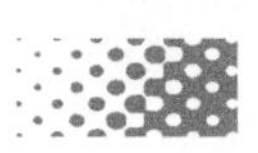

油管中单向阀的作用，压缩空气也不能从吸油管 6 倒灌到储油杯 5 中，所以就允许在不停气状态下向储油杯 5 加油。加油完毕，拧上油塞 11，特殊单向阀又恢复正常工作状态，油雾器又开始供油工作。

储油杯一般用透明聚碳酸酯制成，方便看清杯中的储油量和清洁程度，便于补充和更换。视油器用透明有机玻璃制成，能清楚地看到油雾器的滴油情况。油雾器的安装位置应尽量靠近换向阀，与阀的距离一般不应超过 5m，必须注意管径的大小和管道的弯曲程度。安装油雾器时，要注意进、出口不能接错，必须垂直设置，保持油面在正常高度范围内。

油雾器的供油量应根据气动设备的情况确定，一般以 $10m^3$ 自由空气（标准状态下）供给 1mL 的油量为基准。

（二）气动执行组件

在气动系统中，将压缩空气的压力能转化为机械能的一种能量转换装置，用来驱动工作机构的运动，称为气动执行元件，主要有气缸和气动马达两种。它能驱动机构实现往复运动、摆动、旋转运动或夹持运动。气缸用于实现直线往复运动或摆动，以及做功。气缸一般由缸筒、前后缸盖、活塞、活塞杆、密封件和紧固件等组成。气缸按压缩空气作用在活塞端面上的方向，可分为单作用气缸和双作用气缸。

气动马达输出的是力矩和转速，用来驱动机构实现旋转运动。

（三）气动控制组件

在气动控制系统中，用于信号传感与转换、参量调节和逻辑控制等的各类气动控制元件统称为气动控制元件。它们在气动控制系统中起着信号转换、逻辑程序控制、压缩空气的压力、流量和方向的控制作用，以保证气动执行元件按照气动控制系统规定的程序正确而可靠地动作。

气动控制组件包括方向控制阀、压力控制阀、流量控制阀以及能实现一定逻辑功能的气动元件。气动逻辑元件是通过元件内部的可动部件的动作改变气流方向来实现一定逻辑功能的气动控制元件。下面主要介绍常用气动控制阀的结构、工作原理及其应用。

1. 方向控制阀

改变压缩空气流动方向和气流通断状态，使气动元件（包括执行元件和控制元件）的动作或状态发生变化的控制称为方向控制。实现该类控制的气动元件称为方向控制阀（简称方向阀）。

按照阀内气流的控制方向可将方向阀分为单向控制阀和换向控制阀。常用方向控制阀的符号表示见图 6-19。

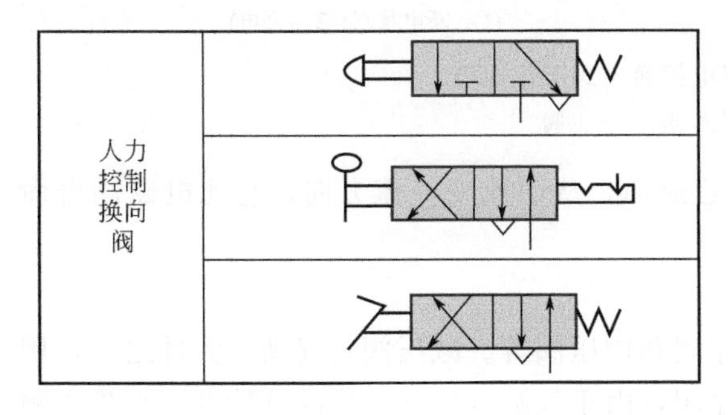

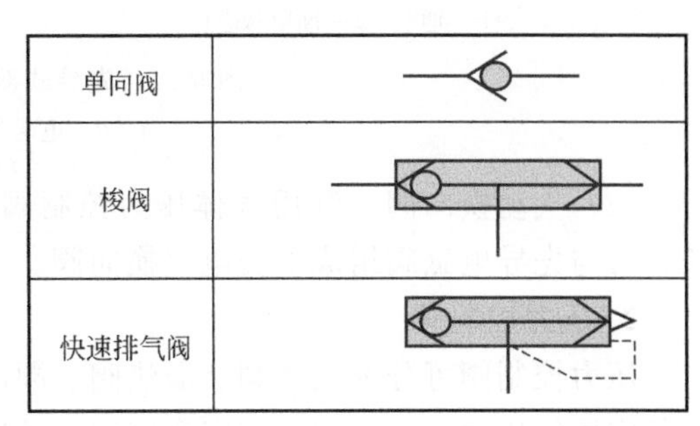

图 6-19　常用方向控制阀的符号表示

(1) 单向阀控制阀　单向控制阀是控制气流只能向一个方向流动而不能向反方向流动的控制阀。单向控制阀一般控制方式均为气压控制，连接方式为管式连接，密封性质为间隙或者弹性密封。单向控制阀常用的有单向阀和快速排气阀。

(2) 电磁换向阀　电磁换向阀由电磁控制部分和换向阀两部分组成，有直动式和先导式两种。

① 直动式单电控电磁换向阀。直动式单电控电磁换向阀的工作原理如图 6-20 所示。它只有一个电磁铁，通电时，电磁铁 1 推动阀芯 2 向下运动，将 A 口与 O 口切断，P 与 A 口接通。断电时，阀芯靠弹簧力的作用恢复原位，A 与 P 断开，A 与 O 接通，阀处于排气状态。

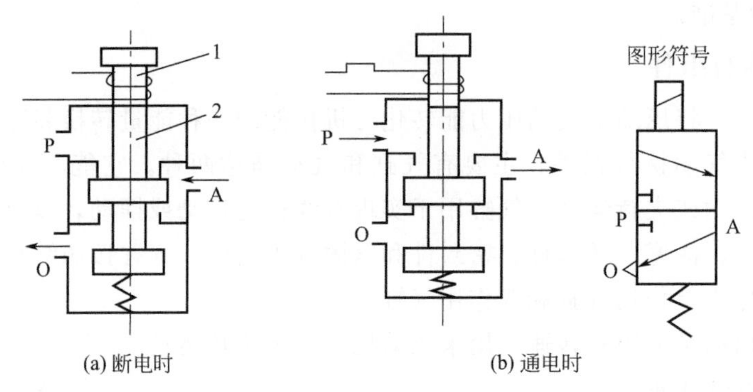

图 6-20　直动式单电控电磁换向阀工作原理

1—电磁铁；2—阀芯

② 先导式双电控换向阀。图 6-21 为先导式双电控换向阀原理图。当电磁先导阀 1 的线圈通电时（先导阀 2 断电），主阀 3 的 K_1 腔进气，K_2 腔排气，使主阀阀芯向右移动，P 与 A 接通，同时 B 与 O_2 接通，B 口排气。反之，当 K_2 腔进气，K_1 腔排气时，主阀芯向左移动，P 与 B 接通，A 口排气。先导式双电控换向阀具有记忆功能，即通电时换向，断电时返回原位。两电磁铁不能同时通电。

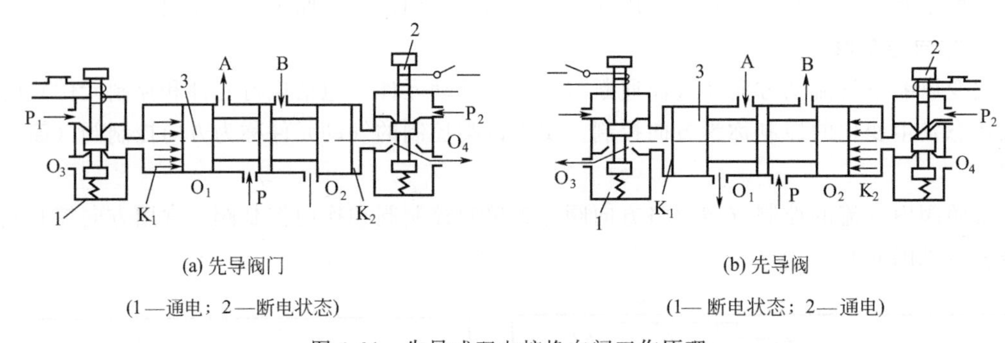

图 6-21　先导式双电控换向阀工作原理

1，2—电磁先导阀；3—主阀

(3) 气动换向阀　利用气体压力控制阀芯换向，从而改变气流方向。它比电磁阀寿命长，可与先导电磁阀组成电控电气换向阀。

2. 压力控制阀

压力控制阀可分为减压阀、溢流阀、顺序阀和增压阀等。减压阀是气动三大件之一，用于稳定用气压力；溢流阀只作安全阀用；顺序阀，由于气缸（气马达）的软特性，很难用顺序阀实现两个执行元件的顺序动作。所有压力控制阀都是利用空气压力和弹簧力相平衡的原

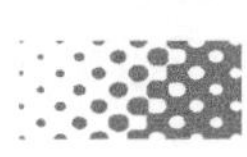

理来工作的。

(1) 减压阀　减压阀用来调节或控制气压的变化，并保持降压后的压力值稳定在需要的值上，确保系统的压力稳定，故也称调压阀。气动减压阀是以出口压力为控制信号的。减压阀的分类方法很多，按压力调节方式可分为直动式和先导式两大类。

① 直动式减压阀。直动式减压阀利用手柄、旋钮或机械直接调节调压弹簧，把力直接加在阀上来改变减压阀的输出压力。如图 6-22 所示，为应用最广的一种普通型直动式减压阀。其工作原理是：顺时针方向旋转手柄（或旋钮）1，经过调压弹簧 2、3 推动膜片 5 下移，膜片又推动阀杆 6 下移，进气阀芯 9 被打开，气流通过阀口的节流减压作用后压力降低为 P_2。与此同时，有一部分输出气流经反馈导管进入膜片气室，在膜片 5 上产生向上的推力，这个力总是企图把进气口关小，使出口压力下降，这样的作用称为负反馈。当作用在膜片上的反馈力与弹簧力相平衡时，阀口开度恒定，减压阀便有稳定的压力输出。

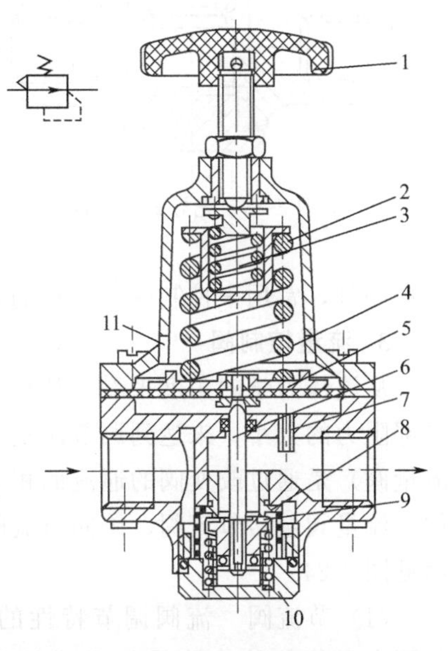

图 6-22　直动式减压阀的结构原理

1—手柄；2,3—调压弹簧；4—溢流孔；5—膜片；6—阀杆；7—阻尼孔；8—阀座；9—阀芯；10—复位弹簧；11—排气孔

当减压阀输出负载发生变化，如流量增大时，则流过反馈导管处的流速增加，压力降低，进气口被进一步打开，使出口压力恢复到接近原来的稳定值。反馈导管的另一作用是当负载突然变化或变化不定时，对输出的压力波动有阻尼作用，因此，反馈导管又称为阻尼管。

当减压阀的进口压力发生变化时，出口压力由反馈导管进入膜片气室，使原有的力平衡状态破坏，改变膜片、阀杆组件的位移和进气阀的开度及溢流孔 4 的溢流作用达到新的平衡，保持其出口压力不变。

逆时针旋转手柄 1 时，调压弹簧 2、3 放松，气压作用在膜片 5 上的反馈力大于弹簧力，膜片向上弯曲，此时阀杆顶端与溢流阀座 8 脱开，气流经溢流孔 4 从排气孔 11 排出，在复位弹簧 10 作用下，阀芯 9 上移，减小进气阀的开度直至关闭，从而使出口压力逐渐降低直至回到零位状态。

由上所述可知，直动式减压阀的工作原理是靠进气阀芯处的节流作用减压，靠膜片上力的平衡作用和溢流孔的溢流作用稳定输出压力。调节手柄可使得输出压力在规定的范围内任意调节。

② 先导式减压阀。先导式减压阀是采用调整加压腔内压缩空气的压力来代替直动式调节弹簧进行调压的，加压腔内压缩空气的调节一般采用一小型直动式减压阀进行。先导式减压阀一般由先导阀和主阀两部分组成。其工作原理与直动式减压阀基本相同。如把小型直动式减压阀装在主阀的内部，则构成内部先导式减压阀；如装在主阀的外部，则称为外部先导式减压阀。

在气动系统中，减压阀一般安装在空气过滤器之后、油雾器之前。实际生产中，常把这三个元件组合在一起使用，称为气源三联件。

(2) 溢流阀　溢流阀的作用是当压力上升到超过设定值时，把超过设定值的压缩空气排入大气，以保持溢流阀进出压力为设定值。因此，溢流阀也称为安全阀。溢流阀除安装在储

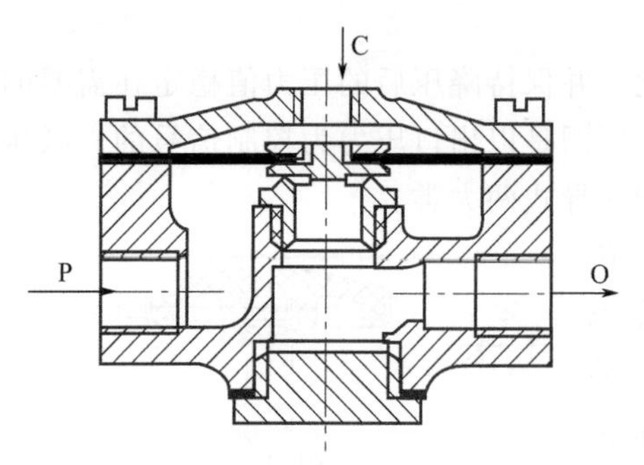

图 6-23　先导式溢流阀

气罐上起安全保护作用外，也可装在气缸操作回路中起溢流作用。

图 6-23 所示为先导式溢流阀，由减压阀减压后的空气从上部 C 进入阀内，从而代替了弹簧控制，故不会因调压弹簧在阀不同开度时的不同弹簧力而使调定压力产生变化，阀的流量特性好，但需要一个减压阀。先导式溢流阀适用于大流量和远距离控制的场合。

（3）顺序阀　顺序阀其本身是一个二位二通阀，是依靠回路中压力的变化来控制各种顺序动作的压力控制阀，常用来控制两个气缸的顺序动作。

3. 流量控制阀

从流体力学的角度来看，凡利用某种装置在气动回路中造成一种局部阻力，并通过改变局部阻力的大小，来达到调节流量变化目的的控制方法，就是流量控制。流量控制阀（简称流量阀）是通过改变阀的通流面积来实现流量控制，达到控制气缸等执行元件运动速率的元件。流量阀包括节流阀、单向节流阀、行程节流阀和排气节流阀。常用流量控制阀的符号表示见图 6-24。

（1）节流阀　流阀调节特性的要求：流量调节范围大、阀芯的位移量与通过的流量成线性关系。节流阀节流口的形状对调节特性影响较大。常见的节流口形状如图 6-25 所示，对于针阀形，当阀开度较小时调节比较灵敏，开度超一定值时，灵敏度较差；三角槽形通流面积与阀芯位移量成线性关系；圆柱斜切形的通流面积与阀芯位移量成指数函数（指数大于 1）关系，能进行小流量精密调节。

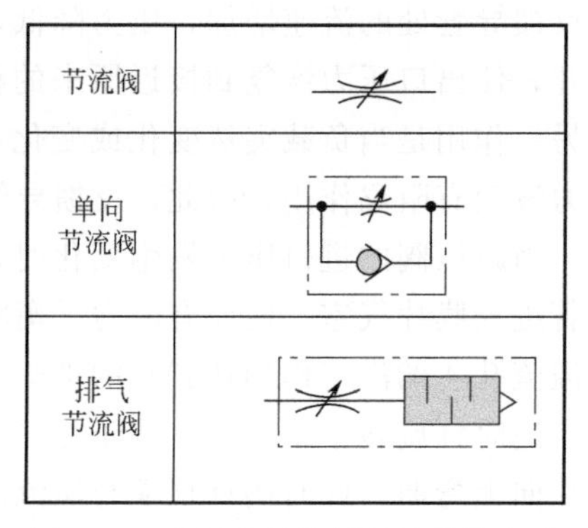

图 6-24　常用流量控制阀的符号表示

（2）排气节流阀　排气节流阀的工作原理和节流阀一样，通过调节通流截面的面积来改变通过阀的流量。排气节流阀只能安装在排气口处，调节排入大气气流的流量，从而改变气动执行机构的运动速率。如图 6-26 所示，为带消声器的排气节流阀，其原理是靠调节三角形沟槽部分的开启面积的大小来调节排气流量，从而调节执行元件的运动速率，同时由消声器减少排气时产生的噪声。

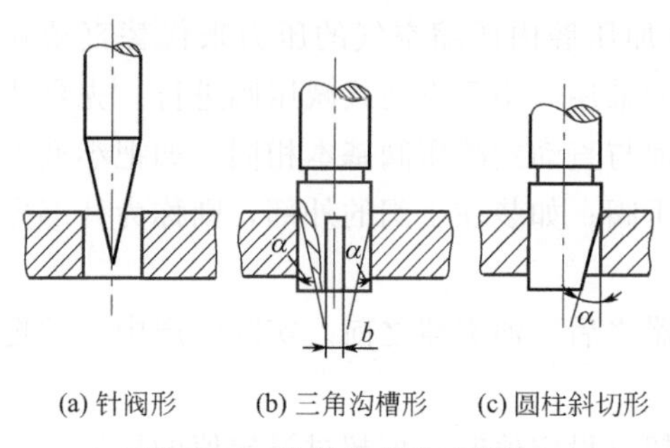

(a) 针阀形　(b) 三角沟槽形　(c) 圆柱斜切形

图 6-25　常见的节流口形状

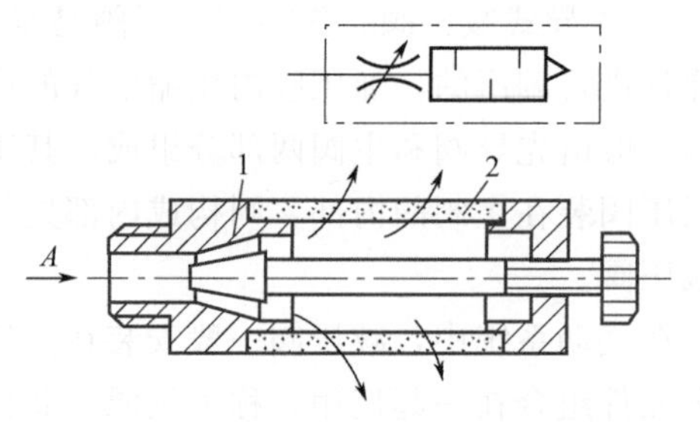

图 6-26　带有消声器的排气节流阀

1—节流口；2—消声器

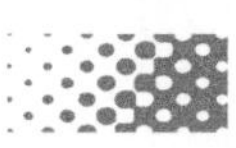

排气节流阀一般安装在执行元件的排气口处，调节排入大气中气体的流量。它的作用有两个：调节执行元件的运动速率、减小排气噪声。

（四）气动基本回路

气动基本回路主要有压力和力控制回路、换向回路、速度控制回路、位置控制回路与基本逻辑回路。下面简单介绍压力和力控制回路及换向回路。

1. 压力和力控制回路

（1）一次压力控制回路　一次压力控制回路的作用是控制储气罐的压力，使之不超过规定的压力值，常用外控溢流阀或用电接点压力表来控制。当采用外控溢流阀控制时，若储气罐内的压力超过调定值，溢流阀被打开，空压机输出的压缩空气经溢流阀排入大气，这种控制方式结构简单、工作可靠，但耗气量浪费大；若采用电接点压力表控制，则可以直接根据储气罐压力控制空气压缩机的开、停，使储气罐内压力保持在规定的范围内，一旦储气罐压力超过一定值，溢流阀起安全保护作用。这种控制方式对电机及控制要求较高。

（2）简单压力控制回路　如图 6-27 所示，采用溢流式减压阀对气源实行定压控制。

（3）过载保护回路　如图 6-28 所示，正常工作时阀 1 得电，使阀 2 换向，气缸活塞杆外伸。如果活塞杆受压的方向发生过载，则顺序阀动作，阀 3 切换，阀 2 控制气体排出，在弹簧力作用下换至图示位置，使活塞杆缩回。

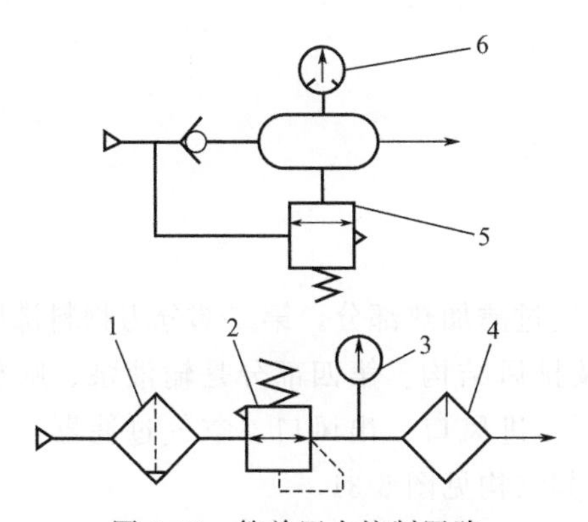

图 6-27　简单压力控制回路

1—分水滤气器；2—减压阀；3—压力表；4—油雾器；5—溢流阀；6—电接点压力表

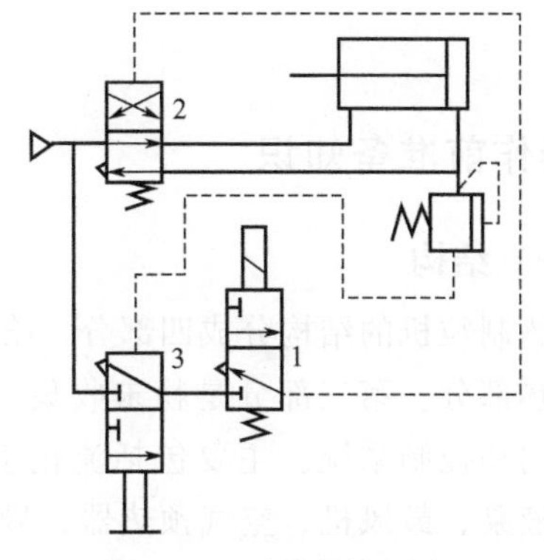

图 6-28　过载保护回路

2. 换向回路

（1）单作用气缸换向回路　如图 6-29 所示，用三位五通换向阀可控制单作用气缸伸、缩、

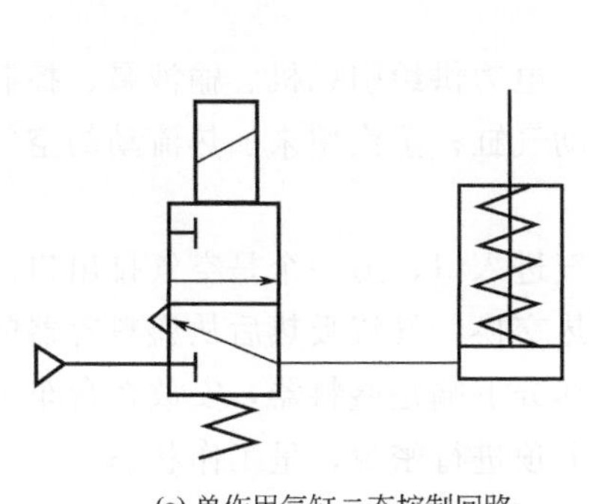

(a) 单作用气缸二态控制回路

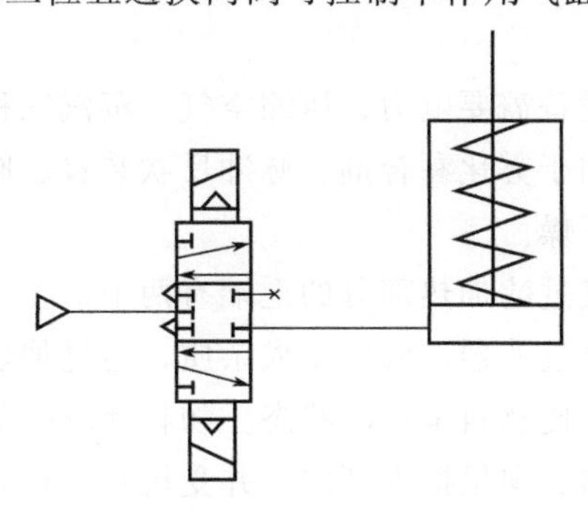

(b) 单作用气缸三态控制回路

图 6-29　单作用气缸换向回路

任意位置停止。该回路比较简单，但对气缸驱动部件要求较高，以保证气缸活塞能可靠返回。

(2) 双作用气缸换向回路　图 6-30 所示为双作用气缸的换向回路。用三位五通换向阀除控制双作用缸的伸、缩换向外，还可实现任意位置停止。

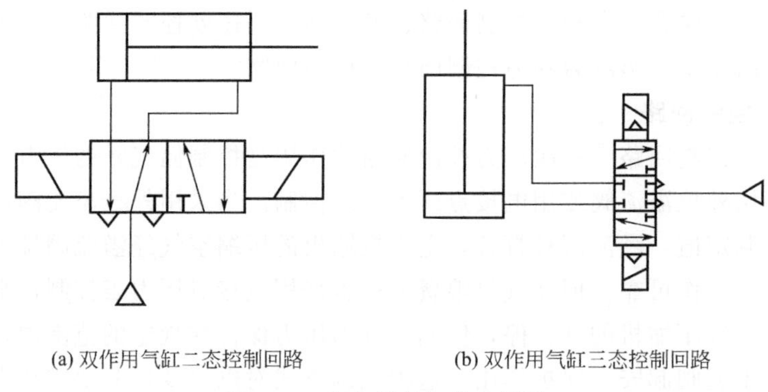

(a) 双作用气缸二态控制回路　　(b) 双作用气缸三态控制回路

图 6-30　双作用气缸换向回路

项目五　沸腾制粒机的操作与养护

一、操作前准备知识

(一) 结构

沸腾制粒机的结构分成四部分，第一部分为空气过滤加热部分。第二部分为物料沸腾喷雾和加热部分。第三部分是粉末收集、反吹装置及排风结构。第四部分是输液泵、喷枪管路、阀门和控制系统。主要包括流化室、原料容器、进风口、出风口、空气过滤器、空压机、供液泵、鼓风机、空气预热器、袋滤装置等。其结构见图 6-31。

(二) 工作原理

物料粉末粒子在原料容器（流化床）中呈环形流化状态，受到经过净化后热空气的预热和混合，将黏合剂溶液雾化喷入，使若干粒子聚集成含有黏合剂的团粒。由于空气对物料的不断干燥，使团粒中水分蒸发、黏合剂凝固。此过程不断重复进行，形成均匀的多微孔球状颗粒。

该设备需要电力、压缩空气、蒸汽三种动力源。电力供给引风机、输液泵、控制柜；压缩空气用于雾化黏合剂、脉冲反吹装置、阀门和驱动气缸；蒸汽用来加热流动的空气，使物料得到干燥。

空气过滤加热部分的上端有两个口，一个是空气进入口，另一个是空气排出口。空气进入后经过过滤器，滤去尘埃杂质，通过加热器进行热交换。气流吸热后从盛料容器的底部向上冲出，使物料呈运动状态。物料沸腾喷雾和加热部分下端是盛料器，安放在台车上，可以向外移出、向里推入到位，并受机身座顶升气缸的上顶进行密封，呈工作状态。

盛料容器的底是一个布满直径 1～2mm 小孔的不锈钢板，开孔率为 4%～12%，上面覆盖一层 120 目不锈钢丝制成的网布，形成分布板。上端是喷雾室，在该室中，物料受气流及

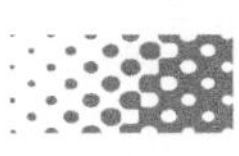

容器形态的影响，产生由中心向四周的上下环流运动。黏合剂由喷枪喷出。粉末物料受黏合剂液滴的黏合，聚集成颗粒，受热气流的作用，带走水分，逐渐干燥。

沸腾制粒机适用于含湿或热敏性物料的制粒。缺点是动力消耗较大，物料密度不能相差太大。

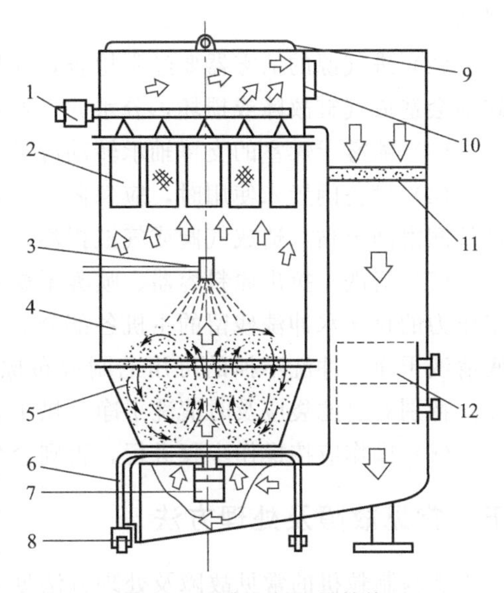

图 6-31　沸腾制粒机结构

1—反冲装置；2—过滤袋；3—喷枪；4—喷雾室；5—盛料器；6—台车；7—顶升气缸；8—排水口；9—安全盖；10—排气口；11—空气过滤器；12—加热器

二、标准操作规程

（一）开机

打开控制柜电源→开启钥匙开关→启动程序→安装滤袋→滤袋左右锁紧→旋进喷雾室→推入原料容器→升起容器→启动风机→手动或自动→加热→干燥（烘干设备）→真空进料→喷雾→干燥。

（二）停机

干燥停→加热停→停止→降容器→出料。

三、安全操作注意事项

（1）喷枪的安装　由喷雾室喷枪孔放入喷枪，使喷嘴垂直对准容器中心时将喷枪固定。

（2）在装滤袋时，注意检查滤袋有无破裂和小孔，如有必须修理缝好。

（3）检查各执行气缸动作是否灵敏。再启动风机及加热，检查各测温点的温度传感器是否正常。

（4）检查主、辅风机旋向，点动 1～2s 后停止，观察风机旋向是否与蜗壳上的标记一致。如果旋向相反，应改变三相电源的两相，使风机叶轮旋向与蜗壳标记一致。

（5）物料的投放　如采用人工进料，应在拉出容器前取下容器上的温度传感器。真空吸料是在启动系统至抖袋清粉运行状态时，关闭进风调节阀至一挡，打开进料阀，使物料在引风机的负压抽吸下进入容器。

（6）在“干燥”步骤调节风量，频率最低不低于 25Hz 使流化态的激烈程度达到合适，同时观察流化高度是否由低到高，否则需检查各通风道是否有堵塞现象。

（7）雾化效果的调整　输液量的调节：由控制输液泵流量的变频器调节，频率越高，输液量越大，反之越小，但频率不能超过 50Hz，可做一个水的供液量与频率的关系图。按此方法做出频率与黏合剂供液量的曲线图，以便在操作设备时能估计供液量的情况（变频调速器在动态图上调整）。

雾化角度与液滴直径的调节：雾化质量直接影响到成品颗粒质量，因此制粒作业前，应将雾化质量调整到满意状态。将雾化空气接入喷枪，启动系统至喷雾运行状态，调节供液频率和雾化压力可改变雾化效果：雾滴大小与液体流量成正比，与雾化压力成反比。

四、维护与保养

（1）风机要定期清除机内的积灰、污垢等杂质，防止锈蚀。第一次拆修后应更换润滑油。

(2) 进气源的油雾器要经常检查，在用完前必须加油，润滑油为5#、7#机械油，如果缺油会造成气缸故障或损坏，分水滤气器有水时应及时排放。

(3) 喷雾干燥室的支撑轴承转动应灵活，转动处定期加润滑油。

(4) 设备闲置未使用时，应每隔十天启动一次，启动时间不少于1h，防止气阀因时间过长润滑油干枯，造成气阀或气缸损坏。

(5) 清洗　拉出原料容器、喷雾干燥室，放下滤袋架，取下过滤袋，关闭风门，用有一定压力的自来水冲洗残留的主机各部分的物料，特别对原料容器内气流分布板上的缝隙要彻底清洗干净。冲洗不掉的可用毛刷或布擦拭。洗净后，开启机座下端的放水阀，放出清洗液。特别对过滤袋应及时清洗干净，烘干备用。

(6) 操作应按操作步骤进行，否则会死机。

五、常见故障及处理方法

沸腾制粒机的常见故障及处理方法见表6-4。

表6-4　沸腾制粒机的常见故障及处理方法

常见故障	产生原因	处理方法
流化状态不佳	①长时间没有抖动，布袋上吸附的粉末太多 ②滤袋未锁紧 ③床层负压过高，粉末吸附在滤袋上 ④各风道发生阻塞，风道不畅通 ⑤油雾器缺油	①检查过滤袋，抖动气缸 ②检查锁紧气缸 ③调小风门的开启度，抖动过滤袋 ④检查并疏通风管 ⑤油雾器加油
排出空气中有细粉末	①过滤袋破裂 ②床层负压过高，将细粉抽出 ③滤袋破旧	①检查过滤袋，如有破口、小孔，必须补好，方能使用 ②调小风门开启度 ③更换滤袋
制粒时出现沟流或死角	①颗粒含水分太高 ②湿颗粒进入原料容器里置放过久 ③温度过低	①降低颗粒水分 ②先不装足量，等其稍干后再将湿颗粒加入；颗粒不要久放原料容器中；启动鼓造按钮将颗粒抖散 ③升温
干燥颗粒时出现结块现象	①部分湿颗粒在原料容器中压死 ②抖动过滤袋周期太长	①启动鼓造按钮将颗粒抖散 ②调节抖袋时间
制粒操作时分布板上结块	①压缩空气压力太小 ②喷嘴有块状物阻塞 ③喷雾出口雾化角度不好	①检查喷嘴开闭情况是否灵活可靠，调节雾化压力 ②调节输流量，检查喷嘴排除块状异物 ③调整喷嘴的雾化角度
制粒时出现豆状颗粒且不干	雾化质量不佳	①调节输液量 ②调节雾化压力
蒸汽压力足够，但温度达不到要求	①换热器未正常工作 ②疏水器出现故障	①检查换热器，处理故障 ②放出冷凝水

六、相关知识链接——制粒

(一) 制粒概述

制粒设备是将各种形态，比如粉末、块状、油状等的药物制成颗粒状，便于分装或用于压制片剂的设备。目的是去掉黏附性、飞散性、聚集性；改善流动性；变质量计算方法为容

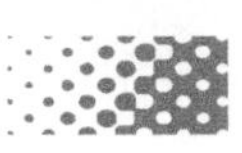

量计算方法；使压缩性好，便于压片；使填充性好，便于填充。

常用制粒方法包括湿法制粒、干法制粒和沸腾干燥制粒。

(1) 湿法制粒　粉末中加入液体胶黏剂（有时采用中药提取的稠膏）、混合均匀，制成颗粒。

(2) 干法制粒　将粉末在干燥状态下压缩成型，再将压缩成型的块状物破碎制成颗粒。干法制粒可分滚压法和压片法等。

(3) 沸腾干燥制粒　又称流化喷雾制粒，是用气流将粉末悬浮，呈流态化，再喷入胶黏剂液体，使粉末凝结成粒。

(二) 其他制粒设备

1. 摇摆式颗粒机

摇摆式颗粒机由底座、电机、传动皮带、蜗轮蜗杆、齿条、料斗、滚轮、齿轮、挡板组成，是目前国内常用的制粒设备，结构简单、操作方便。其结构如图 6-32。

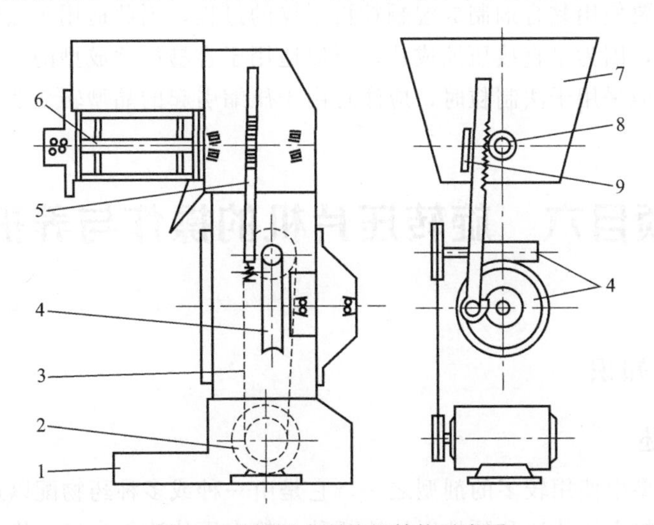

图 6-32　摇摆式颗粒机结构示意图

1—底座；2—电机；3—传动带；4—蜗轮蜗杆；5—齿条；6—七角滚轮；7—料斗；8—转轴齿轮；9—挡块

一般与槽式混合机配套使用。槽式混合机将原辅料制成软材后，经摇摆式颗粒机制成颗粒状，也可对干颗粒进行整粒使用，把块状或团圆状的大块整成大小均匀的颗粒，然后压片。

工作原理：强制挤出机制。电机经皮带传动，带动减速器螺杆，经齿轮传动变速。电机在进行动力传动的同时，蜗轮上的曲柄旋转配合齿条做上下往复运动。由齿条上下往复运动使与之啮合的齿轮做摇摆运动。七角滚轮由于受到机械作用而进行正反转的运动。当这种运动周而复始地进行时，被夹管夹紧的筛网紧贴在滚轮的轮缘上，此时在轮缘点处，筛网孔内的软材成挤压状，轮缘将软材挤向筛孔而将原孔中的原料挤出。

对物料的性能有一定要求，物料必须黏松适当，即在混合机内制得的软材要适宜于制粒，太黏挤出的颗粒成条不易断开，太松则不能成颗粒而变成粉末。

优点：①成品粒径分布均匀，利于湿粒的均匀干燥；②机器运转平稳，噪声小，易清洗；③加料量与筛网位置的松紧可影响颗粒质量。

缺点是摇摆式颗粒机制备成型工艺的方法经验性强，没有固定的参数可控制，在大生产中波动较大。适用于实验室小试及中试生产。

2. 干法制粒机

干法制粒是将药物与辅料的粉末混合均匀后压成大片状或板状，然后再粉碎成所需大小颗粒的方法。该方法不加入任何黏合剂，靠压缩力的作用使粒子间产生结合力。

干法制粒有压片法和滚压法。压片法系将固体粉末首先在重型压片机上压实，制成直径为20～25mm的胚片，然后再破碎成所需大小的颗粒；滚压法系利用转速相同的两个滚动圆筒之间的缝隙，将药物粉末滚压成片状物，然后通过颗粒机破碎制成一定大小颗粒的方法。片状物的形状根据压轮表面的凹槽花纹来决定。

将药物粉末投入料斗中，通过加料器将粉末送至压轮进行压缩，由压轮压出的固体胚片落入料斗，被粗碎轮破碎成块状物，然后进入具有较小凹槽的中碎轮和细碎轮进一步破碎制成粒度适宜的颗粒，最后进入振荡筛进行整粒。振荡筛分成两层，上层分出的粗粒重新送入滚碎机继续粉碎；下层分出适宜大小的颗粒投入下工序，过细粉与原料混合重复上述过程。

干法制粒不需要使用黏合剂制成湿颗粒再干燥的过程，因此适用于热敏性物料、遇水易分解的药物。另外，因为是直接压缩成片，所以适用于容易压缩成型的药物的制粒，方法简单、省工、省时，但采用干法制粒时，应注意由于压缩引起的晶型转变及活性降低等问题。

项目六　旋转压片机的操作与养护

一、操作前准备知识

(一) 压片概述

片剂是药物剂型中使用较多的剂型之一。它是由一种或多种药物配以适当的辅料经加工而成。生产方法有粉末压片法和颗粒压片法两种。粉末压片法是直接将均匀的原辅料粉末置于压片机中压成片状；颗粒压片法是先将原辅料制成颗粒，再置于压片机中冲压成片状。

片剂成型是药物颗粒或粉末和辅料在压片机冲模中受压产生内聚力的黏结作用而紧密结合的结果。

压片机可以压制各种形状的片剂，如扁圆形、圆弧形、椭圆形、三角形、长圆形、方形、菱形、圆环形；还可以根据各种需求压制单层、双层、三层、包芯片。

压片机基本结构是由冲模、加料机构、填充机构、压片机构、出片机构等组成。

(二) 结构

旋转压片机主要由料斗、上下压轮、上下导轨、充填装置调节、电机、加料器等组成。ZP-33型旋转压片机结构见图6-33。

(三) 工作原理

旋转压片机的原理基本与单冲压片机相同，同时又针对瞬时无法排出空气的缺点，变瞬时压力为持续且逐渐增减的压力，从而保证了片剂的质量。

旋转式压片机对扩大生产有极大的优越性，由于在转盘上设置了多组冲模，绕轴不停旋转。颗粒由加料斗通过饲料器流入位于其下方置于不停旋转平台之中的模圈中。采用填冲轨

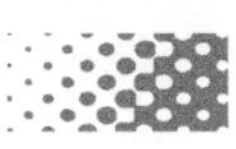

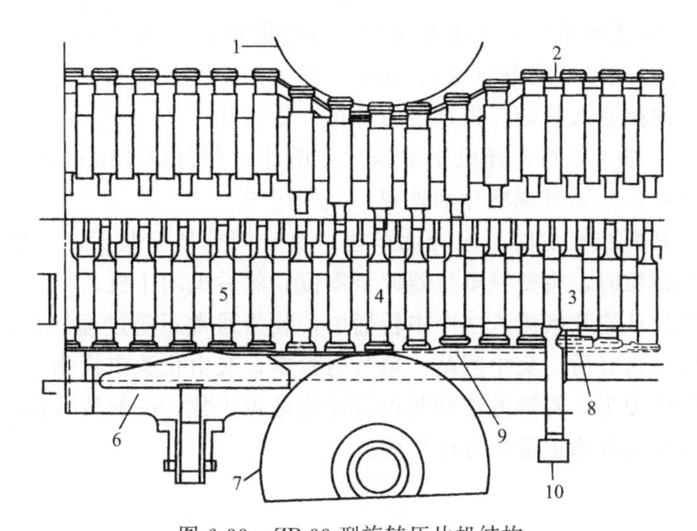

图 6-33　ZP-33 型旋转压片机结构

1—上压力盘；2—上冲轨道；3—出片；4—加压；5—加料；6—片重调节器；7—下压力盘；8—下冲轨道；9—出片轨道；10—出片调节器

道的填料方式，因而片重差异小。当上冲和下冲转动到两个压轮之间时，将颗粒压成片。

二、标准操作规程

（一）生产前准备

（1）检查操作间是否有清场合格标志，并在有效期内，工具、容器等是否已清洁干燥，否则按清场标准操作规程进行清场，并经质量检验人员检查合格后，发给清场合格证，方可进行下一步操作。

（2）根据要求选择适宜压片设备，设备要有“合格”标牌、“已清洁”标牌，并对设备状况进行检查，确认设备正常，方可使用。

（3）调节电子天平，检查模具是否清洁干燥、是否符合生产指令要求，必要时用 75% 乙醇擦拭消毒。

（4）装配压片机　根据批生产记录，取好所需的冲模，检查冲头和模圈有无受损而且光洁度是否良好；给机器安上加料器、冲头和模圈，检查冲头和模圈是否安装良好。用手转动转台至少两整圈。调节机器的有关自动装置；调节好吸尘装置，安装好除粉尘的吸尘器；依次装好刮粉器、饲料斗、流片槽、除尘机引风管等，将生产工具准备好。用直径 7mm 以上的冲模压片时，上冲要装护圈。

（5）根据生产指令填写领料单，并向中间站领取压片用颗粒，核对品名、批号、规格、数量、质量无误后，进行下一步操作。

（6）挂本次运行状态标志，进入压片操作。

（二）压片操作

（1）按压片设备标准操作规程依次装好设备部件。异形压片模具的安装方法：装上冲头，用上冲头定位装模圈，模具按编号对号入位，其他程序同普通压片，并将其他生产用器具准备好。

（2）试压　当岗位温度和相对湿度达到工艺规定要求时戴好手套，用手转动手轮，使转台转动1～2圈，确定无异常后，关闭玻璃门。将适量颗粒送入料斗，手动试压，调节片重(压力、测片重及片重差异、崩解时限)、硬度。取大约100片样品给中间控制实验室，以进行开车试验。从中间控制人员处获得认可后即可开始压片。

(3) 试压合格，加入颗粒，开机正常压片。压片过程每隔15min测一次片重，确保片重差异在规定范围内，并随时观察片剂外观，做好记录。

(4) 料斗内所剩颗粒较少时，应降低车速，及时调整填充装置，以保证压出合格的片剂；料斗内接近无颗粒时，将变频电位器调至零位，然后关闭主机。

(5) 压好的药片从流片槽流入洁净中转桶中，装量通常不超过桶体积的2/3，填好盛装单，称量贴签，加料封好后，交中间站。填写请验单，交由化验室检测。

(6) 运行过程中用听、看等方法判断设备性能是否正常，一般故障自己排除。自己不能排除的，通知维修人员维修正常后方可使用。

(三) 清场

(1) 将生产所剩物料收集好，标明状态，交中间站，并填写好记录。

(2) 按《压片设备消毒规程》对设备及所需容器、工具进行消毒。

(3) 压片机卫生　当继续生产的下一批是同样的产品时，在下批开始生产前应去除机器上上批残留颗粒和片子。重新生产新产品须彻底清洁压片机。从机器上拆除冲头、模圈和加料器。用清洁剂湿润的一次性使用的抹布擦洗，并用70%乙醇或其他消毒剂消毒。

(4) 冲头和模圈　用被清洁剂湿润的一次性使用的抹布来擦干净冲头和模圈，擦亮和产品接触的顶头和模圈内部。用70%乙醇湿润一次性使用的抹布来消毒冲头和模圈。用清洁的、一次性使用的抹布来擦干冲头、模圈。检查冲头和模圈有没有达到所需的光洁度的要求，有无任何损坏。损坏的冲头和模圈一定要更换。定期检查冲头的长度，要在规定的允许范围内。将冲头和模圈保存在专用的盒子里。

(5) 加料器和吸尘器　拆除装置用冷（热）水冲洗部件，用冷（热）水和清洁剂来刷净，用一次性使用的抹布来擦干，也可以放在烘房中干燥。用肉眼检查各部件已洁净、干燥并且没有任何残留物。移动设备到专门储藏清洁设备的室内，最后用纯化水淋洗一遍。

(6) 环境卫生　按D级洁净级别清洁规程进行压片房间的清洁。检查地面、墙面，应没有上批产品遗留下的残余物料或片子及标签等物品。

(7) 按《压片设备清洁操作规程》《场地清洁操作规程》对设备、场地、用具、容器进行清洁消毒，经指导老师检查合格，发清场合格证。

三、安全操作注意事项

(1) 在冲模安装与调整时，机器应处在停止运行状态，并且按下急停开关后，方可开启下部三扇不锈钢门。

(2) 使用前须重复检查冲模的质量。冲模须经严格探伤试验和外形检查，要无裂缝、变形、缺边，且硬度适宜和尺寸准确的。如不合格切勿使用，以免机器遭受严重损坏。

(3) 机器运行前，必须关闭上部四扇透明有机玻璃视窗和下部三扇不锈钢门。

(4) 检查颗粒原料是否干燥、颗粒及含粉量是否符合要求，如不合格的不要硬压，否则会影响机器的正常运转及使用寿命和原料耗损。

(5) 初次试车应将充填量减少，片厚放大。将粉子倒入料斗内，用点动开车，同时调节充填和压力，逐步增加到片剂的重量和硬软度达到成品要求，然后开动电动机，空转5min，

待运转平稳后方可投入生产。生产过程中，须定时抽验片剂的质量是否符合要求，必要时进行调整。

(6) 机器运行时，不准开启上部四扇透明有机玻璃视窗和下部三扇不锈钢门。

(7) 速率的选择对机器使用的寿命有直接的影响，由于原料的性质、黏度及片径大小和压力，在使用上不能做统一规定，因此使用者必须根据实际情况而定。一般的可根据片剂直径大小来区别，直径大的宜慢、小则可快；压力大的宜慢、小则可快。

(8) 管理人员必须熟悉本机的技术性能、内部构造、控制机构的使用原理，以及在运转期间不得离开工作地点，防止发生故障而损坏机件，以保证安全生产为前提。

(9) 在使用中要随时注意机器响声是否正常，遇有尖叫声和怪声即行停车进行检查消除之，不得勉强使用。

四、维护与保养

(一) 机器的清洁

1. 拆车

① 拆车顺序　自上而下。

② 拆加料斗　旋松螺钉，拆除加料斗。

③ 拆上冲　将上冲盖板扳上，将上冲头、防尘圈逐一拆下。拆完上冲，将上冲盖板扳下盖平。

④ 拆加料器　将加料器两侧的滚花螺钉拆除，再拆两侧加料器，然后将滚花螺钉装上原位。

⑤ 拆下冲　用吸尘器吸去平面上的残粉，拆下装卸轨，慢慢转动机器左侧手轮，按顺序将下冲一一拆下，然后装上装卸轨，用螺钉紧固。

⑥ 拆中模　将中模的紧固螺钉旋出转台外围 2mm 左右，用黄铜棒从下冲孔向上将中模顶出。

⑦ 拆下机器左侧手轮，关闭左侧门。

⑧ 将拆下的上、下冲头反方向分成两排，放入冲模盒内，以免冲头头子碰撞而损坏。然后用干净的白回丝（特殊产品还需用酒精清洁）将冲模擦净，放置在有盖的铁皮箱内，使冲模全部浸入油中，勿使生锈和碰伤，最好能定制铁箱以每一种规格装一箱，可避免使用时造成装错及有助于掌握损缺情况。

2. 装车步骤

装车步骤即按“拆车步骤”逆向进行。

(二) 维护保养

(1) 本机的维护保养责任人为操作人员和设备保养人员。

在清洁、维修、保养和调换冲模时，机器应处在停止运行状态，并且按下急停开关后，方可开启上部四扇透明有机玻璃视窗和下部三扇不锈钢门。

(2) 操作人员必须安全、合理、正确地使用该设备，确保该设备运转正常。

(3) 操作人员要做好机器的润滑加油工作。每班生产前，各装置外表的油嘴、油杯，分别注入润滑脂和机械油，中途可按各轴承的温升和运转情况添加油。

(4) 顶板上的油杯是供上主压轮表面润滑的，滴下的油量以毛刷吸附的油不溢出为宜。

(5) 冲杆和导轨用N32机械油润滑，不宜过多，以防止油污渗入粉子引起污染。

(6) 不要用硬的或重物碰撞触摸屏；不要使用油漆，有机溶剂或强酸混合物擦拭显示器。

(7) 操作人员应及时发现，正确处理压片过程中发生的异常状况，并采取预防措施，避免设备损伤。

(8) 产品生产结束后，必须及时进行设备、生产场地的清场工作，特殊产品或生产周期较长的品种，在压片生产过程中要增加清场班次。清场后，停产阶段，机器表面涂上一层防锈油，并用车罩罩好。

(9) 设备维护者对机器维护时，允许其打开在电气柜内的维修开关，使机器在上部四扇透明有机玻璃视窗和下部三扇不锈钢门。按“点动”运行，但此时机器的转速不能大于4r/min。

只有设备维护者可打开在电气柜内的维修开关，使机器在上部四扇透明有机玻璃视窗和下部三扇不锈钢门状态下按“点动”运行。

(10) 设备维护人员必须定期检查机件，每月1～2次，检查蜗轮、蜗杆、轴承、压轮、上下导轨等各活动部分是否转动灵活，是否磨损，发现缺陷应及时修复后使用。

(11) 轮箱内加润滑油，一般选用WA460。油量为0.55L，使用一年左右更换新油。

(12) 电器箱内保持清洁，保持电气箱门紧闭，防止外物进入箱内。

(13) 由于变频器主电容保持较高能量，主接线排上剩余电压几分钟内才会放完，故电源切断5min内不可接触变频器主接线排。

五、常见故障及处理方法

旋转压片机的常见故障及处理方法见表6-5。

表6-5 旋转压片机的常见故障及处理方法

常见故障	产生原因	处理方法
机器不能启动	故障灯亮表示故障有待处理	根据各灯显示故障分别给予维修
压力轮不转	①润滑不足 ②轴承损坏	①加润滑油 ②更换轴承
机器震动过大或有异常声音	①车速过快 ②冲头没装好 ③塞冲 ④压力过大,压力轮不转	①降低车速 ②重新装冲 ③清理冲头,加润滑油 ④调低压力
上冲或下冲过紧	上下冲头或冲模清洗不干净或冲头变形	拆下冲头清洁或换冲头冲模

六、相关知识链接

(一) 旋转压片机压片过程中可能会出现的问题及处理方法

1. 片重差异

不能超过规定的限度。

(1) 冲头长短不一　用卡尺检查每个冲头。

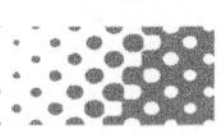

(2) 加料斗高度装置不对　调节加料斗位置和挡粉板开启度，使加料斗中颗粒保持一定数量，使落下速率相等、加料器上堆积颗粒均衡，并使颗粒能均匀加入模孔中。

(3) 料斗或加料器堵塞　停车检查。

(4) 颗粒引起片重差异　提高颗粒质量。

(5) 压片机故障或工作上疏忽　做好机件保养，检查机件有无损坏。

2. 花斑

(1) 颗粒过硬或有色片剂的颗粒松紧不均。颗粒应松软些，有色片剂多采用乙醇润湿剂进行制粒，最好不采用淀粉浆。

(2) 复方制剂中原辅料颜色差异太大，在制粒前未经磨碎或混合不均容易产生花斑。压片时的润滑剂必须经细筛筛过并与颗粒充分混匀。

(3) 易引湿的药品（如三溴片、碘化钾片、乙酰水杨酸片等）在潮湿情况下与金属接触易变色，当在干燥天气生产并减少与金属接触来改善。

(4) 压片时，上冲油垢过多，随着上冲移动而落于颗粒中产生油点。只需经常清除过多的油垢就可克服。

3. 叠片

叠片指两片压在一起，压片时由于黏冲或上冲卷边等原因致使片剂黏在上冲上，在继续压入已装颗粒的模孔中而成双片；或者由于下冲上升位置太低而没有将压好的片剂及时送出，又将颗粒加入模孔中重复加压。这样压力相对过大，机器易受损害，应及时停车。调换冲头，检修调节器来解决。

4. 松片

松片指片剂压成后，用手轻轻加压即行碎裂。

(1) 胶黏剂或润湿剂用量不足或选择不当，颗粒疏松、细粉多。

(2) 颗粒含水量太少，完全干燥的颗粒有较大的弹性变形，所压成片剂的硬度较差，许多含有结晶水的药物，在颗粒烘干时会失去一部分的结晶水，颗粒变松脆，容易形成松片。可在颗粒中喷入适量的稀乙醇（50%～60%）。

(3) 药物本身的性质，如脆性、可塑性、弹性和硬度等。

(4) 压力过小引起松片多，若压片机冲头长短不齐，则片剂所受压力不同，故压力或冲头应调节适中。

5. 裂片

裂片指片剂受到震动或经放置时，从腰间开裂或顶部脱落一层。

(1) 黏合剂或润湿剂选择不当。用量不够，黏合力差，颗粒过粗、过细或细粉过多。

(2) 颗粒中油类成分较多，减弱了颗粒间的黏合力，或由于颗粒太干以及含结晶水的药物失去结晶水过多而引起。先用吸收剂将油类成分吸干后，再与颗粒混合压片，也可与含水较多的颗粒掺和压片。

(3) 富有弹性的纤维性药物在压片时易裂片，可加糖粉克服。

(4) 压力过大，片剂太厚。

(5) 冲模不合格，压力不均，使片剂部分受压过大而造成顶裂。

6. 崩解迟缓

(1) 胶黏剂选择不当、用量不足、干燥不够、崩解力差均可导致。

(2) 胶黏剂的黏性太强，用量过多；或润湿剂的疏水性太强，用量过多。可适当增加崩解剂的用量。

(3) 压片时压力过大，片剂过于坚硬。可在不引起松片情况下减少压力。

(二) 其他压片设备

1. 单冲压片机

单冲压片机组成部分：冲模转动轮、片重调节器、模圈、上下冲、饲料靴。压片机冲模结构见图 6-34。

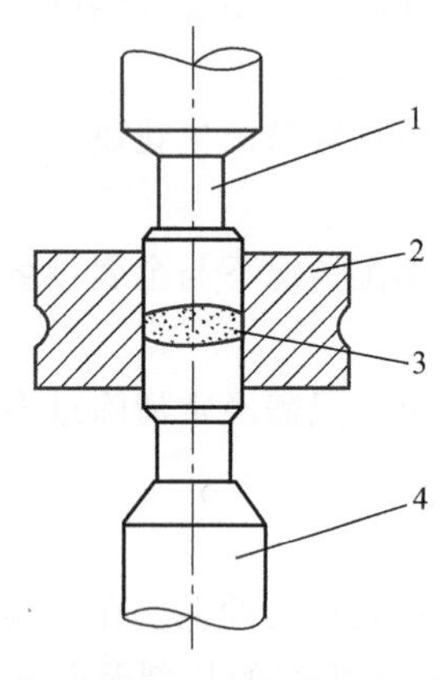

图 6-34　压片机冲模结构

1—上冲；2—中模；3—颗粒；4—下冲

加料：下冲杆降到最低，上冲离开模孔，饲料靴在模孔内摆动，颗粒填充在模孔内。

压片：饲料靴从模孔上面移开，上冲压入模孔。

推片：上冲上升，下冲上升，顶出药片。该机构造简单、清洗方便，使用物料少。

调节下冲的高度可以改变片重的大小，调节上冲的高度可以改变上、下冲之间的距离，以此来调节压片的压力。冲模为圆形冲模，直径 5～15mm 之间的平冲或浅冲均可以选择，根据物料不同片重为 50～500mg。单冲压片机的缺点是间歇生产、间歇加料、间歇出料，生产效率低，适用于实验室小试和中试生产。

2. 高速压片机

旋转式压片机已逐渐发展成为高速率压片的机器，通过增加冲模的套数，改进饲料装置来基本达到目的，也有些型号通过装设二次压缩点来达到高速。具有二次压缩点的旋转式压片机是参照双重旋转式压片机，以及那些仅有一个压缩点和单个旋转机台的压片机设计而成的。

在高速旋转式压片机中，有半数的片子在片剂滑槽中旋转了 180°，它们在边界之外移行，并和压出的第二片片剂一起移出。生产能力为每分钟 1400～10000 片，型号较多，能生产各种特殊形状的异形片、圆形片、双面刻字片等。目前国内生产常用的为 26 冲、32 冲、38 冲和 42 冲等机械。

压片机的主电机通过交流变频无级调速器，并经蜗轮减速后带动转台转动。转台的转动使上下冲头在导轨的作用下产生上下相对运动。颗粒经过填充、预压、主压、出片等工序被压成片剂。

特点：转速快、产量高、片剂质量好；能将颗粒状物料连续进行压片，可以压制圆片及各种异形片；还具有全封闭、压力大、噪声低、润滑系统完善、操作自动化等特点。

在发达国家中，压片机做得好或较领先的公司有：德国 Fette 公司、Korsch 公司，英国 Manesty 公司，意大利 IMA 公司，包括后来兼并的 Kilian 公司，和比利时 Courtoy 公司。近年来，日本 HATA 公司（畑铁工所）和 KIKUSUI（菊水）公司及韩国 SEJONG 公司的压片机发展速率已趋于缓慢。

(三) 发展方向

1. 高速、高产是压片机的首要发展方向

高速、高产是压片机生产厂商多年以来始终追求的目标，目前世界上主要的压片机厂商都已拥有产量达 100 万片/h 的压片机。

Korsch 公司生产的 XL800 型压片机，最高产量达每小时 102 万片；Courtoy 公司生产

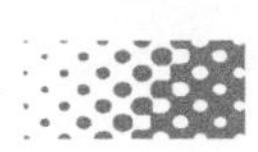

的 Modul D 型压片机，其最高产量达 107 万片/h；Fette 公司生产的 3090i 型压片机，其最高产量达每小时 100 万片。

Fette 公司生产的 4090i 型压片机，最高产量达每小时 150 万片。这种压片机转台节径达 1060mm，最大冲位数为 122 冲，外形尺寸为 1810mm×1810mm×2240mm，主电机功率为 18.5kW。

2. CIP/WIP 技术

时下，GMP 要求越来越高，药厂用户越来越注重生产过程中的交叉污染以及设备的 CIP/WIP，该理念引入在压片机上的时间不长，但发展很快，目前国外著名的压片机生产厂商几乎都能生产。

WIP 系统除了具有 WIP 功能的压片机之外，还包括兼容或外置的几个部分：一个共用的喷嘴系统，适用于各种清洁介质（泡沫、水、纯净水、空气）；一个在压片机上带有阀门的中央废水处理系统；一个基于流体循环清洗的装置；120L 左右的循环用水；一个冷/热水管、压缩空气出入口；一个带不锈钢附件的集成化的清洁单元（适应站立式操作）；一个由计算机控制的编程软件，其由计算机来对高压喷头喷出的清洗液进行角度、流量、压力全方位的清洗，包括清洗后的干燥及加油。另外，具有 WIP 功能的压片机在机器的材质、表面处理、各部件的密封、抗腐蚀、死角的处理等方面都有着非常高的要求。

3. 自动检测技术的发展

Fette 公司宣布利用 NIR 近红外技术来对药片的有效成分进行分析，同时这些检测数据能直接反馈到压片机的控制系统中。

美国 Elizabeth 公司推出了一种利用三维影像技术来检测药片的新技术。该检测仪不但可以检测药片的重量、厚度、直径、硬度等常规数据，还可以利用正确的轴线来测量异形片各方向上尺寸，即片形，解决了异形片测量困难的问题。

位于 Dischingen 地区的制药厂是世界上最大的药厂之一，其利用 Mikrotron 公司研发生产的微型摄像机 Motion-Bilitz-Cube 2 对生产流程规划设计及设备的维护保养过程，利用摄像监控检测技术能够发现、排除不同的问题，也可有效地提高生产效率，优化生产流程。

项目七　高效包衣机的操作与养护

一、操作前准备知识

（一）包衣概述

一般药物经压片后，为了保证片剂在储存期间质量稳定或便于服用及调节药效等，有些片剂还需要在表面包以适宜的物料，该过程称为包衣。

经过包衣的片剂称为包衣片。包衣可以分为：①糖衣，由隔离衣、粉衣层、糖衣层、有色衣层 、打光等工序组成。②薄膜衣，作用在于保护片剂不受空气中湿气、氧气等的作用，增加稳定性，并可掩盖不良气味；把聚合物溶液或分散液均匀涂布在固体制剂的表面，形成数微米厚的塑性薄膜层。

将素片包制成糖衣片、薄膜衣或肠溶衣的设备即片剂包衣设备。

国内的片剂包衣设备有：①用于手工操作的荸荠型糖衣机。锅的直径有 0.8m 和 1m 两种，可分别包制 80kg 和 100kg 左右的药片（包好后的质量），材料有铜和不锈钢两种。②经改造后采用喷雾包衣的荸荠型糖衣机。锅的大小、包衣量、材料等均与手工的相同，只要加上一套喷雾系统就可以进行自动喷雾包衣的操作工艺。③引进或使用国产的高效包衣机，进行全封闭的喷雾包衣。④引进或使用国产的沸腾喷雾包衣机，进行自动喷雾包衣。

（二）高效包衣机结构

高效包衣机由包衣机、包衣浆储罐、高压喷浆泵、空气加热器、吸风机、控制台等主辅机组成，系统组件如图 6-35 所示。

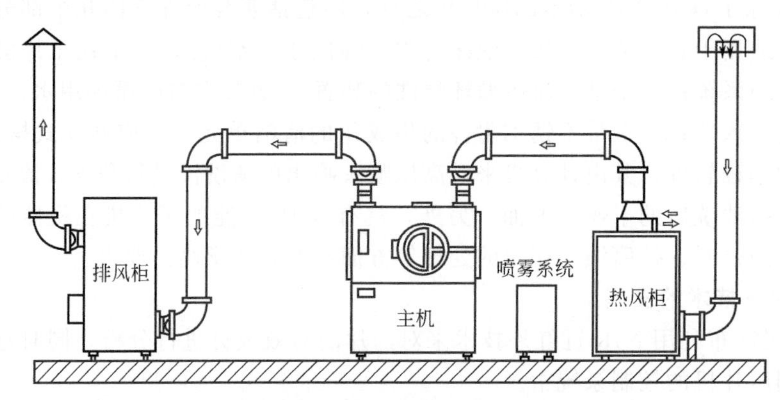

图 6-35　高效包衣机系统组件

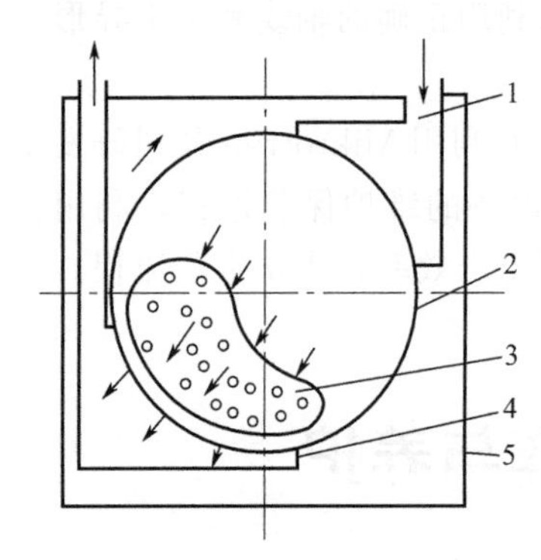

图 6-36　高效有孔包衣机原理

1—进气管；2—锅体；3—片芯；4—排风管；5—外壳

（三）工作原理

片芯在包衣机洁净密闭的旋转滚筒内，不停地做复杂轨迹运动，翻转流畅，交换频繁。由恒温搅拌桶搅拌的包衣介质，经过计量泵的作用，经喷枪喷洒到片芯。同时在排风和负压作用下，由热风柜供给的洁净热风穿过片芯经底部筛孔从风门排出，使包衣介质在片芯表面快速干燥，形成坚固、致密、光滑的表面薄膜。高效有孔包衣机原理如图 6-36 所示。

二、标准操作规程

（一）准备工作

（1）检查整机各部件是否完整、干净，开启总电源，检查主机及各系统能否正常运转。

（2）按照设备清洁规程进行消毒。

（3）安装蠕动泵管。

（4）片芯预热　将筛净粉尘的片芯加入包衣滚筒内，关闭进料门。开启包衣滚筒，使转速为 1～3r/min，启动风机，向主机送风，然后设定较高加热温度，启动加热。

（5）安装调整喷嘴（包薄膜衣）　将喷浆管安装在枪架上，调整喷嘴位置使其位于片芯流动时片床的上 1/3 处，喷嘴方向尽量平行于进风风向，并垂直于流动片床，喷枪与片床距

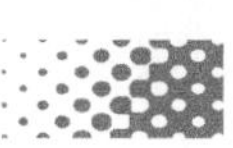

离为20～25cm。

(6) 将枪架同喷雾管移出滚筒外面进行试喷　打开喷雾空气管道上的球阀，压力调至0.3～0.4MPa。开启喷浆，蠕动泵，调整蠕动泵的转速及喷枪顶端的调整螺钉，使喷雾达到理想要求，然后关闭喷浆及蠕动泵。

(7) "出风温度"升至工艺要求值时，降低"进风温度"，待"出风温度"稳定至规定值时开始包衣。

(二) 包衣

(1) 按"喷浆"键，开启蠕动泵，开始包衣，将转速缓慢升至工艺要求值。

(2) 按工艺要求进行包衣，在包衣过程中根据情况调节各包衣参数。

(3) 开机过程中随时注意设备的运行声音、情况。

(三) 结束操作

(1) 将输液管从包衣液容器中取出，关闭"喷浆"。

(2) 降低转速，待药片完全干燥后依次关闭热风、排风和匀浆。

(3) 打开进料门，将枪架转出，装上卸料斗，按"点动"键，滚筒转动，药片从卸料斗卸出。

三、安全操作注意事项

(1) 启动前检查确认各部件完整可靠。

(2) 电器操作顺序如下（必须严格按此顺序执行)。

启动：开滚筒→开排风→开加热。

停止：关加热→关排风→关滚筒。

(3) 配制糖衣液时谨防烫伤。

四、维护与保养

(1) 主控系统电气保养　整套电气设备，每操作50h后需进行一次检查，并进行定期保养。系统中主要元件，如接触器、继电器、PLC均采用导轨式或插件式安装。在每次检修时，视情况更换有关继电器、接触器并定期整定热继电器。定期用干布擦净光电转换器探头。

(2) 减速机需加入二硫化钼润滑脂　一般每工作半年应检查一次，每工作12～18个月更换一次润滑脂。

(3) 工作时注意热风风机、排风风机有无异常情况，若有异常、须立即停机检修。

(4) 工作2500h后清洗或更换热风空气过滤器，每月检查一次热风装置内离心式风机。

五、常见故障及处理方法

高效包衣机的常见故障及处理方法见表6-6。

表6-6　高效包衣机的常见故障及处理方法

常见故障	产生原因	处理方法
机座产生较大震动	①电机紧固螺栓松动 ②减速机紧固螺栓松动 ③电机与减速器之间的联轴节位置调整不正确 ④变速皮带轮安装轴错位	①拧紧螺栓 ②拧紧螺栓 ③对正联轴节 ④对正联轴节

续表

常见故障	产生原因	处理方法
异常噪声	①联轴节位置安装不正确 ②包衣锅与送排风接口产生碰撞 ③包衣锅前支承滚轮位置不正	①安装轴位置 ②调整风口位置 ③调整滚轮安装位置
减速机轴承温度高	①润滑油牌号不对 ②润滑油少 ③包衣药片超载	①换成90#机械油 ②添加润滑油 ③按要求加料
包衣锅调速不合要求	①调速油缸行程不够 ②皮带磨损	①油缸中添满油 ②更换皮带
热空气效率低	热空气过滤器灰尘过多	清洗或更换热空气过滤器
风门关不紧	风门紧固螺钉松动	拧紧螺钉
包衣机主机工作室不密封	密封条脱落	更换密封条
蠕动泵开动包衣液打不出来	①软管位置不正确或管破 ②泵座位置不正确	①更换软管 ②调整泵座位置，拧紧螺帽
喷雾管道泄漏	①管接头螺母松 ②组合垫圈坏 ③软管接口损坏	①拧紧螺母 ②更换垫圈 ③剪去损坏接口
喷枪不关闭或关得慢	①气源关闭 ②料针损坏 ③气缸密封圈损坏 ④轴密封圈损坏	①打开气源 ②更换料针 ③更换密封圈 ④更换密封圈
枪端滴漏	①针阀与阀座磨损 ②枪端螺帽未压紧 ③气缸中压紧活塞的弹簧失去弹性或已损坏	①用碳化硅磨砂配研 ②旋紧螺帽 ③更换弹簧
压力波动过大	①喷嘴孔太大 ②气源不足	①改用较小的喷嘴 ②提高气源压力或流量
胶管经常破裂	①滚轮损坏或有毛刺 ②同一位置上使用过长	①修复或更换滚轮 ②适时更换滚轮压紧胶管的部位
胶管往外跑或往泵壳内缩	胶管规格不对	按规定更换胶管

六、相关知识链接

（一）包衣

1. 高效包衣机包衣可能会出现的问题及处理方法

（1）粘片　由于喷量太快，违反了溶剂蒸发平衡原则而使片相互粘连。应适当降低包衣液喷量，提高热风循环，加快锅的转速。

（2）橘皮膜　干燥不当，包衣液喷雾压力低，而使喷出的液滴受热浓缩程度不均造成衣膜出现波纹。出现这种情况，应立即控制蒸发速率，提高喷雾压力。

（3）架桥　是指刻字片上的衣膜造成标志模糊。放慢包衣喷速，降低干燥温度，同时应注意控制好热风温度。

（4）色斑　因配包衣液时搅拌不匀或固体状物质细度不够。配包衣液时应充分搅拌均匀。

（5）药片表面或边缘衣膜出现裂纹、破裂、剥落，或药片边缘磨损　由包衣液固含量选择不当、包衣机转速过快、喷量太小引起。选择适当的包衣液固含量，适当调节转速及喷量的大小；若是片芯硬度太差引起，应改进片芯的配方及工艺。

（6）衣膜“喷霜”　由热风湿度过高、喷程过长、雾化效果差引起。适当降低温度、缩

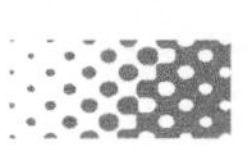

短喷程，提高雾化效果。

(7) 药片间有色差　喷液时喷射的扇面不均、包衣液固含量过多或包衣机转速慢。可调节喷枪喷射的角度，降低包衣液固含量，适当提高包衣机的转速。

(8) 衣膜表面有针孔　因配制包衣液时卷入过多空气。避免卷入即可。

2. 其他包衣设备

(1) 荸荠式包衣机　主要包括铜制或不锈钢制的糖衣锅体、动力部分和加热鼓风吸尘部分。糖衣锅体样式为荸荠形，锅体浅、口大，各部分厚度均匀，内外表面光滑；采用电阻丝直接加热和热风加热；动力采用电机带动带轮，带轮的轴心与糖衣锅相连，使糖衣锅体转动，糖衣锅的转速、温度和倾斜角度均可随意调整。其结构见图 6-37。

工作原理：糖衣锅体由倾斜安装的轴支撑做回转运动，片剂在锅中滚动快，相互摩擦的机会比较多，散热及水分蒸发快，而且容易用手搅拌，利用电加热器边包层边对颗粒进行加热，可以使层与层之间更有效地干燥。该设备是目前包制普通糖衣片的常用设备，还常兼用于包衣片加蜡后的打光。

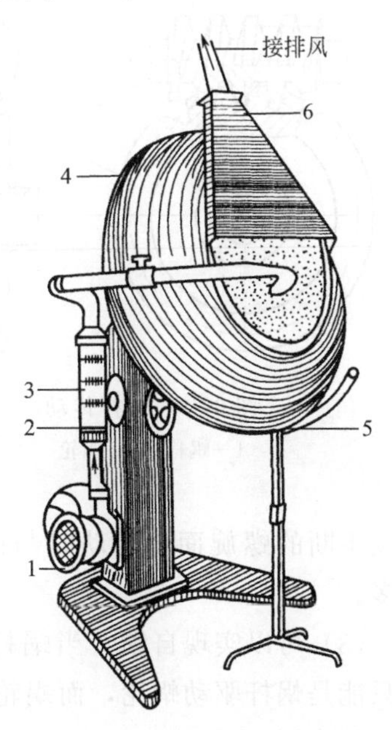

图 6-37　荸荠式包衣机结构

1—鼓风机；2—衣锅角度调节器；3—电加热器；4—包衣锅；5—辅助加热器；6—吸粉罩

(2) 喷雾包衣机　喷雾包衣机分为有气喷雾和无气喷雾。

有气喷雾是包衣溶液随气流一起从喷枪口喷出。有气喷雾适用于溶液包衣。溶液中不含有或含有极少的固态物体，溶液的黏度较小，一般可使用有机溶剂或水溶性的薄膜包衣材料。

无气喷雾是包衣溶液或具有一定黏性的溶液、悬浮液在受到压力的情况下从喷枪口喷出，液体喷出时不带气体。无气喷雾由于压力较大，所以除可用于溶液包衣外，也可用于具有一定黏度的液体包衣，这种液体可以含有一定比例的固态物质，如用于不溶性固体材料的薄膜包衣及粉糖浆、糖浆的包衣。

喷雾包衣的应用，具体如下。

① 埋管包衣。由包衣锅、喷雾系统、搅拌器及通风系统、排风系统和控制器组成。喷雾系统为一个内装喷头的埋管，埋管直径为 80～100mm。包衣时此系统插入包衣锅中翻动的片床内。

② 在原有锅上安装使用。将成套的喷雾装置直接装在原有的包衣锅上，即可使用。

③ 应用于简易高效包衣机。在原有的包衣锅壁上打孔而成，锅底下部紧贴排风管。当送风管送出的热风穿过片芯层沿排风管排出时，带走由喷枪喷出的液体湿气，因热空气接触的片芯表面积得到了扩大，而干燥效率大大提高。

喷雾包衣机为封闭形式，无粉尘飞扬，操作环境得到很大改善。

(3) 离心式高效包衣机　组成部分包括离心机、鼓风系统、供粉机、压缩空气系统、喷浆系统、电控台和抽风系统。该设备是依靠高速旋转的离心机转子产生的离心力和摩擦力，使定子与转子之间的过渡曲面上形成涡旋回转的粒子流，然后在粒子表面喷射雾化的包衣液进行包衣。

(4) 流化床包衣设备　与流化干燥、制粒设备相比较：流化干燥与制粒设备由于被干燥和被制粒的物料粒径较小，密度轻，易于悬浮在空气中（只要空气流量及流速一定）。

空气悬浮包衣设备由于被包衣的片剂、丸剂的粒径大，自重力大，难以达到流化状态。因此设备中加包衣隔板，使进气浮力大于片剂沉降速率（喷动床）。

原理：将包衣液喷在悬浮于一定流速空气中的片剂表面，同时，加热空气使片剂表面溶剂挥发而成膜。

（二）蜗杆传动

蜗杆传动由蜗杆1和蜗轮2组成，如图6-38所示。常用于传递交错轴之间的回转运动和动力，通常两轴交错角为90°。传动中一般蜗杆为主动件，蜗轮为从动件。蜗杆传动广泛应用于各种机器和仪表中。

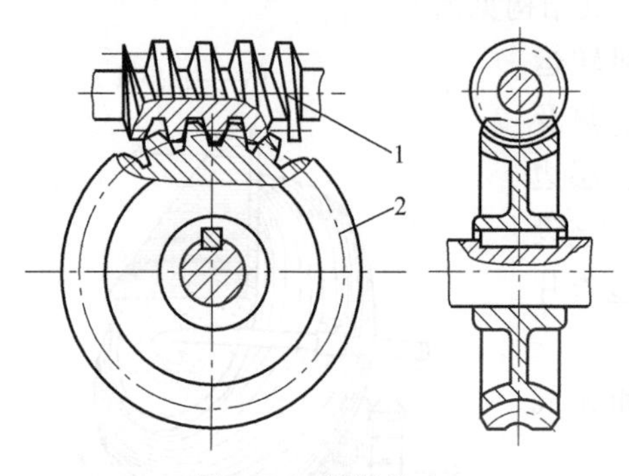

图6-38　蜗杆传动

1—蜗杆；2—蜗轮

其传动原理是通过蜗杆1轴线并垂直于蜗轮2轴线的平面称为中间平面。在中间平面上，蜗杆、蜗轮的传动相当于齿条和齿轮的传动。当蜗杆绕轴旋转时，蜗杆相当于螺杆做轴向移动而驱动蜗轮轮齿，使蜗轮绕轴旋转。蜗杆传动具有以下特点。

(1) 单级传动比大，结构紧凑　在动力传动中，一般取传动比为10～80。

(2) 传动平稳，噪声小　这是因为蜗杆的齿为连续不断的螺旋面，传动时与蜗轮间的啮合是逐渐进入和退出的，而且同时啮合的齿数较多。

(3) 可以实现自锁　当蜗杆导程角γ小于其齿面间的当量摩擦角ρ_v时，将形成自锁，即只能是蜗杆驱动蜗轮，而蜗轮不能驱动蜗杆。这一特性用于起重机械设备中，能起到安全保险的作用。

(4) 传动效率低　蜗杆蜗轮的齿面啮合处存在较大的滑动速率，所以传动效率低，η通常为0.7～0.8，同时会产生较严重的摩擦磨损，引起发热，使润滑情况恶化。为了提高蜗杆的传动效率，减少传动中的摩擦，需要良好的冷却与润滑条件。此外，为了减少摩擦、提高耐磨性，蜗轮齿圈常用青铜等贵重金属制造，成本较高。

项目八　全自动硬胶囊充填机的操作与养护

一、操作前准备知识

（一）结构

全自动硬胶囊充填机由机架、胶囊回转机构、胶囊送进机构、粉剂搅拌机构、粉剂填充机构、真空泵系统、传动装置、电气控制系统、废胶囊剔出机构、合囊机构、成品胶囊排出机构、清洁吸尘机构、颗粒填充机构组成，见图6-39。

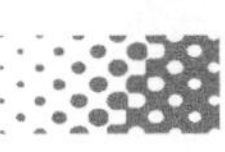

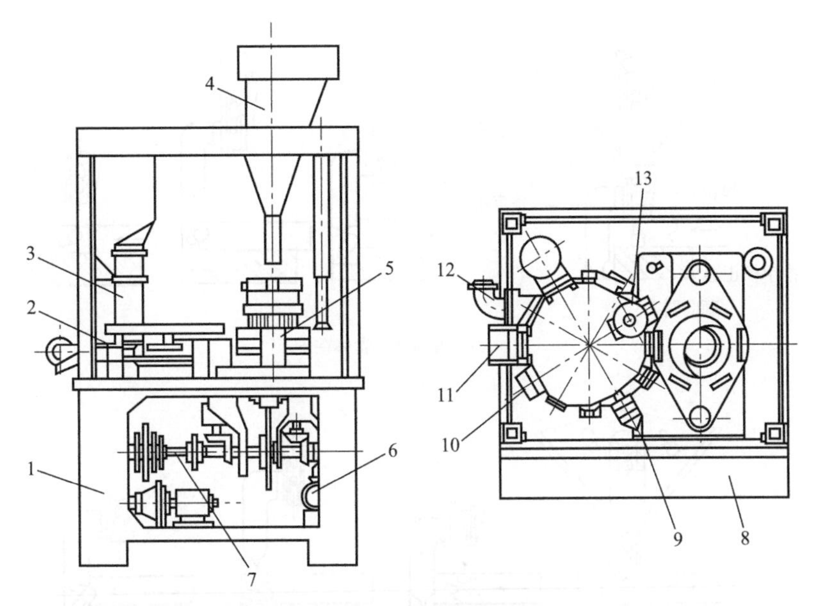

图 6-39　全自动硬胶囊填充机

1—机架；2—胶囊回转机构；3—胶囊送进机构；4—粉剂搅拌机构；5—粉剂填充机构；6—真空泵系统；7—传动装置；8—电气控制系统；9—废胶囊剔出机构；10—合囊机构；11—成品胶囊排出机构；12—清洁吸尘机构；13—颗粒填充机构

电气部分采用变频调速系统，对回转盘的工作速率进行无级调速，运动平稳，转速以数字显示。机械部分主传动轴采用了凸轮传动机构，使该机操作灵活方便、运动协调准确、工作可靠，生产效率高。

填充剂量可根据需要调节。由于填充是通过冲针在定量盘的垂直孔中进行的，所以粉剂填充过程无粉尘。药料进料有自动控制装置，当料斗中的物料用完时机器自动停止，这样可以防止填充量不够，保证装量准确，使填充的胶囊稳定地达到标准要求。

有较好的适应性，装上各种胶囊规格的附件可生产相应规格的胶囊，还备有安装非常方便的颗粒填充附件，可填充颗粒药料。

（二）工作原理

机器灌装原则上需要如下 7 个装置：①供给硬胶囊和粉粒体的装置；②限制胶囊方向、插入夹具的装置；③囊身与囊帽分离装置；④填药粉或颗粒的装置；⑤囊身与囊帽结合装置；⑥成品排出装置；⑦囊身与囊帽封口装置及自动剔废装置。相关装置的结构见图 6-40、图 6-41。

二、标准操作规程

（一）操作前准备

（1）检查电源连接是否正确。

（2）检查润滑部位，加注润滑油（脂）。

（3）检查机器各部件是否有松动或错位现象，若有需加以校正并紧固。

（4）将吸尘器软管插入填充机吸尘管内。

（5）打开真空泵水源阀门。

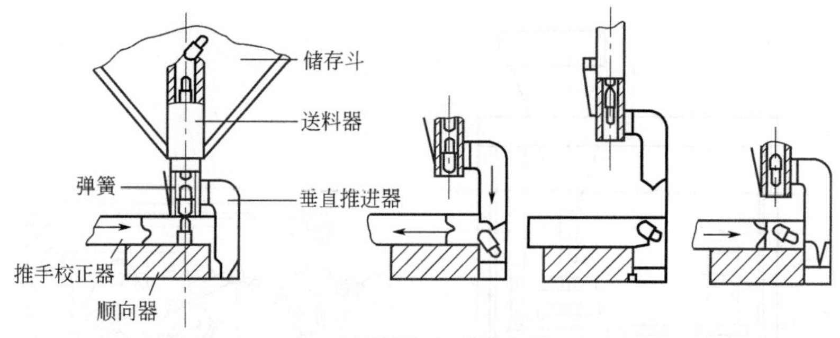

(a) 囊帽在上，囊体在下

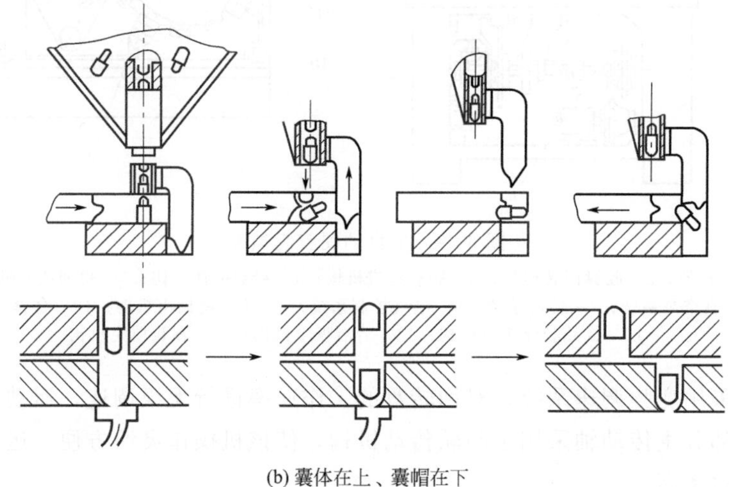

(b) 囊体在上、囊帽在下

图 6-40　囊帽分离

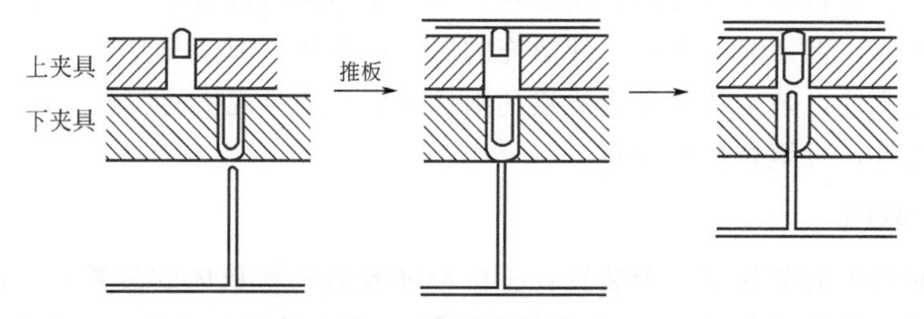

图 6-41　胶囊闭合

（二）点动运行操作

（1）合上主电源开关，总电源指示灯亮。

（2）旋动电源开关，接通主机电源。

（3）启动真空泵开关，真空泵指示灯亮，泵工作。

（4）启动吸尘器进行吸尘。

（5）按点动键，运行方式为点动运行，试机正常后，进入正常运行。

（6）按启动键，主电机指示灯亮，机器开始运行，调节变频调速器，频率显示为零。

（三）自动装药操作

（1）将空心胶囊装入胶囊料斗。

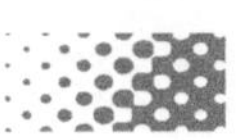

（2）按加料键，供料电机工作，当料位达到一定高度时，供料电机自动停止。

（3）调节变频调速器至所需的运行速率。

（4）需要停机时，按一下停止按钮，再关掉真空泵和总电源。

（5）紧急情况下，按急停开关停机。

三、维护与保养

（一）机器的维护和清理

机器正常工作时间较长时，要定期对与药粉直接接触的零部件进行清洗，当要更换药型或停用时间较长时，都要进行清理。

（1）机器下部的传动部件要经常擦净油污，使观察运转情况更清楚。

（2）真空系统的过滤器要定期打开清理掉堵塞的污物。

（3）机器的润滑　①凸轮的滚轮工作表面每周要涂层润滑脂；机台下各连杆的关节轴承每周要滴油润滑；②各种轴承要定期或根据运转情况加以清洗，加入润滑脂，密封轴可滴油润滑；③传动链条要每周检查一次松紧度，并涂润滑脂；④主传动减速器和供料减速器每月要检查一次油量，不足时要及时加油，每半年更换一次润滑油；⑤转盘和剂量盘下的工位分度箱，必须在专业技术人员的指导下进行拆卸和维护；两只分度箱运转1000h后要第一次更换润滑油，以后每运转2000h要更换润滑油；⑥每周应取下转盘的盖板，对T形轴与导杆的运动点铜套、轴承加油一次；⑦每1000个工作小时应拆卸T形轴、密封圈做全面清洗，并加油一次。

（二）上下模块更换和安装

（1）松开上下模具的紧固螺钉，取下上下模块。

（2）下模块由两个圆柱销定位，装完下模块后再把螺钉拧紧。

（3）装下模块时，先将调试杆分别插入到两个外侧载囊孔中使上下模块孔对准，再把螺钉上紧，定好位后两个模块调试杆应能灵活转动。

（4）更换模块时用手扳动主电机手轮旋转盘，注意旋转时必须取出模块调试杆。

（三）胶囊分送部件的更换和安装

（1）拧下两个紧固螺钉，取下胶囊料斗。

（2）用手扳动主电机手轮，使顺序叉运行到最高位。

（3）拧下两个固定顺序叉部件的螺钉，使顺序叉部件剥离两个定位销。

（4）拧下固定胶囊导槽的两个紧固螺钉，取下胶囊导槽部件。

（5）拧下拨叉上的一个紧固螺钉，取下拨叉。

（6）将更换的胶囊分送部件按相反顺序装上。

（四）计量盘及充填杆的更换和安装

（1）提起药粉料斗并将其转向外侧。

（2）转动主电机手轮使上模架处于最高位。

（3）拧松螺栓，将夹持器从模架上取下。

（4）松开夹持器上的锁紧螺钉，把下压板拉开，装上充填杆。

（5）取下模架和药粉输送器。

（6）用专用扳手拧下固定计量盘的螺栓，装上计量盘和盛粉器。

(7) 装上药粉输送器并拧紧，用转动调节螺栓的办法调好刮粉器底与计量盘之间的间隙。

(8) 装上模架并固紧，适当转动计量盘，把调试杆顺利插入每个孔中。

(9) 装上充填杆和夹持器。

四、常见故障与处理方法

全自动胶囊充填机的常见故障与处理方法见表 6-7。

表 6-7 全自动胶囊充填机的常见故障及处理方法

常见故障	产生原因	处理方法
胶囊入模孔成品率低	水平叉太前或太后	调整水平叉位置
胶囊分离时飞帽	真空度过大	调整真空阀，适量减低真空度
胶囊未能正常分离	①真空度过小 ②模孔积垢 ③模孔同轴度不对 ④胶囊碎片堵塞吸囊头气孔 ⑤模块损坏 ⑥真空管路堵塞	①调整真空阀，适量增加真空度 ②清洗上、下模孔 ③用上、下模块芯棒校正同轴度 ④用小钩针清理胶囊碎片 ⑤更换模块 ⑥疏通真空管路
胶囊锁合出现擦反、凹口	①模孔同轴度不对 ②锁囊顶针弯曲 ③顶针端面积垢 ④顶针高度偏高 ⑤模孔损坏或磨损	①用上、下模块芯棒校正同轴度 ②调整或更换锁囊顶针 ③清洗顶针端面 ④调整顶针高度 ⑤更换模块
锁紧不到位	①锁囊顶针偏低 ②充填过量	①调整锁囊顶针高度 ②调整工艺
主机故障停机	①离合器摩擦片过松 ②剂量盘下平面与铜环上平面摩擦力过大	①调整摩擦片压力 ②降低生产环境湿度、调整剂量盘下平面间隙

五、相关知识链接——药物充填

(一) 概述

胶囊剂系将粉状、颗粒状、片剂或液体药物直接灌装于胶壳中而成的固体制剂，能达到速释、缓释、控释等多种目的。胶壳有掩味、遮光等作用，利于刺激性、不稳定药物的生产。

硬胶囊剂生产正常与否，主要取决于胶囊分装机结构形式、设备制造质量，空心硬胶囊的制造质量及储存条件。

硬胶囊制剂生产企业使用的空心胶囊一般均由空心胶囊厂提供，空胶囊的生产过程包括：溶胶、蘸胶、干燥、脱模、截割、整理（套合）。制备方法分手工操作和机器蘸胶、起模、干燥、脱膜、截割半自动、全自动生产。

空心硬胶囊的质量取决于胶囊制造机的质量和工艺水平，如帽和囊体套合的尺寸精度、切口的光洁度、锁扣的可靠性、胶囊的可塑性和吸湿性等。

空心硬胶囊的储存：相对湿度 50%，温度 21℃。包装箱未打开，相对湿度 35%～65%，温度 15～25℃。

安全型胶囊，当体、帽锁紧后很难不经破坏而使胶囊打开，可有效防止胶囊中的填充物被人替换（国内用于高附加值产品）。

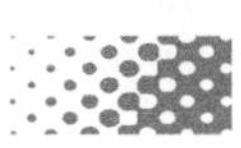

（二）填充方法

1. 粉末及颗粒的填充

（1）冲程法　依据药物的密度、容积和剂量的关系，通过调节填充机的速率，变更推进螺杆的导程，来增减填充时的压力，以控制分装质量及差异。见图 6-42。

半自动填充机对药物适应性较强，一般的粉末及颗粒均适用。

（2）填塞式定量法　用填塞杆逐次将药物装粉压实在定量杯中，最后在转换杯里达到所需填充量。该法满足现代粉体技术要求，装量准确，误差±2%以内，特别对流动性差的和易粘的药物，通过调节压力和升降填充高度可调节填充质量。见图 6-43。

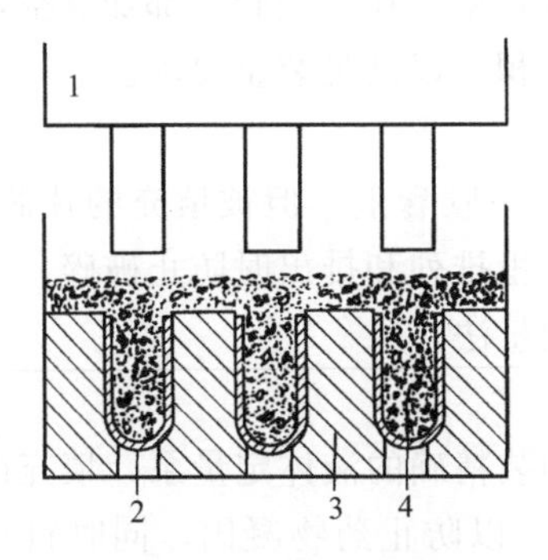

图 6-42　冲程法填充

1—充填装置；2—囊体；3—囊体盘；4—药粉

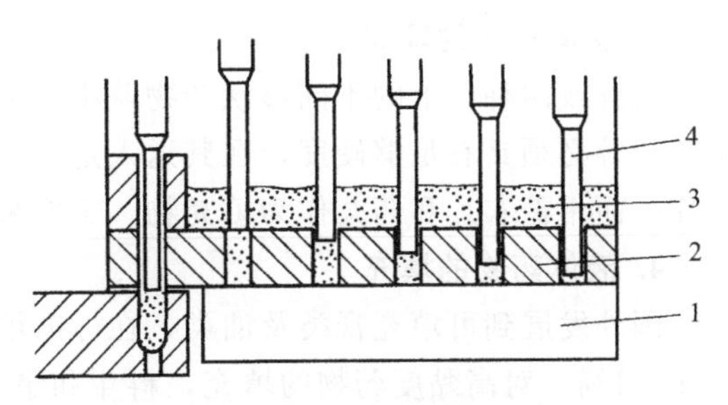

图 6-43　填塞式定量填充

1—计量盘；2—计量环；3—药粉或颗粒；4—填塞杆

（3）间歇插管式定量法　采用将空心计量管插入药粉斗，由管内的冲塞将管内药粉压紧，然后计量管离开粉面，旋转 180°，冲塞下降，将孔内药料压入胶囊体中。见图 6-44。

（4）连续插管式定量法　插管、计量、填充随机器本身在回转过程中连续完成。被填充的药粉由圆形储粉斗输入。粉斗通常装有螺旋输送器的横向输送装置，一个肾形的插入器使计量槽里药粉分配均匀并保持一定水平，这就使生产保持良好的重现性。每支计量管在计量槽中连续完成插粉、冲塞、提升，然后推出插管内的粉团，进入囊体。

2. 微粒的填充

（1）冲程定量　主要用于手工操作。

（2）逐粒填充法　填充物通过肾形或锥形填充器定量逐粒充入胶囊体。半自动胶囊填充机及间歇式填充的全自动填充机均采用该法，胶囊应充满。

（3）双滑块定量法　依据定量原理，利用双滑块按计量室容积控制进入胶囊的药粉量。适用于混有药粉的颗粒填充，对几种微粒充入同一胶囊体特别有效。

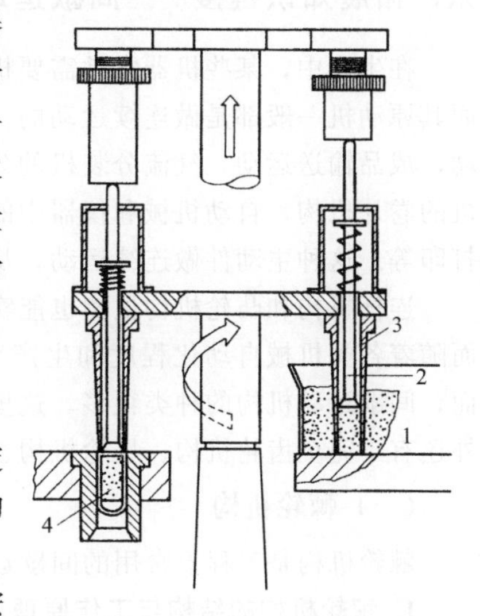

图 6-44　间歇插管式定量填充

1—药粉斗；2—冲杆；3—计量管；4—囊体

（4）滑块、活塞定量法　容积定量法，微粒流入计量管，然后输入囊体。微粒往一个料斗流入微粒盘中，定量室在盘的下方，它有多个平行计量管，此管被一个滑块与盘隔开，当滑块移动时，微粒经滑块的圆孔流入计量管，每一计量管内有一定量活塞。滑块移动将盘口关闭后，定量活塞向下移动，使定量管打开，微粒通过此孔流入胶囊体。

(5) 活塞定量法　在特殊计量管里采用容积定量。微粒从药物料斗进入定量室的微粒盘，计量管在盘下方，可上下移动。填充时，计量管在微粒盘内上升，至最高点时，管内的活塞上升，这样使微粒经专用通路进入胶囊体。

(6) 定量圆筒法　微粒由药物料斗进入定量斗，此斗在靠近边上有一具有椭圆形定量切口的平面板。其作用是将药物送进定量圆筒里，并将多余的微粒刮去。平板紧贴一个有定量圆筒的转盘，活塞使它在底部封闭，而在顶部由定量板爪完成定量和刮净后，活塞下降，进入第二次定量及刮净，然后送至定量圆筒的横向孔里，微粒经连接管进入胶囊体。

(7) 定量管法　容积定量法，采用真空吸力将微粒定量。在定量管上部加真空，定量管逐步插入转动的定量槽，定量活塞控制管内的计量腔体积，以满足装量要求。

3. 固体药物的填充

两种或两种以上的不同形状药物及小片能填充入同一胶囊里。但被填充的片芯、小丸、包衣片等必须具有足够硬度，在其送入定量腔或在通道里排列和排出时防止破碎。一般不用素片，而用糖衣片和药丸作为填充物。主要采用滑块定量法。

4. 液体药物的填充

国外发展到可填充膏类及油类，在标准填充机上加装精确的液体定量泵，填充误差可控制在±1%。对高黏度药物的填充，料斗和泵应可加热，以防止药物凝固，同时料斗里应装有搅拌系统，以保持药物的流动性。但应注意胶囊的特性、惰性及稳定性，要求充入的液体对明胶无副作用。明胶仅溶于极性溶剂，所以应避免与水接触；在30℃溶于水，但在低温吸水膨胀并变形。被填充药物应不含水，最好是纯油剂。

六、拓展知识链接——间歇运动机构

在生产中，某些机器常常需要机构的某些构件能产生周期性的时动、时停的间歇运动，而其原动机一般都是做连续运动的。如实现机床和自动机械中的间歇送进运动，刀架转位运动，成品输送运动，气流分装机的分装机构，包装机的送进机构，印刷机的进纸机构，电影机的卷片机构，自动机械和仪器中的制动、步进、擒纵、超越、换向等运动，自动记录仪的打印等。这种主动件做连续运动，从动件做周期性间歇运动的机构称为间歇运动机构。

连杆机构和凸轮机构虽然也能实现间歇运动，但不能满足各种各样的间歇运动的要求。而随着各类机械自动化程度和生产率的不断提高，需要实现各种不同要求的间歇运动，因而，间歇运动机构的种类很多，这里仅介绍应用较普遍的棘轮机构和槽轮机构两种，除此之外还有不完全齿轮机构、星轮机构、曲柄导杆机构等。

(一) 棘轮机构

棘轮机构是工程上常用的间歇运动机构之一，广泛用于自动机械和仪器仪表中。

1. 棘轮机构的结构与工作原理

在棘轮机构中，一般棘爪为主动件，棘轮为从动件。棘爪可由曲柄摇杆机构、凸轮机构、齿轮齿条机构等推动。

图6-45所示为典型的外啮合齿式棘轮机构。它主要由棘轮1、棘爪2和机架组成，是通过曲柄摇杆机构推动棘爪运动的。当曲柄4按图示方向连续回转时，摇杆做往复摆动。当摇杆向左摆动时，装在摇杆上的棘爪2嵌入棘轮的齿槽内，并推动棘轮按逆时针方向转过一个角度，此时，止回棘爪在棘轮的齿上滑过；当摇杆向右摆动时，棘爪在棘轮的齿背上滑过并

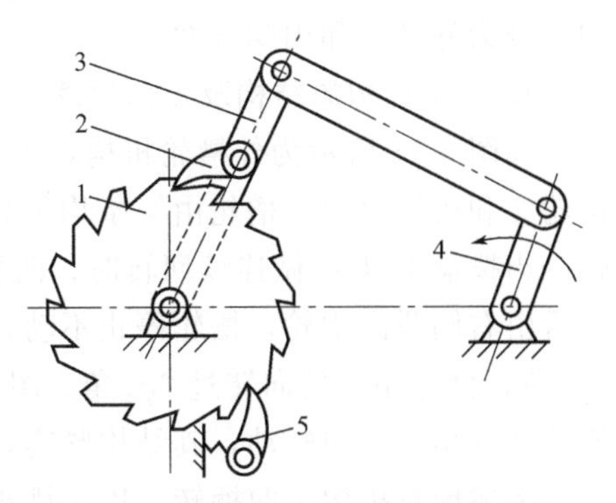

图 6-45　典型的外啮合齿式棘轮机构

1—棘轮；2—棘爪；3—摇杆；

4—曲柄；5—止回棘爪

落入棘轮的下一个齿槽内；为了保证棘轮的可靠静止，该机构还装有止回棘爪 5，在弹簧的作用下，止回棘爪 5 插入棘轮的齿槽中，阻止棘轮顺时针方向转动，因此棘轮静止不动。这样，当摇杆做连续的往复摆动时，可以使棘轮实现有规律的单向间歇运动。为了保证止回棘爪工作可靠，通常利用弹簧，使其与棘轮保持接触。齿式棘轮机构的棘轮转角变化是以棘轮的轮齿为单位，所以棘轮转角的改变是有级的，即棘轮的转角可以在一定范围内有级调节。但在运动开始和终止时，棘爪在棘轮齿背上滑过会产生噪声和冲击，运动的平稳性较差，轮齿容易磨损，高速时尤其严重。因此，常用于低速、轻载和转角要求不大的场合。

应用：防止逆转的棘轮机构。用于起重机、卷扬机等机械中，可使提升的重物停止在任何位置，以防止突然断电等原因造成的事故。

棘轮机构具有结构简单、制造方便以及运动可靠等优点，并且棘轮的转角可以根据需要进行调节。但棘轮机构传递动力较小，准确度差，工作时有冲击和噪声，所以棘轮机构只适用于低速和转角不大的场合。

2. 棘轮转角大小的调节方式

根据机构工作的需要，棘轮的转角通常可以调节。常用的棘轮调节方法有如下两种。

(1) 改变摇杆摆角大小　如图 6-46 所示，棘轮机构可通过改变曲柄 O_1A 的长度来改变摇杆摆角，从而调节棘轮转角。此方法也适用于摩擦式棘轮机构。

(2) 利用遮板调节棘轮的转角　如图 6-47 所示，在棘轮外表罩一遮板（遮板不随棘轮一起转动），在摇杆摆角 φ 不变的情况下通过改变遮板的位置，便可使棘爪行程的一部分在其上滑过，而不与棘齿接触，从而不能推动棘轮转动。这样，通过遮板在摇杆摆角范围内遮住轮齿的不同，就可实现棘轮转角大小的控制。用遮板调节棘轮转角的方法，由于棘爪在落入棘轮齿槽时已有一定的速率，因而要产生冲击，故不宜用于高速运转。此方法不适用于摩擦式棘轮机构。

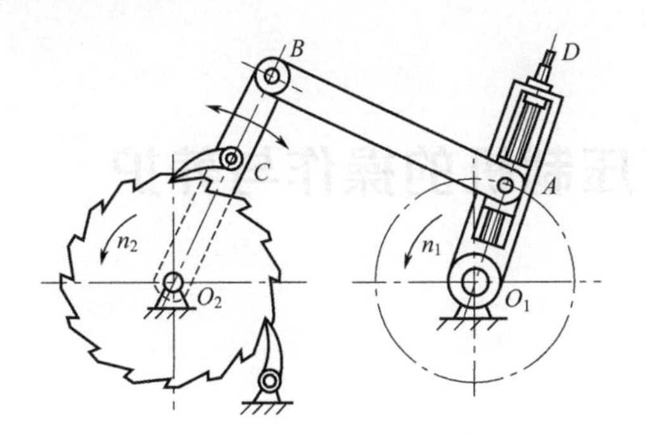

图 6-46　调节曲柄长度改变摇杆摆角

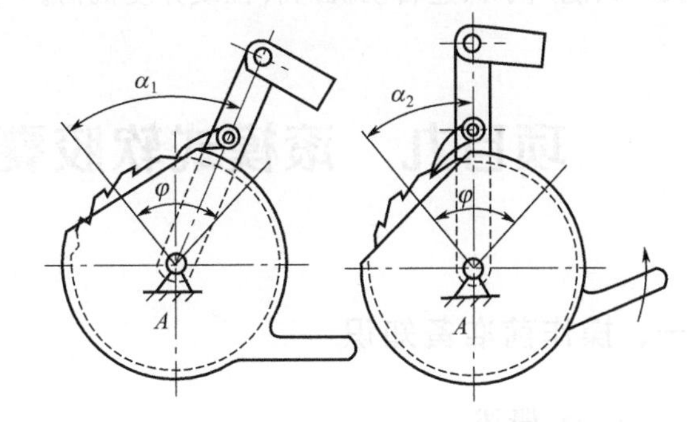

图 6-47　改变遮板位置调节棘轮转角

(二) 槽轮机构

槽轮机构又称马耳他机构，是分度、转位等步进机构中应用最普遍的一种间歇运动机构。分为外啮合和内啮合两种。

1. 槽轮机构的结构及工作原理

如图6-48所示为外槽轮机构，主要由带圆销的主动拨盘1（曲柄），具有径向槽的从动槽轮2和机架组成。槽轮由4条均匀分布的径向槽和4段锁止凹弧构成，曲柄上带有锁止凹弧。当拨盘1以ω_1做连续回转时，曲柄上的圆销A由左侧插入槽轮，拨动槽轮顺时针转动，然后由右侧脱离槽轮，槽轮停止不动，并由拨盘凸弧通过槽轮凹弧，将槽轮锁住。拨盘转过$2\varphi_1$角，槽轮相应反向转过$2\varphi_2$角。图6-49所示为内槽轮机构。当主动拨盘1转动时，从动槽轮2以相同转向转动，其结构紧凑，运动也较平稳。

上述槽轮机构，曲柄转一周，槽轮转动一次，槽轮静止不动的时间长，而且两者的转向相反。如需要使静止时间短些，可采用增加圆销数量的方法。对于双圆销外啮合槽轮机构，曲柄每回转一周，槽轮间歇运动两次。但应注意圆销数量不能太多。

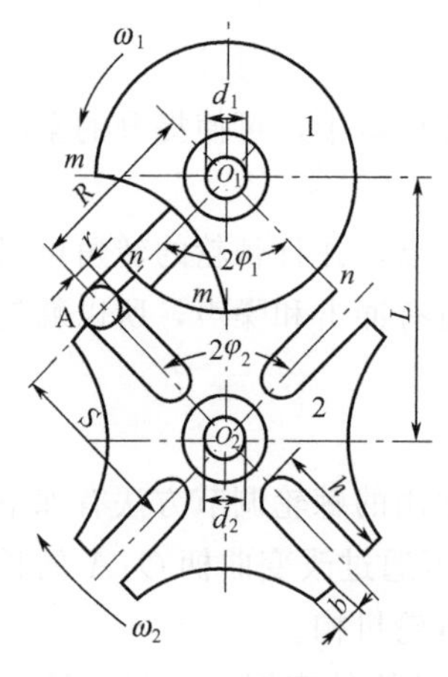

图6-48　外齿合槽轮机构

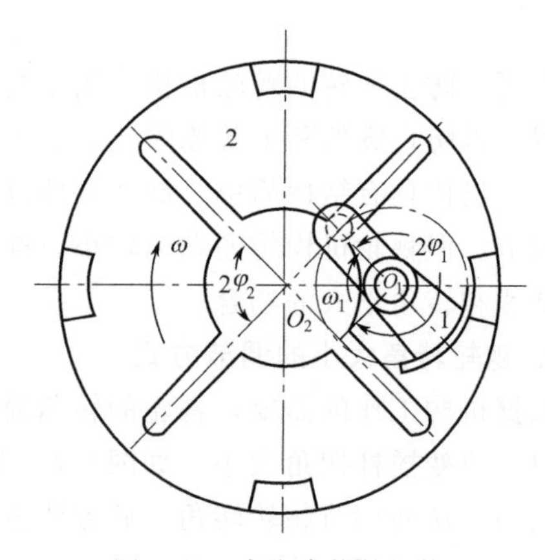

图6-49　内齿合槽轮机构

2. 特点和应用

槽轮机构具有结构简单、传动效率高、转位方便、比棘轮传动运转平稳和冲击小等特点，在自动机床转位机构、电影放映机卷片机构等自动或半自动机械中获得广泛应用。转位角度受槽数z的限制，不能调节，在槽轮转动的起始和终止位置，加速率变化大，冲击也大，只能用于低速自动机的转位或分度机构。

项目九　滚模式软胶囊压制机的操作与养护

一、操作前准备知识

（一）概述

软胶囊剂又叫胶丸剂，是将油类、混悬液、药物由明胶等囊材封制成球状、椭圆形或各种特殊形状而成的制剂。该剂型是一个气密性的单元，外壳是含有明胶和甘油的胶囊壳，胶囊壳具有一定的强度和韧性。与其他口服剂型药品相比，气密性的胶壳可保护内部所灌装产

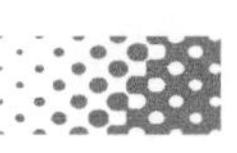

品不被氧化，并具有更长的有效期和储存期。

软胶囊的制备是通过旋转模具进行胶囊成型灌封，是一个连续的一步操作，由明胶与甘油制得的胶皮经由两个连续对转的转辊，通过转辊上的模腔成型，其胶囊尺寸与形状由模腔决定，在向腔体内灌装产品的同时对胶皮进行密合，灌装恰好在密封前结束。

软胶囊的制法可以分为压制法及滴制法。压制法制成的软胶囊称为有缝软胶囊，滴制法制成的软胶囊称为无缝软胶囊。

软胶囊的制造需在洁净条件下进行。产品质量与环境有关，一般温度在 21～24℃，相对湿度为 30%～40%。

（二）结构

成套的软胶囊生产设备包括明胶液溶制设备、药液配制设备、软胶囊压（滴）制设备、软胶囊干燥设备、回收设备。关键设备是软胶囊压制主机，主要由机座、机身、机头、供料系统、油滚、下丸器、明胶盒、润滑系统组成。

（三）工作原理

由主机两侧的胶皮轮和明胶盒共同制备的胶皮相对进入滚模压缝处，药液通过供料泵经导管注入楔形喷体内，借助供料泵的压力将药液及胶皮压入两个滚模的凹槽中。由于滚模的连续转动，使两条胶皮呈两个半定义型将药液包封于胶膜内，剩余的胶皮被切断分离成网状（俗称胶网）。其工作原理见图 6-50。

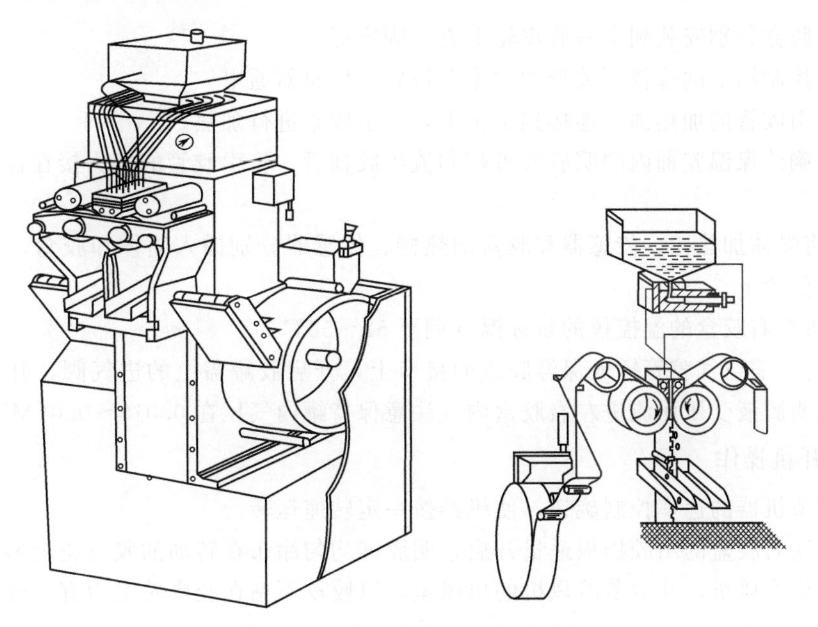

图 6-50　滚模式软胶囊机工作原理

二、标准操作规程

（一）开机前准备

（1）将控制箱、冷风机面板上的所有控制开关置于关断位置。

（2）检查传动系统箱内的润滑油是否足够（一般应注入约 3L）。

（3）检查供料泵壳体内的石蜡油应浸没盘形凸轮滑块。

（4）检查主机左侧的润滑油箱内的石蜡油是否足够。

（5）安装转模及调整同步

① 将准备压丸的转模装入定位轴上

a. 拆开门梁，将转模安装在相应的主轴上，使转模端面有刻线的一端朝外。

b. 安装好转模后，将门梁复位，将模具座上的定位销插入孔中，锁紧门梁和滚模。

② 调整三个同步

a. 调整两转模同步，使模腔一一对应。旋转转模左边的加压旋钮，使两转模不加压力自然接触，松开机器背面对线机构的紧固螺钉，用对线扳手转动右主轴，使左右转模端面上的刻度线对准（最好以模腔边缘对齐为准），对准误差应不大于 0.05mm，然后锁紧紧固螺钉。

b. 调整转模与喷体同步。将喷体放下，以自重压在转模上（应在喷体与转模之间放一纸垫，以防相互摩擦损伤），通过微动操作主机运转，调整喷体刻度端面上刻线的相互位置，使喷体上喷孔置于模腔内，经供料泵注出的药液即可进入胶囊内，调整时必须考虑胶膜厚度的影响，使喷体刻度线略低于转模刻线。

c. 调整泵体与转模同步。脱开传动系统顶盖上的中介齿轮与变换齿轮，使其处于非啮合状态，转动供料方轴（由上向下观察顺时针方向转动），使供料泵前面的三根柱塞处于极限位置且消除盘形凸轮空行程（即柱塞即将向后推进），然后将中介齿轮与传动变换齿轮啮合，锁紧。

（6）将胶盒分别安装到左右胶皮轮上方，固定好。

（7）将控制箱上的选择开关拧到“Ⅰ”位置，使机器通电。

（8）将引胶管的加热插头连接到主机上，对引胶管进行加热。

（9）在确认保温胶桶内的明胶液可顺利流出胶桶后，将引胶管的接头接在保温胶桶的出胶口上。

（10）将喷体加热棒、传感器和胶盒加热棒、传感器分别插入喷体和胶盒，插头连接到相应的插座位置上。

（11）将左右胶盒的温控仪的目标温度调至 52～56℃。

（12）将压缩空气胶管插入保温胶罐的接口上，开启胶罐盖上的进气阀，开启胶罐出胶阀，罐内的明胶液受压而流进左右胶盒内（注意保持罐内气压在 0.015～0.04MPa 范围内）。

（二）开机操作

（1）调节机器的速率控制旋钮，使机器按一定转速运转。

（2）将左右胶盒的出胶挡板适量开启，明胶液均匀涂布在转动的胶皮轮上形成胶皮。

（3）开启冷风机，并调节冷风机的出风量，以胶皮不粘在胶皮轮上为宜（视室温等实际情况而定）。

（4）将胶皮轮带出的胶皮送入胶皮导轮，然后进入模具，胶皮从模具挤出后，用镊子引导胶皮进入下丸器的胶丸滚轴及拉网轴，最后送入废胶桶。

（5）检查胶皮的厚度，视实际情况调节胶箱出胶挡板的开启度，以调节胶皮厚度至 0.80mm 左右（应使胶皮厚度两边均匀）。

（6）检查胶网的输送情况，若正常，放下喷体，使喷体以自重压在胶皮上。

（7）设定喷体温控仪的目标温度为 32～38℃（温度视室温、胶皮厚度等情况而定），开启喷体加热开关，插在喷体上的发热棒受电加热。

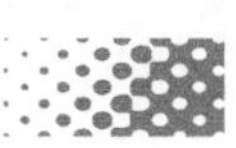

(8) 调节模具的加压旋钮，令左右转模受力贴合，调节量以胶皮刚好被转模切断为准，注意模具过量的靠压会损坏。

(9) 待喷体加热至目标温度后，将喷体上的滑阀开关杆向内推动，接通料液分配组合的通路，定量的药液喷入两胶皮之间，通过模具压成胶丸。此时应检查每个喷体对应的胶丸装量（即内容物重），及时修正柱塞泵的喷出量（通过转动供料泵后面调节手轮进行调节，改变柱塞行程，进而改变装量）。

测定装量方法：在转模上由前至后取出第一粒至最后一粒软胶囊，放在烧杯内用乙醚洗去胶囊表面的油渍，快速干燥后用电子天平称得软胶囊重并记录；然后剖开软胶囊，用乙醚洗去内容物，快速干燥后称得胶囊壳重量并记录，两次重量之差即为内容物重。

(10) 启动干燥转笼，使 S4 旋钮置于“L”，使压出的符合要求的软胶囊送入笼内。

（三）停机操作

(1) 将喷体开关杆向外拉动切断料液通路，关闭喷体加热，使喷体升起架在喷体架上。

(2) 松开模具加压旋钮，使两转模分开。

(3) 关闭压缩空气开关，开启胶桶盖上的排气阀，拆掉压缩空气管，拔除引胶管加热开关。

(4) 关闭左右胶盒、胶桶、冷风机的开关。

(5) 继续运转主机，排净胶盒内胶液及胶皮轮上胶皮，然后停止主机。

(6) 在转笼出口处放上接胶丸容器，将转笼上的 S4 旋钮置于“R”，使转笼正转，胶丸自动排出转笼。

三、安全操作注意事项

(1) 模具及喷体为精密部件，必须轻拿轻放，严禁在模具转动时持硬物在其上方操作；发现喷体出料孔堵塞时，必须停机后方可清理，否则容易夹伤手指及损坏模具；如发现模具腔内有胶皮黏附时，不能用手或镊子在模具上方挑出，以防伤及人手或损坏模具。

(2) 每次启动主机前确认调速旋钮处于零。

(3) 拆装模具及料液部件时，不得两人同时操作，避免因操作不协调而发生伤人或设备事故。

(4) 严禁喷体在不接触胶皮的情况下通电加热。

(5) 机器运转时操作人员不得离开，经常检查设备运转情况，在压制生产过程中遇到以下情况必须停机处理：①剥丸器及拉网花轴缠住胶网或胶皮；②喷体堵塞；③在模具上方进行一切持硬物的操作；④胶皮过黏，经调节后仍不能正常生产。

(6) 胶罐上机使用时，应常检查罐内压力是否超过规定值，以防因压力过大将罐盖炸飞伤人。

(7) 干燥转笼转动换向时，必须等转笼完全静止后方可进行换向操作，严禁突然换向，否则可能导致电器元件损坏。

(8) 工作完毕停机后，及时把所有电加热附件的电源插头拔出。

四、维护与保养

（一）软胶囊机清洁规程

(1) 转换生产品种、规格时的清洁程序

① 生产结束后，将剩余的明胶及物料等从机器上清除下来，按规定处理。将模具、喷体、泵体、输料柱塞、料斗、胶盒、引胶管、干燥转笼等拆下。

② 将拆下的机械部件拆散，用洗涤剂溶液仔细清洗干净至无生产时的遗留物，然后用大量饮用水冲洗至水清澈无泡沫，再用纯化水冲洗 2 次；待水挥发后，用 75%乙醇溶液浸泡冲洗；挥发多余乙醇后，将泵体、输料柱塞浸入液体石蜡。均匀沾满液体石蜡后，重新装机。其余部件晾干后，按规定收藏，保存于工具间。

③ 装机后往供料泵壳体内加入石蜡油，油面应浸没盘形凸轮滑块；往料斗加入少量液状石蜡，开动主机运转排出空气，避免供料柱塞氧化。

④ 干燥转笼机箱及不可拆卸的设备表面等用清洁布或不掉毛刷子蘸洗涤剂溶液清洗掉污物、油渍等，用饮用水擦净后，用 75%乙醇溶液擦拭，最后按要求装机。

（2）生产相同品种，转换批号时的清洁程序

① 每批产品生产结束后，将已完成的中间产品移交下工序，清除机器上的残留物料、中间产品。

② 用布擦净机器上的污渍。

（二）软胶囊机的维护

（1）坚持每班检查和清洁、润滑、紧固等日常保养。

（2）经常注意仪表的可靠性和灵敏性。

（3）每周更换一次料泵箱体石蜡油。

发现问题应及时与维修人员联系，进行维修，正常后方可继续生产。

五、常见故障及处理方法

滚模式软胶囊压制机的常见故障及处理方法见表 6-8。

表 6-8 滚模式软胶囊压制机的常见故障及处理方法

常见故障	产生原因	处理方法
喷体漏液	①接头漏液 ②喷体内垫片老化弹性下降	①更换接头 ②更换垫片
机器震动过大或有异常声音	泵体箱内石蜡油不足，以致润滑不足	在泵体箱内添加石蜡油
胶皮厚度不稳定	①胶盒和上层胶液水分蒸发后与浮子黏结在一起，阻碍浮子运动，使盒内液面高度不稳定 ②胶盒出胶挡板下有异物垫起挡板，使胶皮一边厚一边薄	①清除黏结的胶液 ②清除异物
胶皮有线状凹沟或割裂	①胶盒出口处有异物或硬胶块 ②胶盒出胶挡板刃口损伤	①清除异物或硬胶块 ②停机修复或更换胶盒出胶挡板
胶皮高低不平有斑点	①胶皮轮上有油或异物 ②胶皮轮划伤或磕碰	①用清洁布擦净胶皮轮，不需停机 ②停机修复或更换胶皮轮
单侧胶皮厚度不一致	胶盒端盖安装不当，胶盒出口与胶皮轮母线不平行	调整端盖，使胶盒在胶皮轮上摆正
胶皮在油滚与转模之间弯曲、堆积	①胶皮过重 ②喷体位置不当 ③胶皮润滑不良 ④胶皮温度过高	①校正胶皮厚度，不需停机 ②升起喷体，校正位置，不需停机 ③改善胶皮润滑，不需停机 ④降低冷风温或胶盒温度

续表

常见故障	产生原因	处理方法
胶皮粘在胶皮轮上	冷风量偏小,风温或胶液温度过高	增大冷气量,降低风温及胶盒温度
胶盒出口处有胶块拖曳	开机后短暂停机胶液结块或开机前胶盒清洗不彻底	清除胶块,必要时停机重新清洗胶盒
胶丸内有气泡	①料液过稠、夹有气泡 ②供液管路密封不良 ③胶皮润滑不良 ④喷体变形,使喷体与胶皮间进入空气 ⑤喷体位置不正确,使喷体及胶皮间进入空气 ⑥加料不及时,使料斗内药液排空	①排除料液中气泡 ②更换密封件 ③改善润滑 ④更换喷体 ⑤摆正喷体 ⑥关闭喷体并加料,待输液管内空气排出后继续压丸
胶丸夹缝处漏液	①胶皮太厚 ②转模间压力过小 ③胶液不合格 ④喷体温度过低 ⑤两转模模腔未对齐 ⑥内容物与胶液不适宜 ⑦环境温度太高或湿度太大	①减少胶皮厚度 ②调节加压手轮 ③更换胶液 ④升高喷体温度 ⑤停机,重新校对滚模同步 ⑥检查内容物与胶液接触是否稳定并做出调整 ⑦降低环境温度和湿度
胶丸夹缝质量差(夹缝太宽、不平、张口或重叠)	①转模损坏 ②喷体损坏 ③胶皮润滑不足 ④胶皮温度低 ⑤转模模腔未对齐 ⑥两侧胶皮厚度不一致 ⑦供料泵喷注时不准 ⑧转模间压力过小	①更换转模 ②更换喷体 ③改善胶皮润滑 ④升高喷体温度 ⑤停机,重新校对转模同步 ⑥校正两侧胶皮厚度,不需停机 ⑦停机,重新校正喷注同步 ⑧调节加压手轮
胶皮过窄引起破囊	①胶盒出口有阻碍物 ②胶皮轮过冷	①除去阻碍物 ②降低空调冷气,以增加胶皮厚度
胶丸形状不对称	两侧胶皮厚度不一致	校正两侧胶皮厚度,使之一致
胶丸表面有麻点	①胶液不合格,存在杂质 ②胶皮轮划伤或磕碰	①更换胶液 ②停机修复或更换胶皮轮
胶丸崩解迟缓	①胶皮过厚 ②干燥时间过长,使胶壳含水量过低	①调整胶皮厚度 ②缩短干燥时间
胶丸畸形	①胶皮太薄 ②环境温度低、喷体温度不适宜 ③内容物温度高 ④内容物流动性差 ⑤转模模腔未对齐	①调节胶皮厚度 ②调节环境温度,调节喷体温度 ③调节内容物温度高 ④改善内容物流动性 ⑤停机,重新校对转模同步
胶丸装量不准	①内容物中有气体 ②供液管路密封不严,有气体进入 ③供料泵泄漏药液 ④供料泵柱塞磨损,尺寸不一致 ⑤料管或喷体有杂物堵塞 ⑥供料泵喷注定时不准	①排除内容物中气体 ②更换密封件 ③停机,重新安装供料泵 ④更换柱塞 ⑤清洗料管、喷体等供料系统 ⑥停机,重新校对喷注同步
胶皮缠绕下丸器六方轴或毛刷	胶皮温度过高	降低喷体温度
胶网拉断	①拉网轴压力过大 ②胶液不合格	①调松拉网轴,紧定螺钉 ②更换胶液
转模对线错位	主机后面对线机构紧固螺钉未锁紧	停机,重新校对转模同步,并将螺钉锁紧
胶丸干燥后丸壁过硬或过软	配制明胶液时增塑剂用量不足或过多	调整增塑剂用量

六、拓展知识链接——滴制式软胶囊机

滴制式软胶囊机是将明胶液与油状药液通过喷嘴滴出，使明胶液包裹药液后滴入不相混溶的冷却液中，凝成丸状无缝软胶囊的机器。主要由四部分组成：①滴制部分；②冷却部分；③电气自控系统；④干燥部分。其装置构造见图 6-51。

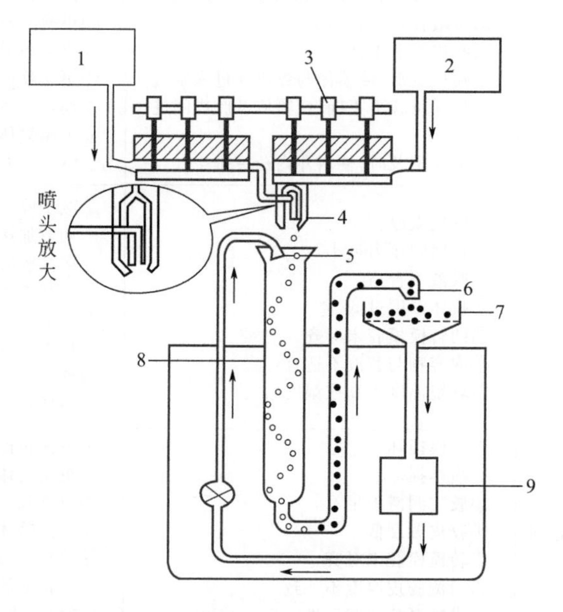

图 6-51　滴制法制软胶囊的装置构造

1—药液储槽；2—明胶液储槽；3—定量控制器；4—喷头；5—冷却液石蜡出口；6—胶囊出口；7—胶囊收集器；8—冷却槽；9—液体石蜡储槽

目标检测

1. 使用快速混合制粒机混合时发生物料从缸盖溢出是什么原因？
2. 高速压片机的预压装置，有何作用？
3. 旋转式压片机出现卡壳，如何处理？
4. 在包衣过程中应注意哪些问题？
5. 列举硬胶囊帽体分离不良的原因，并说出解决方法。
6. 为什么万能粉碎机须空转一段时间才能投料粉碎？
7. 旋振筛筛网如何更换？
8. 叙述压制法生产软胶囊的原理。
9. 简述带传动和链传动的特点。
10. 湿法混合制粒机的锅盖不能正常关闭是什么原因引起的？如何解决？
11. 简述棘轮机构和槽轮机构的特点。

PPT 课件

模块七
制药用水生产设备

学习目标

学习目的： 通过学习纯化水设备和注射用水设备的原理、生产工艺等知识，为从事纯化水和注射用水生产操作奠定基础。

知识要求： 掌握离子交换制水设备使用原理，反渗透制水设备使用原理、装置和基本操作，多效蒸馏水器的工作原理和基本操作。

熟悉电渗析制水设备使用原理、注射用水工艺流程。

了解气压式蒸馏水器。

能力要求： 熟练运用离子交换法和反渗透法制备纯化水。

学会根据不同制药用水的种类，选择不同的制水工艺和设备；用多效蒸馏水器制备注射用水。

项目一　纯化水设备的操作与养护

一、工艺用水

药用纯水设备为采用各种方法制取药用纯水（含注射用水）的设备。

制药生产中使用各种水用于不同剂型药品作为溶剂、包装容器洗涤水等，这些水统称为工艺用水。工艺用水是药品生产工艺中使用的水，其中包括饮用水、纯化水和注射用水。纯化水为采用离子交换法、反渗透法、蒸馏法或其他适宜的方法制得供药用的水，不含任何附加剂。工艺用水的水质要求和用途见表 7-1。

对工艺用水的水质要定期检查。一般，饮用水每月检查部分项目一次，纯化水每 2h 在制水工序抽样检查部分项目一次，注射用水至少每周全面检查一次。

二、制水工艺

纯化水的制备多采用离子交换或反渗透装置，所制得的水为去离子水。制备纯化水的水源应为饮用水。根据原水情况，水有时受到污染，含有悬浮物、重金属、有机物、余氯等。在制备纯化水之前，需经预处理，如加絮凝剂、过滤、吸附等，以保证纯化水设备的正常运行。

当原水含盐量波动较大或原水的含盐量达到 500mg/L 以上时，需采用电渗析或反渗透进行初级脱盐，否则对树脂的使用周期和出水的水质产生很大影响。当原水含盐量超过800mg/L时，反渗透装置前应增设钠离子交换或弱酸床，以消除水中钙离子、镁离子，减少反渗透膜表面结垢。

表7-1　制药工艺用水的水质要求和用途

水质类别	用　　途	水质要求
饮用水	①口服液瓶子初洗 ②制备纯化水的水源 ③中药材、饮片清洗、浸润、提取用水	卫生部生活饮用水标准GB 5749—2006
去离子水	①口服剂配料、洗瓶 ②注射剂、无菌冲洗剂瓶子的初洗 ③非无菌原料药精制 ④制备注射用水的水源	参照《中国药典》蒸馏水质量标准 电阻率>0.5(电导率≤2)
蒸馏水	①溶剂 ②口服剂、外用药配料 ③非无菌原料药精制 ④制备注射用水的水源	符合《中国药典》标准
注射用水	①注射剂、无菌冲洗剂配料 ②注射剂、无菌冲洗剂洗瓶(经0.45μm滤膜过滤后使用) ③无菌原料药精制	符合《中国药典》标准

纯化水制备有以下4种流程。

(1) 原水-预处理-阳离子交换-阴离子交换-阴离子交换-混床-纯化水；

(2) 原水-预处理-电渗析-阳离子交换-阴离子交换-混床-纯化水；

(3) 原水-预处理-弱酸床-反渗透-阳离子交换-阴离子交换-阴离子交换-混床-纯化水；

(4) 原水-预处理-弱酸床-反渗透-脱气-混床-纯化水。

其中流程(1)为全离子交换法，用于符合饮用水标准的原水，常用于原水含盐量<500mg/L。

流程(2)常用于原水含盐量>500mg/L，为减少离子交换树脂频繁再生，增加电渗析，能去除75%～85%的离子，减轻离子交换负担，使树脂制水周期延长，减少再生时酸、碱用量和减少排污污染。

流程(3)是以反渗透替代流程(2)的电渗析。反渗透能除去85%～90%的盐类，脱盐率高于电渗析；此外，反渗透还具有除菌、去热原、降低COD的作用；但反渗透设备投资和运行费用较高。

流程(4)是以反渗透直接作为混床的前处理，此时为了减轻混床再生时碱液用量，在混床前设置脱气塔，以脱去水中的二氧化碳。

三、原水的处理

由于生产工艺对水质的不同要求和各地原水(饮用水)质量各异，在制备纯化水时，要求对原水进行处理。首先采用凝聚、澄清的方法降低浊度，然后用粗滤器、精滤器除去微粒，再通过吸附除去有机物、胶体、微生物、游离氯、臭味和色素等，以有利于离子交换、电渗析、反渗透等过程的顺利进行。

1. 凝聚剂的加入

凝聚剂多为高电荷的阳离子或高分子聚合物。经电性中和，使表面带有负电荷的物质凝聚，可去除原水中的悬浮物和胶体物质。

(1) ST 高效絮凝剂　ST 高效絮凝剂是一种新型的高分子聚阳离子季铵盐电解质，系无色或浅黄色黏稠液体，含量约 30%，具有沉降速率快、凝聚力强、投加量少、水温影响小、水质好等特点，是一种理想的新型净水剂，但价格较贵。

(2) 聚合氯化铝　聚合氯化铝 (PAC) 是一种传统的高分子无机铝盐混凝剂，系白色固体粉末 (含量约 35%) 或无色至淡黄色透明液 (含量约 10%)。其净水效果为硫酸铝的3～5 倍、三氯化铁的 2～5 倍，絮凝体形成快、絮块大、沉降速率快，还有除臭、灭菌、脱色等作用，但用量较大。使用聚合氯化铝时，pH 以在 6～8 之间为宜，最佳温度 20～30℃。

2. 投加方式

凝聚剂的加入主要是利用计量泵投加，再经管道式混合器混合的方法。该装置能精确地加入各种药剂 (如絮凝剂、盐酸等)，使药剂迅速与水混合，从而为设备的正常运行提供保障。ST 絮凝剂的效果与加入方法有很大关系，由于 ST 絮凝剂是一种高分子絮凝剂，高速搅拌下将会被切断分子链从而降低絮凝性能，因此不宜用高速离心泵进行搅拌。为使 ST 絮凝剂与悬浮物能充分混匀，应尽可能稀释并多次加入。对 PAC 来讲，也可将加药设在泵前，利用泵的叶轮达到混合。

凝聚剂的选用，应根据原水水质的不同来确定，其最佳投加量可通过实测予以调整。

四、机械过滤设备

机械过滤是采用机械过滤器进行过滤，去除杂质的操作。机械过滤设备主要有多介质过滤器、活性炭吸附器、软化器、保安过滤器等。

1. 多介质过滤器

(1) 多介质过滤器的结构　多介质过滤器是由带支撑板的筒体、布水器和滤料、内装多介质 (无烟煤或锰砂、粗石英砂垫层、细石英砂)、进水阀和排水阀等组成。

(2) 多介质过滤器的工作原理　多介质过滤器是按深度过滤，水中较大的颗粒在顶层被去除，较小的颗粒在过滤器介质的较深处被去除，从而使水质达到粗滤后的标准。

(3) 多介质过滤器的操作　装料后按反洗方式清洗滤料，直至出水澄清，清洗时应密切注意排水中不得有大量正常颗粒的滤料出现，否则应立即关进水阀，以防滤料冲出。

滤料清洗干净后，需进入正洗状态。正洗时进水控制和正洗时间应符合工艺要求，当出水水质达到要求后，打开出水阀，关闭下排水阀，进入正常运行。

过滤器工作一段时间后，由于大量悬浮物的残留使过滤器进出水压差逐渐增大，当此压差达到设备规定值 (如 0.05MPa) 时，必须对过滤器进行反冲洗。打开上排阀，再关闭出水阀、进水阀，然后打开反洗阀进水，反洗时间为 10～20min。

(4) 压力过滤器　图 7-1 所示是目前普遍用于原水预处理的压力过滤器。过滤器的本体是由钢板制成的圆柱形密闭容器，属受压容器，为防止压力集中，容器两端采用椭圆形封头。容器的上部装有进水装置及排空气管，下部装有配水系统，在容器外配有必要的管道和阀门。工作时，通常用泵将原水输入过滤器，过滤后，借助剩余压力将过滤水送到其后的制水设备。常用的过滤介质为石英砂 (粒径 0.5～1.2mm) 和无烟煤 (粒径 0.8～2.0mm) 等粒状介质（有的过滤器用滤膜、纤维织物等作过滤介质）。

2. 活性炭吸附器

(1) 活性炭吸附器的结构　活性炭吸附器是由带支撑筒体、内装石英砂垫层和活性炭、进水阀、排水阀等组成。图 7-2 为常用的固定床吸附塔。

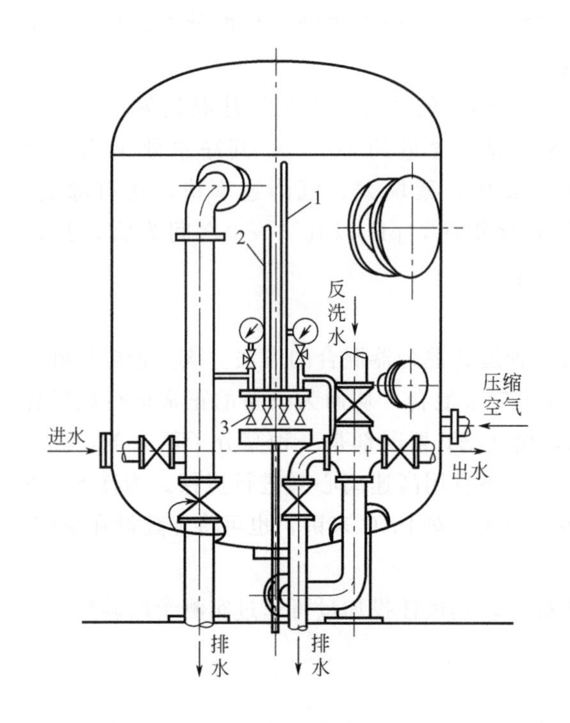

图 7-1　压力过滤器

1—空气管；2—监督管；3—采样阀

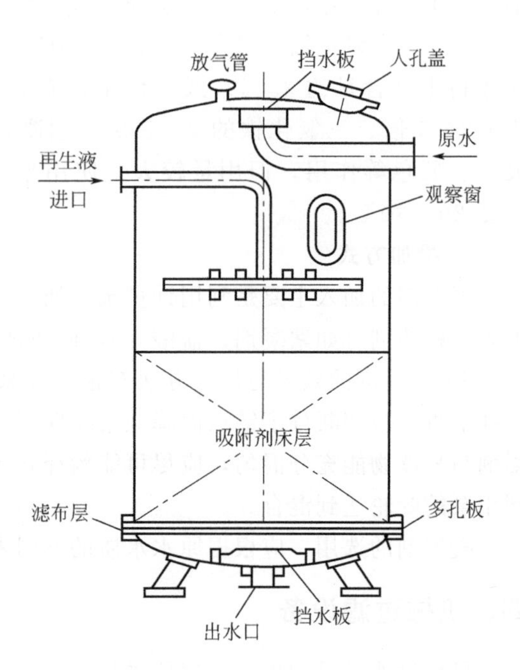

图 7-2　固定床吸附塔

(2) 活性炭吸附器的工作原理　活性炭吸附器下层用石英砂垫层，其余均为 ϕ2mm×5mm 的颗粒活性炭。因为装填有巨大表面积和很强吸附力的活性炭，对水中的游离氯有极强的吸附作用，对有机物及色素也有较高的去除率，吸附饱和后的活性炭可用加热、蒸馏、化学或生物等再生法再生。一般与多介质过滤器组合使用。

(3) 活性炭吸附器的操作　进水阀启动、检查进水泵运行是否正常，进水箱水位情况（应在中液位以上）等。

按照岗位安全操作标准的要求，打开相应阀门，启动进水泵，至出水清澈后，可向管道设备送水。

当活性炭吸附器运行一定时间后，其出水压差增加到设备规定值时，产水能力下降，需按反洗操作标准进行反洗。

每次反洗结束后，需要进行正洗（即按照开机运行的操作顺序进行），至工艺要求的时间。

(4) 活性炭吸附器使用注意事项　① 颗粒活性炭进过滤器前需进行预处理；②根据进水水质情况应定期更换活性炭滤料，一般 3～6 个月更换 1 次；③运行过程中，若出水流量小，说明进水流量小或滤料层堵塞，需及时调整进水流量或对滤料进行反洗，甚至更换滤料；④若反洗时滤料泄漏，说明反洗流量过大，应及时调整反洗流量。

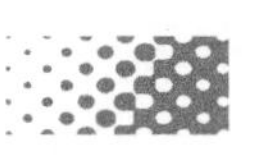

3. 软化器

软化器由软化罐内填充钠型阳离子交换树脂而成。软化过程中，水中的钙、镁离子被树脂中的钠离子置换出来，以防在后续水管和设备中结垢。

软化器使用一段时间后，需进行再生操作，再生液为4%～5%氯化钠溶液。再生结束后，需用纯化水冲洗树脂中残存的再生液，冲洗40min后，再用原水冲洗至符合用水要求，然后可以继续产水。对原水硬度较高的预处理，需加软化工序。

4. 保安过滤器

保安过滤器又称精密过滤器，是原水进入反渗透膜的最后一道过滤装置，可以截流粒径大于5μm的一切物质，包括由前处理系统流失的滤料，如活性炭粉末等。以满足反渗透的进水要求，从而有效保护反渗透膜不受或少受污染。过滤器的外壳可以用不锈钢、钢衬胶、有机玻璃、玻璃钢等材质做成。

五、纯化水设备

1. 离子交换器

(1) 离子交换器的结构　离子交换器的基本结构是离子交换柱。用于制取纯化水的离子交换柱的操作方式为复床（阳、阴树脂串联操作）、混合床（阳、阴树脂混合在同一柱内操作）的间歇分批操作。离子交换柱常用有机玻璃或内衬橡胶的钢制圆筒制成。一般产水量在$5m^3/h$以下时，常用有机玻璃制造，其柱高与柱径之比为5～10；产水量较大时，材质多为钢衬胶或复合玻璃钢的有机玻璃，其柱高与柱径之比为2～5。如图7-3所示，在每只离子交换柱的上、下端分别有一块布水板，此外，从柱的顶部至底部分别设有进水口、上排污口、树脂装入口、树脂排出口、下出水口、下排污口等。

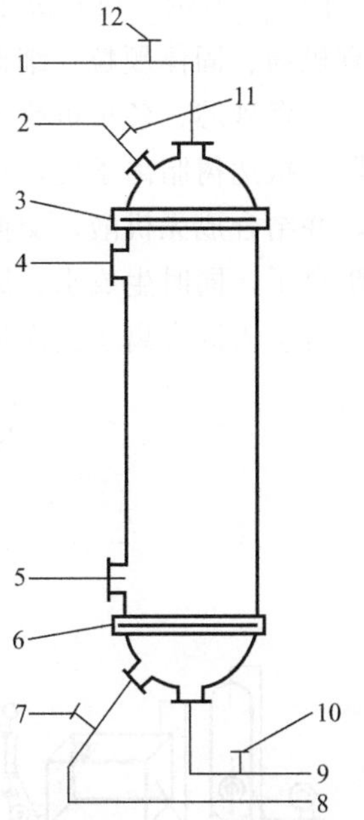

图7-3　离子交换器结构

1—进水口；2—上排污口；3—上布水板；4—树脂装入口；5—树脂排出口；6—下布水板；7—淋洗排水阀；8—下排污口；9—下出水口；10—出水阀；11—排气阀；12—进水阀

在运行操作中，其作用分别如下。①进水口（上出水口）：在正常工作和淋洗树脂时，用于进水。②上排污口：在空柱状态，进水、松动和混合树脂时，用于排气；逆流再生和返洗时，用于排污。③上布水板：在返洗时，防止树脂溢出，保证布水均匀。④树脂装入口：用于进料，补充和更换新树脂。⑤树脂排出口：用于排放树脂（树脂的输入和卸出均可采用水输送）。⑥下布水板：在正常工作时，防止树脂漏出，保证出水均匀。⑦下排污口：松动和混合树脂时，作压缩空气的入口；淋洗时，用于排污。⑧下出水口；经过交换完毕的水由此口出，进入下道程序；逆流再生时，作再生液的进口。

阳柱及阴柱内离子交换树脂的填充量一般占柱高的2/3。混合柱中阴离子交换树脂与阳离子交换树脂通常按照2∶1的比例混合，填充量一般占柱高的3/5。

(2) 离子交换器的工作原理　离子交换是溶液与带有可交换离子的不溶性固体物接触时，溶液中离子与固体物中的离子发生交换的过程。水经过离子交换树脂时，依靠阳、阴离子交换树脂中含有的氢离子和氢氧根离子，与原料水中电解质解离出的阳离子（Ca^{2+}、

Mg^{2+}等）、阴离子（Cl^-和SO_4^{2-}等）进行交换，原料水的离子被吸附在树脂上，而从树枝交换下来的氢离子和氢氧根离子结合，生成水，最后得到去离子的纯化水。

以氯化钠（NaCl）代表水中的无机盐类，水质除盐的基本反应可以用下列化学反应方程式表达。

水中的阳离子与阳离子树脂上的氢离子交换：

$$RH + NaCl \longrightarrow RNa + HCl$$

水中的阴离子与阴离子树脂上的氢氧根离子交换：

$$ROH + HCl \longrightarrow RCl + H_2O$$

由此看来，水中的NaCl已分别被阳离子树脂上的氢离子、阴离子树脂上的氢氧根离子所替代，而反应物只有H_2O，故达到了去除水中盐的目的。

（3）离子交换器的操作　新树脂投入使用前，应进行预处理及转型。当离子转换器运行一周期后，树脂达到交换平衡，失去交换能力，则需活化再生。所用酸、碱液平时储存在单独的储罐内，用时由专用输液泵输送，由出水口向交换柱输入，由上排污口排出。

图7-4所示为成套离子交换法制纯水设备的装置示意图。原水先通过过滤器，以去除水中有机物、固体颗粒、细菌及其他杂质，根据水源情况选择不同的过滤滤芯，如丙纶线绕管、陶瓷砂芯、各种折叠式滤芯等，原水先从阳离子交换柱顶部进入柱体后，经过一个上布水器，抵达树脂离子层，经与树脂粒子充分接触，将水中的阳离子和树脂上的氢离子进行交换，并结合成无机酸，交换后的水呈酸性。当水进入阴离子交换柱时，利用树脂去交换水中的阴离子，同时生成水。原水在经过阳离子交换柱和阴离子交换柱后，得到了初步净化。然后，再引入混合离子交换柱后，方可作为产品纯水引出使用。

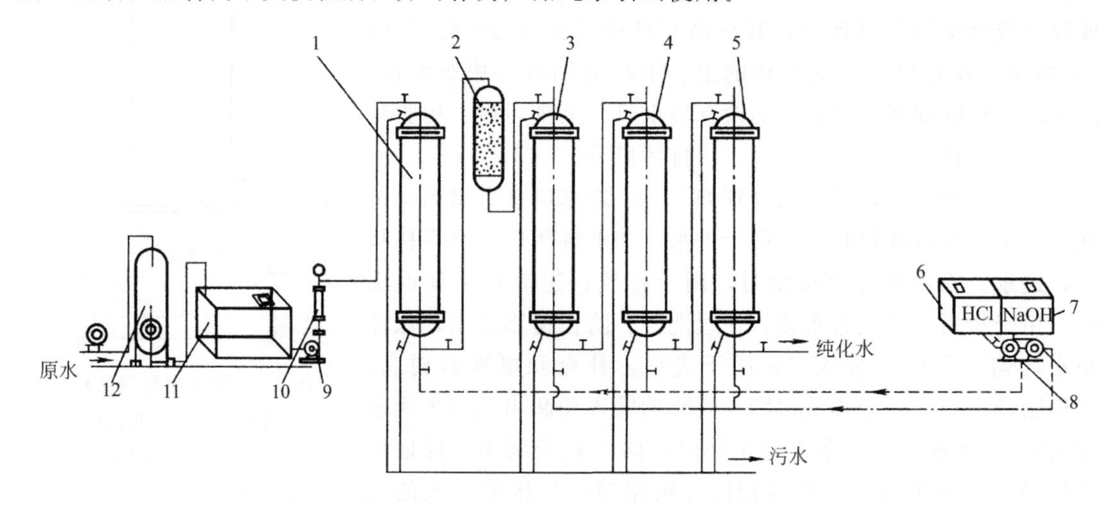

图7-4　成套离子交换法制纯水设备的装置

1—阳离子交换柱；2—除二氧化碳器；3—阴离子交换柱；4—混合离子交换柱；5—再生柱；6—酸液罐；7—碱液罐；8—输液泵；9—泵；10—转子流量计；11—储水箱；12—过滤器

（4）维护与保养

① 离子交换柱如长期闲置不用，须将树脂彻底再生，并定期换水、搅动，以免树脂发霉。

② 离子交换柱要防冻、防晒，树脂在使用过程中，应避免干燥、热、污染物引入，并定期补充树脂。

③ 要检验好酸浓度、树脂量、温度、通液时间、流速等情况，如有异常及时处理。

④ 为防止树脂中毒，交换器运行满足以下指标：[Fe^{2+}]<0.3mg/L，游离氯<0.1mg/L，悬浮物含量<5mg/L。

⑤ 树脂使用一定时间后达到饱和，失去交换能力，需对树脂进行再生，以重复使用。再生操作包括返洗、再生、淋洗三个步骤。

⑥ 新树脂再投入使用前，因为含有少量低聚物和未参加聚合反应的单体等有机杂质和其他诸如铁、铝、铜等无机杂质，直接使用会污染水质，所以新树脂在使用前要进行预处理和转型。

(5) 常见故障及处理方法　离子交换器的常见故障及处理方法见表7-2。

表7-2　离子交换器的常见故障及处理方法

常见故障	产生原因	处理方法
离子交换器的交换能力低，出水水质达不到设计要求	①再生剂用量小，再生不够充分；②进水运行流速过大；③树脂层高度太低或树脂逐渐减少；④树脂使用时间太长或受污染，导致树脂工作交换容量降低；⑤配水装置、排水装置、再生液分配装置堵塞或损坏，引起偏流	①适当增加再生剂用量或浓度；②适当降低运行流速；③向交换器内补充树脂达到要求高度；④更换或清洗再生树脂；⑤将水放至树脂层以下，观察树脂层表面，如不平整，则说明配水或排水装置损坏，应进行检修；再生后，从上层树脂分几点取样，测定交换容量，如不相等，则说明再生装置损坏，需进行检修
再生无效	①再生操作有问题，如顶压不足造成树脂乱层；②再生液流速过大，造成树脂乱层	①加大树脂上方压缩空气压力，重新再生；②调整再生液流速，重新再生
交换器出水水质恶化或运行周期明显缩短	①再生操作时，未用纯化水配制再生液或清洗；②中排装置坏损，再生时带出树脂	①用纯化水配制再生液；清洗用纯化水；②检修中排装置

2. 电渗析器

电渗析器是在外加直流电场作用下，利用离子交换膜对溶液中离子的选择透过性，使溶液中阴、阳离子发生迁移，分别通过阴、阳离子交换膜而达到除盐或浓缩目的。电渗析是一种膜分离技术。

(1) 电渗析器的组成　电渗析器由阴阳离子交换膜、隔板、极板、压紧装置等部件组成。离子交换膜可分为均相膜、半相膜、导相膜3种。纯水用膜都用导相膜，它是将离子交换树脂粉末与尼龙网在一起热压，将其固定在聚乙烯膜上，膜厚一般0.5mm，其中阳膜是聚乙烯苯乙烯磺酸型的，阴膜是聚乙烯苯乙烯季铵型的。与离子交换树脂相同，阳膜只允许通过阳离子，阴膜只能通过阴离子。由于电渗析器是由多层隔室组成，故淡化室中阴阳离子分别迁移到相邻的浓室中去，从而使含盐水在淡化室中除盐淡化。

(2) 电渗析器工作原理　电渗析器原理见图7-5。两端为电极、极室、浓室、淡室，均由2mm厚聚氯乙烯隔板制成，隔板间有阳膜或阴膜，按照阴极-极室-阳膜-淡室-阴膜-浓室-阳膜-淡室-…-极室-阳极的顺序叠合。其中淡室中的阴离子透过阴膜，而阳离子透过阳膜，原水得到淡化。浓室中离子在电场作用下被滞留于浓室中。即图7-5中，2、4室为浓水室，1、3、5室为淡水室。当原料水进入电渗析器后，在直流电场作用下，2、4室中的阳离子向负电极方向移时受到阴膜阻挡，阴离子向正极方向迁移时受到阳膜阻挡，浓水室中离子浓度越来越大，成为浓水，故2、4室称为浓水室，浓水则沿浓水通道流出后并联流过浓水室，汇总后从导水极水板流出。而1、3、5室中的阳离子向负电极方向迁移，经过阳膜进入浓水室，阴离子向正电极方向迁移，经过阴膜进入浓水室，使水得到淡化，故1、3、5室称为淡水室，自淡水室流出的淡水汇总后流出可得到去离子的产品水。

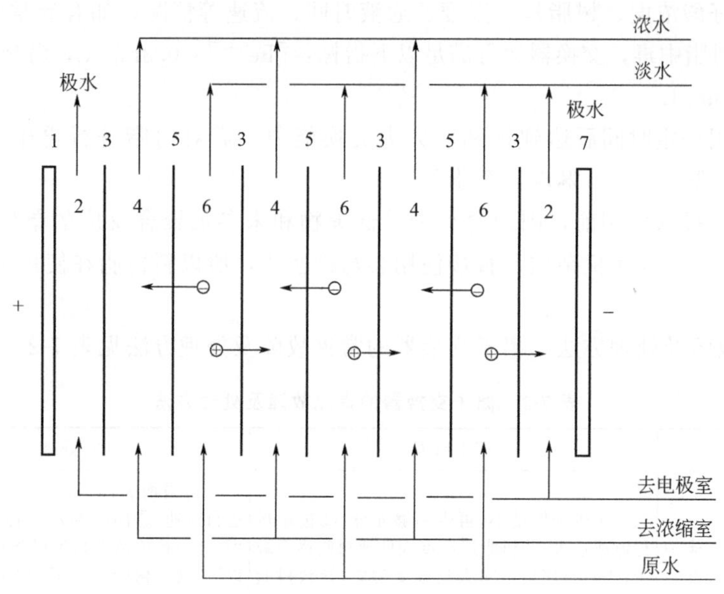

图 7-5　电渗析器原理

1—阳极；2—极室；3—阳膜；4—浓室；5—阴膜；6—淡室；7—阴极

(3) 电渗析器的使用

① 启动前准备

a. 检查原水槽、中间水槽及电渗析器是否有杂物；检查电渗析管路、电路系统是否正常，电器各开关、仪表指示是否在规定位置。

b. 电渗析器进水水质应符合设备要求，进水压力不得大于 0.3MPa，淡水压要稍高于浓水压 0.01MPa。

② 正常运行

a. 开机运行时，应先通水后通电。

b. 定时倒换电极，一般 4～8h 一次（由于阳极的极室中有初生态氯产生，对阴膜有毒害作用，故贴近电极的第一张膜宜用阳膜，因为阳膜价格较低且耐用；又因在阴极的极室及阴膜的浓室侧易有沉淀，故电渗析每运行 4～8h，需倒换电极，此时原浓室变为淡室，故倒换电极后，需逐渐升到工作电压，以防离子迅速转移使膜生垢）。

c. 在水质下降、电流下降、压差增大时，说明膜受污染、沉淀结垢、膜电阻增加，应切断整流器电源，进行化学清洗，一般使用 2% 盐酸溶液，必要时可采用氢氧化钠进行碱洗。

③ 停车

a. 停机时，应先断电后停水。

b. 暂停工作后，应每周通水两次，以防膜干燥破裂；并要保持一定的室内温度，防止设备结冰冻坏。

(4) 安全操作注意事项

① 检查用电设备接地、绝缘良好，线路、电极方向连接正确，防止漏电伤身。设备带有直流电，工作时注意安全，切勿轻易触摸。

② 开机运行时，应先通水后通电；停机时，应先断电后停水。禁止在无水情况下通电，

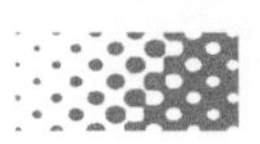

否则会烧坏设备。

③ 对电渗析进行化学清洗时，要用到盐酸和液碱，操作时要穿戴好工作服、鞋、帽、防护镜和手套，防止化学烧伤。操作过程中要杜绝“跑、冒、滴、漏”，如不慎沾污皮肤，要先用干布擦，后用大量清水冲洗；如不慎溅入眼中，立即用大量清水冲洗，并送医院处理。

（5）维护与保养

① 必须严格按照操作规程进行操作，否则可能使未经过处理的水或浓水进入用户或下道工序，从而导致严重后果。

② 每次开机前必须检查整流器的电压调解状态，确保电压调节为零，否则开机会造成大电流冲击而烧坏整流控制柜。

③ 电渗析器进水水质应符合设备要求，进水压力不得大于0.3MPa，淡水压要稍高于浓水压0.01MPa。

④ 设备工作状态下必须定时倒换电极，绝对不允许连续工作而不倒换极性。否则会导致膜寿命降低，并极易造成膜堆堵塞、产水量和脱盐率严重下降，甚至膜对报废，一般4～8h倒换1次电极。

⑤ 要定期对电渗析进行酸洗再生，否则因内部严重结垢会导致脱盐率下降或流量减小直到严重堵塞。

⑥ 停工期间，应每周通水2次，以防干燥破裂；并要保持一定的室内温度，防止设备结冰冻坏。

（6）常见故障及处理方法　电渗析器的常见故障及处理方法见表7-3。

表7-3　电渗析器的常见故障及处理方法

常见故障	产生原因	处理方法
电渗析器的水压高、出水量少或不出水	①开车前管路未冲洗干净，致使杂质堵塞水流通道；②组装错误，隔板和膜的进出水孔装错、未对准，或是部分隔板框网收缩变形、配合不当；③电渗析器结垢	①拆开电渗析器、清除堵塞杂物，然后重新组装；②重新组装，更换变形的隔板；隔板精细加工，确保与框网厚度的配合良好；③2%HCl清洗
电渗析器水流量不稳及压力表抖动等	①电渗析器内的空气未排净，或水泵管路系统漏气；②流量计及压力表离泵出口太近，受水泵冲击而抖动，或系统阻力太大	①排净装置内部空气，检修管路；②改装流量计和压力表的位置，减少系统阻力
电渗析器的电流偏高或不稳，脱盐效果差	①浓、淡水隔板装错或膜破裂；②电路系统故障	①拆开重装或换膜；②检查电路
电渗析器本体漏或变形	①组装时螺杆未拧紧；②隔板边框夹有杂物或隔板破裂，或是隔板和膜厚薄不均、结合不紧密；③开停车时速率过快、电渗析器突然受压，使隔板、膜堆变形	①检查、拧紧螺杆；②清除边框杂物或调换破裂隔板，漏水处隔板重新加工使结合紧密或加上垫片后重新拧紧；③根据压力表及流量计读数小心调节，缓慢开、停车，且打开放空阀门，避免电渗析器内产生压力或真空

3. 反渗透装置

反渗透属于膜分离技术，是用一定的大于渗透压的压力，使盐水经过反渗透器，其中纯水透过反渗透膜，同时盐水得到浓缩，因为它和自然渗透相反，故称反渗透（RO）。反渗透对于物质的分离，属于离子分离，故膜径较小，一般为0.1～1.0nm。对水中的细菌、热原、病毒及有机物去除率达100%，但其脱盐率仅为90%，故对原料水的含盐率有很高的要求。目前反渗透制备纯化水是一项比较先进的技术。

（1）反渗透的结构　反渗透器是由高压泵、反渗透膜壳（为不锈钢壳或玻璃钢壳）、反渗透膜、电导率仪等组成。反渗透器的核心是反渗透膜。

（2）反渗透器的工作原理　反渗透过程中使用的反渗透膜，是用高分子材料经过特殊工艺加工制成的半透膜，具有选择透过性，只允许水分子透过而不允许溶质通过。若用高压泵打压，使处于半透膜一侧的原料水的压力超过渗透压时，原料水中的水分子则向半透膜附近迁移，并透过半透膜进入另一侧，从而获得纯化水；而原料水中的溶质、非溶解的有机物、胶体、细菌、病毒等杂质均无法通过半透膜，只能被截留，留在原料水一侧，使膜附近的原料水逐渐变为浓度较大的水即浓水，浓水则由浓水道排出。所以说反渗透过程属于压力推动过程，反渗透的原理借助一定的推力（如压力差、温度差等）迫使原料水中的水分子通过反渗透膜，而杂质被截留、除去。见图 7-6。

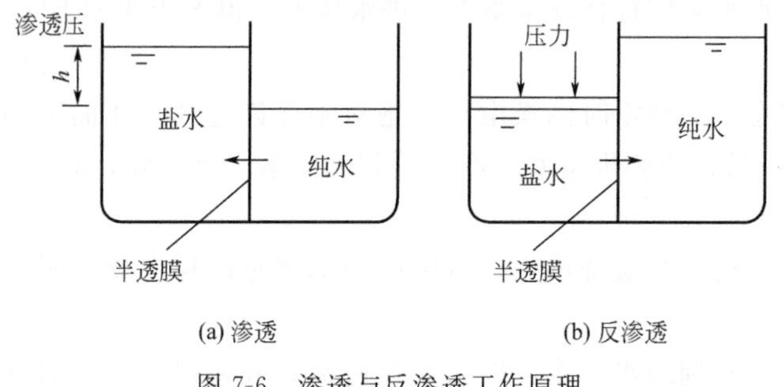

图 7-6　渗透与反渗透工作原理

（3）反渗透器的使用

① 启动前准备

a. 检查反渗透器管路连接是否正确、各水阀门的开启状态。

b. 检查原水箱的液位是否正常。

c. 检查絮凝剂溶液是否充足，并搅拌均匀；调整絮凝剂的投加量。

② 装置的运行

a. 将经过滤器处理的原料水低速输入反渗透装置。

b. 手动状态下，启动控制柜的电源，各过滤阀门均在运行状态。开启浓水、淡水、反渗透的阀，按下产水按钮，此时原水泵、加药泵自动启动。当反渗透进水压力大于设定值时，高压泵自动启动，同时开启浓水排放水点此阀门，短时排放后，浓水排放水电磁阀门自动关闭。调节浓水排放阀、淡水出水阀及反渗透进水回流阀，使淡水产水量、浓水排放量达到工艺要求。产水水质经电导率仪在线检测，合格的水进入反渗透箱（或纯化水箱）。

c. 自动状态下，当反渗透水箱到达中液位时，反渗透自动启动，自动执行手动操作程序。注意要经常检查产水水量及水质。

③ 停机

a. 手动状态下，再次按下产水按钮，浓水排放水电磁阀门自动开启，短时排放后，浓水排放水电磁阀门自动关闭。同时自动关闭高压泵、原水泵、加药泵，关闭电源。

b. 自动状态下，当反渗透水箱到达高液位时，反渗透装置自动停止。依次完成手动时的操作。

反渗透运行时，水和盐的渗透系数都随温度的升高而加大。温度过高，将会增加膜的压实作用或引起膜的水解，故宜在 20～30℃条件下运行。透水量随压力的升高而加大，故应

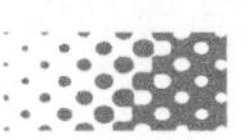

根据盐类的含量、膜的透水性能及水的回收率来确定操作压力，一般为1.5～3MPa。此外，膜表面的盐在膜表面沉淀。为此，需要提高进液流速，保持湍流状态。

4. 二级反渗透器制备纯化水

一般一级反渗透能除去一价离子90%～95%、二价离子98%～99%，但其除去氯离子的能力达不到《中国药典》要求，只有二级反渗透才能彻底地除去氯离子。故目前药品生产企业普遍采用二级反渗透器制备纯化水。如图7-7所示，为一常见的二级反渗透器制备纯化水工艺流程图。设备主要包括原料水储罐、原料水泵、计量泵、机械过滤器、活性炭过滤器、一级与二级高压泵、反渗透主机、清洗水泵、纯化水泵、臭氧发生器等部件。

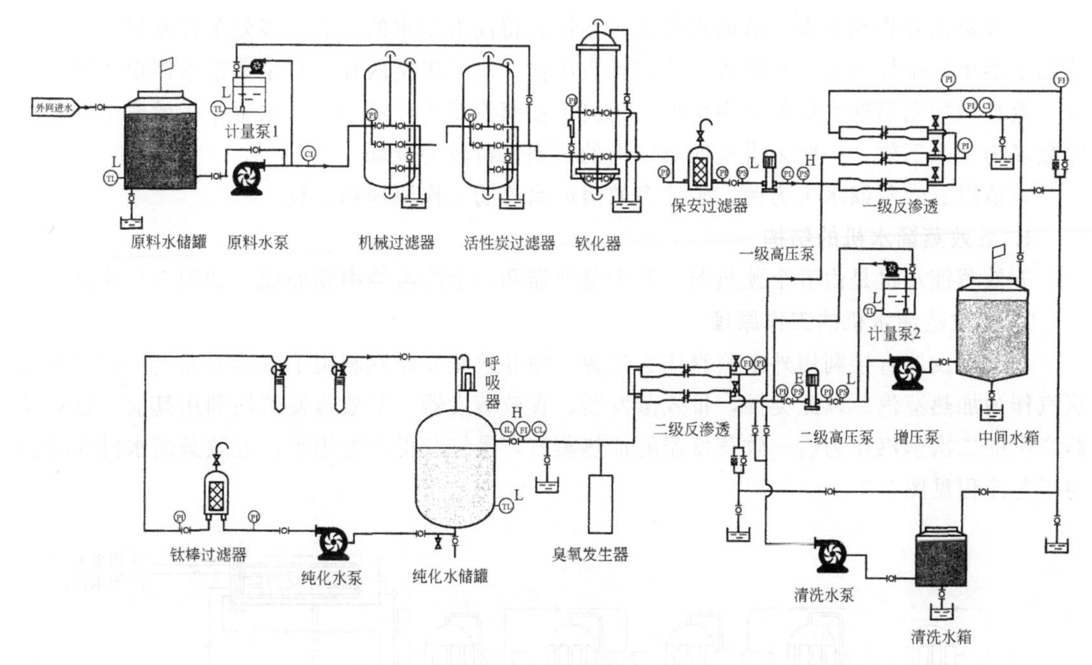

图7-7　二级反渗透器制备纯化水工艺流程

项目二　注射用水设备的操作与养护

一、操作前准备知识

（一）注射用水制备流程

注射用水可用蒸馏水机或反渗透法制备，其流程如下。

（1）纯化水-蒸馏水机-注射用水储存。

（2）自来水-预处理-弱酸床-反渗透-脱气-混床-紫外线杀菌-超滤-微孔滤膜-注射用水。

流程（1）是纯化水经蒸馏所得的注射用水，为各国药典所收载。

注射用水的储存可采用70℃以上保温循环存放。保温循环时，用泵将注射用水送经各用水点，剩余的经加热器加热，回至储罐。若有些品种不能用高温水，在用水点可设冷却器，使水降温。可灭菌大容量、小容量注射剂使用的注射用水在70℃以上保温下的储存时间不宜超过 12h。

流程（2）是用分渗透加离子交换法制成高纯水，再经紫外线杀菌和用超滤去除热原，微孔滤膜滤除微粒得折射用水。此过程的操作费用较低，但受膜技术水平的影响，我国尚未广泛用于针剂配液，可用于针剂洗瓶或动物注射剂。《美国药典》已收载反渗透制备注射用水方法。

注射用水的制备主要采用重蒸馏法，所用设备有多效蒸馏水机、气压式蒸馏水机等。蒸馏法可以去除水中不挥发性物质，如悬浮物、胶体、细菌、病毒、热原等。

（二）多效蒸馏水机

多效蒸馏是指利用多效蒸馏水机进行蒸馏获得注射用水的方法。多效蒸馏水机是由多个蒸馏水器单体串接而成，其串接方式有垂直串接、水平串接两种。每个蒸馏水器单体即为一效，效数增加则蒸馏水机的效率增加，提高工业蒸汽压力，可增加产水量。多效蒸馏水机的效数多为三至五效，一般来讲选四效以上的蒸馏水机较为合理。

本节以五效蒸馏水机为例，阐述多效蒸馏水机的工作原理和过程。

1. 五效蒸馏水机的结构

五效蒸馏水机是由五个预热器、五个蒸发器和一个冷凝器串联而成。如图 7-8 所示。

2. 五效蒸馏水机的工作原理

Ⅰ效蒸发器直接利用外来蒸汽作为热源，而Ⅱ效蒸发器则利用Ⅰ效蒸发器产生的二次纯蒸汽作为加热蒸汽。以此类推，Ⅲ效蒸发器、Ⅳ效蒸发器、Ⅴ效蒸发器均利用其前一效蒸发器产生的二次蒸汽作为后一效蒸发器的加热蒸汽，最终获得注射用水。五效蒸馏水机的结构与工艺流程见图 7-8。

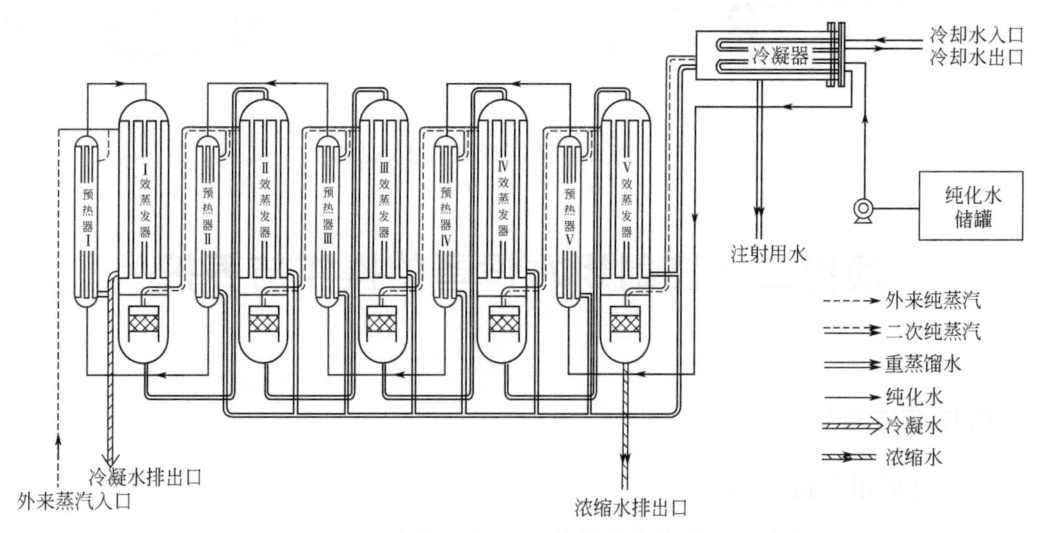

图 7-8　五效蒸馏水机的结构与工艺流程

进料水（即纯化水）由泵输送，进入冷凝器作为冷却剂且本身被预热，然后依次进入预热器Ⅴ、Ⅳ、Ⅲ、Ⅱ及Ⅰ中，从预热器Ⅰ再进入到Ⅰ效蒸发器内。外来加热蒸汽先进入Ⅰ效蒸发器的列管间，将进入到Ⅰ效蒸发器内的被预热的进料水加热蒸馏，使进料水的一部分蒸发变成二次纯蒸汽，然后进入到Ⅱ效蒸发器的列管间作为热源；其余部分虽已被加热，但未汽化，则进入Ⅱ效蒸发器的列管内，继续被二次纯蒸汽加热蒸发。以此类推，在Ⅱ效、Ⅲ

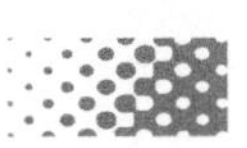

效、Ⅳ效、Ⅴ效蒸发器产生的二次纯蒸汽依次被冷凝，各效蒸发器与预热器产生的冷凝水合并，一起进入冷凝器，作为新的进料水的加热热源，同时在冷却器继续冷凝、冷却，最终以注射用水排出。由Ⅴ效蒸发器底部排放的浓缩水含热原、粒子多，作为废水弃去。进入Ⅰ效蒸发器的列管间的外来加热蒸汽，放出潜热后被冷凝，冷凝水由Ⅰ效蒸发器的底部排出。

原料水流程：纯化水储罐→加压泵→冷凝器→预热器Ⅴ→预热器Ⅳ→预热器Ⅲ→预热器Ⅱ→预热器Ⅰ→Ⅰ效蒸发器列管内→Ⅱ效蒸发器列管内→Ⅲ效蒸发器列管内→Ⅳ效蒸发器列管内→Ⅴ效蒸发器列管内→浓水排出口。

二次蒸汽流程：Ⅱ效蒸发器列管间→Ⅲ效蒸发器列管间→Ⅳ效蒸发器列管间→Ⅴ效蒸发器列管间→冷凝器→注射用水储罐。

加热蒸汽流程：Ⅰ效蒸发器列管间→Ⅰ效蒸发器的底部→冷凝水排出口。

冷却水流程：冷却水入口→冷凝器→冷却水出口。

二、标准操作规程

1. 启动前的准备

(1) 检查设备、管路、循环系统、各处的压力表等，冷凝水是否排尽。

(2) 蒸汽是否符合要求。

(3) 在进料水泵前必须设置纯化水储罐，确保供水不中断。

2. 正常运行

(1) 开机后，待蒸汽压力、进水量、蒸馏水温度稳定后方可接水，测定标准产水量。

(2) 蒸馏水收集时，应将初馏液弃去，待检查合格后方可收集。

(3) 按我国 GMP 规定储存注射用水。

3. 停车

生产结束关机时，先缓慢关闭进料水阀，然后关闭进汽阀门，再关闭电源锁，并做好清场工作。

三、安全操作注意事项

(1) 蒸馏水机进水水质应符合设备要求，正常运行时进水压力不得大于 0.4MPa。

(2) 进料水量不能太大，否则会造成一效水位升高，当一效水位超过视镜 2/3 时，立即关小进水量。

(3) 在无水状态下不得启动水泵。

(4) 蒸馏水机的水如存放超过 12h，应立即排放并用新鲜蒸馏水冲洗。

四、维护与保养

(1) 保持设备清洁卫生，定期清洗、灭菌。

(2) 检查连接件及紧固螺栓是否有松动，发现松动及时紧固；检查管路阀门有无“跑、冒、滴、漏”，发现异常及时维修处理。

(3) 计量仪表、仪器、安全阀等安全装置定期校验。

(4) 电机、轴承等需润滑设备、部件应及时润滑。

五、常见故障及处理方法

蒸馏水机的常见故障及处理方法见表 7-4。

表 7-4　蒸馏水机的常见故障及处理方法

常见故障	产生原因	处理方法
制水能力达不到设计要求	①加热蒸汽中含有过多冷凝水和空气；②疏水器堵塞；③原料水进水流量与加热蒸汽压力不匹配；④蒸馏水机积垢	①蒸汽管路加强保温，提高所供蒸汽质量；②检修疏通疏水器，使排泄畅通；③按设备说明说要求重新调整原料水进水量和蒸汽压力；④清洗蒸馏水机
电导率不合格	①原料水质量差；②冷却水压力流量变化	①查找、解决原料水系统问题，提高原料水质量；②调节冷却水调节阀，稳定进水压力和温度

六、相关知识链接——不锈钢

在腐蚀介质中具有耐腐蚀能力的钢，称不锈钢。

由于制药行业的特殊性，不锈钢得到了广泛的应用。不锈钢性能的基本要求：高的耐蚀性；较高的强度，一定的塑性和韧性以满足设备制造及制作零件的要求；良好的焊接性。

不锈钢的化学成分一般具有较低的含碳量，一般在 0.15%以下，有的要求≤0.03%。因为碳会与铬形成铬的碳化物，显著降低钢的耐蚀性。只有在需要高的强度时，才提高钢中的含碳量。常加入的合金元素是 Cr、Ni、Ti 和 Nb 等。

铬是不锈钢中最基本的合金元素，主要作用是提高钢的耐蚀性。在氧化性介质中，铬能使钢表面形成一层牢固而致密的铬氧化物，使钢受到保护。铬溶于钢中能显著提高钢的电极电位，但电极电位的提高，不是渐变，而是突变。当铬量增加到 12%以上时，电极电位突然增加很多。所以不锈钢中一般含铬量均在 13%以上。

镍是扩大了相区的元素，一定的镍和铬配合，可形成单相奥氏体组织并赋予钢良好的耐蚀性、良好的韧性和强度。为了节省镍，可使用锰部分代替镍，也可用氮代替镍。

钛和铌在不锈钢中用于固定钢中的碳，使钢中的碳稳定在 TiC 或 NbC 中，以减少或避免生成铬的碳化物，减轻或防止晶间腐蚀。钛和铌还能改善不锈钢的焊接性。

最常用的铬不锈钢是 Cr13 型不锈钢，牌号有 1Cr13、2Cr13、3Cr13 和 4Cr13。含碳量较低的 1Cr13 和 2Cr13，其耐腐蚀性、塑性、韧性均好于 3Cr13 和 4Cr13，适用于制作腐蚀条件下受冲击载荷的零件，如汽轮机叶片、水压机阀等；含碳量较高的 3Cr13 和 4Cr13，经热处理后，硬度较高，适用于制作不锈钢弹簧、医疗器械和制药机械。

常用的铬镍不锈钢牌号有 1Cr18Ni9Ti（相当于 AISI321）、0Cr17Ni12Mo（相当于 AISI316）、00Cr17Ni14Mo2（相当于 AISI316L）等。这类不锈钢的含碳量较低，具有良好的耐腐蚀性、塑性和可焊性，适用于制作在腐蚀性介质中工作的零件。

七、拓展知识链接——气压式蒸馏水器

（一）气压式蒸馏水器的结构

气压式蒸馏水器又称热压式蒸馏水器，如图 7-9 所示，主要由蒸发冷凝器及压气机所构成，另外还有附属设备换热器、泵等。

（二）气压式蒸馏水器的工作原理

将原水加热，使沸腾汽化，产生二次蒸汽，把二次蒸汽压缩，其压力、温度同时升高；再使压缩的蒸汽冷凝，其冷凝液就是所制备的蒸馏水，蒸汽冷凝所释放出的潜热作为加热原水的热源使用。

（三）气压式蒸馏水器的工作过程

将符合饮用标准的原水，以一定的压力经进水口流入，通过换热器预热后，用泵送入蒸发冷凝器的管内。管内水位由液位控制器进行调节。在蒸发冷凝器的下部，设有蒸汽加热蛇管和电加热器，作为辅助加热使用。将蒸发冷凝器管内的原水加热至沸腾汽化，产生的二次蒸汽进入蒸发室（室温 105℃），经除沫器除去其中夹带的雾沫、液滴和杂质，而后进入压气机。蒸汽被压气机压缩，温度升高到 120℃。把该高温压缩蒸汽送入蒸发冷凝器的管间，放出潜热后，蒸发冷凝管内的水受热沸腾，产生二次蒸汽，再进入蒸发室，除去其中夹带的雾沫和杂质，进入压气机压缩……重复前面过程。管间的高温压缩蒸汽冷凝所生成的冷凝水（即蒸馏水）经不凝性气体排除器，除去其中的不凝性气体。纯净的蒸馏水经泵送入热交换器，回收其中的余热，把原水预热，最后，成品水由蒸馏水出口排出。

图 7-9　气压式蒸馏水器结构

1—泵；2—换热器；3—液位控制器；4—除雾器；5—蒸发室；6—压气机；7—冷凝器；8—电加热器

（四）气压式蒸馏水器的特点

① 在制备蒸馏水的整个生产过程中不需用冷却水。

② 热交换器具有回收蒸馏水中余热的作用，同时对原水进行预热。

③ 从二次蒸汽经过净化、压缩、冷凝等过程，在高温下停留约 45min 时间以保证蒸馏水无菌、无热原。

④ 自动化程度高。自动型的气压式蒸馏水机，当机器运行正常后，即可实现自动控制。

⑤ 产水量大，工业用气压式蒸馏水机的产水量为 0.5m^3/h 以上，最高可达 10m^3/h。

⑥ 气压式蒸馏水机有传动和易磨损部件，维修量大，而且调节系统复杂，启动慢，有噪声，占地大。

目标检测

1. 生产纯化水的设备主要有哪几种？
2. 离子交换法制备纯化水的原理是什么？
3. 二级反渗透法制备纯化水的流程是什么？
4. 生产注射用水的设备主要有哪几种？
5. 多效蒸馏水器由哪些主要部件组成？

PPT 课件

模块八
灭 菌 设 备

学习目标

学习目的： 灭菌设备是制药企业的基本单元操作设备，通过学习灭菌设备的有关知识，对灭菌设备操作技能进行训练，为将来从事灭菌设备的操作和维护奠定基础。

知识要求： 掌握灭菌设备的结构、原理、技术参数、操作和维护。
熟悉各种灭菌方法的特点和选用原则。
了解各类灭菌设备的结构和工作原理。

能力要求： 能熟练操作和维护无菌设备。
学会解决灭菌过程中出现的一般性技术问题。

项目一　干热灭菌设备的操作与养护

一、操作前准备知识

（一）基本概念

临床上要求疗效确切、使用安全的药物制剂，尤其是注射剂和直接用于黏膜、创面的药剂，必须保证灭菌或无菌。灭菌是保证用药安全的必要条件，它是制药生产中的一项重要操作。

（1）无菌　指物体或一定介质中没有任何活的微生物存在，即无论用任何方法（或通过任何途径）都鉴定不出活的微生物体来。

（2）灭菌　应用物理或化学等方法将物体上或介质中所有的微生物及其芽孢（包括致病的和非致病的微生物）全部杀死，即获得无菌状态的总过程。所使用的方法称为灭菌法。

（3）消毒　以物理或化学方法杀灭和物体上或介质中的病原微生物。

（4）热原　即微生物的代谢产物，是一种制热性物质，发生在注射给药后患者高热的根源。热原具耐热性、滤过性、水溶性、不挥发性。当热原被输入人体约 0.5h 后，使人发冷寒战、高热、出汗、恶心、呕吐、昏迷甚至危及生命，可于注射剂灭菌时根据其特性彻底破坏热原。

灭菌和除菌对药剂的影响不同。灭菌后的药剂中含有细菌的尸体，尸体过多会因菌体毒

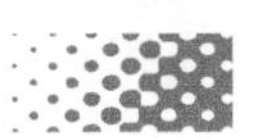

素（热原）而引起副作用；除菌是指用特殊的滤材把微生物（死菌、活菌）全部阻留而滤除，除了原已染有的微量可溶性代谢产物外，由于没有菌体的存在，故不会有更多的热原产生。

灭菌法是制药生产的一项重要操作，尤其对灭菌制剂、敷料和缝合线等。生产过程中的灭菌是保证安全用药的必要条件。

采用灭菌措施的基本目的是，既要杀死或除去药物中的微生物，又要保证药物的理化性质及临床疗效不受影响。灭菌方法的选择必须结合药物的性质全面考虑。

灭菌方法基本分为三大类：物理灭菌法（干热灭菌法、湿热灭菌法、射线灭菌法、滤过灭菌法）、化学灭菌法（气体灭菌法、化学灭菌剂灭菌法等）和无菌操作法。其中，物理灭菌法最常用。

（二）干热灭菌法原理

热力灭菌的原理：加热可破坏蛋白质和核酸中的氢键，故导致核酸破坏、蛋白质变性或凝固、酶失去活性，微生物因而死亡。

利用火焰或干燥空气（高速热风）进行灭菌，称为干热灭菌法。由于空气是一种不良的传热物质，其穿透力弱且不太均匀，所需的灭菌温度较高、时间较长，所以容易影响药物的理化性质。在生产中除极少数药物采用干热空气灭菌外，大多用于器皿和用具的灭菌。

在干热灭菌器中用高温干热空气进行灭菌的方法，称为干热空气灭菌法。如繁殖性细菌用100℃以上的干热空气干热1h可被杀灭。对耐热性细菌芽孢，在140℃以上，灭菌效率急剧增加。干热灭菌所需的温度与时间，在各国药典与资料的记载中都有不同。一般140℃，至少3h；160～170℃，至少1h以上。生产中，在保证灭菌完全并对被灭菌物品无损害的前提下，拟定灭菌条件。对耐热物品，可采用较高的温度和较短的时间。采用干热250℃、45min灭菌也可以除去灭菌粉针分装与冻干生产用玻璃仪器中和有关生产灌装用具中的热原物质。而对热敏性材料，可采用较低的温度和较长的时间。《中国药典》规定通常的灭菌条件为：160～170℃，不少于2h；170～180℃，不少于1h；250℃，45min以上。

干热空气灭菌法适用的范围是，凡应用湿热方法灭菌无效的非水性物质、极黏稠液体或易被湿热破坏的药物，宜用本法灭菌，如油类、软膏基质或粉末等，宜用干热空气灭菌。对于空安瓿瓶的灭菌，可把空安瓿瓶置于密闭的金属箱中，用200℃或200℃以上的高温干空气至少保持45min以上，细菌即被杀灭。本法由于灭菌温度高，故不适用于对橡胶、塑料制品及大部分药物的灭菌。

（三）干热灭菌设备

干热灭菌的主要设备有电热烘箱、干热灭菌机、隧道灭菌系统等。干热灭菌机、隧道灭菌系统是制药行业用于对玻璃容器进行灭菌干燥工艺的配套设备，适用于药厂经清洗后的安瓿瓶或其他的玻璃容器用盘装的方式进行灭菌干燥。

1. 柜式电热烘箱

目前，电热烘箱种类很多，但其主体结构基本相同，主要由不锈钢板制成的保温箱体、加热器、托架（隔板）、循环风机、高效空气过滤器、冷却器、温度传感器等组成，见图8-1。

柜式电热烘箱的操作过程：将装有待灭菌品的容器置于托架或推车上，放入灭菌室，关门。在自动或半自动控制下加热升温，同时开启电动蝶阀，水蒸气逐渐排尽。此时，新鲜空

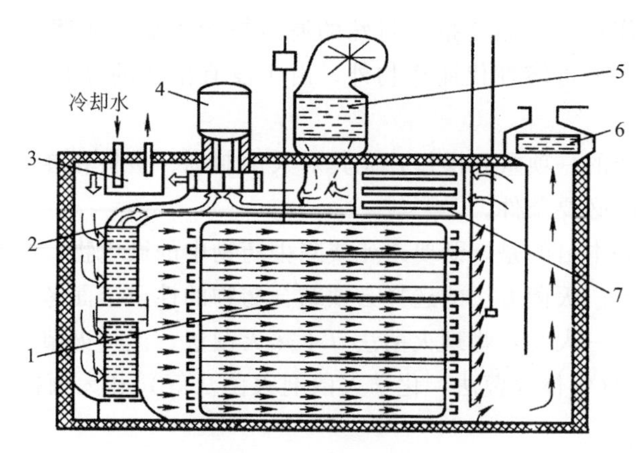

图 8-1　柜式电热烘箱

1—温度传感器；2，5—高效空气过滤器；3—冷却器；4—循环风机；6—过滤器；7—加热器

气经加热并经耐热的高温空气过滤器后形成均匀地分布气流向灭菌室内传递，热的干空气使待灭菌品表面的水分蒸发，通过排气通道排出。干空气在风机的作用下，定向循环流动，周而复始，达到灭菌干燥的目的。灭菌温度通常在 180～300℃，较低温度用于灭菌，而较高的温度则用于除热原。干燥灭菌完成后，风机继续运转对灭菌产品进行冷却，也可通过冷却水进行冷却，减少对灭菌产品的热冲击。当灭菌室内温度降至比室温高 15～20℃时，烘箱停止工作。

柜式电热烘箱主要用于小型的医药、化工、食品、电子等行业的物料干燥或灭菌。

2. 隧道式远红外烘箱

远红外线是指波长大于 5.6μm 的红外线，它是以电磁波的形式直接辐射到被加热的物体上的，不需要其他介质的传递，所以加热快、热损小，能迅速实现干燥灭菌。

隧道式远红外烘箱是由远红外发生器、传送带和保温排气罩组成，如图 8-2 所示。

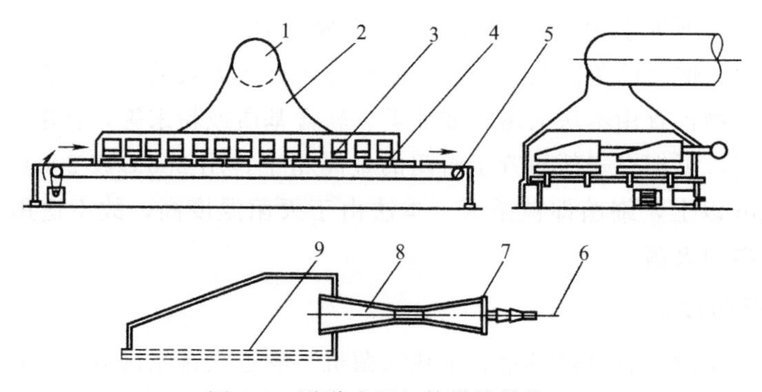

图 8-2　隧道式远红外烘箱结构

1—排风管；2—罩壳；3—远红外发生器；4—盘装安瓿；
5—传送带；6—煤气管；7—通风板；8—喷射器；9—铁铬铝网

瓶口朝上的盘装安瓿由隧道的一端用链条传送带送进烘箱。隧道加热分预热段、中间段及降温段三段。预热段内安瓿由室温升至 100℃左右，大部分水分在这里蒸发；中间段为高温干燥灭菌区，温度达 300～450℃，残余水分进一步蒸干，细菌及热原被杀灭；降温区是由高温降至 100℃左右，而后安瓿离开隧道。

为保证箱内的干燥速率不致降低，在隧道顶部设有强制抽风系统，以便及时将湿热空气

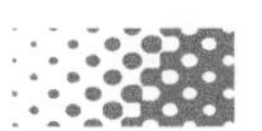

排出；隧道上方的罩壳上部应保持5～20Pa的负压，以保证远红外发生器的燃烧稳定。

该机操作和维修时应注意以下几点：①调风板开启度的调节。根据煤气成分不同而异，每只辐射器在开机前需逐一调节调风板，当燃烧器赤红无焰时紧固调风板。②防止远红外发生器回火。压紧发生器内网的周边不得漏气，以防止火焰自周边缝隙（指大于加热网孔的缝隙）窜入发生器内部引起发生器内或引射器内燃烧——回火。③安瓿规格需与隧道尺寸匹配。应保证安瓿顶部距远红外发生器面为15～20cm，此时烘干效率最高，否则应及时调整其距离。此外，还需定期清扫隧道及加油，保持运动部位润滑。

3. 热层流式干热灭菌机

热层流式干热灭菌机如图8-3所示。这种灭菌机的基本形式与煤气烘箱类似，也为隧道式。主要用在针剂联动生产线上，与超声波安瓿清洗机和多针拉丝安瓿灌封机配套使用，可连续对经过清洗的安瓿瓶或各种玻璃瓶进行干燥灭菌除热原。

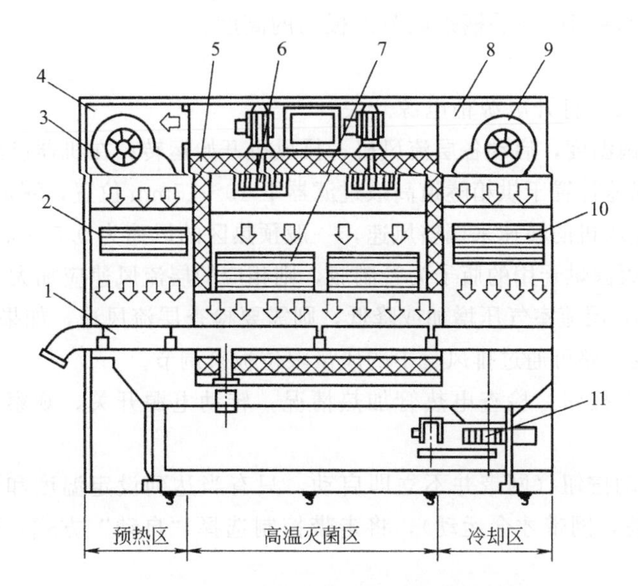

图8-3　热层流式干热灭菌机示意图

1—传送带；2—空气高效过滤器；3—前层流风机；4—前层流箱；5—高温灭菌箱；6—热风机；7—热空气高效滤器；8—后层流箱；9—后层流风机；10—空气高效过滤器；11—排风机

整个设备可安装在D级区内，按其功能设置可分为彼此相对独立的三个组成部分：预热区、高温灭菌区及冷却区，它们分别用于已最终清洁瓶子的预热、干热灭菌、冷却。灭菌器的前端与洗瓶机相连，后端设在无菌作业区。控制温度可在0～350℃内任意设定，并有控制温度达不到设定温度时停止网带运转的功能，能可靠保证安瓿瓶在设定温度时通过干燥灭菌机。前后层流箱及高温灭菌箱均为独立的空气净化系统，从而有效地保证进入隧道的安瓿始终处于A级洁净空气的保护下，机器内压力高于外界大气压5Pa，使外界空气不能侵入，整个过程均在密闭情况下进行，符合GMP要求。

热层流式干热灭菌机是将高温热空气流经空气过滤器过滤，获得洁净度为A级的洁净空气，在A级单向流洁净空气的保护下，洗瓶机将清洗干净的安瓿送入输送带，经预热后的安瓿进入高温灭菌段。在高温灭菌段流动的洁净热空气将安瓿加热升温（300℃以上），安瓿经过高温区的总时间超过10min，有的规格达20min，干燥灭菌除热原后进入冷却段。冷却段的单向流洁净空气将安瓿冷却至接近室温（不高于室温15℃）时，再送入拉丝灌封机进行药液的罐装与封口。安瓿从进入隧道至出口全过程时间平均约为30min。

二、标准操作规程

本小节以热层流干热灭菌机的操作为例进行介绍。

(1) 操作前的准备工作

① 检查隧道式热空气平行流干热灭菌机是否内外清洁、无杂物；干燥箱进、出口应在A级洁净空气之下，检查清场合格证。

② 检查隧道式热空气平行流干热灭菌机传动系统、电路系统启动和制动是否正常，各开关、仪表指示是否在规定位置；点动检查电动机的旋转方向是否正确。

③ 检查各部螺栓有无松动，防护罩是否可靠。

④ 根据所灭菌烘干瓶子规格，检查高温灭菌区前、后滑板门的高度是否正确（高出瓶子5～10mm)，或旋转相应的手柄来调节滑板门的高度。

(2) 开机运行

① 合上电源开关，打开电源柜电源开关。

② 设定烘干灭菌温度，启动各层流风机、排风机开始运转；在机器已经开启而未加热时，设定层流风速：将风速计置于烘箱隧道高效过滤器下10～15mm位置，测定层流风速。可通过变频调速器调整相应风机的转速来调整风速，一般预热区的风速为0.5～0.6m/s，冷却区风速为0.7m/s（如果所灭菌烘干用的瓶子为管制瓶，则相应的层流风速应加大)。一般层流箱内抽风室变化超过150Pa，层流室气压增加或降低，则需要检查层流风速，如果需要则应做相应调整。水平方向风速的调整可通过排风管中的风量限位板来调节。

③ 开启“加热”按钮，检查电热管加热情况，转动电源开关，观察“电流指示表”电流情况。

④ 开启网带启动按钮（网带并不立即启动，只有当达到设定温度和当烘干机入口处的导向弹片被瓶子压住，网带才会运动)，将走带控制选择“自动”方式，使整个干燥机处于自动状态。

⑤ 空车运行，检查所有电机是否运转，有无异常噪声、震动，确定推瓶机工作正常、运转网带不跑偏。

⑥ 当温度达到设定值时开始进瓶，将网孔推板盒放置在进口过滤段后面的输送网带上，将短链条部分放置在清洗机的出口轨道上，挡住清洗机的出料口，防止从清洗机出来的瓶子倾倒。输瓶过程中，链条与瓶子一起随网带运动，当灭菌烘干机内充满瓶子并输送到灌封机时，将双排链条从入口处横放进去，直至进入灌封机网带并输送完毕。

⑦ 洗瓶机停机后，将控制面板上的走瓶按钮调为“手动”，不断推动安瓿补充给下道工序。

(3) 停车

① 试车结束，先切断电源，待箱内温度降至100℃，方可停止网带运行。

② 清理灭菌机内、外卫生，填写记录。

三、安全操作注意事项

本小节以热层流干热灭菌机为例进行介绍。

① 控制表调整好后，不可经常拨动。

② 当电机过载、风压过高、风门没打开时，显示屏弹出画面，机器停止加热。

③ 紧急停机时间不宜超过30min，以免因烘箱内热量不能及时排出而损坏高温高效过滤器。

④ 使用合格的安瓿，发现有损坏的安瓿用镊子及时挑出。

⑤ 灭菌机在使用前应先进行灭菌条件验证，确保灭菌效果。

四、维护与保养

本小节以热层流干热灭菌机为例进行介绍。

① 应保持设备的清洁与干燥，特别是较长时间不用时，灭菌机内应擦干净以免受到腐蚀，对转动机件应及时加注润滑油。烘箱风机每年补充润滑油脂，每3年拆开电机更换新的润滑脂；进、出口层流风机每3年拆开电机更换新的钙基润油脂；底座排气风机每年对叶轮轴承注入钙基润滑脂，每3年更换电机轴承润滑脂；输送网带上的传动胶轮和各传动的轴承每年加1次钙基润滑脂。

② 更换烘箱上初级过滤箱，当风机的速率调到最高时，风速仍达不到0.7m/s，需要更换初级过滤器。

③ 更换进、出口层流箱及烘箱内高温高压过滤器，当风机以最高转速运转空气流速仍达不到0.5m/s时，需更换。

④ 更换管状加热元件，检查电热管加热情况时，如果发现有损坏及时更换。

⑤ 清扫碎屑，每天工作结束后，检查进口过滤段的弹簧片凹形弧内是否有很多玻璃碎片，如有则必须清扫。每周拉出碎屑聚集箱屉，倒掉碎屑。

⑥ 每半年检查输送网带的磨损情况，每半年检查1次链条的张紧程度，进行调整。每2年检修1次减速机。

⑦ 排气机构，每半年检修1次三角带的磨损和张紧情况。

五、常见故障及处理方法

热层流式干热灭菌机的常见故障及处理方法见表8-1。

表8-1　热层流式干热灭菌机的常见故障及处理方法

常见故障	产生原因	处理方法
震动大	①地脚未垫平 ②轴承损坏 ③网带过紧	①调整地脚 ②更换轴承 ③减轻配重及调整松紧装置
网带不动电机空转	①三角带打滑 ②网带过紧或过松 ③各传动辊有卡死现象	①调整或更换三角带 ②调整配重及拉紧装置 ③调整
轴承温度高	①装配不合理 ②缺少润滑油 ③轴承滚珠破碎	①拆下重装 ②加润滑油 ③更换轴承
网带跑偏	主、被动辊不平行，不在同一平面上	调整主、被动辊的平行度、平面度
加热温度不够或不热	①石英加热管损坏 ②电阻丝断路 ③电源接触不良	①更换石英管 ②更换电阻丝 ③检验电源线路
送瓶不到位，副电机空载	①推瓶机构的凸轮磨损 ②装配不合理	①更换凸轮 ②重新装配

项目二　湿热灭菌设备的操作与养护

一、操作前准备知识

（一）湿热灭菌法原理

湿热灭菌法是利用饱和水蒸气或沸水来杀灭细菌的方法。由于蒸汽潜热大，穿透力强，容易使蛋白质变性或凝固，所以灭菌效率比干热灭菌法高。其特点是灭菌可靠、操作简便、易于控制、价格低廉。湿热灭菌是制药生产中应用最广泛的一种灭菌方法，不适用于对湿热敏感的药物。

1. 热压灭菌法

用压力大于常压的饱和水蒸气加热杀灭微生物的方法称为热压灭菌法。热压灭菌系在热压灭菌器内进行。热压灭菌器有密封端盖，可以使饱和水蒸气不逸出，由于水蒸气量不断增加，而使灭菌器内的压力逐渐增大，利用高压蒸汽来杀灭细菌，是一种可靠的灭菌方法。例如，在表压 0.2MPa 热压蒸汽经 15～20min 能杀灭所有细菌繁殖体及芽孢。试验证明：湿热的温度愈高，杀灭细菌所需的时间亦愈短。

凡能耐高压蒸汽的药物制剂、玻璃容器、金属容器、瓷器、橡胶塞、膜过滤器等均能采用此法。

2. 流通蒸汽灭菌法

流通蒸汽灭菌法是在不密闭的容器内，用蒸汽灭菌。也可在热压灭菌器中进行，只要打开排汽阀门让蒸汽不断排出，保持容器内压力与大气压相等，即为 100℃蒸汽灭菌。药厂生产的注射剂，特别是 1～2mL 的注射剂及不耐热药品，均采用流通蒸汽灭菌。

流通蒸汽灭菌的灭菌时间通常为 30～60min。本法不能保证杀灭所有的芽孢，系非可靠的灭菌法，可适用于消毒及不耐高热制剂的灭菌。

3. 煮沸灭菌法

煮沸灭菌法是把待灭菌物品放入沸水中加热灭菌的方法，通常煮沸 30～60min。本法灭菌效果差，常用于注射器、注射针等器皿的消毒。必要时加入适当的抑菌剂，如甲酚、苯酚、三氯叔丁醇等，可杀死芽孢菌。

4. 低温间歇灭菌法

低温间歇灭菌法是将待灭菌的物品，用 60～80℃的水或流通蒸汽加热 1h，将其中的细胞繁殖体杀死，然后在室温中放置 24h，让其中的芽孢发育成为繁殖体，再次加热灭菌、放置，反复进行 3～5 次，直至消灭芽孢为止。本法适用于不耐高温的制剂灭菌。缺点是费时、工效低，芽孢的灭菌效果往往不理想，必要时加适量的抑菌剂，以提高灭菌效果。

5. 影响湿热灭菌的因素

（1）细菌的种类与数量　不同细菌、同一细菌的不同发育阶段对热的抵抗力有所不同，繁殖期对热的抵抗力比衰老时期小得多，细菌芽孢的耐热性更强。细菌数越少，灭菌时间越短。注射剂配制灌封后应当日灭菌。

（2）药物性质与灭菌时间　一般来说，灭菌温度越高灭菌时间越短。但是，温度越高，

药物的分解速率加快，灭菌时间越长，药物分解得越多。因此，考虑到药物的稳定性，不能只看到杀灭细菌的一面，还要保证药物的有效性，应在达到有效灭菌的前提下可适当降低灭菌温度或缩短灭菌时间。

（3）蒸汽的性质 蒸汽有饱和蒸汽、湿饱和蒸汽和过热蒸汽。饱和蒸汽热含量较高，热的穿透力较大，因此灭菌效力高。湿饱和蒸汽带有水分，热含量较低，穿透力差，灭菌效力较低。过热蒸汽温度高于饱和蒸汽，但穿透力差，灭菌效率低。

（4）介质的性质 制剂中含有营养物质，如糖类、蛋白质等，增强细菌的抗热性。细菌的生活能力也受介质 pH 值的影响。一般中性环境耐热性最大，碱性次之，酸性不利于细菌的发育。

（二）热压灭菌设备

热压灭菌法是在热压灭菌器内进行的。热压灭菌器有密封端盖，可以使饱和水蒸气不逸出，由于水蒸气量不断增加，而使灭菌器内的压力渐渐增大，利用高压蒸汽杀灭细菌，是一种公认的可靠灭菌法。热压灭菌器的种类很多，但其结构基本相似。凡热压灭菌器应密闭耐压，有排气口、安全阀、压力表、温度计等部件。热源有通饱和蒸汽，也有在灭菌器内加水，用煤、电或木炭加热。常用的热压灭菌器有手提式热压灭菌器和卧式热压灭菌柜系统。

在药品生产上，湿热灭菌法的主要设备是灭菌柜。灭菌柜种类很多，性能差异也很大，但其基本结构大同小异，所用的材质为坚固的合金。现在国内很多企业使用的方形高压灭菌柜，能密闭耐压，有排气口、安全阀、压力和温度指示装置。如图 8-4 所示，带有夹套的灭菌柜备有带轨道的活动格车，分为若干格。灭菌柜顶部装有两只压力表，一只指示蒸汽夹套内的压力，另一只指示柜室内的压力。灭菌柜的上方还应安装排气阀，以便开始通入加热蒸汽时排除不凝性气体。灭菌柜的主要优点是批次量较大，温度控制系统准确度及精密度较好，产品灭菌过程中受热比较均匀。

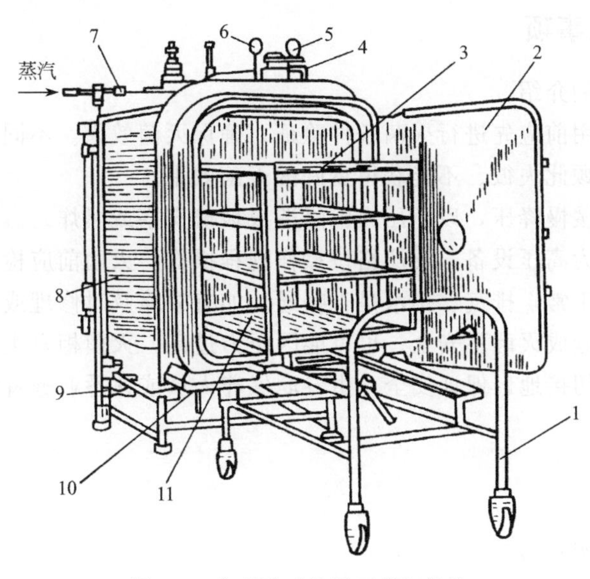

图 8-4 大型卧式热压灭菌柜结构

1—搬运车；2—柜门；3—铅丝网格架；4—蒸汽控制阀门手柄；5—夹套压力表；6—柜室压力表；7—蒸汽旋塞；8—外壳；9—夹套回气装置；10—温度计；11—活动格车

灭菌完毕应缓慢降压，以免压力骤然降低而冲开瓶塞，甚至玻璃瓶爆炸。待压力表回零或温度下降到40～50℃时，再缓缓开启灭菌器的柜门。对于不易破损而要求灭菌后为干燥的物料，则灭菌后应立即放出灭菌器内的蒸汽，以利干燥。

二、标准操作规程

以热压灭菌柜的操作为例介绍。

1. 操作前的准备工作

（1）检查压力表、温度计是否灵敏，仪表指示是否在规定位置。各阀门开关是否正确，排气、排水管路是否畅通，如有故障及时修理或更换，以免造成安全事故。

（2）检查灭菌柜内、外清洁，无异物。

2. 开机运行

（1）将待灭菌物品放置在格车上推至灭菌柜内，锁紧柜门。

（2）打开蒸汽阀，同时也打开排气阀，预热10～15min后，排净空气。当灭菌柜下部温度达到100℃时，立即关闭排气阀。待柜内温度上升并超过规定温度1～2℃时，调节进气阀，维持柜内的温度在指定的范围。

（3）当柜内温度、压力升到规定数值时开始计算灭菌时间，达到要求灭菌时间后，停止灭菌。

3. 停车

（1）当灭菌时间达到规定后，立即关闭进气阀门，逐渐打开排气阀门。

（2）当柜内表压力下降至零、无余气排出时，操作者站在柜门前中央，打开门栓，逐渐将门打开，让柜内物品降温10～15min后将柜门全部打开，将灭菌完毕的物品取出放至规定地点。

（3）清理灭菌柜内、外卫生，填写灭菌记录。

三、安全操作注意事项

以热压灭菌柜为例介绍。

（1）灭菌柜在使用前应先进行灭菌条件验证，确保灭菌效果。不同类型的物品最好不要同时进行灭菌，以免顾此失彼、不能获得良好的灭菌效果。

（2）灭菌完毕应缓慢降压，以免压力骤降造成玻璃充塞或爆炸。

（3）热压灭菌柜为高压设备，要严格按操作规程操作。灭菌前应检查压力表、温度计是否灵敏，安全阀是否正常，排气、排水是否畅通。如有故障及时修理或更换，保证在设备完好情况下使用，以免造成灭菌不安全；也可能因压力过高，灭菌柜发生爆炸等安全事故。

（4）灭菌柜应确切接地，保证安全。由专职保养人员或熟悉业务者定期维护，使其正常运行，避免发生事故。

四、维护与保养

以热压灭菌柜为例介绍。

（1）应保持设备的清洁与干燥，特别是较长时间不用时，灭菌柜内应擦干净以免受到腐蚀，对转动机件应及时加注润滑油。

（2）安全阀应每月提拉1～2次，以保证其灵活状态，并定期进行校验。

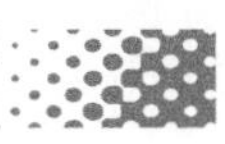

(3) 门密封圈系橡胶制品，遇老化或残损而漏气时，应及时更换。

(4) 压力表应定期进行校验，读数不符时应及时修理、更换，并经标准压力表校验后方可使用。

五、常见故障及处理方法

以卧式热压灭菌柜为例，其常见故障及处理方法见表 8-2。

表 8-2　卧式热压灭菌柜的常见故障及处理方法

常见故障	产生原因	处理方法
灭菌不彻底	①灭菌器内冷空气未排净，表压不是单纯蒸汽压，柜内实际蒸汽温度达不到灭菌要求；②灭菌时间计算有误；③被灭菌物品的数量、体积、排布与验证条件不一致	①排净柜内冷空气，使蒸汽压和温度相符合；②从全部被灭菌物品的温度真正达到所要求的温度时算起；③按验证时被灭菌物品的数量、体积、排布进行灭菌
超温、超压	①仪表失灵，控制不合格；②安全阀或排气阀失灵	①检查、修复控制系统；②检查、修复安全阀
密封不严、漏气	①门密封圈老化或残损而漏气；②柜门未锁紧或损坏	①及时更换密封圈；②锁紧或修理柜门

六、相关知识链接

(一) 紫外线灭菌法

用于灭菌的紫外线波长是 200～300nm，灭菌力最强的波长为 254nm 的紫外线，可作用于核酸蛋白促使其变性；同时空气受紫外线照射后产生微量臭氧，从而起到共同杀菌的作用。紫外线进行直线传播，其强度与距离平方成比例地减弱，其穿透作用微弱，但易穿透洁净空气及纯净的水，故广泛用于纯净水、空气灭菌和表面灭菌。一般在 6～15m^3 的空间可装置 30W 紫外灯一只，灯距地面距离以 2.5～3m 为宜，室内相对湿度为 45%～60%，温度为 10～55℃，杀菌效果最理想。

1. 影响紫外线杀菌的因素

(1) 辐射强度与辐射时间　随着辐射强度的增加，对微生物产生的致死作用所需要的辐照时间会缩短。若辐射后立即暴露于可见光中，可促使微生物"复原"增加，因此必须保持足够的辐照时间，以保证达到灭菌效果。

(2) 微生物对紫外线的敏感性　细菌种类不同，对紫外线的耐受性不同，如细菌芽孢的耐受性较大。紫外线对酵母菌、霉菌的杀菌力较弱。

(3) 湿度和温度　空气的湿度过大，紫外线的穿透力降低，因而灭菌效果降低。紫外线灭菌以空气的相对湿度在 45%～60%较为适宜，温度宜在 10～55℃。

2. 用紫外线灭菌的注意事项

(1) 人体照射紫外线时间过久，易产生结膜炎、红斑及皮肤烧灼等现象，因此必须在操作前开启紫外灯 30～60min，然后关闭，进行操作。如在操作时仍需继续照射，应有劳动保护措施。

(2) 各种规格的紫外灯都有规定有效使用时限，一般在 2000h。故每次使用应登记开启时间，并定期进行灭菌效果检查。

(3) 紫外灯管必须保持无尘、无油垢，否则辐射强度将大为降低。

（4）普通玻璃可吸收紫外线，故装在玻璃容器中的药物不能用紫外线进行灭菌。

（5）紫外线能促使易氧化的药物或油脂等氧化变质，故生产此类药物时不宜与紫外线接触。

（6）若水中有铁及有机物等杂质时，则紫外线灭菌效果降低。

辐射灭菌的特点是：①价格便宜，节约能源；②可在常温下对物品进行消毒灭菌，不破坏被辐射物的挥发性成分，适合于对热敏性药物进行灭菌；③穿透力强，灭菌均匀；灭菌速度快，操作简单，便于连续化作业。

辐射灭菌法的主要缺点是存在放射源成本较高、防护投入大、易产生放射污染等问题。

（二）过滤灭菌法

使药物溶液通过无菌过滤器，除去其中活或死的细菌，而得到无菌药液的方法，称为过滤灭菌法。此法适用于对不耐热药物溶液的灭菌，但必须无菌操作，才能确保制品完全无菌。

过滤灭菌法的特点如下。

（1）不需要加热，可避免药物成分因过热而分解破坏。过滤可将药液中的细菌及细菌尸体一起除去，从而减少药品中热原的产生，药液的澄明度好。

（2）加压、减压过滤均可，加压过滤用得较多。在室温下易氧化、易挥发的药物，宜用加压过滤。另外，采用加压过滤，可避免药液污染。

（3）过滤灭菌法应配合无菌操作进行。

（4）过滤灭菌前，药液应进行预过滤，尽量除去颗粒状杂质，以便提高除菌过滤的速率。

（5）药品过滤后，必须进行无菌检查，合格后方能应用。故过滤灭菌法不能用于临床上紧急用药的需要。

过滤器材通常有滤柱、微滤膜等。滤柱采用硅藻土或垂熔玻璃等材料制成。微滤膜大多采用聚合物制成，种类较多，如醋酸纤维素、硝酸纤维素、丙烯酸聚合物、聚氯乙烯、尼龙等。

目标检测

1. 制药生产中所用的灭菌方法有哪些？
2. 试述各种灭菌方法的灭菌机制及适用。
3. 试述干热灭菌与湿热灭菌的不同点。
4. 常用的干热灭菌设备有哪些？
5. 试述卧式热压灭菌柜的结构。

PPT课件

模块九
水针剂生产设备

学习目标

学习目的：通过学习水针剂生产中的安瓿洗涤设备、安瓿灌封机等设备的基本知识，为将来从事水针剂生产设备的操作和维护奠定基础。

知识要求：掌握超声波安瓿洗瓶机和安瓿灌封机的结构、原理、操作和维护。

熟悉喷淋式安瓿洗瓶机、气水喷射式安瓿洗瓶机的结构、原理和特点。

了解安瓿洗、烘、灌封联动机的结构和工作原理。

能力要求：学会洗瓶机、灌封机的操作、清洁、维护和保养。

项目一　超声波安瓿洗瓶机的操作与养护

一、操作前准备知识

注射剂是指直接注入人体或穿过皮肤组织、黏膜而应用于人体的一种经过灭菌的药物制剂。注射剂必须无菌并符合《中国药典》无菌检查要求。注射剂分为四类，即水溶性注射剂、混悬液注射剂、乳状液注射剂和无菌粉末。其中水溶性注射剂是各类注射剂中应用最广泛的一类注射剂。水针剂使用的包装小容器称为安瓿，在我国为玻璃安瓿。玻璃安瓿按组成成分可分为中性玻璃、含钡玻璃和含锆玻璃三种。国标 GB/T 2637—2016 规定水针剂使用的安瓿一律为曲颈易折安瓿，其规格有 1mL、2mL、5mL、10mL、20mL 五种。在外观上分为两种：色环易折安瓿和点刻痕易折安瓿，它们均可平整折断。水针剂生产工序主要有安瓿洗涤、安瓿干燥灭菌、溶液配置、药液灌装和封口、澄明度检查等。

（一）超声波洗瓶原理

超声波安瓿洗瓶机是目前制药行业较为先进的安瓿洗瓶设备。超声波的工作原理：浸没在清洗液中的安瓿，在安瓿与水溶液接触的界面，处于超声波震动状态下，产生一种超声的空化现象。空化是在超声波作用下，液体中产生微气泡，小气泡在超声波作用下逐渐涨大，当尺寸适当时产生共振而闭合。在小泡浸没时自中心向外产生微驻波，随之产生高压、高温、小泡涨大时摩擦生电，浸没时又中和，伴随有放电和发光现象，气泡附近的微冲流增强了流体搅拌和冲刷作用。安瓿清洗时浸没在超声波清洗槽中，不仅保证外壁洁净，也能保证安瓿内部无尘、无菌。因此，使用超声波清洗能保证安瓿符合GMP中提出的卫生洁净技术要求。

（二）QCA18/1-20超声波安瓿洗瓶机的结构和原理

QCA18/1-20超声波安瓿洗瓶机是将针头单支清洗技术与超声波技术相结合构成的间歇回转式超声波清洗机。本机适合各种规格安瓿的洗涤，洗涤效果好、生产率高，是目前生产中采用较多的洗瓶机。

如图9-1所示，由清洗部分、供水系统及压缩空气系统、动力装置三大部分组成。清洗部分由超声波发生器、上下瞄准器、装瓶斗、推瓶器、出瓶器、水箱、转盘等组成。中间有一水平轴，沿轴向有18列针毂，每排针毂构成可间歇绕水平轴回转的转盘。与转盘相对的固定盘上，于不同工位上配置有不同的水、气管路接口，在转盘间歇转动时，各排针毂依次与循环水、新鲜注射用水、压缩空气等连通。动力装置由电机、蜗轮蜗杆减速器、分度盘、齿轮、凸轮等组成。

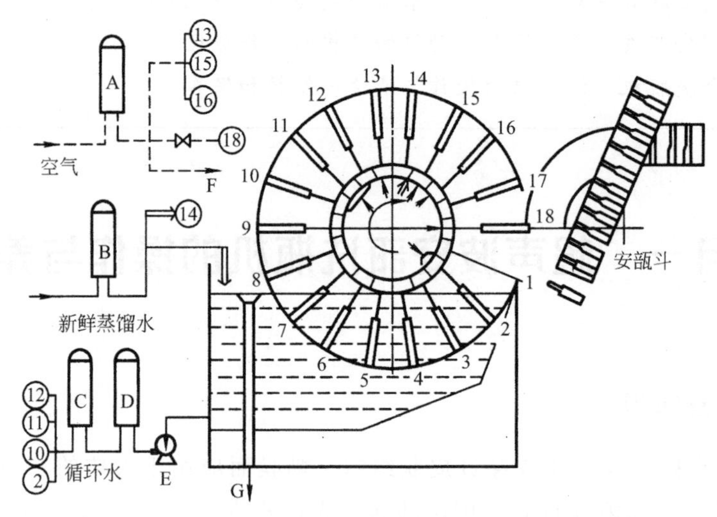

图9-1　18工位连续回转超声波清洗机原理示意

1—上瓶；2—注循环水；3～7—超声波清洗；8,9—空位；10～12—循环水冲洗；13—吹气排水；14—新鲜注射用水冲洗；15,16—吹气；17—空位；18—吹气送瓶；A～D—过滤器；E—循环泵；F—吹除玻璃屑；G—溢流回收

二、标准操作规程

以QCA18/1-20超声波安瓿洗瓶机为例介绍。

1. 启动前的准备工作

① 检查各管路接头水、气的供应情况；②检查水位是否上升到溢水管顶部；③检查机器的润滑情况，设备运转是否正常。

2. 正常启动

① 打开压缩空气阀门、新鲜水阀门、循环水阀门，观察压力表上显示的数值；②按下主机启动按钮，慢慢调节旋钮升高，根据安瓿的规格确定适当的数值，此时机器处于运行状

态，转动超声波调节旋钮，使电流表数值处于最低状态；③调节推瓶吹气阀，使喷射的压力正好使安瓿从喷针上推入出瓶装置的通道内，压力太低，影响清洗质量，压力太高会使安瓿损坏。

3. 停机

① 按下主机、水温、水泵停止按钮，关闭所有正常启动时开启的阀门；②把水槽中的玻璃碴进行打扫并清洗干净，所有过滤器内的水放干净。

三、维护与养护

以 QCA18/1-20 超声波安瓿洗瓶机为例介绍。

经常注意进瓶通道，及时清除玻璃屑，以防阻塞通道；应定期向主轴凸轮摆杆关节转动处加油以保持良好的润滑状态；直流电机切忌直接启动和关闭，启动应使用调压器由最小调到额定使用值，关闭时先由额定使用值调至最小值，再切断电源；水泵、过滤器等设备在使用时应严格按照使用说明书来进行。

四、常见故障及处理方法

以 QCA18/1-20 超声波安瓿洗瓶机为例，其常见故障及处理方法见表 9-1。

表 9-1　QCA18 /1-20 超声波安瓿洗瓶机常见故障及处理方法

常见故障	产生原因	处理方法
循环水压力监测红灯亮，机器停止运转	①循环水控制阀门未开启或开启不够 ②管接头漏水 ③过滤器堵塞	①开启循环水控制阀门 ②检查管接头 ③清洗或更换过滤芯
喷淋水压力监测红灯亮，机器停止运转	①过滤器上的排水开启 ②喷淋水控制阀门未开启或开启不够	①关闭过滤器上的排水阀 ②开启喷淋水控制阀门
新鲜水压力监测红灯亮，机器停止运转	①外加新鲜水压力不够 ②过滤器堵塞 ③压缩空气控制阀门未开启或开启不够	①增加外加新鲜水压力 ②清洗或更换过滤芯 ③检修或更换电磁阀或开启新鲜水控制阀门
高频监测红灯亮，机器停止运转	①高频未接通 ②高频发生器损坏	①接通启动开关 ②检修高频发生器
隧道安瓿过多红灯亮，机器停止运转	隧道入口处安瓿挤塞	调整进口限位开关
灌封安瓿过多红灯亮，机器停止运转	灌封机入口处安瓿挤塞	走松灌封机前的安瓿
机器停止运转而无红灯亮	主机过载过流继电器跳开	用手转动主电机手轮，找出过载原因并排除，合上主机回路继电器
清洗破瓶较多	①进瓶导向压力调整不当 ②退瓶吹气调整不当	①调整导入瓶凸轮，使其符合进瓶要求 ②调整吹气大小，使瓶刚好退出至出瓶槽底部
水槽内浮瓶较多	①喷淋槽堵塞 ②进瓶吹气压力过大	①拍打喷淋槽或拆下喷淋槽上的孔板进行清洗 ②调整吹气大小
清洗清洁度不够	①喷嘴或喷管堵塞 ②过滤芯堵塞或泄漏	①疏通喷嘴或喷管 ②清洗或更换滤芯
喷管折断	①进口不符合标准瓶较多 ②水槽内浮瓶较多	①将不符合标准瓶挑出，将折断的喷管换下 ②参照浮瓶较多现象解决

五、相关知识链接

由于安瓿在制造、运输过程中难免会被微生物及尘埃粒子污染，不能满足注射剂药液灌装的质量要求。因此，使用前必须进行洗涤。目前除了超声波安瓿洗瓶机组以外，用于安瓿洗涤的设备主要还有两种：喷淋式安瓿洗瓶机组、气水喷射式安瓿洗瓶机组。

（一）喷淋式安瓿洗瓶机组

1. 结构

喷淋式安瓿洗瓶机组主要由冲淋机、安瓿蒸煮箱和甩水机组成。结构如图 9-2、图 9-3 所示。

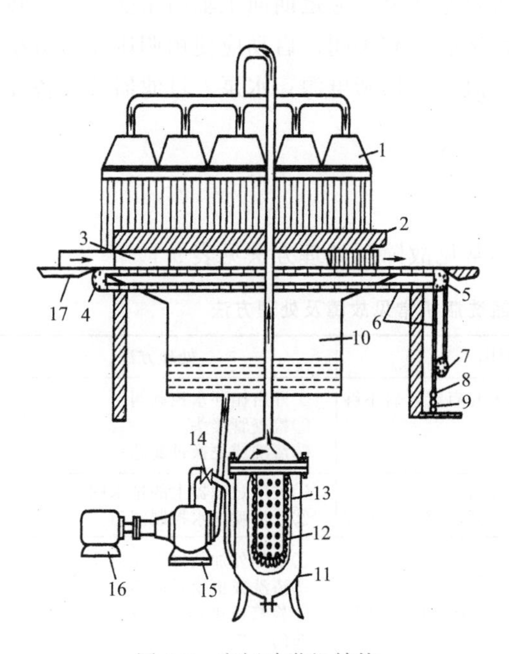

图 9-2　安瓿冲淋机结构

1—多孔喷头；2—尼龙网；3—盛安瓿的铝盘；4—链轮；5—止逆链轮；6—链条；7—偏心凸轮；8—垂锤；9—弹簧；10—水箱；11—滤过器；12—涤纶滤袋；13—多孔不锈钢胆；14—调节阀；15—离心泵；16—电动机；17—轨道

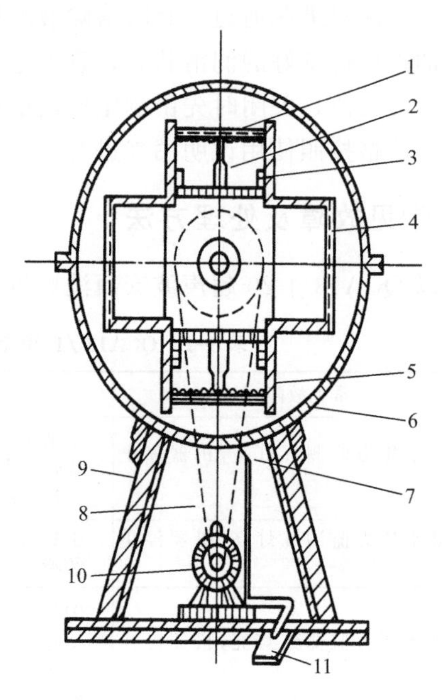

图 9-3　安瓿甩水机结构

1—固定杆；2—安瓿；3—铝盘；4—转笼；5—不锈钢丝网罩盘；6—外壳；7—出水口；8—三角皮带；9—机架；10—电动机；11—刹车踏板

2. 工作过程

工作时，安瓿全部以开口向上的方式整齐排列于安瓿盘内，由人工将安瓿盘放在运载链条上，在运载链条的带动下进入喷淋区，接受顶部淋水板中的纯化水喷淋。喷淋用的循环水从水箱由离心泵抽出经过滤器后压入淋水盘，使安瓿内注满水，再送入安瓿蒸煮箱，经蒸煮处理后的安瓿趁热用甩水机将安瓿内的水甩干。如此反复 2～3 次，即可达到清洗的目的。

3. 特点

采用喷淋法洗涤的安瓿清洁度一般可达到要求，用水量大、劳动强度大、环境差、生产效率不太高，适合 5mL 以下安瓿的批量洗涤，但不能保证每个安瓿的清洗效果，洗涤质量不如气水喷射式洗涤法和超声波洗涤法。

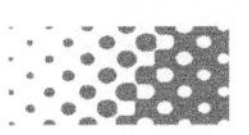

（二）气水喷射式安瓿洗瓶机组

1. 结构

该机组主要由供水系统、压缩空气及其过滤系统、洗瓶机等三大部分组成，如图 9-4 所示。气水喷射式安瓿洗瓶方法是利用已过滤的注射用水与已过滤的压缩空气由针头喷入安瓿内交替喷射洗涤，进行逐支清洗。清洗介质的顺序是：气→水→气→水→气，一般冲洗 4～8 次。

2. 工作原理

将安瓿码入进瓶斗后，在拨轮的作用下，依次进入槽板中，然后落入移动齿板上，由移动齿板把安瓿运送到针头架位置，经过水气冲洗吹净。其工作原理见图 9-4。

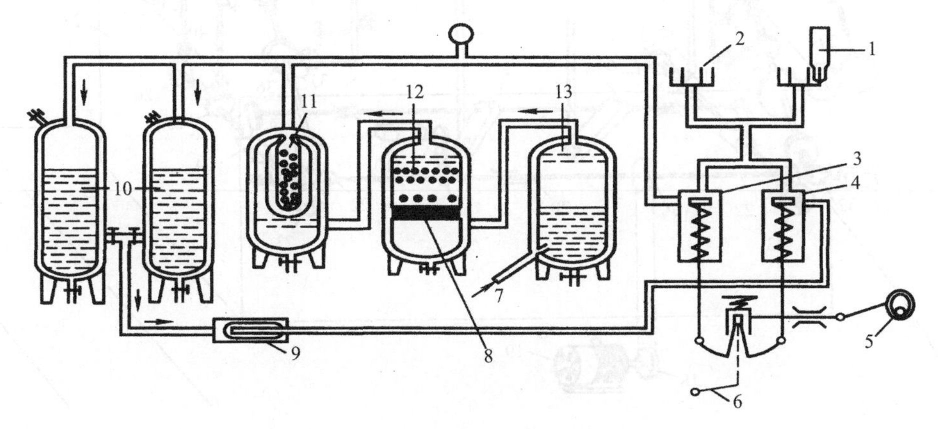

图 9-4　气水喷射式安瓿洗瓶机组工作原理

1—针头；2—安瓿；3—喷气阀；4—喷水阀；5—偏心轮；6—脚踏板；7—压缩空气进口；8—木炭层；9,11—双层涤纶袋滤器；10—水罐；12—瓷环层；13—洗气罐

3. 特点及使用注意事项

本机组适合大规格安瓿的洗涤，洗涤效果较好，但生产率不是很高，是目前生产中采用的洗瓶方法之一。水、压缩空气要经过严格过滤及净化后才能使用，并保持一定的压力及流量，压缩空气压力约为 0.3MPa，水温一般控制在 50～60℃，操作中要保持喷针与安瓿动作协调，安瓿的进出应畅通无阻，传动部位要定期及时加油，如发现位置移动，应及时调整。

项目二　安瓿拉丝灌封机的操作与养护

一、操作前准备知识

将规定剂量的药液灌入经清洗、干燥及灭菌后的安瓿，并加以封口的过程称为灌封。药液灌封机是注射剂生产的主要设备之一。目前国内生产的灌封机有多种型号，如 DGA8/1-20、AGF8/1-20、LAG 系列灌封机，分为 1～2mL、5～10mL 和 20mL 三种机型。它们的结构特点和原理差别不大。现以 LAG 系列 1～2mL 安瓿灌封机为例予以介绍。

安瓿灌封机过程一般应包括安瓿的排整、灌注、充氮、封口等工序。具体结构见图 9-5。

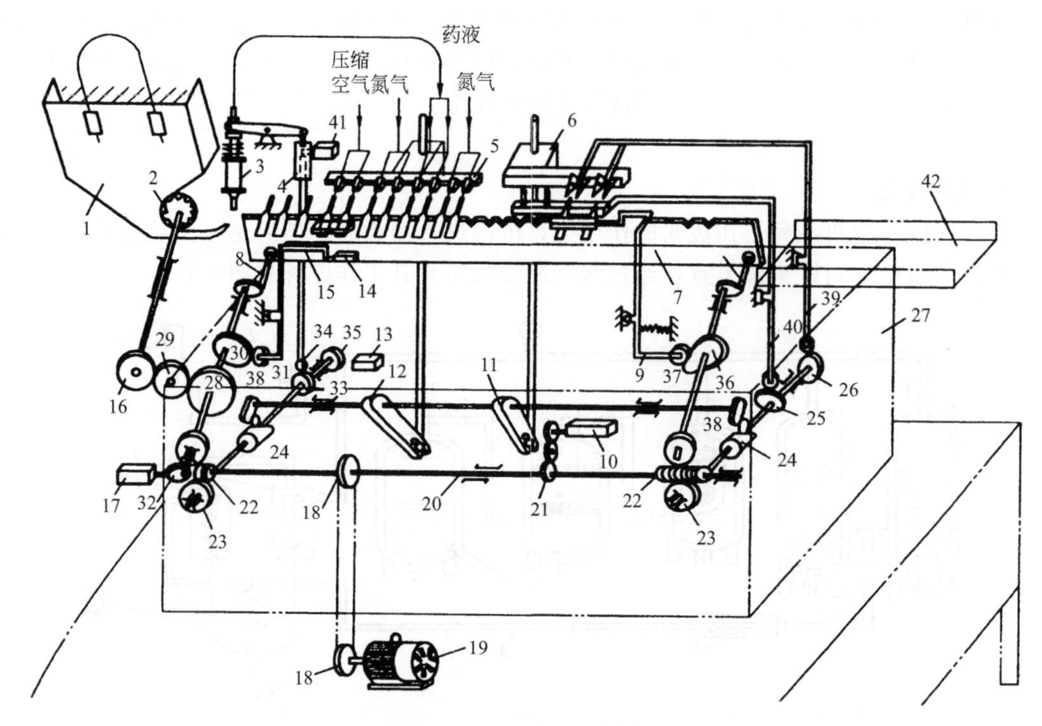

图 9-5 安瓿灌封机结构

1—进瓶斗；2—拨瓶盘；3—针筒；4—顶杆套筒；5—针头架；6—拉丝钳架；7—移动齿板；8—曲轴；9—封口压瓶机构；10—转瓶盘齿轮箱；11—拉丝钳上下拨叉；12—针头架上下拨叉；13—氮气阀；14—止灌行程开关；15—灌装压瓶装置；16，21，28，29—圆柱齿轮；17—压缩气阀；18—主、从动带轮；19—电动机；20—主轴；22—蜗杆；23—蜗轮；24～26，30，32，33，35，36—凸轮；27—机架；31，34，37，39，40—压轮；38—拨叉轴压轮；41—止灌电磁阀；42—出瓶斗

安瓿灌封机按其功能、结构分解为三个基本部分：传送部分、灌注部分和封口部分。传送部分主要负责进出和输送安瓿；灌注部分主要负责将一定容量的注射液注入空安瓿内；封口部分负责将装有注射液的安瓿瓶实施封闭。

1. 传送部分的结构与工作过程

安瓿灌封机传送部分的结构如图 9-6 所示。其主要部件是固定齿板与移瓶齿板，各有两条且平行安装；两条固定齿板分别在最上和最下，两条移瓶齿板等距离地安装在中间。固定齿板为三角形齿槽，使安瓿上下两端卡在槽中固定。移瓶齿板的齿形为椭圆形，以防在送瓶过程中将安瓿撞碎，并有托瓶、移瓶及放瓶的作用。

洗净的安瓿由人工放入料斗里，料斗下梅花盘由链条带动，每转 1/3 周，可将两只安瓿推入固定齿板上，安瓿与水平成 45°角。此时偏心轴做圆周旋转，带动与之相连的移瓶齿板动作。当随偏心轴做圆周运动的移瓶齿板动作到上半部，先将安瓿从固定齿板上托起，然后越过固定齿板安瓿向前移两格，这样安瓿不断前移通过灌药和封口区域。偏心轴带动移瓶齿板运送安瓿的时间大约为偏心轴 1/3 周，余下 2/3 周时间供安瓿在固定齿板上停留，这段时间将用来灌药和封口。

偏心轴的转动使安瓿经过灌药和封口区域，完成灌药和封口的安瓿在进入出瓶斗前仍与

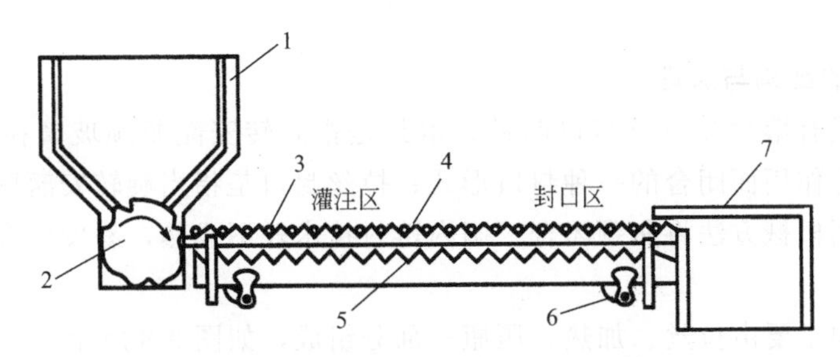

图 9-6　安瓿灌封机传送部分的机构

1—进瓶斗；2—拨瓶盘；3—安瓿；4—固定齿板；5—移动齿板；6—曲轴；7—出瓶斗

水平成 45°角，在出瓶斗前安装有一块有角度的“舌头”，移瓶齿板的运动可推动安瓿在此转动 40°角并进入出瓶斗。

2. 灌注部分的结构与工作过程

安瓿灌注部分的结构如图 9-7 所示。安瓿灌装机构按功能可分为三组部件：①灌药部件，使针头进出安瓿，注入药液完成灌装；②凸轮-压杆部件，将药液从储液瓶中吸入针筒内，并定量推入安瓿内；③摆杆-电磁阀部件，当缺瓶现象发生时阻止凸轮-压杆部件将药液推出。凸轮转到图示位置时，开始压扇形板摆动，使顶杆上顶。在有安瓿情况下，顶杆顶在电磁阀伸在顶杆座内的部分，与电磁阀连在一起的顶杆座上升，使压杆摆动，压杆另一端即下压，推动针筒的活塞向下运动。此时，上单向玻璃阀开启、下单向玻璃阀关闭，药液经管道进针筒而注入安瓿内直到规定容量。当凸轮不再压扇形板时，针筒的活塞靠压簧复位，此时下单向玻璃阀打开、上单向玻璃阀关闭，药液又被吸入针筒。顶杆和扇形依靠自重下落，扇形板滚轮与凸轮圆弧处接触后即开始重复下一个灌药周期。

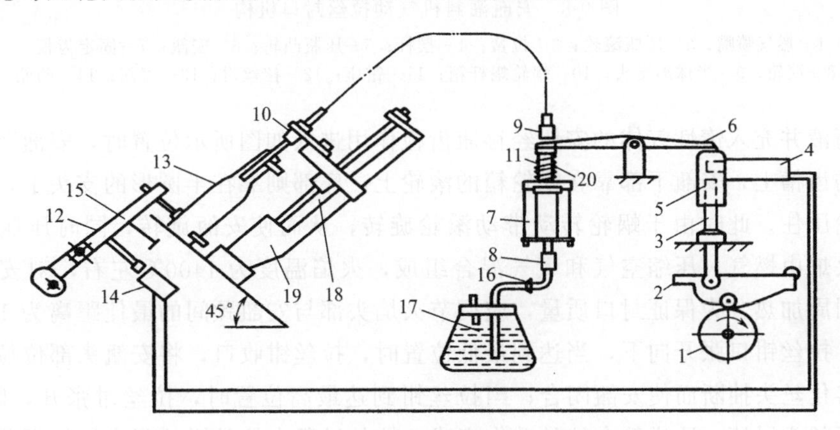

图 9-7　安瓿灌封机灌注部分的机构

1—凸轮；2—扇形板；3—顶杆；4—止灌电磁阀；5—顶杆套筒；6—压杆；7—针筒；8，9— 单向阀；10—针头；11—针筒弹簧；12—压瓶板杠杆组合；13—安瓿；14—止灌行程开关；15—拉簧；16—螺丝夹；17—储液罐；18—针头架；19—针头托架座；20—针筒芯

有时因送料斗内安瓿堵塞或缺瓶而使输送轨道上暂无安瓿输送，此时注射器若仍然继续灌注，不仅浪费药液、污染设备，还会影响灌药工序的正常运行，因此灌注部分还必须装配有自动止灌装置。当灌注针头处齿形板上无安瓿时，摆杆与安瓿接触的触头脱空，拉簧使摆杆继续转动，并使其压在行程开关上，此时接触电磁阀的电流可打开电磁阀，并用电磁力将其伸入顶杆座内部分拉掉，顶杆不能使压杆动作而控制注射器部件，从而达

到止灌的目的。

3. 封口部分的结构与原理

安瓿封口形式有熔封和拉丝封口两种。熔封是指旋转安瓿瓶颈玻璃在火焰的加热下熔封，借助表面张力作用而闭合的一种封口形式；拉丝封口是指当旋转安瓿瓶颈玻璃在火焰加热下熔封时，采用机械方法将瓶颈闭合。国内熔封技术较不成熟，易发生漏气现象，现 ·律采用拉丝封口。

拉丝封口机构主要由拉丝、加热、压瓶三部分组成，如图 9-8 所示。拉丝机构包括拉丝钳、控制钳口开闭部分及钳子上下运动部分。

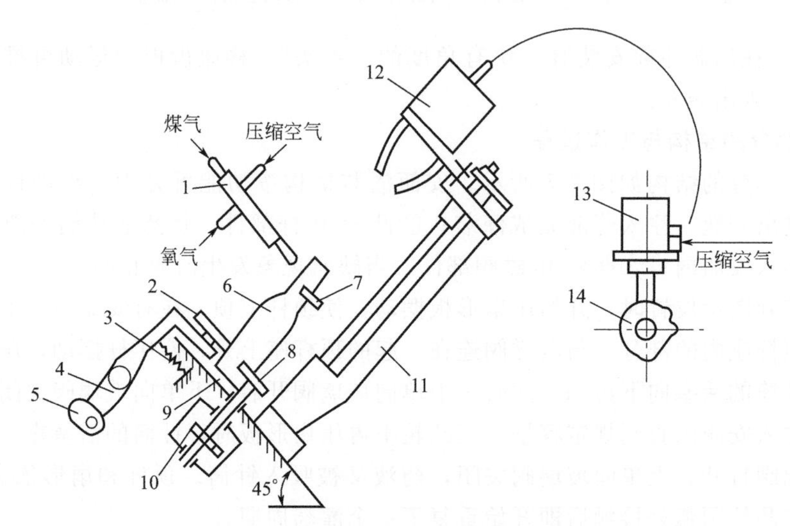

图 9-8 安瓿灌封机气动拉丝封口机构

1—燃气喷嘴；2—压瓶滚轮；3—拉簧；4—摆杆；5—压瓶凸轮；6—安瓿；7—固定齿板；8—滚轮；9—半球形支头；10—蜗轮蜗杆箱；11—钳座；12—拉丝钳；13—气阀；14—凸轮

灌好药液并充入惰性气体的安瓿经移瓶齿板作用进入如图所示位置时，安瓿颈部靠在上固定齿板的齿槽上，安瓿下部靠在蜗轮箱的滚轮上，底部则靠在半圆形的支头上，安瓿上部由压瓶滚轮压住。此时由于蜗轮转动带动滚轮旋转，从而使安瓿旋转，同时压瓶滚轮也旋转。加热火焰由燃气、压缩空气和氧气混合组成，火焰温度为 1400℃左右，对安瓿颈部需加热部位圆周加热，为保证封口质量，应调节火焰头部与安瓿颈间的最佳距离为 10mm。到一定火候，拉丝钳口张开向下，当达到最低位置时，拉丝钳收口，将安瓿头部位拉住，并向上将安瓿熔化丝头抽断而使安瓿闭合；当拉丝钳到达最高位置时，拉丝钳张开，闭合两次，将拉出的废丝头甩掉，这样整个拉丝动作完成。拉丝过程中拉丝钳的张合由气阀凸轮控制压缩空气完成。安瓿封口后，压瓶凸轮和摆杆使压瓶滚轮松开，移瓶齿板将安瓿送出。

二、标准操作规程

以 AFG8/1-20 型安瓿灌封机的操作为例介绍。

1. 开机前准备

① 检查主机电源，电路系统是否符合要求。②检查燃气、氧气是否符合要求，打开阀门。③检查药液及药液管路、灌装泵是否符合要求。④检查惰性气体是否符合要求，打开阀门。

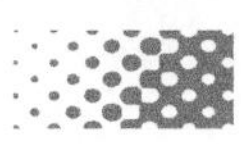

2. 开机操作

(1) 转动手轮使机器运行1～3个循环，检查是否有卡滞现象。

(2) 打开电控柜，将断路器全部合上，关上柜门，将电源置于“ON”。

(3) 先启动层流电机，检查层流系统是否符合要求。

(4) 在操作画面按主机启动按钮，再旋转调整旋钮，开动主机。由慢速逐渐调向高速，检查是否正常，然后关闭主机。

(5) 检查已烘干瓶是否已将机器网带部分排好，并将倒瓶扶正或用镊子夹走。

(6) 手动操作管路充满药液，排空管内空气。

(7) 开动主机运行在设定速率试灌装，检查装量及装量调节装置，使装量在标准范围之内，然后停机。

(8) 在操作画面按抽风启动按钮。

(9) 在操作画面按氧气、燃气启动按钮。

(10) 按点火按钮点燃各火嘴，根据经验调节流量开关，使火焰达到设定状态。

(11) 按下转瓶电机按钮。

(12) 开动主机至设定速率并进行灌装，看拉丝效果，调节火焰至最佳。

(13) 拉丝完后用推板把瓶赶入接瓶盘中，同时可用镊子夹走明显不合格产品。

(14) 中途停机时先按绞龙制动按钮，待瓶走完后方可停机，以免浪费药液及包材。

(15) 总停机时先按氧气停止按钮，后按抽风停止按钮、转瓶停止按钮，之后按层流停止按钮，最后关断总电源。

(16) 如总停间隔时间不长，可让层流机一直处于开状态，以保护未灌装完的瓶。

3. 灌装结束

(1) 关闭燃气、氧气和惰性气体总阀门。

(2) 拆卸灌装泵及管路，移往指定清洁位置清洁、消毒，注意泵体与活塞应配对做好标志，以免混装。

(3) 对储液罐进行清洗、消毒。

(4) 对机器进行清洗、并擦拭干净。

三、维护与保养

(1) 应经常检查燃气头，以火焰的大小判断是否影响封口质量。

(2) 灌封机应在火头上安装排气管，用于排除热量及燃气中少量灰尘，保持室内温度、湿度和清洁，有利于产品质量及工作人员的健康。

(3) 灌封机必须保持清洁，严禁机器上有油污。

(4) 运动部件定期添加润滑油或润滑脂。

四、常见故障及处理方法

1. 冲液现象

冲液是指在灌注过程中，药液从安瓿内冲起溅到瓶颈上方或冲出瓶外的现象。冲液的发生会造成注射液容量不准、封口焦头、封口不严、药液浪费、污染设备及瓶口破裂等问题。

解决冲液现象的措施：①将注射液针头端制成三角形开口、中间并拢的“梅花形”针端，使药液注入时沿瓶身下流，而不直冲瓶底，减少反冲力；②调节注液针头进入安瓿的最佳位置；③改进针头托架运动的凸轮轮廓，加长针头吸液的行程，缩短不给药时的行程，保证针头出液先急后缓。

2. 束液不好

束液是指注液结束时，针头上不得有液滴沾留挂在针尖上。若束液不好，则液滴容易弄湿安瓿颈部，既影响注射剂容量，又会出现焦头或封口时瓶颈破裂等问题。

解决束液不好的主要方法：①改进灌药凸轮的轮廓，使其在注液结束时返回行程缩短，速率快；②使用有毛细孔的单向玻璃阀，使针筒在注液完成后对针筒内的药液有倒吸作用；③在储液瓶和针筒连接的导管上夹一只螺丝夹，以控制束液。

3. 封口质量

安瓿封口应严密、不漏气，顶端应圆整光滑，无尖头和小气泡。封口如不好，则易产生“焦头”“泡头”“瘪头”“尖头”等问题。其产生原因及解决方法如下。

(1) 焦头　产生冲液和束液不好，针头不正、碰到安瓿瓶口内壁，需更换针筒或针头；瓶口粗细不匀，碰到针头，需选用合格的安瓿；灌注与针头行程未配合好，针头升降不灵，需调整修理针头升降机构。

(2) 泡头　燃气太大、火力太旺，需调小燃气；预热火头太高，可适当降低火头位置；主火头摆动角度不当，一般摆 1°～2°角；压脚没压好，使瓶子上爬，应调整上下角度位置；钳子太低，造成钳去玻璃太多，玻璃瓶内药液挥发，压力增加而成泡头，需将钳子调高。

(3) 瘪头　瓶口有水迹或药迹，拉丝后因瓶口液体挥发，压力减少，外界压力大而瓶口倒吸形成瘪头，可调节灌装针头位置和大小，不使药液外冲；回火火焰不能太大，否则使已圆好口的瓶口重熔。

(4) 尖头　预热火焰太大，加热火焰过大，使拉丝时丝头过长，可把燃气调小些；火焰喷嘴离瓶口过远，加热温度过低，应调节中层火头，对准瓶口，离瓶 3～4mm；压缩气压力过大，造成火力太急，温度低于软化点，可将压缩空气量调小一点。

五、相关知识链接——机构

(一) 平面四杆机构

在平面连杆机构中，结构最简单且应用最广泛的是由 4 个构件所组成的平面四杆机构，其他多杆机构均可以看成是在此基础上依次增加杆组而组成的。

1. 平面四杆机构的基本类型

全部用转动副相连的平面四杆机构称为平面铰链四杆机构，简称铰链四杆机构。铰链四杆机构中固定不动的构件称为机架，与机架以转动副相连接的杆称为连架杆。连架杆中能够相对于机架做 360°整圆周运动的构件，称为曲柄；若仅能在小于 360°的某一角度内做往复摆动，则称摇杆。不与机架直接连接的杆称为连杆。一般情况下连杆做平面复杂运动，机构中主动构件的运动和动力都是通过连杆传递给从动构件的。

在铰链四连杆机构中，机架和连杆总是存在的，因此可按连架杆是曲柄还是摇杆，将铰链四连杆机构分为三种基本形式：曲柄摇杆机构、双曲柄机构、双摇杆机构。

(1) 曲柄摇杆机构　在平面四杆机构的两连架杆中，若一个为曲柄，而另一个为摇杆，则此平面四杆机构称为曲柄摇杆机构。当曲柄为主动构件时，可将曲柄的连续转动转换成摇杆的往复摆动。

(2) 双曲柄机构　若平面四杆机构的两连架杆均为曲柄，则此平面四杆机构称为双曲柄

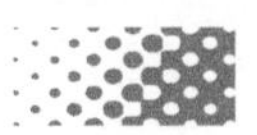

机构。

在双曲柄机构中，若两组对边的构件长度相等，则称为平行四边形机构，如图 9-9 所示。由于这种机构两连架杆的运动完全相同，故连杆始终做平动。它在制药机械领域应用广泛。

图 9-10 所示为注射剂安瓿输送机构。其中，两个移动齿板的作用是搬运安瓿，移动齿板的运动机构是一个正平行四边形机构。在该机构中，移动齿板是连杆，两偏心轴是两个等长的曲柄，而且是两个相同转速和转向的主动件。当两曲柄做等速连续转动时，连杆（移动齿板）做平移运动，将安瓿搬到灌药和封口工位。

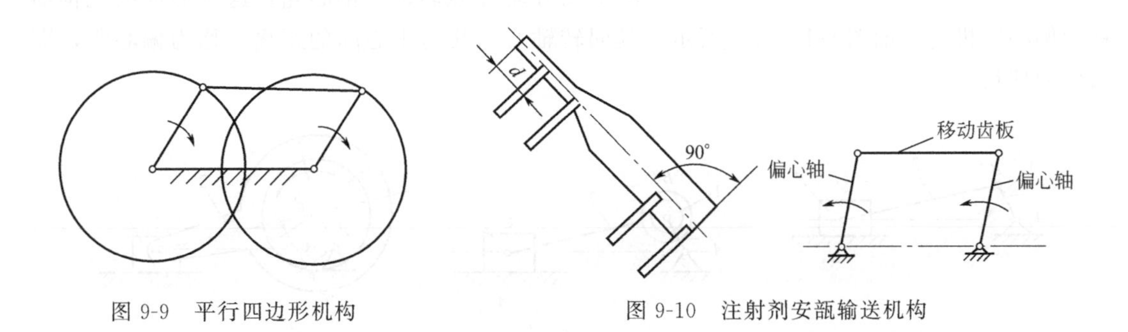

图 9-9　平行四边形机构　　图 9-10　注射剂安瓿输送机构

（3）双摇杆机构　若平面四杆机构的两连架杆均为摇杆，则此平面四杆机构称为双摇杆机构。

2. 平面四杆机构的演化

（1）转动副转化成移动副　除上述铰链四杆机构以外，还有其他形式的四杆机构，如图 9-11 所示的曲柄滑块机构，而这些含有滑块的平面四杆机构均可看成是由上述铰链四杆机构演变而成的。

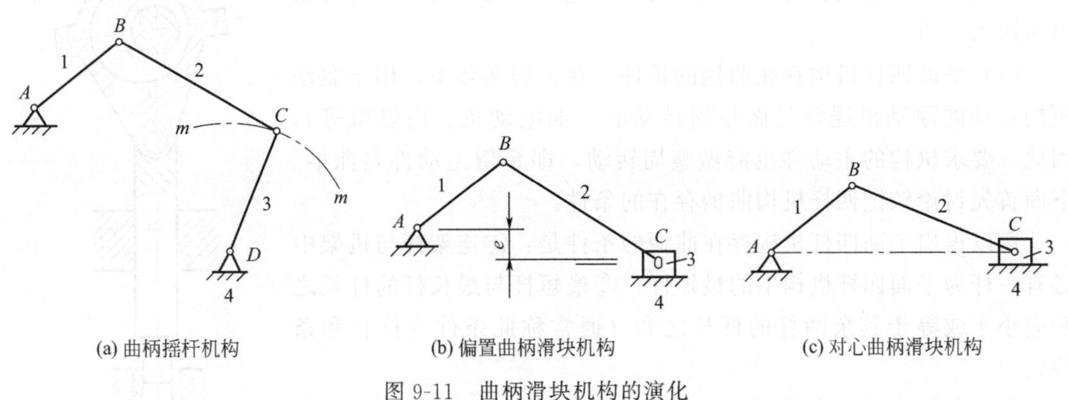

图 9-11　曲柄滑块机构的演化

在图 9-11（a）所示的曲柄摇杆机构中，摇杆 3 上点 C 的运动轨迹是以点 D 为圆心，以摇杆长度 CD 为半径所做的圆弧。若此弧形槽的半径增至无穷大（即点 D 在无穷远处），则弧形槽变成直槽，转动副也就转化成移动副，此时构件 3 也就由摇杆变成了滑块。这样，铰链四杆机构就演变成如图 9-11（b）所示的滑块机构。该机构中的滑块 3 上的转动副中心在定参考系中的移动方位线不通过连架杆 1 的回转中心，称为偏置滑块机构。图 9-11（b）中 e 为连架杆的回转中心至滑块上的转动副中心的移动方位线的垂直距离，称为偏距。在图 9-

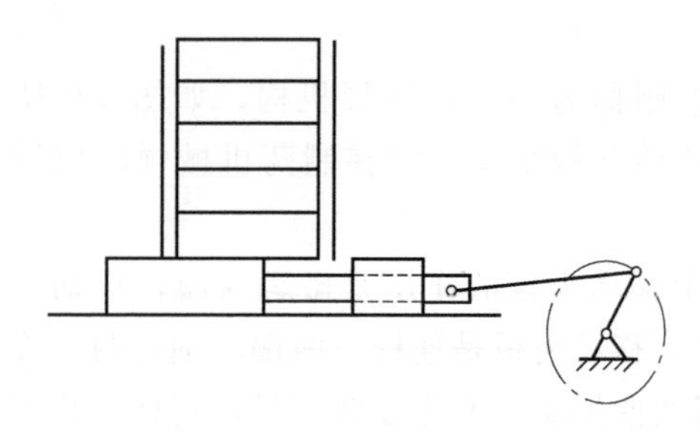

图 9-12　自动送盒机构

11（c）所示的机构中，滑块上的转动副中心的移动方位线通过曲柄的回转中心，称这种滑块机构为对心滑块机构。图 9-12 所示的药厂常用的自动送盒机构就是曲柄滑块机构。

（2）扩大转动副的尺寸　当曲柄滑块机构的曲柄较短时，如图 9-13（a）所示，往往出于工艺、结构及强度等方面的需要，而将回转副 B 的曲柄销半径扩大，如图 9-13（b）所示，到超过曲柄长度使曲柄 1 成为绕 A 点转动的偏心轮，这样形成的机构即称为偏心轮机构，如图 9-13（c）所示，其回转轴心与几何中心间的距离，称为偏心距，即曲柄的杆长。

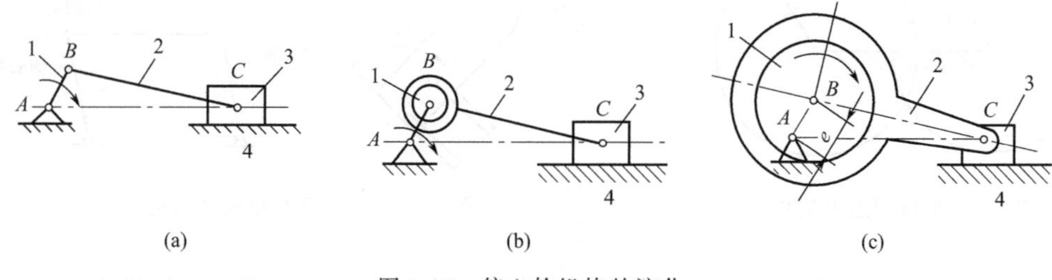

图 9-13　偏心轮机构的演化

偏心轮机构不仅结构简单，而且增大了轴颈尺寸，提高了偏心轮轴颈的强度和刚度，所以它广泛用于承受较大冲击载荷或曲柄长度受到限制的机构中。图 9-14 所示即为偏心轮机构在单冲压片机上的应用——上冲运动机构。

3. 平面四杆机构设计中的共性问题

要设计出性能优良的平面四杆机构，应对其运动特性和传力效果做深入分析。

（1）平面四杆机构存在曲柄的条件　在工程实际中，用于驱动机构运动的原动机通常是做整周转动的（如电动机、内燃机等），因此，要求机构的主动件也能做整周转动，即希望主动件是曲柄。下面首先讨论铰链四杆机构曲柄存在的条件。

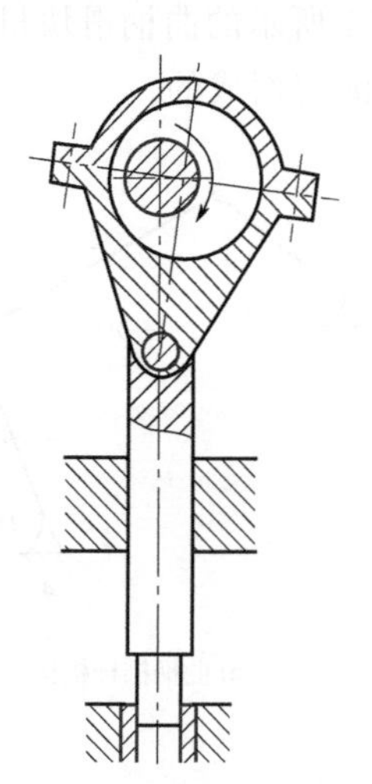

图 9-14　单冲压片机上冲运动机构

可以得出平面四杆机构存在曲柄的条件是：①连架杆与机架中必有一杆为平面四杆机构中的最短杆；②最短杆与最长杆的杆长之和应小于或等于其余两杆的杆长之和（通常称此条件为杆长和条件）。

上述条件表明：当平面四杆机构各杆的长度满足杆长和条件时，其最短杆与相邻两构件分别组成的两转动副都是能做整周转动的“周转副”，而平面四杆机构的其他两转动副都不是“周转副”，即只能是“摆动副”。

前面已讨论过以曲柄摇杆机构为基础选取不同构件为机架，可得到不同形式的平面四杆机构。现根据上述讨论，根据曲柄存在的条件，我们还可以做出以下推论。

① 在平面四杆机构中，如果最短杆与最长杆的长度之和小于或等于其他两杆长度之和，

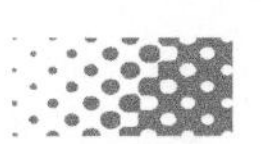

则可有以下三种情况：a. 以最短杆的相邻构件为机架，则最短杆为曲柄，另一连架杆为摇杆，即该机构为曲柄摇杆机构；b. 以最短杆为机架，则两连架杆均为曲柄，即该机构为双曲柄机构；c. 以最短杆的对边构件为机架，则无曲柄存在，即该机构为双摇杆机构。

② 在平面四杆机构中，如果最短杆与最长杆的长度之和大于其他两杆长度之和，则无论选定哪一个构件为机架，均无曲柄存在，即该机构只能是双摇杆机构。

应当指出的是，在运用上述结论判断平面四杆机构的类型时，还应注意四个构件组成封闭多边形的条件，即最长杆的杆长应小于其他三杆长度之和。

(2) 平面四杆机构输出件的急回特性　在图 9-15 所示的曲柄摇杆机构中，当曲柄 AB 为原动件并沿顺时针方向以角速率 ω 做等速转动时，摇杆 CD 为从动件并做往复变速摆动。曲柄在回转一周的过程中，与连杆 BC 有两次共线，这时摇杆 CD 分别位于两个极限位置 C_1D 和 C_2D。当曲柄 AB 从位置 AB_1 顺时针转过 φ_1 角到达位置 AB_2 时，摇杆相应由位置 C_1D 摆动至 C_2D，设其所需时间为 t_1，则点 C 的平均速率为 v_1。当曲柄 AB 从位置 AB_2 再顺时针转过 φ_2 角回到位置 AB_1 时，摇杆自位置 C_2D 摆回至 C_1D，设其所需时间为 t_2，则点 C 的平均速率为 v_2。

由图 9-15 可以看出，曲柄相应的两个转角 φ_1 和 φ_2 分别为 $\varphi_1=180°+\theta$，$\varphi_2=180°-\theta$，显然 $\varphi_1>\varphi_2$。式中，θ 为摇杆处于两极限位置时对应的曲柄位置线所夹的锐角，称为极位夹角。

根据 $\varphi_2=\omega t$ 可知 $t_1>t_2$，故有 $v_1<v_2$。由此可知，当曲柄等速转动时，摇杆来回摆动的平均速率不同，一快一慢。有些机器（如刨床），要求从动件工作行程的速率低一些（以便提高加工质量），而为了提高机械的生产效率，要求返回行程的速率高一些，即应使机构的慢速运动的行程为工作行程，而快速运动的行程为空回行程，这种运动特性称为摇杆的急回特性。为了表明急回运动的特征，引入机构输出件的行程速率变化系数 k。k 的值为空回行程和工作行程的平均速率 v_2 与 v_1 的比值，即 $k=\dfrac{v_2}{v_1}=\dfrac{t_1}{t_2}=\dfrac{\varphi_1}{\varphi_2}=\dfrac{180°+\theta}{180°-\theta}$

或
$$\theta=180°\frac{k-1}{k+1} \tag{9-1}$$

综上所述，平面四杆机构具有急回特性的条件是：①原动件做等角速率整周转动；②输出件做具有正、反行程的往复运动；③极位夹角 $\theta>0°$，且 θ 越大，急回特性越显著。

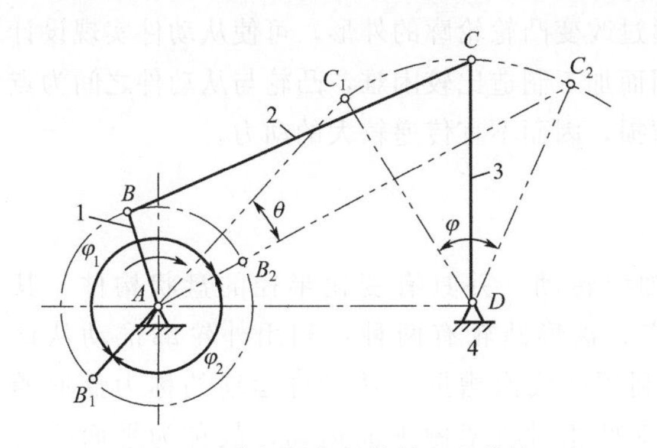

图 9-15　曲柄摇杆机构的急回特性

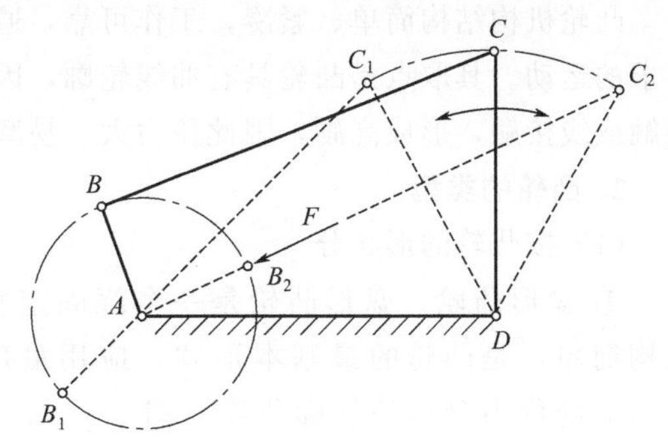

图 9-16　曲柄摇杆机构的死点位置

(3) 平面四杆机构的“死点”位置　在图 9-16 所示的曲柄摇杆机构中，取摇杆 CD 为主动件，曲柄 AB 为从动件，当摇杆 CD 处于正 C_1D、C_2D 两极限位置时，连杆 BC 与从

动件曲柄 AB 出现两次共线，如不计各运动副中的摩擦和各杆件的质量，则主动件通过连杆传给从动件的驱动力必通过从动件铰链的中心，也就是说驱动力对从动件的回转力矩等于零。此时，无论给机构主动件上的驱动力或驱动力矩有多大，均不能使机构运动，这两个位置称为“死点”位置。

实际应用中，在死点位置常使用机构从动件无法运动（自锁状态）或出现运动方向的不确定现象。

对于传动机构，机构具有“死点”位置是不利的，应该采取措施使机构顺利通过“死点”位置。对于连续运转的机构，可利用机构的惯性来通过“死点”位置。缝纫机就是借助带轮（即曲柄）的惯性通过“死点”位置的。

机构的“死点”位置并非总是起消极作用的。在工程实践中，不少场合要利用“死点”位置来满足一定的工作要求。例如，钻床上夹紧工件的快速夹具，就是利用“死点”位置夹紧工件的一个例子。

（二）凸轮机构

凸轮机构是具有曲线轮廓或凹槽的构件，通过高副接触带动从动件实现预期运动规律的一种高副机构。它广泛地应用于各种机械，特别是自动机械、自动控制装置和装配生产线中。如药物制剂设备中胶囊机、安瓿灌封机、气流分装机等均采用了凸轮机构。在自动化的机械中，当需要从动件按照复杂的运动规律运动，或从动件的位移、速度、加速度按照预定的规律变化时，都经常采用凸轮机构。

1. 凸轮机构的组成

图 9-17 所示为安瓿灌封机药液计量装置，其运动是通过凸轮、扇形板和一杠杆机构实现的。当凸轮 4 转动时，通过扇形板 3 使从动顶杆 2 做上下往复运动。从动顶杆的顶端连接着杠杆，杠杆的另一端连接计量泵活塞。通过杠杆机构使计量泵的活塞向上或向下移动，吸取或压出药液。

凸轮机构中必须有一个具有曲线轮廓且作为高副元素的构件（即凸轮），与之形成高副接触的从动件的运动规律完全是由凸轮的轮廓曲线决定的。凸轮机构主要由凸轮、从动件和机架三个基本构件组成。在凸轮机构中，凸轮通常作主动件并做等速回转或移动，借助其曲线轮廓（或四槽）使从动件做相应的运动（摆动或移动）。

凸轮机构结构简单、紧凑，工作可靠，通过改变凸轮轮廓的外形，可使从动件实现设计要求的运动。其取点是凸轮具有曲线轮廓，因而加工制造比较困难，凸轮与从动件之间为点接触或线接触，形成高副，因此压力大、易磨损，因而不宜传递较大的动力。

2. 凸轮的类型

（1）按凸轮的形状分

① 盘形凸轮。盘形凸轮是一个绕固定轴线转动、并具有变化半径的盘状构件。其机构简单，是凸轮的最基本形式，应用最广。盘形凸轮有两种：利用外轮廓推动从动件运动的称为盘形外轮廓凸轮（图 9-17）；利用曲线沟槽推动从动件运动的称为盘形槽凸轮（图 9-18）。这种凸轮机构的凸轮与从动件相对机架做平面运动，故称为平面凸轮机构。

② 移动凸轮。移动凸轮相对机架做直线移动（图 9-19）。这种凸轮可以看成回转轴心在无穷远处的盘形凸轮。所以，这种凸轮机构亦称为平面凸轮机构。

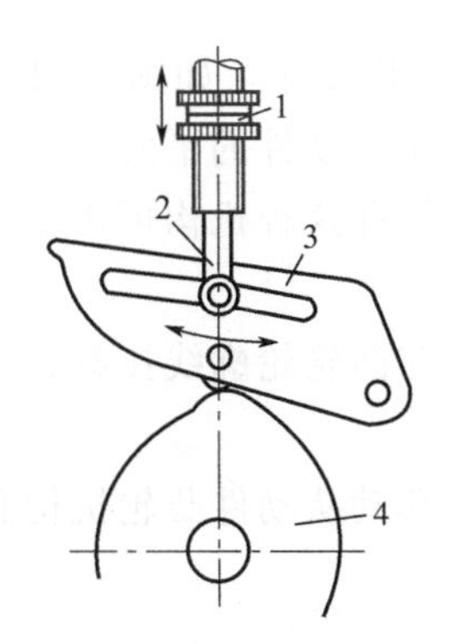

图 9-17　安瓿灌封机药液计量装置

1—螺帽；2—从动顶杆；
3—扇形板；4—凸轮

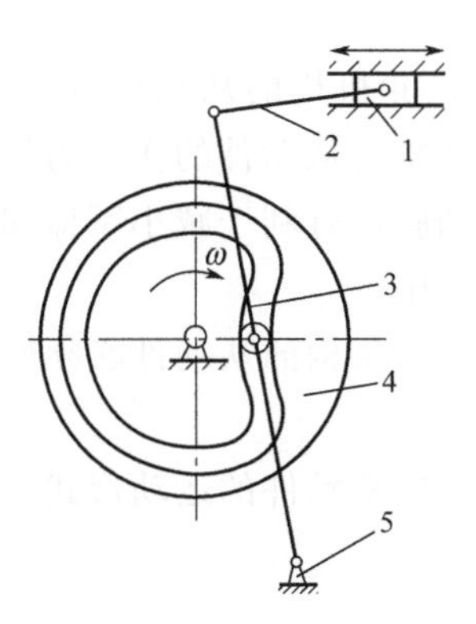

图 9-18　送料机构

1—滑块；2—连杆；3—摆杆；
4—盘形槽凸轮；5—机架

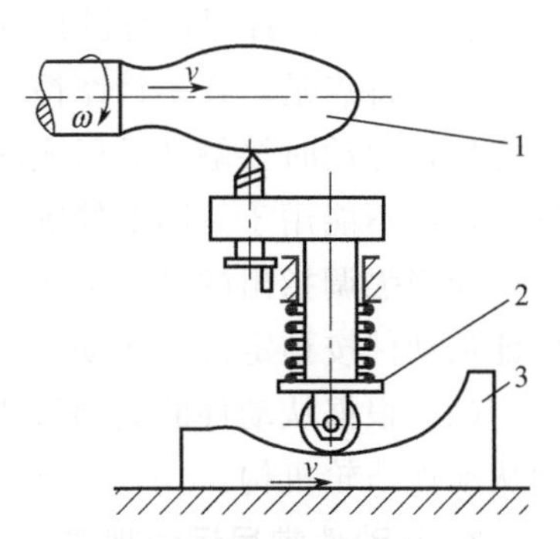

图 9-19　采用靠模的车削手柄装置

1—工件；2—从动件（刀架）；
3—移动凸轮

③ 圆柱凸轮。凸轮的轮廓曲线位于圆柱面上，并绕其轴线旋转。这种凸轮可视为将移动凸轮轮廓曲线绕在圆柱体上形成的，即是在圆柱体上开曲线槽或把圆柱体的端面做成曲面形状而制成的凸轮（图 9-20）。这种凸轮机构的凸轮与从动件的运动平面互不平行，所以是一种空间凸轮机构。

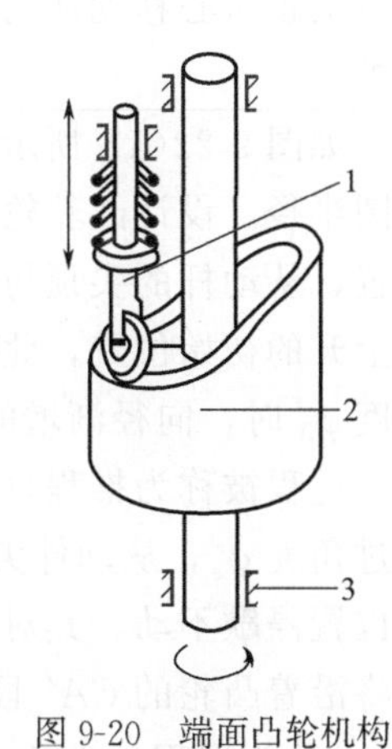

图 9-20　端面凸轮机构

1—从动件；
2—端面凸轮；3—机架

空间凸轮中还有锥体凸轮和球体凸轮等类型，应用较少。

(2) 按从动件上高副元素的几何形状分

① 尖顶从动件凸轮机构。这种凸轮机构的特点是，从动件的尖顶能与任何曲线形状的凸轮轮廓保持接触，从而能保证从动件按预定规律运动，如图 9-21 (a) 所示。其缺点是易磨损，故在实际工程中很少采用。

② 曲面从动件凸轮机构。为了克服尖端从动件的缺点，可以把从动件的端部做成曲面形状，如图 9-21 (b) 所示，称为曲面从动件。这种结构形式的从动件在生产中应用较多。

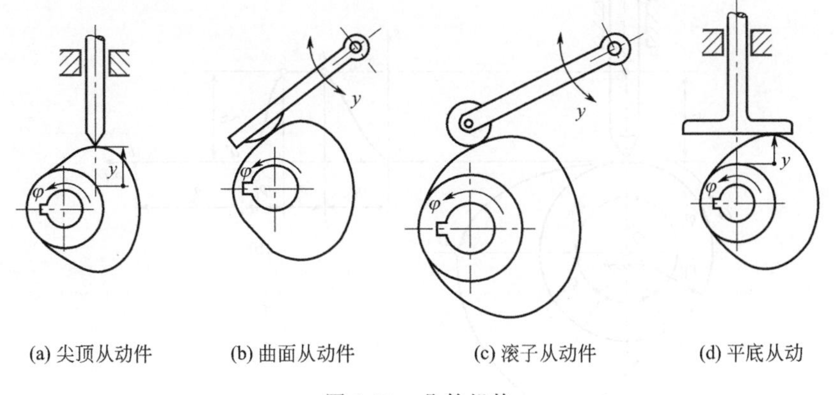

图 9-21　凸轮机构

③ 滚子从动件凸轮机构。这种凸轮机构的从动件端部铰接有滚子，如图 9-21 (c) 所示，由滚子与凸轮轮廓接触，摩擦、磨损小，应用较广泛。但从动件端部的自重较大，故这

种机构不宜用于高速场合。

④ 平底从动件凸轮机构。这种凸轮机构的从动件以端平面与凸轮接触，如图 9-21（d）所示。其特点是，在不计摩擦时，凸轮对从动件的作用力始终垂直于从动件的平底，故传力性能好，运动时接触处易形成润滑油膜，有利于减小摩擦和磨损。因此这种机构可用于高速场合，但不能用于有凹形轮廓的凸轮中。

应当强调指出的是，上述各种凸轮机构的从动件必须始终保持与凸轮轮廓线接触，才能保证从动件按预定规律运动。

（3）根据从动件的运动形式分　按从动件的运动形式，可分为移动从动件凸轮机构和摆动从动件凸轮机构。

3. 从动件常用运动规律

凸轮机构是由凸轮、从动件和机架这三个基本构件组成的一种高副机构。凸轮通常做连续的等速转动，而从动件则在凸轮轮廓的控制下，按预定的运动规律做往复移动或摆动。下面以尖顶对心移动从动杆盘状凸轮机构为例，说明从动件的运动规律与凸轮轮廓线之间的相互关系。

如图 9-22(a) 所示，以凸轮轮廓最小向径 r_b 为半径所做的圆称为凸轮的基圆，r_b 称为基圆半径。设计凸轮轮廓曲线时，首先要确定凸轮的基圆，它是设计凸轮的基准圆。在图示位置，从动杆的尖顶与凸轮轮廓上的 A 点（基圆与轮廓 AB 的连接点）相接触，即为从动杆上升的初始位置，此时，尖顶位于离凸轮轴心 O 最近位置。当凸轮以 ω 逆时针方向转过角度 φ_0 时，向径渐增的轮廓 AB 将从动杆以一定的运动规律推到离凸轮中心最远的点 B'，这一过程被称为推程阶段。在此阶段，凸轮的相应转角 φ_0 被称为推程运动角。当凸轮继续转过角度 φ_s，从动件尖顶与凸轮上圆弧段轮廓 BC 接触时，从动件在离凸轮回转中心最远的位置停歇不动，其对应的凸轮转角 φ_s 称为远休止角。当凸轮再继续转过 φ_h 角时，从动件将沿着凸轮的 CA' 段轮廓从最高位置回到最低位置，这一过程称为回程，凸轮的相应转角 φ_h 称为回程运动角。同理，当基圆上 $A'A$ 段圆弧与尖顶接触时，从动件处于距凸轮中心最近的位置停歇不动，其对应的凸轮转角 φ_s' 称为近休止角。在推程或回程中从动件运动的最大位移称为行程，用 h 来表示。当凸轮连续回转时，从动件重复上述运动。

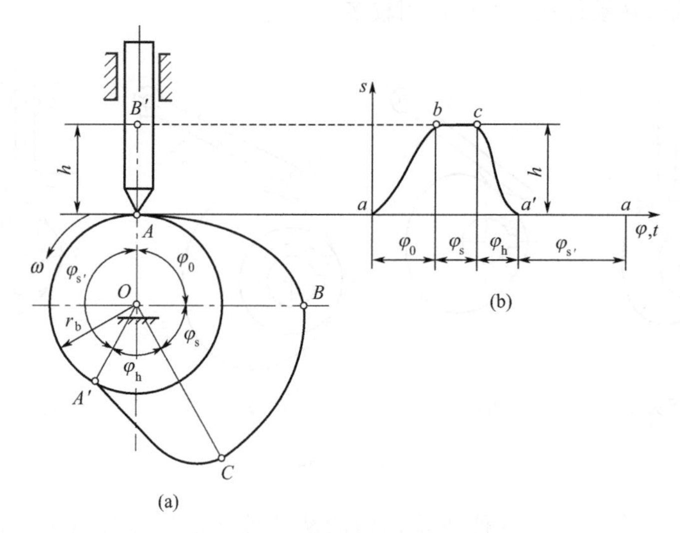

图 9-22　凸轮机构的工作原理

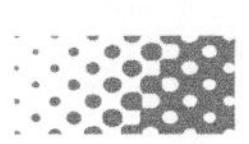

从动件位移 s 与凸轮转角 φ 之间的对应关系可用图 9-22(b) 所示的从动件位移线图表示：横坐标表示凸轮转角 φ，因为大多数凸轮做等角速转动，其转角和时间呈正比，因此该线图横坐标也表示时间 t；线图的纵坐标表示从动件的位移 s（对于摆动从动件凸轮机构，纵坐标表示从动件的角位移 ψ）。从动件位移线图反映了从动件的位移变化规律，根据位移变化规律，还可以求出速率和加速度变化规律。当凸轮回转一周时，在从动件的运动过程中，其位移 s、速率 v、加速度 a 等运动量随凸轮转角 φ 变化的规律统称为从动件的运动规律。

从上面的分析可以看出，从动件的运动规律取决于凸轮的轮廓曲线形状；反过来，要想实现从动件某种运动规律，就要设计出与之对应的凸轮轮廓曲线。从动件常用运动规律：等速运动、等加速等减速运动、余弦加速度运动（间歇运动）等。

（三）齿轮传动

1. 齿轮传动的特点

齿轮传动是现代机械中应用最广泛的传动机构之一。它是利用齿轮副来传递运动和动力的机械传动。齿轮传递除传递回转运动外，也可以用来把回转运动转变为直线往复运动（如齿轮齿条传动）。

齿轮传动的主要优点：①适用的圆周速率和功率范围广，速率可达 300m/s，功率可达 1×10^5kW；②效率较高，一般 $\eta=0.94\sim0.99$；③传动比准确，瞬时传动比为常数；④结构紧凑，寿命较长，工作可靠性较高；⑤可实现平行轴、任意角相交轴和任意角交错轴之间的传动。

齿轮传动的主要缺点：①要求较高的制造和安装精度，成本较高；②精度低时，震动和噪声较大，不适宜远距离两轴之间的传动。

2. 齿轮传动的分类

齿轮传动的类型很多，最常见的是两轴线相互平行的圆柱齿轮传动、两轴线相交的圆锥齿轮传动及两轴线交错在空间既不平行也不相交的螺旋齿轮传动。齿轮机构的类型见表 9-2。根据传动过程中两个齿轮轴线的相对位置，齿轮传动可分为三种：圆柱齿轮传动、圆锥齿轮传动和蜗杆蜗轮传动。圆柱齿轮传动用于两轴线平行时的传动，其齿轮有直齿、斜齿和人字齿三种；圆锥齿轮传动用于两轴线相交时的传动；蜗杆蜗轮传动用于两轴线交错时的传动。

3. 渐开线齿廓的形成及其性质

渐开线齿廓不仅能满足传动平稳的基本要求，而且具有易于制造和安装的优点，应用广泛。

（1）渐开线的形成及其性质

① 渐开线的形成。如图 9-23(a) 所示，当一直线 n_1n_2 沿着一个固定的圆周做纯滚动时，该直线上任意点 K 在平面上的轨迹 AK 曲线就是这个圆的渐开线。这个固定的圆称为渐开线的基圆，它的半径用 r_b 表示，直线 n_1n_2 叫作渐开线的发生线。

② 渐开线的性质。根据渐开线形成的过程，可知渐开线具有以下性质。

a. 发生线沿基圆上滚过的线段长度，等于基圆上被滚过的圆弧长，即 $l_{NK}=l_{NA}$。

b. 渐开线上任意点的法线必与其基圆相切。因为发生线在基圆上做纯滚动，所以它与基圆的切点 N 就是渐开线上点 K 的瞬时速率中心，发生线 NK 就是渐开线上 K 点的法线，同时也是基圆在点 N 的切线。

表 9-2　齿轮机构的类型

<table>
<tr><td rowspan="6">平面齿轮机构</td><td colspan="3">传递平行轴运动的外啮合齿轮机构</td></tr>
<tr><td>直齿</td><td>斜齿</td><td>人字齿</td></tr>
<tr><td></td><td>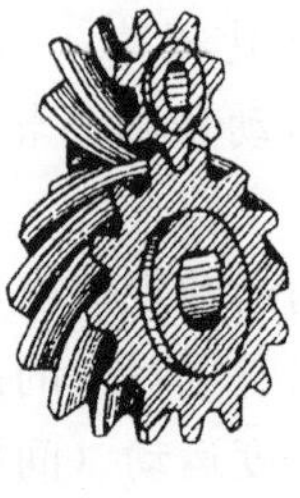</td><td>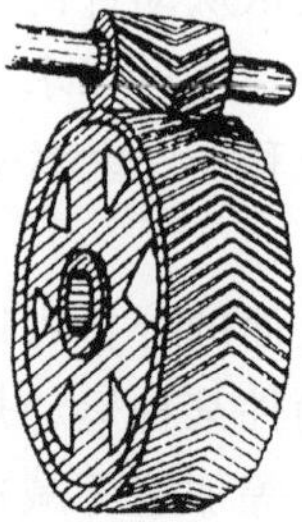</td></tr>
<tr><td colspan="2">传递平行轴运动的内啮合齿轮机构</td><td>齿轮齿条机构</td></tr>
<tr><td colspan="2"></td><td>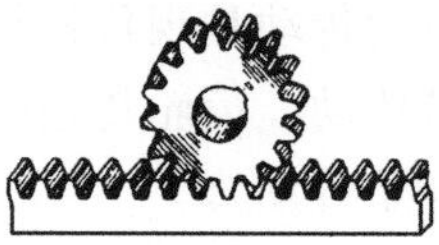</td></tr>
<tr><td colspan="3"></td></tr>
<tr><td rowspan="6">空间齿轮机构</td><td colspan="3">传递相交轴运动的外啮合圆锥齿轮机构</td></tr>
<tr><td>直齿</td><td>斜齿</td><td>曲齿</td></tr>
<tr><td>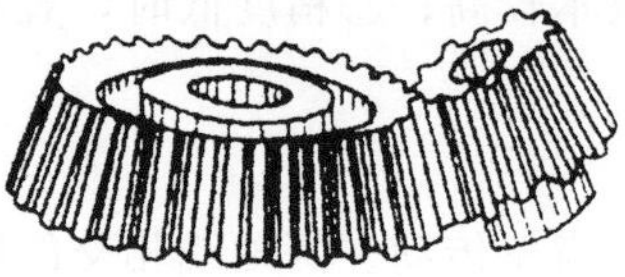</td><td></td><td>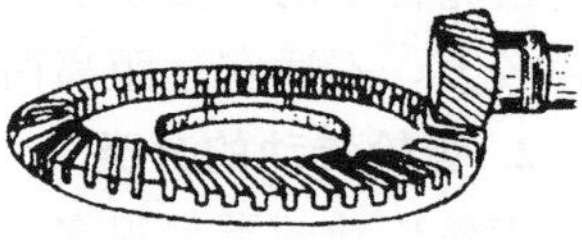</td></tr>
<tr><td colspan="3">传递交错轴运动的外啮合齿轮机构</td></tr>
<tr><td colspan="2">斜齿</td><td>蜗轮蜗杆</td></tr>
<tr><td colspan="2">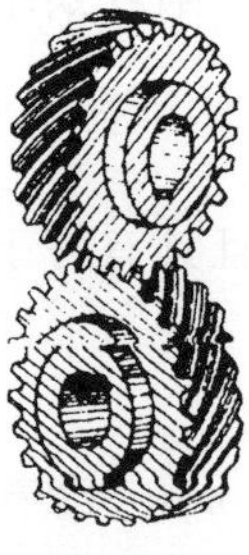</td><td>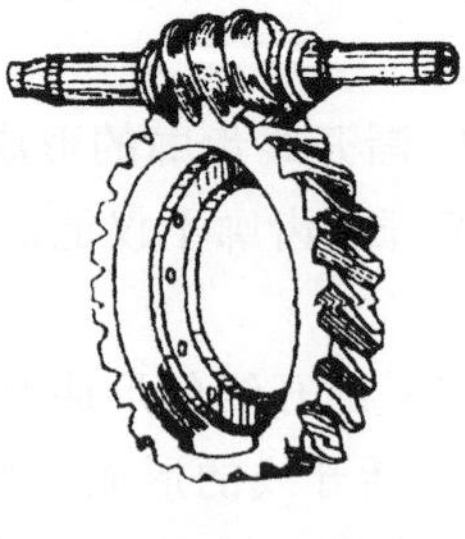</td></tr>
</table>

c. 渐开线的形状取决于基圆的大小。如图 9-23(b) 所示，基圆相同，渐开线形状相同。基圆越小，渐开线越弯曲；基圆越大，渐开线越趋平直。当基圆半径趋于无穷大时，渐开线呈直线，这种直线型的渐开线就是齿条的齿廓曲线。

d. 基圆内无渐开线。渐开线是从基圆开始向外展开的，所以基圆以内没有渐开线。

e. 渐开线上各点的曲率半径不相等。如图 9-23 (a) 所示，切点 N 就是渐开线上点 K 的曲率中心，NK 是渐开线上点 K 的曲率半径。离基圆越近，曲率半径越小。

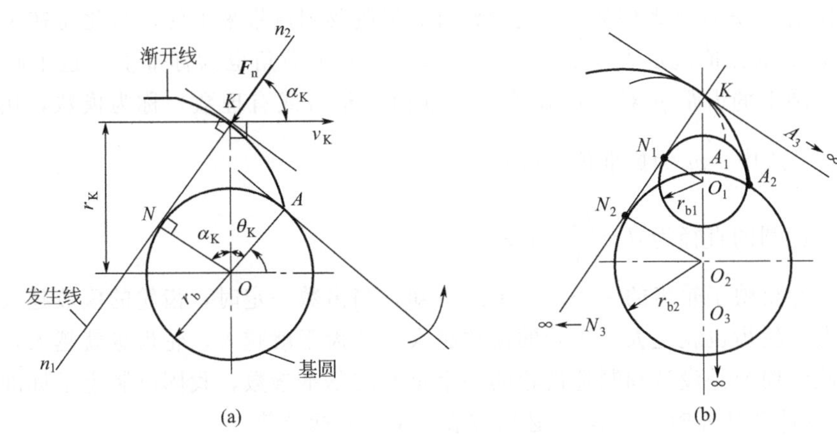

图 9-23　渐开线的形成

（2）渐开线齿廓的啮合特性

① 传动比恒定。图 9-24 所示为一对渐开线齿轮的啮合过程。N_1N_2 为两齿轮基圆的内公切线，它与两齿轮中心的连线 O_1O_2 相交于 P 点。设在某瞬间两轮齿廓在 K 点接触，K 点称为啮合点。由渐开线的性质可知，N_1N_2 是两齿廓在啮合点的公法线，也是两齿轮基圆的内公切线。因此，渐开线齿廓的啮合点 K 始终沿着 N_1N_2 移动，即 N_1N_2 是啮合点 K 的轨迹，称为理论啮合线。啮合线与两轮中心连线的交点 P 称为节点心以 O_1O_2 为圆心、过节点 P 所做的两个相切的圆称为节圆。过 P 点的两节圆的公切线（即 P 点处的运动方向）与啮合线 N_1N_2 所夹的锐角 α，称为啮合角。

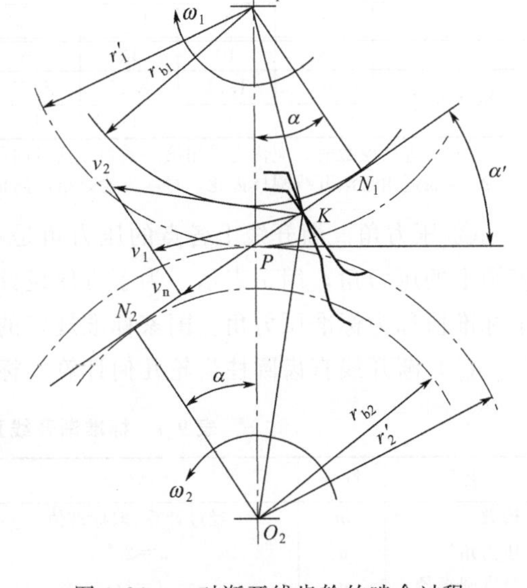

图 9-24　一对渐开线齿轮的啮合过程

渐开线齿轮传动的传动比与基圆半径成反比。由于基圆半径是定值，故齿轮传动的传动比恒定不变。$i_{12}=\frac{\omega_1}{\omega_2}=\frac{\overline{O_2C}}{\overline{O_1C}}=\frac{r_{b2}}{r_{b1}}=$常数。

② 中心距具有可分性。由于齿轮传动的传动比 i 与两轮基圆半径成反比，且为常数，所以当渐开线齿轮加工完成之后，其基圆的大小就已确定了。对于基圆半径已确定的齿轮副，即使两齿轮实际中心距与设计中心距略有变化，也不会影响两轮的传动比，渐开线齿轮传动的这一特性称为中心距可分性。这给齿轮的制造、安装和使用带来很大的方便。

4. 渐开线直齿圆柱齿轮传动的基本参数和几何尺寸

（1）直齿圆柱齿轮的基本参数

① 齿数。一个齿轮的轮齿总数，用 z 表示。

② 模数。是齿轮几何尺寸计算中最基本的一个参数。根据分度圆圆的周长和齿距的定义可知：$\pi d=zp$，因此，有 $d=\frac{p}{\pi}z$。

式中，比值 p/π 含有无理数 π，这给设计、制造及测量带来不便，为此需在齿轮上取一圆，将该圆 p/π 的比值规定为标准值，并使该圆上的压力角也为标准值，这个圆即为分度圆。规定分度圆上的齿距 p 对 π 的比值为标准值（整数或有理数）称为模数，用 m 表示，即令：$\frac{p}{\pi}=m$。式中，m 为标准值，mm。

因此，分度圆的直径为 $d=\frac{pz}{\pi}=mz$。

模数间接地反映了轮齿的大小。由上式可知，当齿数一定时，齿轮的模数越大，其分度圆直径就越大，轮齿也就越大。齿轮的模数越大，其齿距就越大，轮齿也就越大，承载能力就越大。因此，模数是设计和制造齿轮的一个重要的基本参数，我国已制定了标准模数系列（表 9-3）。在设计和计算时，模数 m 必须按表 9-3 选取标准值。

表 9-3　标准模数系列

系列	标准值									
第一系列	…	1	1.25	1.5	2	2.5	3	4	5	6
	8	10	12	16	20	25	32	40	50	…
第二系列	…	1.75	2.25	2.75	(3.25)	3.5	(3.75)	4.5	5.5	(6.5)
	7	9	(11)	14	18	22	28	36	45	…

注：1. 选用模数时，应优先采用第一系列，括号内的模数尽可能不用。
2. 本表适用于渐开线圆柱齿轮，对斜齿轮是指法向模数。

③ 压力角。渐开线上各点的压力角是不同的，通常所说的压力角（齿轮压力角）指分度圆上的压力角，用 α 表示。为了方便设计和制造，将齿轮分度圆上的压力角为标准值，这个标准值称为标准压力角。国家标准规定的标准压力角 α 为 20°。

（2）渐开线直齿圆柱齿轮几何计算　标准渐开线直齿圆柱齿轮几何计算公式见表 9-4。

表 9-4　标准渐开线直齿圆柱齿轮几何计算公式

名称	符号	计算公式	名称	符号	计算公式
模数	m	经过计算,取标准值	齿厚	s	$S=p/2=\pi m/2$
压力角	α	$\alpha=20°$	槽宽	e	$e=p/2=\pi m$
分度圆直径	d	$d=mz$	齿顶高	h_a	$h_a=h_a^* m=m$
齿顶圆直径	d_a	$d_a=d+2h_a=m(z+2)$	齿根高	h_f	$h_f=(h_a^*+c^*)m=1.25m$
齿根圆直径	d_f	$d_f=d-2h_f=m(z-2.5)$	全齿高	h	$h=h_a+h_f=2.25m$
基圆直径	d_b	$d_b=d\cos\alpha=mz\cos\alpha$	标准中心距	a	$a=d_1/2+d_2/2=m(z_1+z_2)/2$
齿距	p	$p=\pi m$			

（3）渐开线直齿圆柱齿轮的正确啮合条件和连续传动条件

① 正确啮合条件。一对齿轮能连续顺利传动，是依靠两齿轮的轮齿依次正确啮合互不干涉而实现的。在齿轮传动时，它的每一个轮齿在啮合一段时间以后便要分离，而由后一对轮齿来接替。为保证传动时不出现因两齿廓局部重叠或侧隙过大而引起的卡死或冲击现象，必须考虑齿轮轮齿的大小，以及沿圆周如何分布才能使轮齿依次正确啮合的问题。

设 m_1、m_2 和 α_1、α_2 分别为两齿轮的模数和压力角，则一对渐开线直齿圆柱齿轮的正确啮合条件是：两个齿轮的模数和压力角必须分别相等，并等于标准值，即

$$\begin{cases} m_1=m_2=m \\ \alpha_1=\alpha_2=\alpha \end{cases}$$

② 连续传动条件。为使齿轮连续地进行传动，必须保证在前一对轮齿尚未结束啮合时，

后一对轮齿已进入啮合。任何瞬间啮合的轮齿对数必须有一对或一对以上，从而保证传动的连续性，否则就会产生间歇运动或发生冲击。传动的连续性可用重合度 ε 定量反应，它表示一对齿轮在啮合过程中，同时参与啮合的轮齿的平均对数。因此，连续传动条件为：重合度大于或等于1，即 $\varepsilon \geqslant 1$。

理论上，当重合度 $\varepsilon=1$ 时，前一对轮齿啮合终止的瞬间，后一对轮齿正好开始啮合。但由于制造、安装误差的影响，实际上必须使 $\varepsilon>1$，才能可靠地保证传动的连续性，重合度 ε 越大，传动越平稳。

5. 齿轮传动的失效形式

齿轮的轮齿是齿轮直接参与工作的部分，所以齿轮的失效主要是指轮齿的失效。常见的轮齿失效形式有：轮齿折断、齿面点蚀、齿面胶合、齿面磨损和轮齿塑性变形等。

(1) 轮齿折断　轮齿折断一般发生在齿根部分，它有疲劳折断和过载折断两种。提高轮齿抗折断能力的措施列举如下。

① 应使齿根弯曲应力不超过许用值。

② 增大齿根过渡圆角半径和齿厚，消除加工刀痕，减小齿根应力集中。

③ 降低表面粗糙度值，提高齿轮制造和安装精度。

④ 增大轴及支承的刚度，使轮齿接触线上受载较为均匀。

⑤ 采用合适的热处理方法，使轮齿芯部材料具有足够的韧性。

⑥ 采用合适的材料。

(2) 齿面点蚀　轮齿工作时，齿面接触应力按脉动循环变化，如果工作齿面接触应力的最大值超过了齿面的接触疲劳极限应力值，则在工作一定时间以后，齿面上将产生不规则细线状的疲劳裂纹（微裂纹），高压油挤压使裂纹逐步扩展，齿面金属微粒剥落而形成麻点。这种齿面呈麻点状的齿面疲劳破坏，称为疲劳点蚀。提高齿面抗疲劳点蚀的能力，可以通过提高齿面硬度、降低齿面粗糙度值、采用黏度较高的润滑油及进行合理的变位等方法。

(3) 齿面胶合　齿面胶合是互相啮合轮齿的表面在一定的压力下直接接触而发生黏着，并随着轮齿的相对运动，发生齿面金属撕脱或转移的一种黏着磨损现象。

防止齿面胶合的措施：①提高齿面硬度；②减小齿面粗糙度；③增加润滑油黏度，低速；④加抗胶合添加剂。

(4) 齿面磨损　当铁屑、粉尘等微粒进入齿轮的啮合部位时，将引起齿面的磨粒磨损。在开式传动中，磨损将会更加迅速和严重。齿面磨损后，齿厚减薄，渐开线齿廓被破坏，使传动产生冲击和噪声。

采取的措施：①减小齿面粗糙度；②改善润滑条件，清洁环境；③提高齿面硬度。

(5) 轮齿塑性变形　由于轮齿齿面间过大的压应力及相对滑动和摩擦造成两齿面的相互碾压，以致齿面材料而产生沿摩擦力方向的塑性变形，称为轮齿塑性变形。

六、拓展知识链接——安瓿洗、烘、灌封联动机

安瓿洗、烘、灌封联动机是目前针剂生产较为先进的生产设备，将安瓿洗涤、烘干灭菌及药液灌封三个步骤联合起来的生产线，减少了半成品的中间周转，将药物受污染的可能降低到最小限度。联动机由安瓿超声波清洗机、安瓿隧道灭菌机和安瓿多针拉丝灌封机三部分组成，外形及结构如图 9-25 所示。安瓿洗、烘、灌封联动机特点如下。

(1) 采用了先进的超声波清洗，多针水气交替冲洗，热空气单向流灭菌，单向流净化，

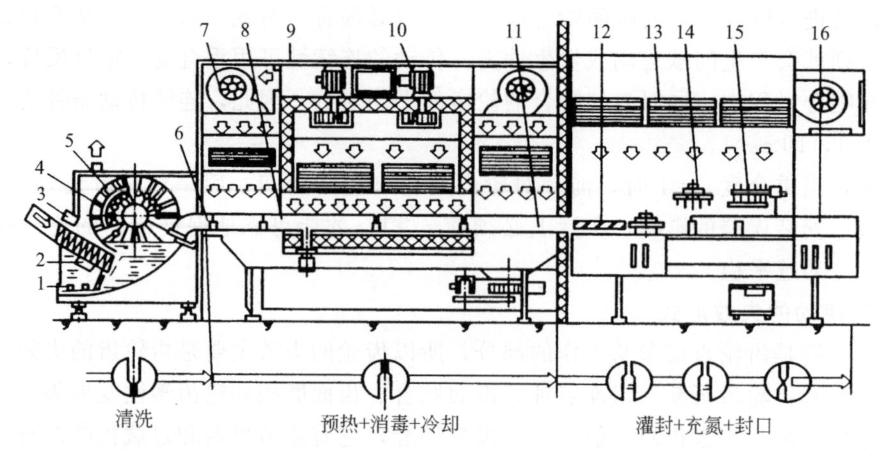

图 9-25　安瓿洗、烘、灌封联动机的外形及结构

1—水加热器；2—超声波换能器；3—喷淋水；4—冲水，气喷嘴；5—转鼓；6—预热区；7,10—风机；8—高温灭菌区；9—高温高效过滤器；11—冷却区；12—不等距螺杆分离；13—洁净层流罩；14—充气灌药；15—拉丝封口；16—成品出口

多针灌封和拉丝封口等先进的生产工艺和技术。

(2) 生产过程是在密闭或层流条件下工作的，符合 GMP 要求。

(3) 设备紧凑，节省场地，生产能力高；减少中间环节，避免交叉污染，提高了注射剂的质量。

(4) 采用了先进的电子技术和微机控制，实现机电一体化，使整个生产过程自动平衡、监控维护、自动控温、自动记录、自动报警和故障显示，减轻了劳动强度，减少了操作人员。

(5) 适合于 1mL、2mL、5mL、10mL、20mL 五种安瓿规格，通用性强，规格更换件少。

(6) 不过，安瓿洗、烘、灌封联动机价格昂贵，部件结构复杂，对操作人员的管理知识和操作水平要求较高，设备维修也特别困难。

目标检测

1. 在超声波洗瓶时，出现很多碎瓶，请分析原因并提出解决办法。

2. 某药厂在使用安瓿灌封机生产水针剂过程中，出现了焦头和泡头现象。请根据所学内容，分析产生焦头和泡头的原因，找出解决方法。

3. 某药厂在使用安瓿灌封机生产水针剂灌封过程中，发现装量差异大，造成装量不准确，如何调节？

4. 你所实践的注射剂车间布局有何特点？有哪些注射剂生产设备？

5. 根据实践观察，叙述你所见到的主要注射剂生产设备的基本结构、工作原理、主要操作步骤及操作注意事项。

6. 简述平面四杆机构的分类、各自特点与判别方法。

7. 简述凸轮机构的分类与特点。

8. 简述齿轮机构的分类与特点。

PPT 课件

模块十
大容量注射剂生产设备

学习目标

学习目的： 掌握输液瓶的洗涤设备、灌装设备和封口设备的基本知识，为从事洗瓶、灌装和封口岗位操作设备、维护保养设备奠定基础。

知识要求： 掌握滚筒式洗瓶机、箱式洗瓶机、量杯负压灌装机、计量泵注射式灌装机的结构和工作原理。

熟悉T形塞的塞塞原理、翻边形胶塞的塞塞和翻塞原理、轧盖机的轧盖原理。

了解大输液生产工艺、塑料袋装大容量注射剂的生产设备。

能力要求： 学会大输液生产车间洗瓶机、灌封机的标准操作，以及设备的清洁、维护和保养。

项目一　大输液瓶清洗设备的操作与养护

一、操作前准备知识

（一）大容量注射剂工艺概述

大容量注射剂是指由静脉及胃肠道以外的其他途径滴注输入体内的大剂量注射液。按照国家标准，输液剂有50mL、100mL、250mL、500mL、1000mL 5种规格。输液剂的包装容器目前常用的是玻璃瓶、塑料瓶和塑料袋三种。输液剂的制备主要采用可灭菌生产工艺，即先将配制好的药液灌封于包装容器内，再用蒸汽热压灭菌。玻璃瓶输液剂工艺流程如图10-1所示。

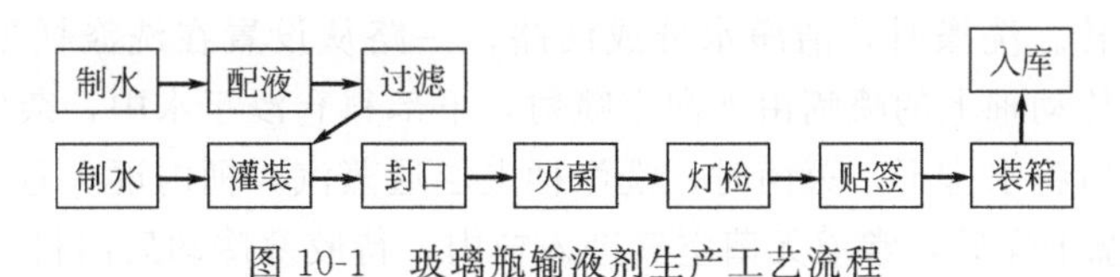

图10-1　玻璃瓶输液剂生产工艺流程

配液是保证药品质量的首要环节。配液工序应具备空气净化条件，防止外界空气污染。配液设备的材料应无毒、防腐蚀，接触药液的零件表面光洁、无积液死角、清洗方便。我国输液剂配液工艺用得最普遍的是“先浓配，再稀配”。配液容器多采用优质不锈钢制作。稀配的设备容积按每批产量确定，然后再按浓度计算出浓配罐的容积。配液后采用与灌装产量相匹配的不锈钢管道及输送泵，和粗、精两道过滤，将输液药品送入灌装工序的储液槽。粗过滤是除去药液中的活性炭和粗颗粒，精过滤是除尽药液中的不溶性物质，一般采用0.22μm除菌级滤芯，保证药液质量。配料罐是带有搅拌的密闭的不锈钢罐体，内壁抛光，适合各种物料的溶解，充分混合。外带夹套，可分别通入冷热介质，有利于罐内物料的混合。先进的高效配液设备还包括自动配料控制器。自动控制器能迅速准确地控制配料过程。它的工作原理是采用称重法，由置于配料罐支座的感应器将物料重量转换成应变信号迅速送入控制器内，控制器按预先输入的配方与料斗连接的加料阀门，精确加料至设定值，保证可靠连续的配料顺序，出现故障自动报警。一次配料完成后，自动打印配料操作记录、物料和配方文件、生产日期和批号、物料使用情况和系统状态分析。整个配料过程准确无误、卫生、安全。

（二）玻璃瓶装大容量注射剂生产设备

国内大容量注射剂容器大多数采用平口玻璃瓶内衬涤纶薄膜、翻口橡胶塞、铝盖加封的包装形式，为第一代大容量注射剂产品。大容量注射剂生产联动线流程：玻璃大容量注射剂瓶同理瓶机以转盘送入外洗瓶机，刷洗瓶外表面，然后由输送带进入玻璃瓶清洗机。洗净的玻璃瓶直接进入灌装机，灌满药液立即封口（经盖膜、胶塞机、翻胶塞机、轧盖机）和灭菌。

1. 胶塞清洗设备

随着GMP的实施，我国原先采用的开口夹层搪玻璃蒸煮罐已经逐渐被市场淘汰，目前常用的胶塞清洗机有两种基本形式，一种是容器型机组，另一种是水平多室圆筒型机组。具有对胶塞进行清洗、硅化、灭菌、干燥、冷却、自动出料的特点，能自动记录各步骤状态及自动打印状态参数，并能对设备自身进行在线清洗和在线灭菌。由可编程控制器程序控制，主要用于大输液的丁基橡胶塞和西林瓶橡胶塞的清洗。

（1）圆筒型清洗器　圆筒型清洗器上端为圆锥形，下端为椭圆形封头，封头与圆筒连接处有筛网分布板，清洗器通过水平悬臂轴支撑于机身上，器身可以摆动或旋转180°。胶塞、洁净水、蒸汽、热空气均可通过悬臂轴进入清洗器内。操作时，用真空吸入橡胶塞、注入洁净水，同时间断地从下方通入适量无菌空气，对胶塞进行沸腾流化状清洗，器身也做90°左右的摆动，使附着于胶塞上的杂质迅速洗涤排除；灭菌时，采用纯蒸汽湿热灭菌30min，温度121℃；干燥时，采用无菌热空气由上往下吹，为防止胶塞凹处积水并使传热均匀，器身也进行摆动。最后器身旋转180°，使经处理的胶塞排出。卸塞处有高效平行流洁净空气保护。

（2）水平多室圆筒型　清洗机的洗涤桶内有8等分分布的料仓，料仓表面布满筛孔，中心轴可带动料仓旋转。洗涤时，洁净水分成两路，一路从设置在洗涤桶顶部喷淋管向下喷淋，另一路通过主传动轴上的喷嘴由下向上喷射，下部料仓浸于水中，杂质通过桶侧的溢流管溢出，完成清洗后将水排干。灭菌时，洗涤桶夹层通蒸汽，桶内逐次通入蒸汽，使桶内温度升至120℃，胶塞干燥后，常温无菌空气进入桶内，待胶塞冷却后出料。

2. 理瓶机

需要在使用之前对大容量瓶进行认真的清洗，以消除各种可能存在的危害到产品质量及使用安全的因素。由玻璃厂来的瓶子，通常由人工拆除外包装，送入理瓶机，也有用真空或

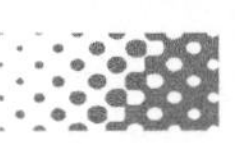

压缩空气拎取瓶子送至理瓶机，由洗瓶机完成清洗工作。

理瓶机的作用是将拆包取出的瓶子按顺序排列起来，并逐个送至洗瓶机。常见的理瓶机为圆盘式理瓶机及等差式理瓶机。

圆盘式理瓶机如图 10-2 所示。当低速旋转的圆盘上装置有待洗的大容量注射剂瓶时，圆盘中的固定拨杆将运动着的瓶子拨向转盘周边，并沿圆盘壁进入输送带至洗瓶机上，即靠离心力进行理瓶、送瓶。

等差式理瓶机由等速和差速两台单机组成，如图 10-3 所示。其原理为等速机 7 条平行等速传送带由同一动力的链轮带动，传送带将玻璃瓶送至与其相垂直的差速机输送带上。差速机的 5 条输送带是利用不同齿数的链轮变速达到不同速度要求；第Ⅰ、Ⅱ条以较低等速运行，第Ⅲ条速率加快，第Ⅳ条速率更快，并且玻璃瓶在各输送带和挡板的作用下，成单列顺序输出；第Ⅴ条速率较慢且方向相反，其目的是将卡在出瓶口的瓶子迅速带走。差速是为了在输液瓶传送时，不形成堆积而保持逐个输送的目的。

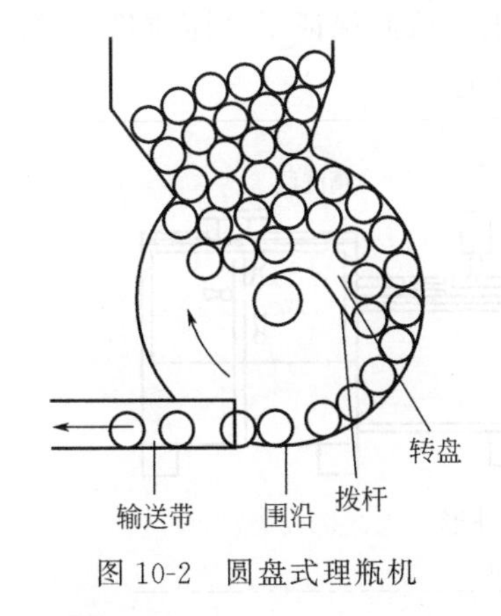

图 10-2　圆盘式理瓶机

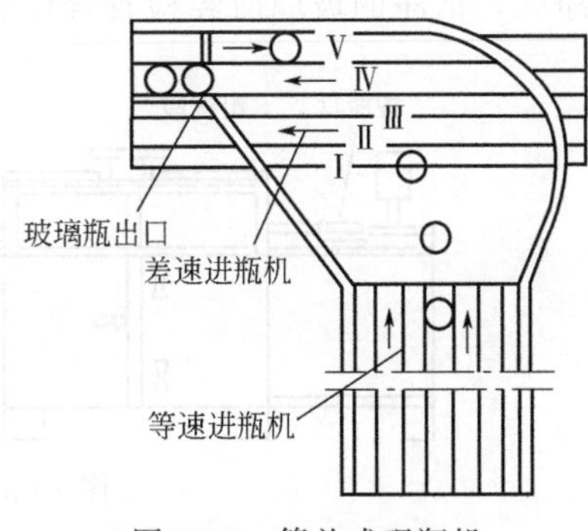

图 10-3　等差式理瓶机

3. 外洗瓶机

外洗瓶机是清洗大容量注射剂瓶外表面的设备，如图 10-4 所示。清洗方法：毛刷固定在两边，瓶子在输送带的带动下从毛刷中间通过，达到清洗的目的。也有毛刷旋转运动，当瓶子通过时产生相对运动，使毛刷能全部洗净瓶子表面，毛刷上部安有喷淋水管，可及时冲走刷洗的污物。

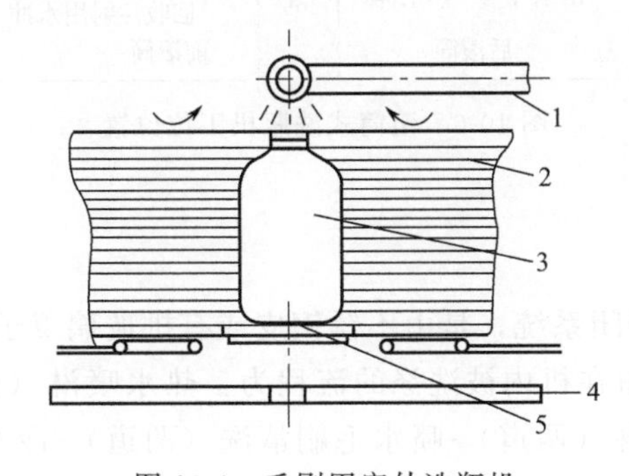

图 10-4　毛刷固定外洗瓶机

1—淋水管；2—毛刷；3—瓶子；4—传动装置；5—输送带

4. 常用洗瓶设备

常用的洗瓶设备有滚筒式洗瓶机和箱式洗瓶机。

二、滚筒式洗瓶机

滚筒式洗瓶机是一种带毛刷刷洗玻璃内腔的清洗机。该机的主要特点是结构简单、易于操作、维修方便、占地面积小，粗洗、精洗在不同洁净区，无交叉污染。该机有一组粗洗滚筒和一组精洗滚筒，每组均由前后滚筒组成；两组中间用输送带连接。

滚筒式洗瓶机的外形如图 10-5 所示，工位位置如图 10-6 所示，当设置在滚筒前端的拨瓶轮使玻璃瓶进入粗洗滚筒中的前滚筒，并转动到设定的工位 1 时，碱液注入瓶中；带有碱液的玻璃瓶转到水平位置时，毛刷进入瓶内，待毛刷洗涤瓶内壁之后，毛刷退出；瓶继续转到下两个工位逐一由喷射管对刷洗后的玻璃瓶内腔冲去碱液。当滚筒载着玻璃瓶处于进瓶通道停歇位置时，同时拨瓶轮送入的空瓶冲洗后的玻璃瓶推入后滚筒，继续用加热后的饮用水对玻璃瓶进行外淋、内刷、冲洗。粗洗后的玻璃瓶由输送带送入精洗滚筒。精洗滚筒取消了毛刷，在滚筒下部设置了注射用水喷嘴和回收注射用水装置；前滚筒利用回收的注射用水作外淋内冲洗，后滚筒利用新鲜注射用水作内冲洗并沥水，从而保证了洗瓶质量。精洗滚筒设置在洁净区，洁净的玻璃瓶经检查合格后，进入灌装工序。

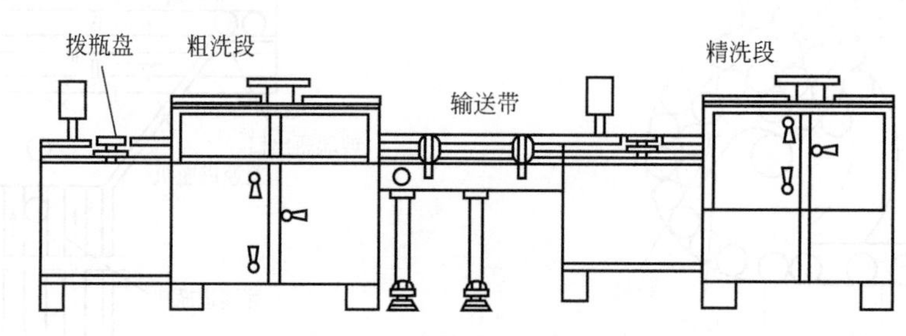

图 10-5　滚筒式洗瓶机外形

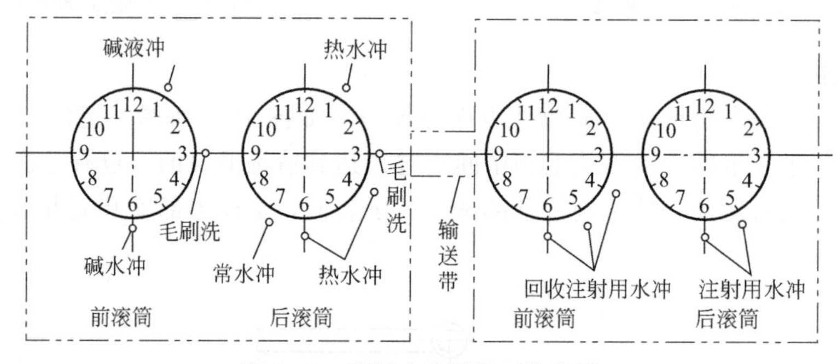

图 10-6　滚筒式洗瓶机工位位置

三、箱式洗瓶机

箱式洗瓶机整机是个密闭系统，是由不锈钢皮或有机玻璃罩子罩着工作的。箱式洗瓶机工位如图 10-7 所示，玻璃瓶在机内被洗涤的流程为：热水喷淋（两道)-碱液喷淋（两道）-热水喷淋（两道）-冷水喷淋（两道）-喷水毛刷清洗（两道）-冷水喷淋（两道）-蒸馏水喷淋（三喷两淋）-沥干。

其中“喷”是指用直径 1mm 的喷嘴由下向上往瓶内喷射具有一定压力的流体，可产生强大的冲刷力。“淋”是指用直径 1.5mm 淋头提供较多的洗水，从上向下淋洗瓶外，以达到将脏物带走的目的。

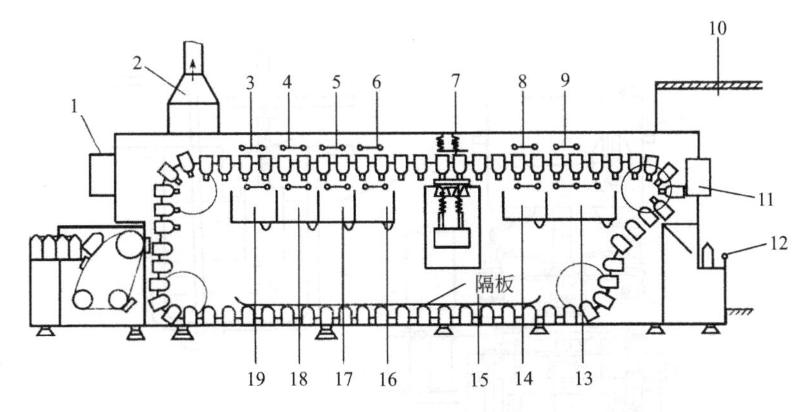

图 10-7　箱式洗瓶机工位

1,11—控制箱；2—排风管；3,5—热水喷淋；4—碱水喷淋；6,8—冷水喷淋；
7—喷水毛刷清洗；9—蒸馏水喷淋；10—出瓶净化室；12—手动操作杆；13—蒸馏水收集器；
14,16—冷水收集器；15—残液收集器；17,19—热水收集器；18—碱水收集器

洗瓶机上部装有引风机，将热水蒸气、碱蒸气强制排除，并保证机内空气是由净化段流进箱内。各工位装置都在同一水平面内呈直线排列，如图 10-7 所示。在各种淋液装置的下部均设有单独的液体收集槽，其中碱液是循环使用的。

玻璃瓶进入洗瓶机轨道之前瓶口朝上，利用一个翻转轨道将瓶口翻转向下，并使瓶子成排（一排十个）落入瓶盒中。因为各工位喷嘴要对准瓶口喷射，要求瓶子相对喷嘴有一定的停留时间，同时旋转的毛刷也要探入、伸出瓶口和在瓶内做相对停留，时间为 3.5s，所以瓶盒在传送带上是呈间歇移动状态前行的。玻璃瓶内在沥干后，利用翻转轨道脱开瓶盒再次落入局部层流的输送带上，进入灌装工序。

使用洗瓶机应注意内外刷机上毛刷的清洁及损耗情况，以使洗刷机处于正常的运转状态，保证洗瓶质量。工作结束时应清除机内所有玻璃瓶，使机器免受负载。此外，应经常检查各送液泵及喷淋头的过滤装置，发现不清洁物应及时清除，以免因喷淋压力或流量变化而影响洗涤效果。

项目二　灌装与封口设备的操作与养护

一、灌装设备

灌装机有许多形式，按灌装方式分为常压灌装、负压灌装、正压灌装和恒压灌装 4 种；按计量方式分为流量定时式、量杯容积式、计量泵注射式 3 种。下面介绍两种常用的灌装机。

1. 量杯式负压灌装机

该机由药液计量杯、托瓶装置及无级变速装置三部分组成，如图 10-8 所示。

盛料桶中有 10 个计量杯，量杯与灌装套用硅橡胶管连接，玻璃瓶由螺杆式输瓶器经拨瓶星轮送入转盘的托瓶装置，托瓶装置由圆柱凸轮控制升降，灌装头套住瓶肩形成密封空

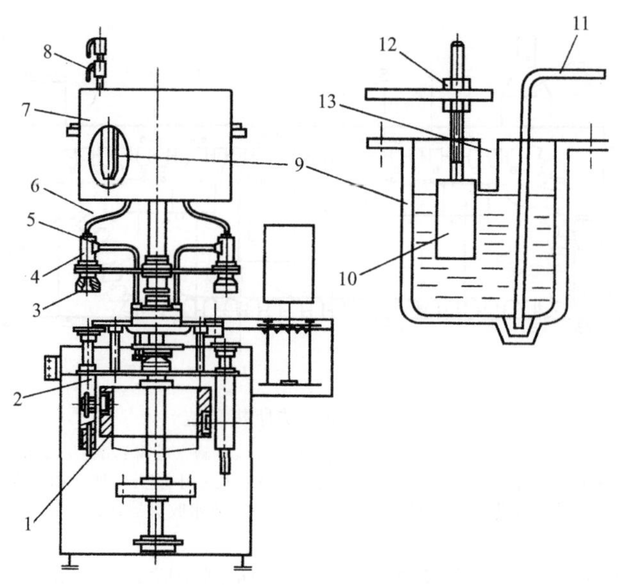

图 10-8 量杯式负压灌装机

1—升降凸轮；2—瓶托；3—橡胶喇叭口；4—瓶肩定位套；
5—真空吸管；6—硅橡胶管；7—盛料桶；8—进液调节阀；
9—计量杯；10—计量调节块；11—吸液管；12—调节螺母；13—量杯缺口

间，通过真空管路抽真空，药液负压流进瓶内。量杯式计量原理：量杯计量是采用计量杯以容积定量，药液超过量杯缺口，则药液自动从缺口流入盛料桶内，即为计量粗定位；精确的调节是通过计量调节块在计量杯中所占的体积而定，旋动调节螺母使计量块上升或下降，而达到装量准确。吸液管与真空管路接通，使计量杯的药液负压流入玻璃瓶中。计量下的凹坑使药液吸净。

2. 计量泵注射式灌装机

该机是通过注射泵对药液进行计量，并在活塞压力下将其充填于容器中。计量泵计量如图 10-9 所示，计量泵以活塞的往复运动进行充填，常压灌装。计量原理同样是以容积计量。计量调节首先粗调活塞行程，达到灌装量，装量精度由下部的微调螺母来调定，可以达到很高的计量精度。

二、封口设备

药液灌装后必须在区内立即封口，故封口设备应与灌装机配套使用，免除药品的污染和氧化。目前我国使用的封口形式有翻边形橡胶胶塞和 T 形橡胶塞，胶塞的外面再盖铝盖并轧紧，封口完毕。封口机械有塞胶塞机、翻胶塞机、轧盖机等。

1. 塞胶塞机

塞胶塞机主要用于 T 形橡胶塞对 A 形玻璃瓶封口，可自动完成输瓶、螺杆同步送瓶、理瓶、送塞、塞塞等工序。

T 形胶塞的塞塞机构如图 10-10 所示。当夹塞爪（机械手）抓住 T 形橡胶塞，玻璃瓶瓶托由凸轮作用，托起上升，密封圈套住瓶肩部形成密封区间，真空吸孔充满负压，玻璃瓶继续上升，夹塞爪对准瓶口中心，在外力和瓶内真空的作用下，将塞插入瓶口，弹簧压住密封圈接触瓶肩部。

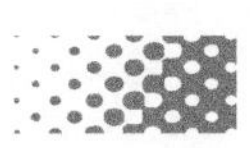

2. 塞塞翻塞机

塞塞翻塞机主要用于翻边形胶塞对B形玻璃瓶的封口，可自动完成输瓶、理瓶、送塞、塞塞、翻塞等工序工作。

翻边胶塞的塞塞原理如图10-11所示，加塞头插入胶塞的翻口时，真空吸孔吸住胶塞。对准瓶口，加塞头下压，杆上销钉沿螺旋槽运动，塞头即有向瓶口压塞的功能，又有模拟人手旋转胶塞向下施压的动作。

翻塞机构如图10-12所示，它要求翻塞效果好，且不损坏胶塞，普遍设计为五爪式翻塞机，爪子平时靠弹簧收拢，整个翻塞机构随主轴做回转运动，翻塞头顶杆在平面凸轮槽下降，瓶颈由V形块或花盘定位，瓶口对准胶塞。翻塞爪插入橡胶塞，由于下降距离的限制，翻塞芯杆抵住胶塞大头内径平面，而翻塞爪张开并继续向下运动，起来张开塞子翻口的作用。

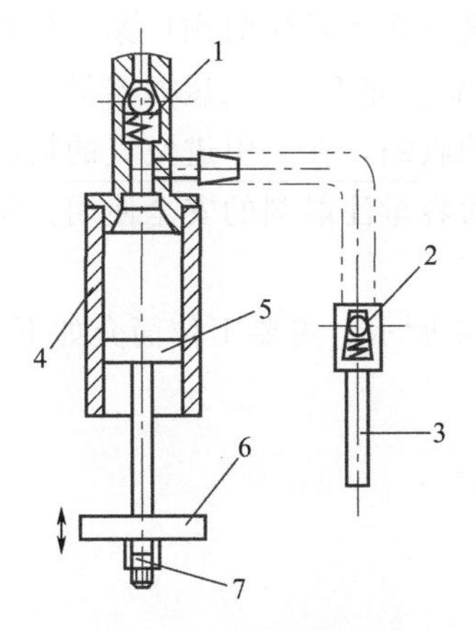

图10-9　计量泵计量结构

1，2—单向阀；3—灌装管；4—计量缸；5—活塞；6—活塞升降板；7—微调螺母

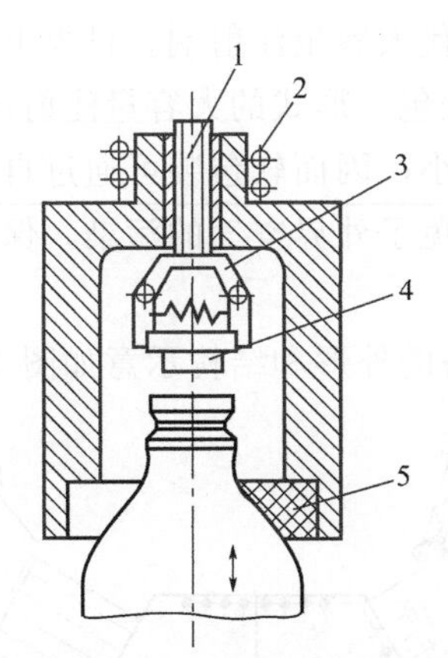

图10-10　T形胶塞的塞塞机构

1—真空吸孔；2—弹簧；3—夹塞爪；4—T形胶塞；5—密封圈

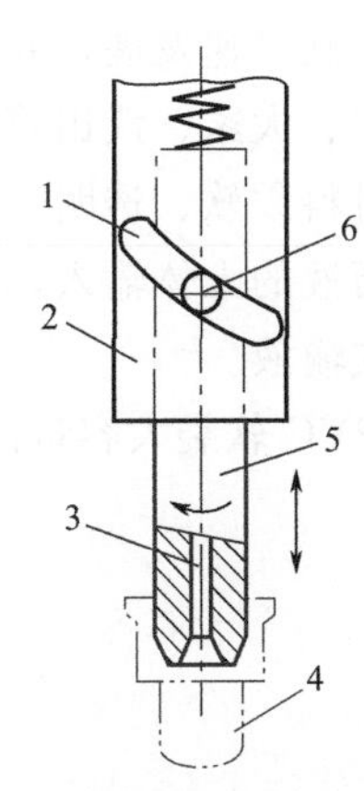

图10-11　翻边胶塞的塞塞原理

1—螺旋槽；2—轴套；3—真空吸孔；4—翻边胶塞；5—加塞头；6—销

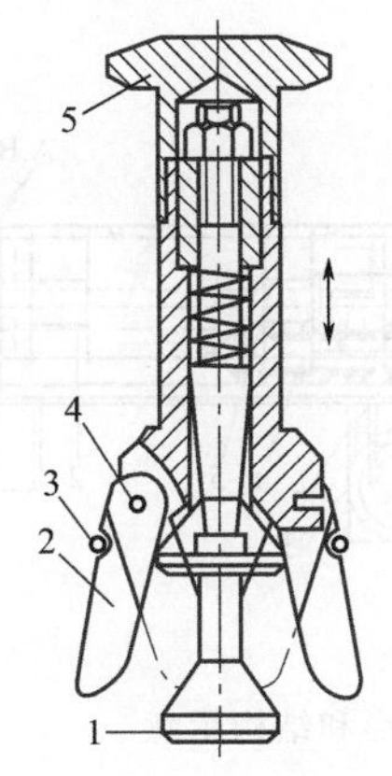

图10-12　翻塞机构

1—芯杆；2—爪子；3—弹簧；4—铰链；5—顶杆

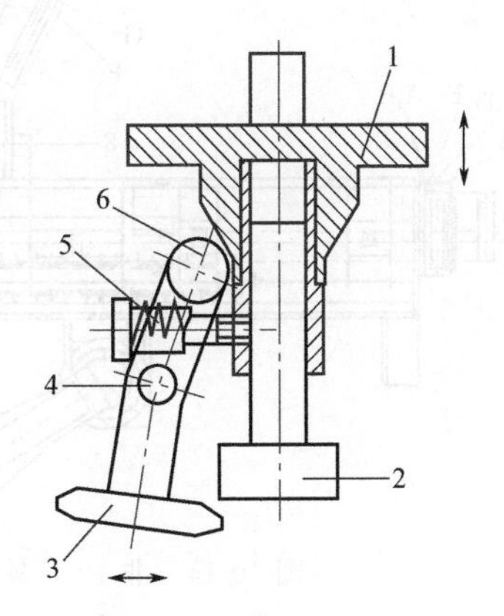

图10-13　轧刀机构

1—凸轮收口座；2—压瓶头；3—轧刀；4—转销；5—弹簧；6—滚轮

3. 玻璃瓶轧盖机

该机由震荡螺旋装置、掀盖头、轧盖头等组成。轧盖时瓶子不转动，而轧刀绕瓶旋转，

轧刀呈正三角形布置。轧刀收紧由凸轮控制，旋转由专门的一组皮带变速机构来实现，且转速和轧刀的位置可调。

轧刀机构如图10-13所示，整个轧刀机构绕主轴旋转，又在凸轮作用下做上下运动，三把轧刀均能以转销为轴自行旋转。轧盖时，压瓶头抵住铝盖平面，凸轮收口座继续下降，滚轮沿斜面运动。而三把轧刀向铝盖沿收紧并滚压，即起到轧紧铝盖作用。

三、拓展知识链接——塑料袋装大容量注射剂生产设备

塑料袋装大容量注射剂有PVC软袋装和非PVC软袋装两种。PVC软袋装采用高频焊、焊缝牢固可靠、强度高、渗漏少。PVC膜材透气、透水性强，可保存和输送血液，因此多用于血袋。因为气水透过率高，不宜包装小容量注射剂和氧敏感性药品的大容量注射剂。

非PVC多层共挤膜是由PP、PE等原料以物理兼容组合而成。20世纪80年代末至90年代初得到迅速发展，并形成第三代大容量注射剂。世界上知名的大容量注射剂厂家（如贝朗、百特、大冢、武田等），均有此包装形式的大容量注射剂产品。非PVC软袋大容量注射剂包装材料柔软、透明、薄膜厚度小，因而软包装可通过自身的收缩，在不引进空气的情况下完成药液的人体输入，使药液避免了外界空气的污染，保证大容量注射剂的安全使用，实现封闭式输液。

非PVC软袋大容量注射剂设备的外形和结构示意如图10-14所示。主要工位简介如下。

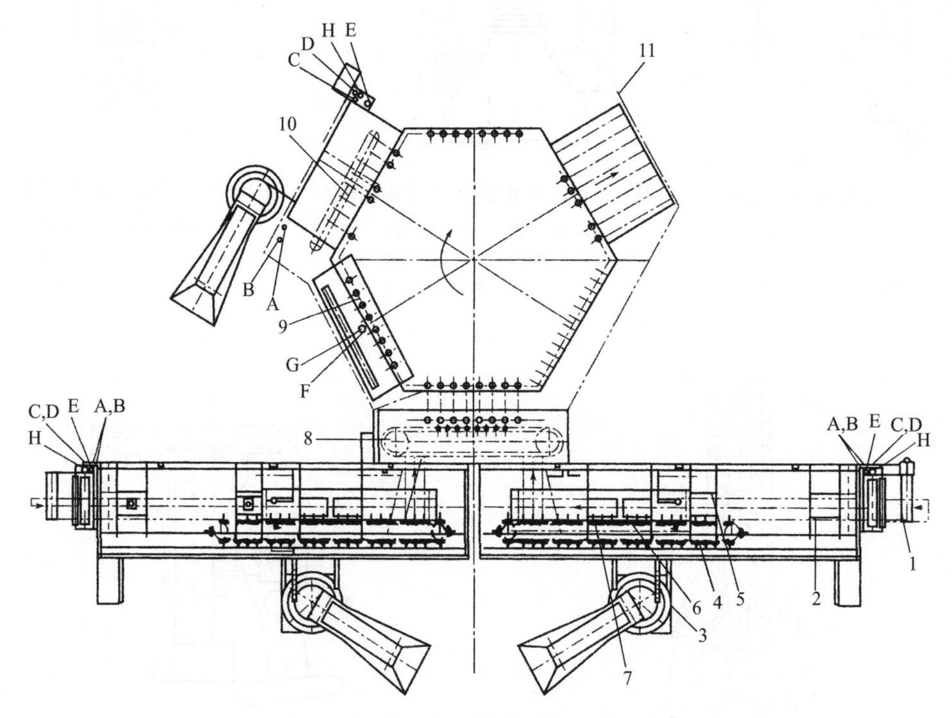

图10-14 非PVC软袋大容量注射剂设备的外形和结构示意

1—送膜工位；2—印刷工位；3—袋口送入和开膜工位；4—袋口预热工位；5—袋身、袋口焊接和周边切割工位；6—袋口热合工位；7—袋口最终热合工位；8—传送工位；9—灌装工位；10—封口工位；11—送出工位；A—压缩空气进口；B—压缩空气排气口；C—冷却水入口；D—冷却水出口；E—电源接线口；F—药液进入口；G—CIP/SIP管道口；H—洁净空气进入口

(1) 送膜工位　由一个开卷架完成自动送膜工作，在电机驱动下将膜分段送入印刷

工位。

（2）印刷工位　热箔印刷装置用于完成整面印刷。可变更生产数据（如批号和有效日期、生产日期）并打印。印刷温度、时间和压力可调。

（3）袋口送入和开膜工位　薄膜片由一个专用装置在顶部开膜。袋口从不锈钢槽自动送入传送系统，每个袋口从振荡槽排出位置通过夹具顺序排出，并放在送料链上的支柱上，放置在打开的薄膜片之间。

（4）袋口预热工作　在把袋口插入薄膜之前，在热合区域进行袋口外缘的预热，以减少以后的热合时间。热合时间、压力、温度可调，此工位装有最小、最大热合温度控制，如果温度超出允许范围则停机。

（5）袋身、袋口焊接和周边切割工位　此工位将袋周边热合，将袋口焊接并进行周边切割。热合时由一个可移动的热合模利用热合装置完成热合操作，热合时间、压力、温度可调。此工位装有最小、最大热合温度控制，温度超出允许范围则停机。

（6）袋口热合工位　通过一个接触热合系统热合袋口，此工位装有最小、最大热合温度控制，温度超出允许范围则停机。

（7）袋口最终热合工位　通过一个焊接装置热合袋口，此工位装有最小、最大热合温度控制，温度超出允许范围则停机。

（8）传送工位　已制成的空袋由一套夹具送入机器灌封组的袋夹具中。

（9）灌装工位　灌装工位由一组并列的灌装系统完成，每个系统包括一个阀和带有微处理器控制的流量控制器，微处理器位于主控制柜中，该工位可实现无袋不灌装。灌装工位可实现在线清洗（CIP）和在线消毒（SIP）。

（10）封口工位　此工位包括一个自动上盖传送系统、袋口和盖加热装置及一个袋内残余空气排出系统。该工位可实现无袋不取盖，袋内残余空气可排出。

（11）送出工位　袋夹具打开，将已灌装、密封好的袋放在传送带上。

目标检测

1. 大容量注射剂灌装有哪几种计量方法？说明其工作原理。
2. 简述计量泵注射式灌装机的工作原理和注意事项。
3. 简述塞塞机的塞塞原理和翻塞机的翻塞原理。
4. 分析产生量杯负压灌装机和计量泵注射式灌装机装量误差的原因。
5. 简述大输液生产的工艺流程。

PPT 课件

模块十一
粉针剂生产设备

学习目标

学习目的：粉针剂生产设备是制备无菌注射剂的操作设备，通过学习粉针剂生产设备（洗瓶机、分装机、轧盖机、贴标签等）的有关知识，对粉针剂生产设备操作技能进行训练，为将来从事粉针剂生产设备的操作和维护奠定基础。

知识要求：掌握粉针剂生产设备的结构、原理、技术参数、操作和维护。

熟悉各类粉针剂生产设备的特点和选用原则。

了解各类粉针剂生产设备的结构和工作原理。

能力要求：能正确操作和维护粉针剂生产设备。

学会解决粉针剂生产设备生产过程中出现的一般性技术问题。

项目一　洗瓶设备的操作与养护

一、粉针剂概述

盛装注射用无菌粉末的注射剂简称粉针剂，是用无菌操作法生产的非最终注射剂。对于一些遇热或遇水不稳定的注射剂药物，如某些抗生素、一些酶制剂及血浆等生物制剂，为了便于储存、运输和保证药品质量，均需先制成粉针剂，在临床应用时再以适宜的溶剂溶解，供注射用。根据药物的性质与生产工艺条件的不同，粉针剂可分为两种：一种是无菌分装粉针剂，另一种是冷冻干燥粉针剂。无菌分装粉针剂系用无菌操作法将经过精制的药物粉末分装于洁净灭菌小瓶或安瓿中密封制成；冷冻干燥粉针剂系将药物制成无菌水溶液，以无菌操作法灌装，冷冻干燥后，在无菌条件下密封制成。无菌分装粉针剂的生产过程及主要设备如图 11-1 所示。

二、洗瓶设备

目前我国在线使用的洗瓶机，根据其清洗原理可分为两种类型：一是毛刷洗瓶机，二是超声波洗瓶机。

（一）毛刷洗瓶机

毛刷洗瓶机是粉针剂生产应用较早的一种洗瓶设备，通过设备上设置的毛刷，去除瓶壁

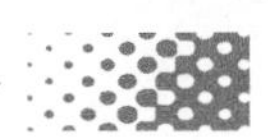

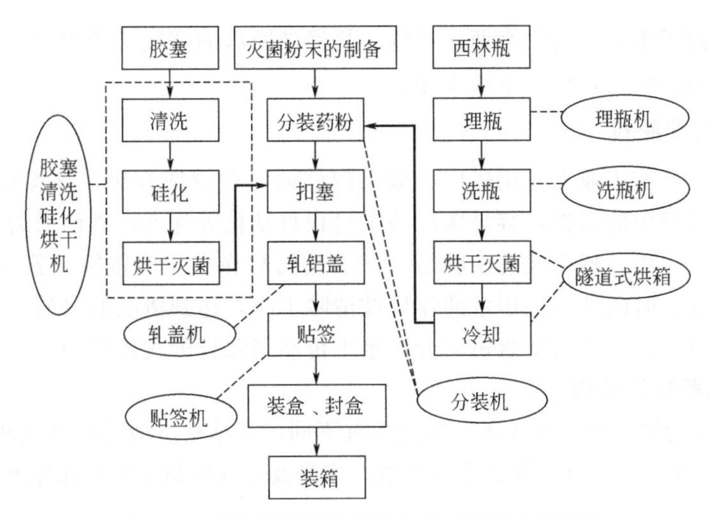

图 11-1　无菌分装粉针剂的生产过程及主要设备

上的杂物，实现清洗目的。

1. 毛刷洗瓶机的主要结构

毛刷洗瓶机主要由输瓶转盘、旋转主盘、刷瓶机构、翻瓶轨道、机架、水气系统、机械传动系统及电气控制系统等组成。其外形见图 11-2。

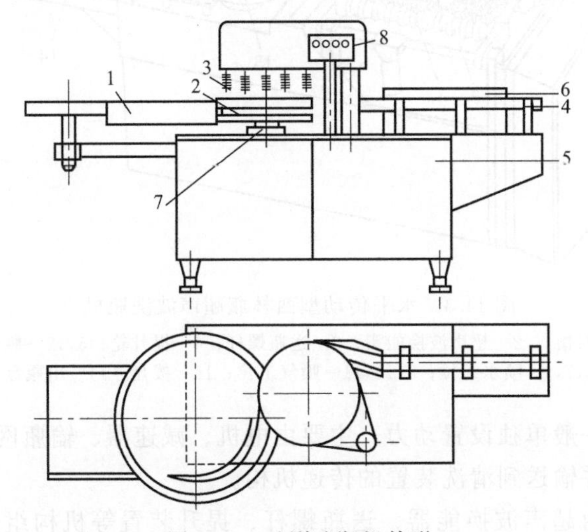

图 11-2　毛刷洗瓶机外形

1—输瓶转盘；2—旋转主盘；3—刷瓶机构；4—翻瓶轨道；
5—机架；6—水气系统；7—机械传动系统；8—电气控制系统

2. 毛刷洗瓶机的工作过程

通过人工或机械方法，将需清洗的玻璃瓶成组、瓶口向上地送入输瓶转盘中，经过输瓶转盘整理排列成行，输送到旋转主盘的齿槽中，经过淋水管时瓶内灌入洗瓶水，圆毛刷在上轨道斜面的作用下伸入瓶内，以 450r/min 的转速刷洗瓶内壁。此时瓶子在压瓶橡胶压力下自身不能转动，待瓶子随主盘旋转脱离压瓶橡胶，瓶子在圆毛刷张力作用下开始旋转，经过固定的长毛刷与底部的月牙刷时，瓶外壁与瓶底得到刷洗，圆毛刷与旋转主盘同步旋转一段距离后，毛刷上升脱离玻璃瓶，玻璃瓶被旋转主盘推入螺旋翻瓶轨道，在推进过程中瓶口翻转向下，进行去离子水和注射用水两次冲洗，再经洁净压缩空气吹净水分，而后翻瓶轨道将玻璃瓶再翻转使瓶口向上，送入下道工序。

（二）超声波洗瓶机

超声波清洗是目前工业上应用较广、效果较好的一种清洗方法，具有效率高、质量好，特别能清洗盲孔狭缝中的污物，容易实现清洗过程自动化等优点，现已成为许多工业部门不可或缺的一种清洗方法。超声波洗瓶就是瓶壁上的污物在空化的侵蚀、乳化、搅拌作用下，加之以适宜的温度、时间及清洗用水的作用被清除干净，达到清洗的目的。按清洗玻璃瓶传动装置传送方式分类，超声波洗瓶机又分为水平传动型和行列式传动型。

1. 超声波洗瓶机的结构

以水平传动型为例，超声波洗瓶机形式虽有不同，其结构一般是由送瓶机构、清洗装置、冲洗机构、出瓶机构、主传动系统、水气系统、床身及电气控制系统等部分组成（图 11-3）。

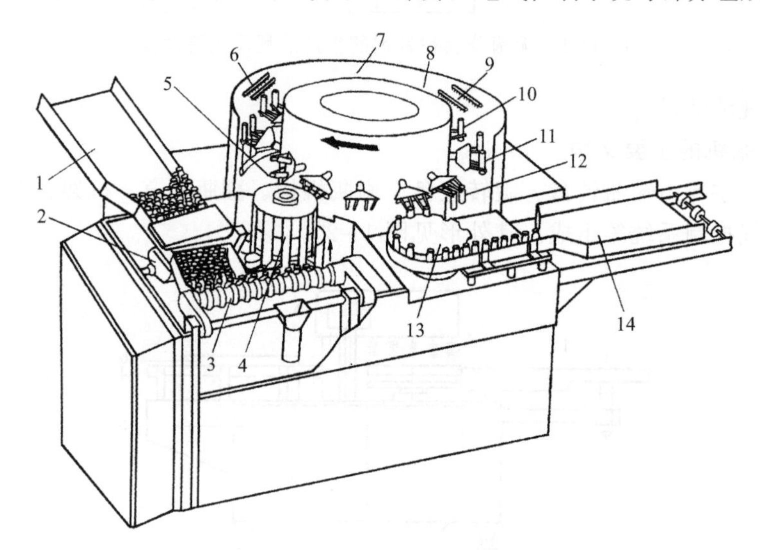

图 11-3　水平传动型西林瓶超声波洗瓶机

1—送瓶盘（料槽）；2—超声波换能头；3—送瓶螺杆；4—提升轮；5,12—瓶子翻转工位；6,7,9—喷水工位；8,10,11—喷气工位；13—拨盘；14—出瓶盘

（1）送瓶机构　一般单独设置动力，主要由电机、减速器、输瓶网带、过桥、喷淋头等组成，是玻璃瓶排列并输送到清洗装置的传递机构。

（2）清洗装置　由超声波换能器、送瓶螺杆、提升装置等机构组成，安装在床身水槽中。当玻璃瓶在过桥上充满清水后，经过超声波换能器上方进行超声波清洗后，利用送瓶螺杆连续输送到提升装置，由提升块逐个送入冲洗转盘上的机械手中进行冲洗。

（3）冲洗机构　由带机械手的转盘、冲洗摆动圆盘、喷针装置等组成。主要完成对超声波清洗后的玻璃瓶进行冲洗、去除污垢并初步吹干。

（4）出瓶机构　由出瓶拨盘、导轨、传动装置等组成。将冲洗、吹干过的玻璃瓶从机械手上接下来，再逐个输出到下道工序。

（5）主传动系统　由主电机、减速器、传动轴、凸轮、链轮系组成，安装在床身内部，向机器提供动力和扭矩。

（6）水气系统　由过滤器、阀门、电磁换向阀、水泵、水箱、加热器、排水管及导管组成，向机器提供清洗、冲洗、吹干用洁净水和压缩空气。

(7) 床身　包括水槽、立柱、底座、护板及保护罩。为整机安装各种机构零部件提供基础。通过底座下的调节螺杆可调整机器的水平和整机高度。

(8) 电气控制系统　有操作柜、驱动电路、调速电路、控制电路、超声波发生器、传感装置等组成，用于操作机器。

2. 超声波洗瓶机的工作过程

玻璃瓶送入料槽中，全部口朝上且相互靠紧，料槽1与水平面成30°夹角，料槽中的瓶子在重力作用下自动下滑，料槽上方置淋水器将玻璃瓶内淋满循环水（循环水由机内泵提供压力，经过滤后循环使用）。注满水的玻璃瓶下滑到水箱中水面以下时，利用超声波在液体中的空化作用对玻璃瓶进行清洗。超声波换能头2紧靠在料槽末端，也与水平面成30°夹角，故可确保瓶子通畅地通过。经过超声波初步洗涤的玻璃瓶，由送瓶螺杆3将瓶子理齐并逐个顺序送入提升轮4的10个送瓶器中。送瓶器由旋转滑道带动做匀速回转的同时，受固定的凸轮控制做升降运动，旋转滑道运转一周，送瓶器完成接瓶、上升、交瓶和下降一个完整的运动周期。提升轮将西林瓶逐个交给大转盘上的机械手。大转盘四周均布13个机械手机架，每个机架上左右对称装两对机械手夹子，大转盘带动机械手匀速旋转，夹子在提升轮4和拨盘13的位置上由固定环上的凸轮控制开夹动作接送瓶子。机械手在位置5由翻转凸轮控制翻转180°，从而使瓶口向下便于接受下面各工位的水、气冲洗。在位置6～11，固定在摆环上的射针和喷管完成对瓶子的三次水和三次气的内外冲洗。射针插入瓶内，从射针顶端的五个小孔中喷出的激流冲洗瓶子内壁和瓶底，与此同时固定喷头架上的喷头，则喷水冲洗瓶外壁，位置6、7、9喷的是压力循环水和压力净化水，位置8、10、11均喷压缩空气以便吹净残水。射针和喷管固定在摆环由摇摆凸轮和升降凸轮控制完成“上升-跟随大转盘转动-下降-快速返回”这样的运动循环。洗净后的瓶子在机械手夹持下再经翻转凸轮作用翻转180°，使瓶口朝上，然后送入拨盘13，拨盘拨动玻璃瓶由出瓶槽12送入灭菌干燥隧道。

行列式传动的超声波洗瓶机洗瓶工艺过程与上述水平传动的洗瓶工艺过程基本相同，但机械结构完全不同，主要区别是超声波清洗后玻璃瓶传递是行列成排进行的，而水平传动型是依靠机械手单个连续进行的。

3. 超声波洗瓶机的操作

(1) 启动前的准备

① 首次启动前，检查变速箱内油平面，需要时加注相适应的润滑油，并参照保养的有关说明，对所有需要润滑的部件加注润滑油。

② 检查包装容器是否与机器上配备的规格件相符，容器必须满足其相应的标准，并符合设备参数规定的要求。

③ 确认机器安装正确，气、水管路及电路连接符合要求。

④ 将清洗好的滤芯装入过滤器罩内，并检查滤罩及各管路接头是否牢固。

⑤ 插好溢水管，关闭排水闸阀。

⑥ 打开新鲜水入槽阀门，给清洗槽注水。清洗槽注满水后，水将自动溢入储水槽内。储水槽水满后，即可关闭新鲜水入槽阀门。

(2) 操作

① 打开电器箱后端主开关，主电源接通绿色信号灯亮。接通加热按钮，水温加热绿色信号灯亮，水箱自动加热，并将水温恒定在50～60℃。

② 打开新鲜水控制阀门，将压力调到≥0.2MPa；打开压缩空气阀门，将压力调

到0.3MPa。

③ 启动水泵按钮，水泵启动绿色信号灯亮，同时将循环水过滤罩内的空气排尽。水泵启动时，储水槽内的水位会下降，这时应打开新鲜水入槽阀门，将水槽注满水。

④ 打开循环水控制阀，压力应达到≥0.2MPa；打开喷淋水控制阀，将压力调到0.5MPa（以能将空瓶注满水为准）。

⑤ 在操作画面上轻触“超声波”，启动超声波；在操作画面上轻触“输瓶网带”，启动输瓶网带。

⑥ 将操作选择开关旋转到0挡位（正常操作），先将速度调节旋钮调到0位，然后将速度旋钮调到适当的位置。

⑦ 按下主机启动按钮，表示启动的绿色信号灯亮，主电机处于运行状态；慢慢将速度旋钮调到与容器规格相适应的位置。

⑧ 机器在点动状态下运行时，将工作状态选择旋钮调到“手动”位。

⑨ 按下主机启动按钮，机器运行；松开启动按钮，机器停止运行。

⑩ 机器走空：如果要将机器上所有容器走空，可将选择开关调到“手动”位，在点动状态下完成，但为保证容器清洗的洁净度，应保持所有的清洗条件不变。

（3）停机

① 按下主机停机按钮，主机驱动信号灯灭，然后停止运行。

② 按下水温加热停止按钮，水温加热信号灯熄灭，水箱停止加热。

③ 按下水泵、超声波、输瓶网带停止按钮，水泵、超声波、输瓶网带运行信号灯熄灭，水泵、超声波、输瓶网带停止运行。

④ 关闭压缩空气供给阀；关闭新鲜空气供给阀；关闭主电源开关，电源信号灯熄灭。

⑤ 打开贮水箱排水阀，贮水箱水排空；拉起清洗槽溢水插管，清洗槽内水排空；用水将清洗槽冲洗干净。

⑥ 必要时清洗贮水槽内过滤网及过滤器内的过滤芯。

⑦ 将机器外部的污迹、水擦干净。

4. 操作注意事项

（1）设备运转时，不得打开机器外盖，以免人身受到机械伤害。

（2）发生卡瓶时，不得直接用手抓取，须停机并穿戴好防护用具。用器具取出破瓶，以免挤伤和划伤。

5. 超声波洗瓶机的维护保养

（1）机器的清洗

① 洗瓶机大转盘和上下水槽的清洗。

② 洗瓶机管道的清洗。

③ 洗瓶机滤芯的清洗及更换。

（2）机器的润滑

① 定期对各运动部件进行润滑。

② 法兰件及易生锈的地方都要涂油防锈。

③ 摆动架上的滑套采用40#机械油润滑。

④ 链条、凸轮、齿轮采用润滑脂润滑。

⑤ 蜗轮蜗杆减速机的润滑油及时更换。

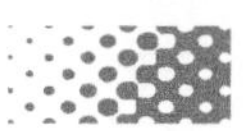

（3）易损件的及时更换

① 输瓶网带下瓶区两边进瓶弹片失去弹力需及时更换。

② 机械手夹头、弹簧、导向套、喷针、摆臂轴承、复合套磨损后需及时更换。

③ 滑条、提升拨块、出瓶拨块、同步带、绞龙磨损后间隙过大需及时更换。

6. 超声波洗瓶机的常见问题与处理方法

（1）洗瓶机网带上冒瓶及超声波进绞龙区易倒瓶问题。处理方法：调整网带整体高度和输送网带速度，侧板两边增加聚四氟乙烯条减少摩擦力或增加弹片，调整各部位间隙及交接高度，检查超声波频率是否开得适当。

（2）洗瓶机注射用水、循环水、压缩空气压力不足，或喷淋水注不满瓶而浮瓶子。处理方法：检查供水系统增加高压水泵，检测滤芯是否堵塞，按要求更换新的滤芯，检测水泵方向是否正确，检查管道是否堵塞，清洗水槽过滤网和喷淋板。

（3）洗瓶机水温过高导致绞龙变形，绞龙与进瓶底轨间隙过大而掉瓶或破瓶。处理方法：洗瓶机使用的注射用水一定要控制在 50℃左右，超过此温度需增加热转换器控制好水温，调整绞龙与底轨之间的间隙，绞龙变形严重需更换新的绞龙。

（4）进瓶绞龙与提升拨块交接时间的调整。处理方法：松开绞龙右端联轴器夹紧套上 M8 内六角螺钉，转动绞龙使瓶子与提升拨块重合，再拧紧夹紧套固定螺钉。手动盘车绞龙将瓶子送进拨块时无阻卡现象，则表明已调整到位，否则还需进一步调整。

（5）洗瓶机提升拨块、滑条由于水温过高而变形，或 M4 固定螺钉易松动脱落导致卡死整台机。处理方法：将提升块、滑条拆下来全部检查。将滑条、轴承、M4 固定螺钉重新加胶拧紧螺钉，滑条变形的需重新更换，轴承损坏需更换新的进口不锈钢轴承，更重要的还是要控制好水温。

（6）洗瓶机圆弧栏栅、提升拨块与机械手夹子交接区易破瓶或掉瓶。处理方法：调整不锈钢圆弧栏栅与瓶子的间隙，松开不锈钢圆弧栏栅两颗 M8 外六角固定螺钉，使提升拨块内瓶子与圆弧栏栅保留有 1～2mm 的间隙；调整提升拨块瓶子与机械手夹子对中，提升凸轮与机械手夹子交接时间。松开提升凸轮轴下面传动链轮上 4 颗 M8 外六角螺钉，便可以旋转提升凸轮使拨块瓶子正好送到机械手夹子的中间。

（7）洗瓶机大转盘间隙过大、摆动架间隙过大、喷针对中不好易弯。处理方法：间隙过大的原因有可能在减速机、铜套、关节轴承、凸轮、十字节、轴与平键。调整大转盘传动小齿轮与大齿轮的间隙，检查传动万向节、所有传动的关节轴承、摆动架大铜套、跟踪和升降凸轮、减速机、凸轮与凸轮主轴和键的所有间隙是否过大，所有传动轴承是否磨损。全面调整它们相互间的间隙，使之在范围之内，超过一定范围必须更换零部件，以减少它们之间的间隙。所有间隙在允许范围内才能正常运行。间隙消除后，再调整校正喷针与机械手导向套对中。

（8）喷针与机械手导向套的对中。处理方法：在大转盘和喷针摆动架位置确定情况下才能调整它们的相互对中。首先手动盘车使喷针往上走，当走到接近机械手导向套时，再来调整喷针与导向套的对中。如果所有喷针都往一个方向偏时，可以单独整体微调摆动架，松开摆臂上两颗 M12 夹紧螺钉进行微调。如果单个相差，可以将摆动架安装板和喷针架进行前后和左右调整。

（9）摆动架和大转盘错位后的定位和调整。处理方法：调整摆动架升降连杆，使摆动架与水槽的最高边缘保留 5～10mm 的间隙，摆动架走到最右端时与大转盘升降座保持 5～

10mm 的间隙且不能相碰撞。

(10) 洗瓶机机械手夹子与出瓶拨块或拨轮交接区易掉瓶或破瓶。处理方法：调整出瓶栏栅与出瓶拨块瓶子之间的间隙，夹子与同步带出瓶拨块的交接时间。

(11) 洗瓶机出瓶栏栅与同步带拨块、出口与烘干机过桥板区易倒瓶和破瓶。处理方法：调整出瓶栏栅与拨块之间的间隙，检查它们的交接时间，出瓶前叉与同步带拨块及出瓶弯板的间隙大小，正确调整来瓶信号和挤瓶信号接近开关，以及进瓶弹片的弹力大小。

项目二　粉针剂灌装设备的操作与维护

粉针剂分装机是将无菌的粉剂药品定量分装在经过灭菌干燥的玻璃瓶内，并盖紧胶塞密封的设备。粉剂分装机按其结构形式可分为气流分装机和螺杆分装机。

一、气流分装机

气流分装原理就是利用真空吸取定量容积粉剂，再通过净化干燥压缩空气将粉剂吹入玻璃瓶中。气流分装的特点是在粉腔中形成的粉末块直径幅度较大，装填速率亦快，一般可达到 300～400 瓶/min，装量精度高，自动化程度高，因此，这种分装原理得到广泛使用。

(一) AFG 气流分装机结构

AFG320A 气流分装机主要由以下几部分组成：粉剂分装系统、盖胶塞机构、床身及主传动系统、玻璃瓶输送系统、拨瓶转盘机构、真空系统、压缩空气系统、电气控制系统、空气净化控制系统等。

1. 粉剂分装系统

粉剂分装系统是气流分装机的重要组成部分。其功用是盛装粉剂，通过搅拌和分装头进行粉剂定量，在真空和压缩空气辅助下周期性地将粉剂分装于瓶子里。主要由装粉筒、搅粉斗、粉剂分装头、传动装置、升降机构等组成。粉剂分装系统见图 11-4。

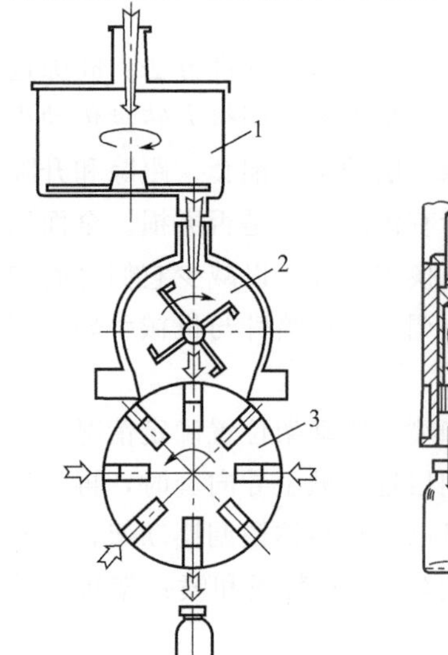

图 11-4　粉剂分装系统

1—装粉筒；2—搅粉斗；3—粉剂分装头

装粉筒的作用是盛装用于分装的粉剂，由不锈钢圆柱形筒体和内装单独驱动贴近筒体底部的双叶垂直搅拌器组成。筒上部有装粉口，筒底靠前部位开有方口与搅拌斗相连，筒体前方装有粉量观察窗。

搅粉斗位于装粉筒前下方，顶部通过方口与装粉筒相连，下部与粉剂分装头相连。主要由上连接板、前后挡板和活动密封块、左挡板和刮板、右挡板和活动密封块、水平放置的四片搅拌桨所组成。搅拌桨每吸粉一次旋转一转，其作用是将装粉筒落下的药粉保持疏松并压进粉剂分装头的定量分装孔中。

粉剂分装头是气流分装机实现定量分装粉剂的主要构件。主体（分装盘）是由不锈钢制成的圆柱体，分装盘上有 8 等分分布单排（或两排）直径一定的光滑圆孔，

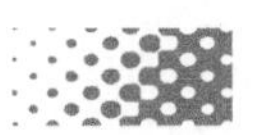

即分装孔。圆孔中有可调节的粉剂吸附隔离塞，通过调节隔离塞顶部与分装盘圆柱面距离（即孔深）就可调节粉剂装量。分装盘后端面有与装粉孔数相同且和装粉孔相通的圆孔，靠分配盘与真空和压缩空气相连，实现分装头在间歇回转中的吸粉和卸粉。

粉剂吸附隔离塞有两种形式，一是活塞柱，另一是吸粉柱。其头部滤粉部分可用烧结金属或细不锈钢纤维压制的隔离刷，外罩不锈钢丝网，如图 11-5 所示。装量的调节由粉剂隔离塞在分装孔的位置确定，可调节吸粉柱端部螺杆在螺母上的位置或旋转吸粉柱端部的装量调节盘的角度来实现装量的调节。

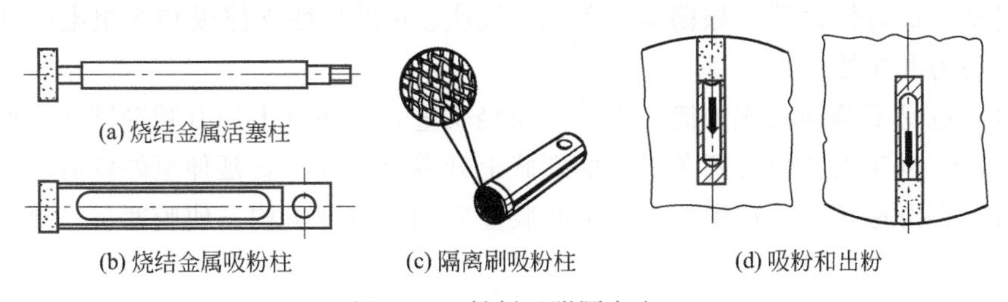

图 11-5　粉剂吸附隔离塞

图 11-6 为双排粉剂分装头的结构原理图。8 等分的分装头内有 16 个分装孔，分装头端部通过分配器使分装孔分别与真空或压缩空气相通。分装孔转动到装粉筒正下方开口向上，分装孔与真空接通，药粉被定量吸入分装孔内，粉剂被隔离塞阻挡，而空气逸出；当分装头回转 180°，至卸料工位呈开口朝下时，则与压缩空气相通，将药粉吹入西林瓶内。在卸粉后用压缩空气自孔内向外吹气，对隔离片进行一次疏通，防止细小粉末堵塞隔离片。

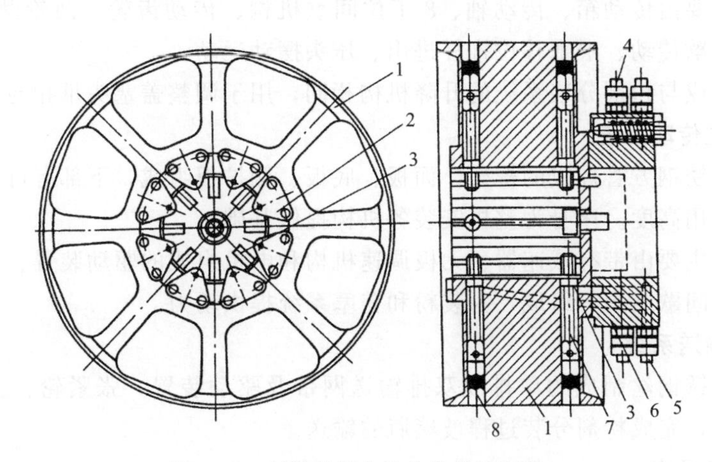

图 11-6　双排粉剂分装头的结构原理

1—分装头；2—压板；3—调塞嘴；4—真空管路；
5—压缩空气管路；6—分配器；7—粉剂隔离塞；8—分装孔

传动装置是装粉系统实现装粉功能的构件。主要由有滑块电磁离合器、换向器、传动齿轮、水平传动间歇机构、链轮系组成。其运动关系是：从主传动系统传递过来的动力经在圆周 360°的相位上只有一个位置能啮合的有滑环电磁离合器（也称同步跟踪离合器，协调与盖胶塞机构的同步运动）传给换向器将垂直传动变为水平传动，再经过一对正齿轮（$i=1:2$）减速传到间歇机构，实现输出轴 8 个工位的间歇运动，分装头就安装在输出轴头上。分装头间停时间正是分装头下部玻璃瓶运动的间停时间，此时分装头装粉孔有一个垂直向下对准瓶口，利用这一间停时间往瓶中装粉。

升降机构安装在床身下地板上，通过一对蜗轮副实现丝杠上下运动，穿过床身面板，丝杠顶部连接在传动装置底板上，可调节分装头与瓶口的距离。

2. 盖胶塞机构

盖胶塞机构主要由供料漏斗、胶塞料斗、振荡器、垂直滑道、喂胶塞器、压胶塞头及其传动机构和升降机构组成。

供料漏斗是不锈钢板制成的倒锥形筒件，用来储存胶塞。

胶塞料斗下部有振荡器。振荡器由盖板、底座、6组弹性支撑板和3组电磁铁组成。为料斗提供振荡力和扭摆力矩。

胶塞料斗也是不锈钢制成的筒形件，为减轻质量，料斗壁上冲有减轻圆孔，底板呈矮锥形，上端开口。料斗内壁焊有两条平行的螺旋上升滑道，并一直延伸至外壁有三分之二周长的距离，与垂直滑道相接。在螺旋滑道上有胶塞鉴别、整理机构，使胶塞呈一致方向进入垂直滑道。

垂直滑道是由两组带与胶塞尺寸相适应的沟槽构件和挡板组成，构成输送胶塞轨道，将从料斗输送来的胶塞送入滑道下边的喂塞器。

喂塞器的主要功用是将垂直滑道送过来的胶塞通过移位推杆进行真空定位，吸掉胶塞内的污物后送到压胶塞头体上的爪扣中。

压胶塞头是压胶塞机构实现盖胶塞功能的重要部分。主体是个圆环体，其上装有8等分分布的盖塞头，盖塞头上有3个爪扣、2个回位弹簧和1个压杆，在压头作用下将胶塞旋转地拧按在已装好药粉的瓶口上。

传动装置主要由传动箱、传动轴、8工位间歇机构、传动齿轮、凸轮摆杆机构等组成，实现压胶塞头间歇传动、喂塞移位推杆进出、压头摆动运动。

升降机构组成与粉剂分装系统的升降机构相同，用于调整盖塞头爪扣与瓶口距离。

3. 床身及主传动系统

床身是由不锈钢方管焊成的框架、面板、底板、侧护板组成，下部有可调的脚，用于调整整机水平和使用高度。床身为整机安装各机构提供基础。

主传动系统主要由带有减速器、无极调速机构和电机组成的驱动装置、链轮、套筒滚子链、换向机构、间歇结构等组成，为装粉和盖塞系统提供动力。

4. 玻璃瓶输送系统

该系统由不锈钢丝制成的单排或双排输送网带及驱动装置，张紧轮、支撑梁、中心导轨、侧导轨组成，完成粉剂分装过程玻璃瓶的输送。

5. 拨瓶转盘机构

拨瓶转盘机构安装在装粉工位和盖塞工位。主要由拨瓶盘、传动轴、8个等分啮合的电磁离合器及刹车盘组成的过载保护机构等组成。其作用是通过间歇机构的控制，准确地将输送网带送入的玻璃瓶送至分装头和盖塞头下进行装粉和盖胶塞。当这两个工位出现倒瓶或卡瓶时，会使整机停车并发出故障显示信号。

6. 真空系统

真空有两个系统，一个用于装粉，另一个用于盖塞。装粉真空系统有水环真空泵、真空安全阀、真空调节阀、真空管路，以及进水管、水电磁阀、过滤器、排水管组成，为吸粉提供真空。盖塞真空系统由真空泵、调节阀、滤气器等组成。其作用是吸住胶塞定位和清除胶

塞内腔上的污垢。

7. 压缩空气系统

该系统由油水分离器、调压阀、无菌过滤器、缓冲器、电磁阀、节流阀及管路组成。工作时，经过过滤，干燥的压缩空气再经无菌系统净化，分成三路：一路用于卸粉，另两路用于清理卸粉后的装粉孔。

8. 局部净化系统

AFG 型及 FZH 型气流分装机设置局部净化系统，以保证局部 A 级洁净度。主要由净化装置与平行流罩组成。净化装置为一长方形箱体，前、后面为可拆卸的箱板，底部固定有两块带孔板，箱体内有一隔板，后部装有小风机，风机出口在隔板上。箱体前部下方带孔板上装有高效过滤器，使经其过滤后空气洁净度达到百级；在风机进风口下部带孔板上装有粗效过滤器。平行流罩为铝合金型材，并镶有机玻璃板构成围框，前后为对开门，座落在分装机台面上，上部即为净化装置，这样就使分装部分形成一个循环空气流通的密封系统，见图 11-7。

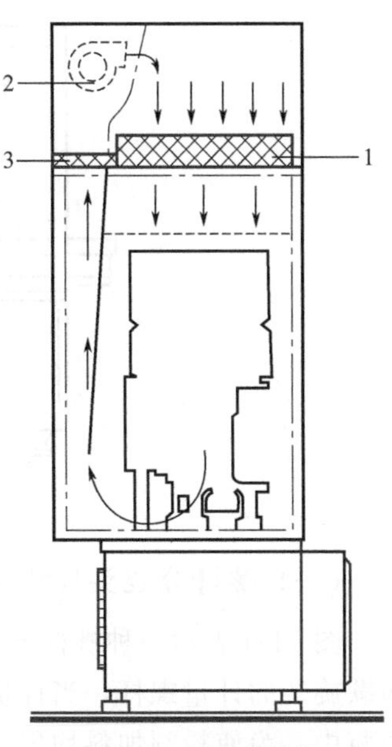

图 11-7 气流分装机局部净化系统

1—高效过滤器；2—风机；3—粗效过滤器

（二）气流式分装机的常见故障和处理方法

气流式分装机的常见故障和处理方法见表 11-1。

表 11-1 气流式分装机的常见故障及处理方法

常见故障	产生原因	处理方法
装量差异	真空度过大或过小，隔离塞堵塞或位置不准确，料斗内药粉过少	检查真空泵并调节真空度到合适程度；清理隔离塞和装量孔；注意观察并及时添料
盖塞效果不好、缺塞或弹塞	盖塞效果不好或缺塞可能是胶塞硅化不适或加盖位置不当；弹塞可能是胶塞硅化时硅油量过多或瓶子温度过高而引起瓶内空气膨胀	调整瓶盖位置；减少硅油用量；降低瓶子温度后再用
缺灌	分装头内粉剂吸附隔离塞堵塞	根据药料、物料特性选用相应的隔离塞；及时清理或更换隔离塞
设备停动	缺塞、缺瓶、瓶位置不正、防尘罩未关严等	视故障指示灯的显示做相应处置

二、螺杆分装机

螺杆分装机是通过控制螺杆转数，量取定量粉剂分装到玻璃瓶中。螺杆分装计量除与螺杆的结构形式有关外，关键是控制每次分装螺杆的转数就可实现精确地装量。螺杆分装机具有装量调整方便、结构简单、便于维修、使用中不会产生漏粉、喷粉等优点。

螺杆分装机一般由带搅拌的粉箱、螺杆计量分装头、胶塞震动料斗、输塞轨道、真空吸塞与盖塞机构、玻璃瓶输送装置、拨瓶盘及其传动系统、控制系统、床身等组成。目前国内在线使用的螺杆分装机的螺杆计量分装头为多头。双头螺杆分装机简图见图 11-8。

螺杆计量分装头中，螺杆旋转的传动过去多为机构传动，近年已将数控技术应用到螺杆分装机上，使螺杆转数控制更趋方便，提高了可靠性和稳定性。

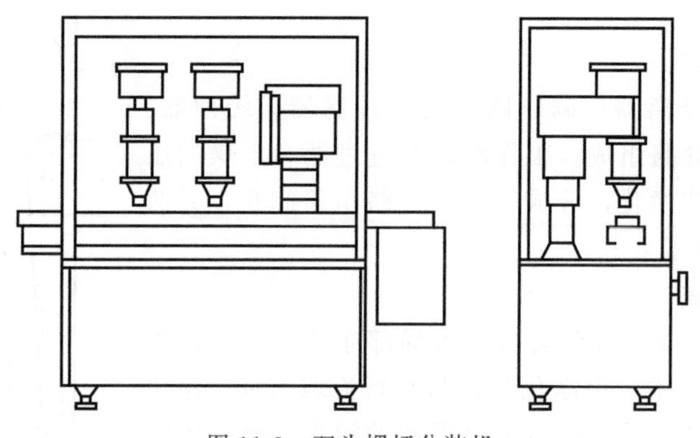

图 11-8　双头螺杆分装机

(一) 螺杆分装头与装量调节装置

图 11-9 表示一种螺杆分装头。粉剂置于粉斗中，在粉斗下部有落粉头，其内部有单向间歇旋转的计量螺杆，当计量螺杆转动时，即可将粉剂通过落粉头下部的开口定量地加到玻璃瓶中。为使粉剂加料均匀，料斗内还有一搅拌桨，连续反向旋转以疏松药粉。

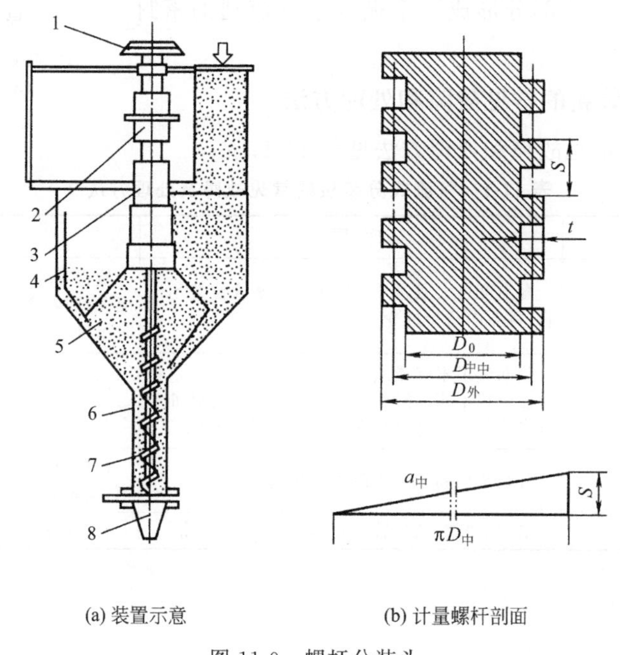

图 11-9　螺杆分装头

1—传动齿轮；2—单向离合器；3—支承座；4—搅拌叶；5—料斗；6—导料管；7—计量螺杆；8—送药嘴

动力由主动链轮输入，分两路来传动搅拌桨及定量螺杆。一路是，动力通过主动链轮由伞齿轮直接带动，使搅拌桨做逆时针连续旋转。另一路是由主动链轮通过从动链轮带动装量调节系统进行螺杆转数的调节，见图 11-10。由从动链轮传递的动力带动偏心轮旋转，经连杆使扇形齿轮往复摇摆运动。扇形齿轮经过齿轮并通过单向离合器和伞齿轮使定量螺杆单向间歇旋转。扇形齿轮向上回摆时，计量螺杆轴不转动，即螺杆只做单向转动。准备控制螺杆每一次转动的圈数，就控制了分装量。分装量的大小可由调节螺钉来改变偏心轮上的偏心距来达到。如将偏心距调节螺栓上的调节螺母顺时针旋转，偏心距变大，螺杆每次转动的圈数增加，则落粉

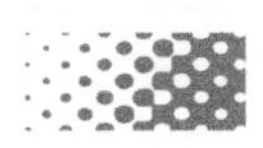

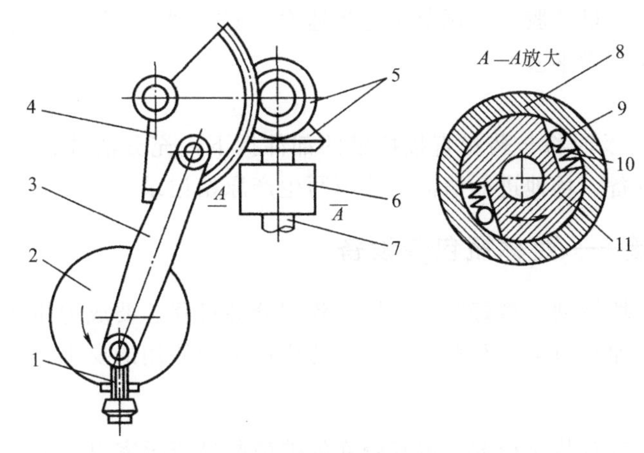

图 11-10　螺杆计量的控制与调节机构

1—调节螺丝；2—偏心轮；3—曲柄；4—扇形齿轮；5—中间齿轮；
6—单向离合器；7—螺杆轴；8—离合器套；9—制动滚珠；10—弹簧；11—离合器轴

量增加；如将调节螺母逆时针旋转，偏心距变小，螺杆转动圈数减少，则落粉量减少。

为防止计量螺杆与落粉头相接触而污染药品，除要求每次螺杆分装头拆卸后的安装正确外，一般均有保护装置，即将与机体绝缘的落粉头与机体连在两个电极上，通过放大器与电源相接，如螺杆与落粉头相接触，即可自动停机与显示。

（二）微机控制螺杆分装头

机械传动螺杆分装头结构比较复杂，调节繁琐。近年，由微机控制、步进电机驱动的螺杆分装头已取代了机械传动系统。其电气体积小、维修方便、温度低，具有良好的可靠性和稳定性。

用微机控制的螺杆分装机的分装头由微机控制系统、伺服电机、螺杆、送粉嘴及搅拌器组成。微机控制螺杆分装机用单片计算机控制伺服电机，伺服电机驱动分装螺杆，装量的设定由计算机键盘输入。其原理是微机控制系统发出指令，使伺服电机的步进数改变，分装螺杆的转动圈数也随之发生改变，从而实现装量调节。

微机控制螺杆分装机具有装量调节范围宽、螺杆转速可调、生产能力可调等优点。此外，还具有以下特点：不停车调节装量和速率，两个分装头可单独设定，具有空瓶检测及螺杆碰壳检测、产量统计、单步电动、自动识别设定装量与设定速率合理配合等功能。

（三）螺杆分装机的使用

1. 开机前检查

① 检查操作间是否有清场标识，清场合格才能进行下一步操作；②检查设备是否有“合格”“已清洁”标识牌；③检查操作间的温度、湿度是否符合要求；④对设备进行检查，给机械传动部件加润滑油，保证机器运转自如，确认设备正常方可使用。

2. 开机

① 上瓶，将西林瓶放在转盘上；②空载运行，按启动按钮，检查设备是否能运行正常；③药粉装入送粉装置，电动“送粉”，使装量至视窗的一半；④调节装量，先试装几瓶，在电子天平上进行称量，如不适合，则进行相应的调整，装量符合要求后拧紧调节螺母；⑤在

振荡理塞料斗中装入适量的胶塞，调节至适当速率；⑥按“启动”即可进行分装；⑦分装过程中每30min随机抽检分装量。

3. 结束

① 操作结束后，及时将与药粉直接接触的部件拆下，充分清洗、灭菌备用；②清除操作剩余的瓶子，对设备、场地进行清洁；③填写生产原始记录。

三、相关知识链接——西林瓶包装设备

抗生素玻璃瓶充填粉剂、盖好胶塞，属于粉剂分装过程。要成为粉针剂成品，还要进一步密封和进行标识，即轧封铝盖和贴标签，以适应运输和使用的要求。

(一) 轧盖机

轧盖机就是用铝盖对装完粉剂、盖好胶塞的玻璃瓶进行再密封。铝盖分多种形式，有中心孔铝盖、两接桥、三接桥、开花铝盖、撕开式铝盖和不开花铝盖，还有铝塑组合盖。

轧盖机根据铝盖收边成型的原理可分为卡口式（又称开合式）和滚压式。卡口式就是利用分瓣的卡口模具将铝盖收口包封在瓶口上。分瓣卡口模已由三瓣式发展成八瓣式。滚压式成型是利用旋转的滚刀通过横向进给将铝盖滚压在瓶口上。滚压式根据滚压刀的数量有单刀式和三刀式之分。另外，轧盖机根据操作方式可分为手动、半自动和全自动。

轧盖机一般由料斗、铝盖输送轨道、轧盖装置、玻璃瓶输送装置、传动系统、床身、电气控制系统组成。工作时，将铝盖放入料斗，在电磁振荡器的作用下，铝盖沿料斗内的螺旋轨道向上跳动，上升到轨道缺口处完成理盖动作，口朝上的铝盖继续上升到最高处后再落入料斗外的输盖轨道，沿输盖轨道下滑到西林瓶的挂盖位置；同时，西林瓶由玻璃瓶输送装置送入进瓶轨道，将瓶送入分装盘的凹槽，随分装盘间歇转到挂盖位置挂住铝盖，继续转到轧盖装置，由轧盖系统完成轧盖动作，随后西林瓶被推入出瓶轨道，由输瓶装置送出。

1. 料斗

料斗的作用就是盛装待轧封的铝盖，并将铝盖整理成同一方向送入铝盖输送轨道。常见的料斗形式有两种：一种是震动料斗，另一种是带选择器的料斗。

(1) 震动料斗　由两部分组成，上部是料斗，下部是电磁振荡器。

料斗为不锈钢锥底圆筒，内壁焊有平板螺旋轨道，直到圆筒上部，与外壁上的矩形盒轨道（尺寸和铝盖相适应）相接。内壁轨道靠近出口处设有识别器，将铝盖整理成一个方向。料斗在振荡器的震动作用下，铝盖沿螺旋轨道爬行，经整理成一个方向后进入外壁轨道，再利用外轨道的斜坡滚动进入铝盖输送轨道。

(2) 带选择器的料斗　这种料斗是由不锈钢卧式半锥形料斗体和底部是垂直放置的选择器两部分组成。选择器是由一个外缘周边平面上有一圈均匀分布的凸三角形牙的圆盘和一侧面上有凹三角形牙的板状圆环构成。相对的两三角形牙之间有一适当间隙，正好能使呈一定方向的铝盖通过。工作时，选择器转动将状态合适的铝盖送入输送轨道。

2. 轧盖装置

轧盖装置是轧盖机的核心部分，作用是铝盖扣在瓶口上后，将铝盖紧密牢固地包封在瓶口上。

轧盖装置的结构形式有三刀滚压式和卡口式两种。其中三刀滚压式有瓶子不动和瓶子随动两种形式。

(1) 瓶子不动、三刀滚压型　该种形式轧盖装置由三组滚压刀头及连接刀头的旋转体、

铝盖压边套、芯杆和皮带轮组及电机组成。其轧盖过程：电机通过皮带轮组带动滚压刀头高速旋转，转速约 2000r/min。在偏心轮带动下，轧盖装置整体向下运动，先是压边套盖住铝盖，只露出铝盖边沿待手边的部分。在继续下降的过程中，滚压刀头在沿压边套外壁下滑的同时，在高速旋转离心力作用下向心收拢滚压铝盖边沿使其收口。

（2）瓶子随动、三刀滚压型　该型压盖装置由电机、传动齿轮组、七组滚压刀组件、中心固定轴、回转轴、控制滚压刀组件上下运动的平面凸轮和控制滚压刀离合的槽形凸轮等组成。轧盖过程：扣上铝盖小瓶在拨瓶盘带动下进入到一组正好转动过来并已下降的滚压刀下，滚压刀组件中的压边套先压住铝盖，在继续转动中，滚压刀通过槽形凸轮下降并借助自转在弹簧力作用下，在行进中将铝盖收边轧封在小瓶口上。

（3）卡口式轧盖装置　亦称开口式轧盖装置。由分瓣卡口模、卡口套、连杆、偏心（曲轴）机构等组成。其轧盖过程：扣上铝盖的小瓶由拨瓶盘送到轧盖装置下方间歇停止不动时，偏心（曲柄）轴带动连杆推动卡口模、卡口套向下运动（此时卡口模瓣呈张开状态），卡口模先行到达收口位置，卡口套继续向下，收拢卡口模瓣使其闭合，就将铝盖收边轧封在小瓶口上。目前在线使用的 SQ、DQ、KZG 型轧盖机上的轧盖装置都属于该类型。

（二）贴签机

贴签机主要用于对粉针剂产品进行标识，在玻璃瓶的瓶身上粘贴产品标签。

圆盘形贴签机简见图 11-11。传签形式在结构上设置了一个转动圆盘机构，上面安装 4 个形式和动作一样的摆动传签头，代替供签系统中的吸签机构和传签辊、打字辊、涂胶头。传签过程：传签头先在涂胶辊上黏上胶，随着圆盘转到签盒部位粘上签，当转到打字工位，印字辊就将标记印在标签上，再转下去到与贴签辊相接，贴签辊通过爪钩和真空吸附将标签接过送至与瓶接触，把标签贴在瓶上。整个传签过程从传签头将标签从签盒中粘出到传给贴签辊，标签始终黏在传签头上，省去了从吸签头把签传给传签辊、传签辊再传给打字辊这两

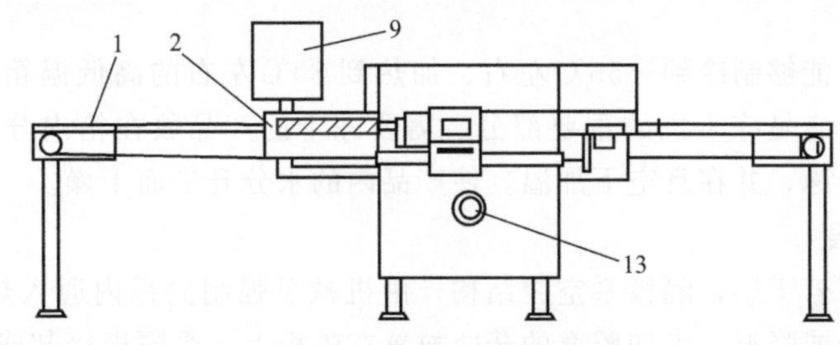

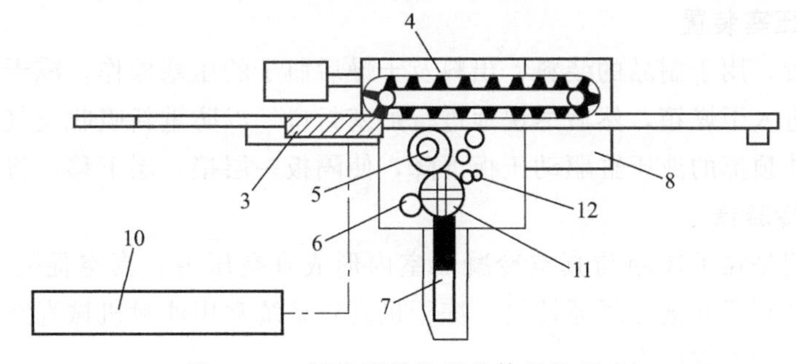

图 11-11　圆盘形贴签机总体机构组成

1—玻璃瓶输送装置；2—挡瓶机构；3—送瓶螺杆；4—V 形夹传动链；
5—贴签辊；6—涂胶机构；7—签盒；8—床身；9—操纵箱；
10—电气控制箱；11—转动圆盘机构；12—打印机构；13—主传动系统

个交接环节，减少了传签失误率。

取消长固定按摩板和大按摩带，以带 V 形夹的传动链和小固定按摩板代替，使其结构紧凑。无瓶不粘签、无签不打字的功能是通过气缸带动签盒和打字机构退让来实现的，动作平稳。

该机主要适用 7mL 抗生素玻璃瓶，经简单改装也可适用其他规格玻璃瓶但范围不大，所以整机和装置的结构尺寸更为紧凑。

不干胶贴签机与涂胶贴签机整体结构基本相似，不同之处就是不干胶标签贴签机不设涂胶机构，取而代之的是设置了不干胶标签纸带与隔离塑料薄膜分开装置和定尺剪切机构。

四、拓展知识链接——粉针剂冷冻干燥设备

（一）冷冻干燥过程

粉针剂的冷冻干燥，是将药物先配制成溶液，经无菌过滤后装入西林瓶半加胶塞，然后放进一个密闭的容器中，先冻结成冰固态，然后对容器抽真空，达到一定的真空度后，使溶液中的冰体从固态直接升华变成气态，从而排除水分，得到干燥的粉末，最后压塞封口。

（二）冻干机及其主要装置的作用

能实现冷冻干燥过程和目的的机械设备称为真空冷冻干燥机，简称冻干机。

冻干机按系统划分，主要由制冷系统、真空系统、加热系统和控制系统组成。按结构化分，主要由冻干箱或称干燥箱、导热隔板层、液压升降压塞装置、冷凝器或称水汽凝结器、制冷机、真空泵、阀门、热交换器、在线清洗装置、在线灭菌装置和电气控制元件等组成，如图 11-12 所示。

1. 干燥箱

干燥箱是一个能够制冷到－55℃左右、加热到 80℃左右的高低温箱，也是一个能抽成真空的密闭容器，它是冻干机的重要部分。需要冻干的产品放在箱内分层的金属导热板层上，对产品进行冷冻，并在真空下加温，使产品内的水分升华而干燥。

2. 导热隔板层

导热隔板层有若干层，隔板系空腔结构，由机械泵强制向板内通入热的或冷的导热液，以对隔板进行升温或降温。半加胶塞的药瓶放置在隔板上。受隔板冷却或加热。

3. 液压升降压塞装置

隔板升降装置，用于制品的装料、出料及干燥后瓶子的压塞操作。冻干结束后，要充入干燥无菌的空气进入干燥箱，然后尽快地进行加塞封口，以防重新吸收空气中的水分。压塞时，设在干燥箱体顶部的液压缸驱动压板下降，使隔板一层接一层下移，将胶塞压入瓶口。

4. 真空泵与冷凝器

真空泵的作用是在干燥箱与真空冷凝器室内形成真空压力。真空促使干燥箱内水分升华，蒸汽被推向冷凝器并被冷凝器捕集。冻干机真空系统常用油封机械真空泵与机械增压泵串联维持系统所需的真空压力。

冷凝器室是一个真空密闭容器，在它的内部有一个较大表面积的金属盘管即冷凝器，也称为水汽捕集器。

冷凝器工作时，其表面的温度能降到－70～－40℃以下，并维持这个低温范围。冷凝器

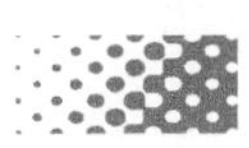

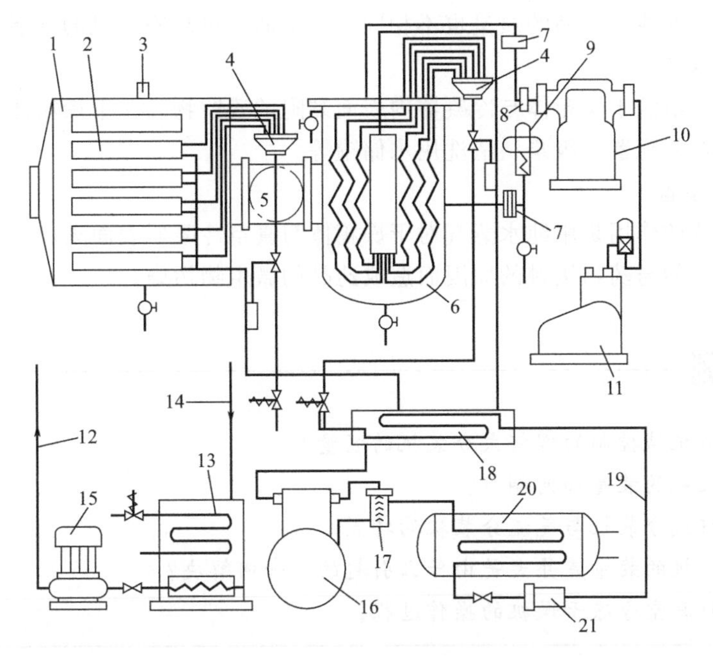

图 11-12　冻干机结构

1—干燥箱；2—导热隔板；3—真空测头；4—分流阀；5—大蝶阀；6—冷凝器；
7—小蝶阀；8—真空馏头；9—鼓风机；10—罗茨真空泵；11—旋片式真空泵；
12—油路管；13—油水冷却管；14—制冷低压管路；15—油泵；16—冷冻机；
17—油水分离器；18—热交换器；19—制冷高压管路；20—水冷却器；21—干燥过滤器

的作用是把干燥箱内产品升华出来的水蒸气冻结吸附在盘管表面上。

干燥箱通往冷凝器的管路上装有大口径真空隔离阀，常用的真空隔离阀有蘑菇阀或蝶阀。真空隔离阀的作用是，当冷凝器在化霜时，用隔离阀来隔离，可同时对产品进行装载、卸载和冻结。另外，在冻干即将结束时，通过关闭隔离阀，进行压力升高试验，以确定冻干周期的终点。

5. 制冷机

制冷机的作用是将冷凝器内的水蒸气冷凝及将干燥箱内的制品冷冻。制冷原理：由冷凝器出来的高压制冷剂经过干燥过滤器、热交换器、电磁阀到达膨胀阀，使制冷剂有节制地进入蒸发器。由于冷冻机的抽吸使蒸发器内压力下降，高压液体制冷剂在蒸发器内迅速膨胀、吸收热量，使干燥箱内制品或冷凝器中的水汽温度下降而凝固。高压液体制冷剂吸热后迅速蒸发成为低压制冷剂气体，气体被冷冻机抽回并压缩成高压气体，再被冷凝器冷却成液体，重新进入制冷系统循环。

6. 加热系统

加热系统主要是由油泵、油箱、电加热器等组成。油箱中的油经电热器加热后，由油泵输送到干燥室隔板内的加热排管，给制品的水分提供升华热，参与干燥过程的温度控制。

7. 控制系统

控制系统由各种控制开关、指示调节仪表及自动装置等组成，它的作用是对冻干机进行手动或自动控制，操作机器正常运转，保证冻干机生产出合格的产品。

以温度为纵坐标，时间为横坐标，把冻干过程中产品和板层的温度、冷凝器温度和真空度对照时间画成的关系曲线，叫作冻干曲线。冻干不同的产品采用不同的冻干曲线。同一产品使用不同的冻干曲线，产品的质量也不相同，冻干曲线也与冻干机的性能有关。

8. 在线清洗装置

清洗装置用于清洗干燥箱体与冷凝器内表面黏附的残留物。在干燥箱体与冷凝器内安装喷嘴及喷淋球，机外配置多级泵、清洗用水储罐等。

9. 在线灭菌装置

在线灭菌装置的作用是用纯水蒸气对干燥箱体与真空冷凝器表面灭菌，避免由于干燥箱体与真空冷凝器可能与药物接触的原因而造成药品的微生物污染。

目标检测

1. 如何调节机械控制的螺杆式分装机的装量？
2. 气流分装机的装量如何调节？
3. 简述螺杆式分装机与气流分装机的特点。
4. 气流分装机的装量差异大是由什么引起的？如何解决？
5. 简述粉针真空冷冻干燥机的操作过程。

PPT 课件

模块十二
口服液体制剂生产设备

学习目标

学习目的： 通过学习口服液生产设备、糖浆剂生产设备的基础知识，为从事口服液剂洗瓶、灌封、糖浆剂灌封等岗位操作设备、维修保养设备奠定基础。

知识要求： 掌握口服液洗瓶机、口服液灌装轧盖机、直线式液体灌装封盖机的结构、原理、操作步骤。

熟悉液体灌装机的结构原理、直线式液体灌装封盖机的维护保养。

了解口服液生产联动线、糖浆剂生产联动线。

能力要求： 能正确操作口服液剂、糖浆剂生产设备。

项目一　口服液剂生产设备的操作与养护

口服液是指中药材用水或其他溶剂，采用适当的方法提取，经浓缩制成的单剂量灌装的合剂。口服液剂的一般制备过程为中药材经过适当方法提取有效成分，并经精制后加入添加剂，使溶解、混匀并滤过澄清，按注射剂工艺要求，将药液灌封于口服液瓶中，灭菌即得。口服液的质量要求不如水针剂、输液剂严格。在生产过程中，灌封前分为两条路径同时进行：第一条是空口服液瓶、瓶盖的处理；第二条是口服液的制备。两条路径到了灌封工序汇集在一起，灌封完毕进行灭菌、检漏、贴签、装盒、外包装、即得成品。上述过程的各个环节都会用到不同的设备，主要包括提取设备（如多功能提取罐、高效提取浓缩机组）、减压浓缩罐、配液罐、灭菌干燥机、洗瓶机、灌装机等。本模块只介绍洗瓶和灌装设备。

一、洗瓶生产设备

为保证口服液质量，灌装前必须对口服液瓶进行洗涤。目前，在制药企业中常用超声波洗瓶机。它有转盘式和直线式两种形式。下面介绍直线式超声波洗瓶机，如图 12-1 所示。

（一）结构

超声波洗瓶机主要由进瓶机构、直线翻瓶轨道、出瓶机构、机械传动系统及水槽等组成。

图 12-1　口服液超声波洗瓶机

（二）工作原理

超声波洗瓶机是利用超声波换能器发出的高频机械振荡（20～40Hz），在清洗介质中疏密相间地向前辐射，使液体流动而产生大量非稳态微小气泡。在超声波的作用下气泡进行生长闭合运动，可形成超过 1000MPa 的瞬间高压，其强大的能量连续不断冲撞口服液瓶的表面，使污垢迅速剥离，达到清洗目的。口服液瓶由转盘经拨瓶轮送入轨道，沿水槽的进瓶段、超声波段、倒冲水气段、出瓶段在直线轨道内完成清洗，即进瓶—进水—超声波—瓶子翻转 180°—倒冲水气—瓶子再翻转 180°—出瓶。

（三）操作步骤

① 检查机器电器、仪表是否正常，纯化水、洁净压缩空气是否符合要求。

② 打开纯水阀门向储水箱内加水，当储水箱溢水口流水时，打开超声波洗瓶机水泵（严禁无水开启水泵），再调节进水量。

③ 打开主电机启动开关，检查进瓶机构、出瓶机构等系统方向是否正确。

④ 打开进瓶机构、输送网带、出瓶机构启动开关，调节其速度（慢速），使口服液瓶逐步从输送网带进入理瓶盘，并慢慢进入翻瓶轨道直到充满整个翻瓶轨道，加快速度达到正常运转速度。

⑤ 当有卡瓶现象时应立即按下电器箱上的紧停开关，再停纯水、洁净压缩空气、检查翻瓶轨道内是否有异形瓶、倒瓶现象，处理完毕后再正常开机。

⑥ 生产结束后停机。依次按下主机停机按钮、输送网带停止按钮、水泵停止按钮，关闭纯水控制阀门，分别打开清洗槽和储水箱下的控制阀门，让清洗槽、储水箱内水排空。

二、灌封生产设备

口服液灌封设备是口服液生产过程中的主要设备，用于易拉盖口服液玻璃瓶的定量灌装和封口。下面简要介绍 RYGF12 型口服液灌装轧盖机，如图 12-2 所示。

（一）机构

RYGF12 型口服液灌装轧盖机主要由机身、输送装置、灌装部分、拨轮装置、供盖系统、轧盖头、出瓶盘、跟踪灌装机构、传动装置等组成。

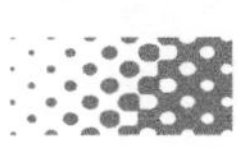

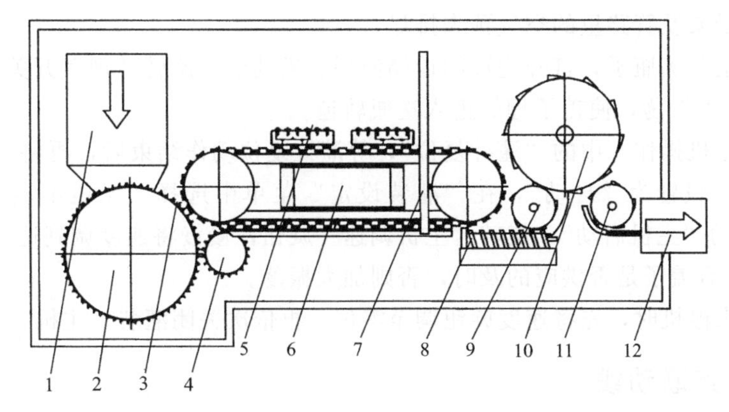

图 12-2　RYGF12 型口服液灌装轧盖机结构

1—送瓶网带；2—送瓶大拨轮；3—同步带输瓶机构；4—过渡拨轮；
5—灌装机构；6—跟踪灌装机构；7—落盖轨道；8—过渡铰笼；
9—进瓶拨轮；10—轧盖机；11—出瓶拨轮；12—出瓶网带

(二) 工作原理

1. 传动原理

由电机经皮带轮将动力传给减速蜗轮轴，再由蜗轮轴通过各齿轮，将动力传到拨轮轴及灌装部分和轧盖头。灌装部分、轧盖头及各拨轮同步动作，并通过锥齿轮将动力传到进瓶拨轮装置。

2. 灌装部分的原理

口服液瓶由进瓶大拨轮送至过渡拨轮，再由过渡拨轮送至同步带，由同步带上的镶块拖动瓶子匀速向前运行。灌针在跟踪机构的控制下，插入瓶口，与瓶子同步向前运行，实现跟踪灌装。灌针随着液面的上升而上升，起到消泡作用。

3. 供盖系统

供盖系统由输盖轨道、理盖头及戴盖机构组成。理盖头采用电磁螺旋振荡器原理，将杂乱的盖子理好排队，经换向轨道进入输盖轨道。经过戴盖机构时，由瓶子挂着盖子经过压盖板，使盖子戴正。

4. 轧盖头

口服液瓶戴好盖子进入轧盖头转盘后，已经张开的三把轧刀将以瓶子为中心，随转盘向前转动，在凸轮的控制下压住盖子。三把轧刀在锥套的作用下，同时向盖子轧来，轧好后，同时又离开盖子，回到原位。

5. 跟踪灌装机构

跟踪灌装机构由伺服电机带动齿轮、齿条运动，从而带动灌针做往复运动。通过调整喷针架与安装架的相对位置，可使灌针准确地插入瓶口中间。

(三) 主要技术参数

(1) 灌装量　5～30mL。

(2) 生产能力　150～300 支/min。

(四) 操作步骤

① 合上电源开关，电源操作屏亮。

② 将各计量泵及管路里的空气预先排尽。

③ 将进瓶盘装满瓶子，打开进液阀让储液桶装满药液，旋转"理盖开关"，再慢慢旋转"理盖调速"，加大振荡，使盖子理好进入送瓶轨道。

④ 选择"主机操作"中的"灌针复位"，等灌针复位动作结束后，再将"主机操作"中的"手动/自动"设置为"自动"，在"灌装设定"菜单中选择"无瓶不灌"，然后再选择"主机操作"中的"主机启动"，旋转"主机调速"旋钮，慢慢将速度调到适合的速度，然后观察供盖系统，看盖子是否供应的及时，否则加大振荡。

⑤ 灌装结束停机时，先将速度旋钮调至零位，再依次关闭灌装、主机、理盖开关。

三、口服液生产联动线

口服液生产联动线是将口服液生产过程中所用的洗瓶机、隧道式干燥机、灌装机、封口机、贴签机等整合，这样既能减少口服液污染机会，又能减轻工人劳动强度，还能提高工作效率。

目前生产企业一般采用串联方式将上述几种设备组合，每台单机在生产联动线中只有一台，这种方式适合中等产量需要，要求各台单机生产能力相互匹配。

QXGF5/25 型高速口服液洗、烘、灌封联动线是由超声波洗瓶机、隧道式干燥灭菌机及口服液灌封机组成，如图 12-3 所示。

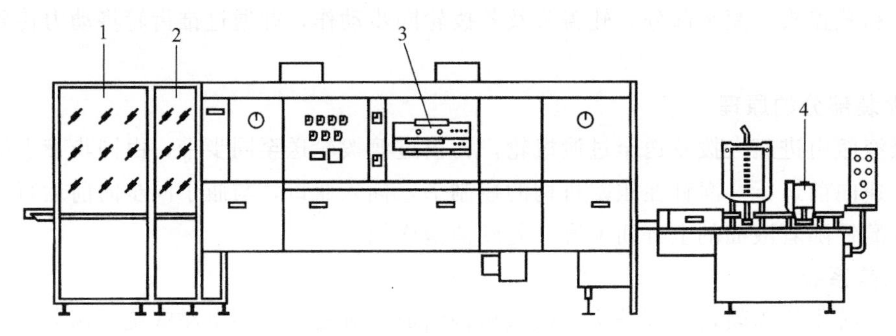

图 12-3　口服液生产联动线

1—超声波洗瓶机；2—过滤装置；3—隧道网带式灭菌烘箱；4—口服液灌装轧盖机

口服液瓶由超声波洗瓶机入口进入，经过清洗后输送至隧道式干燥灭菌机内，经高温干燥灭菌后输送至灌封机内进行口服液灌装、封口，然后再输送到贴签机进行贴签，打印产品批号等。

项目二　糖浆剂生产设备的操作与养护

糖浆剂是指含有药材提取物的浓蔗糖水溶液。中药糖浆剂含糖量一般不低于 60%(g/mL)。糖浆剂在制备时，一般需将原料药材用规定的方法提取、纯化、浓缩至一定体积，制成一定浓度的溶液。含有挥发性成分的药材常先提取挥发性成分，再与余药共同煎煮。为防止其腐败变质，延长保存期限，常需加入适量的防腐剂。

糖浆剂的生产过程可简化为容器的洗涤干燥、溶糖过滤、配料、灌装和包装等工序。

（1）容器的洗涤干燥 把玻璃瓶、胶塞等进行洗涤、干燥以便进行灌装。使用的设备有超声波洗瓶机、灭菌干燥机等，参照其他章节。

（2）溶糖过滤 把蔗糖和水溶解成糖浆，煮沸灭菌过滤澄清，冷却后送至配制工序。所用的设备有溶糖锅、过滤器和冷却器。

（3）配料 将滤好的糖浆加入处方中的各种药物，制成糖浆剂。所用的设备有溶药锅、过滤器和调配缸。

（4）灌装 将药液分装于容器内并加一封盖的过程。使用的设备有液体灌装封盖机或液体灌装机与旋盖机等。

（5）包装 包括贴标签、装盒、装箱等。

一、糖浆剂直线式液体灌装机

灌装机的灌装方式有真空式、加压式及柱塞式等；灌装工位有直线式与转盘式。直线式液体灌装机是目前常用的罐装设备，常用的有 YG-4A 型液体灌装机、GCB4A 型液体灌装机、YGXB-100 型灌装旋盖机。

（一）YG-4A 型液体灌装机

YG-4A 型液体灌装机灌装工位是直线式，灌装方式为柱塞式。本机通用性强，适用于圆瓶、方瓶、其他异形玻璃瓶、塑料瓶，以及各种听、杯等容器的灌装。为了适应不同容器和液体的要求，本机设有三种速度可供选择，能自动完成输送、灌装等工序。灌装机的工艺流程如图 12-4 所示。

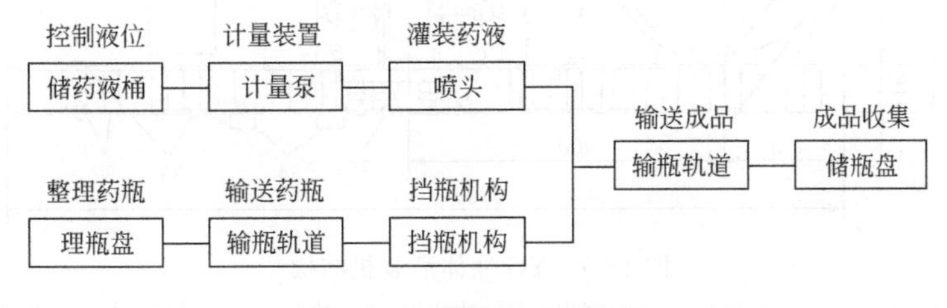

图 12-4 灌装机工艺流程

1. 结构

如图 12-5 所示，其主要结构由理瓶机构、灌装机构、输瓶机构、挡瓶机构等组成。理瓶机构主要由翻瓶盘、理瓶盘、推瓶板、拨瓶杆、异形搅瓶器、理瓶电机、三级塔轮、蜗轮蜗杆减速器等组成。灌装机构主要由 4 个计量泵、喷嘴、曲柄连杆机构、药液储罐、灌装电机、三级塔轮、蜗轮蜗杆减速器、链条链轮等组成。输瓶机构主要由传送带、传送轨道、输瓶电机、动力箱（四对齿轮变速）等组成。挡瓶机构主要由两只直流电磁铁组成，电磁铁 1 与电磁铁 2 交替动作，使输送带上的瓶子定位及灌装后输出。

2. 工作原理

瓶子首先经翻瓶装置翻正后由推瓶板推入理瓶盘，理瓶盘旋转，经拨瓶杆或异形瓶搅瓶器使之有规则地进入传送轨道，再由传送带将空瓶运送到灌注工位中心进行灌装，由曲柄连杆机构带动 4 个计量泵，将液体从储液槽内抽出，并注入传送带的空瓶内。在每次灌装之前先使定位器将瓶口对准喷嘴中心，再插入瓶内进行灌装。灌装完毕由传动带送至下道工序。

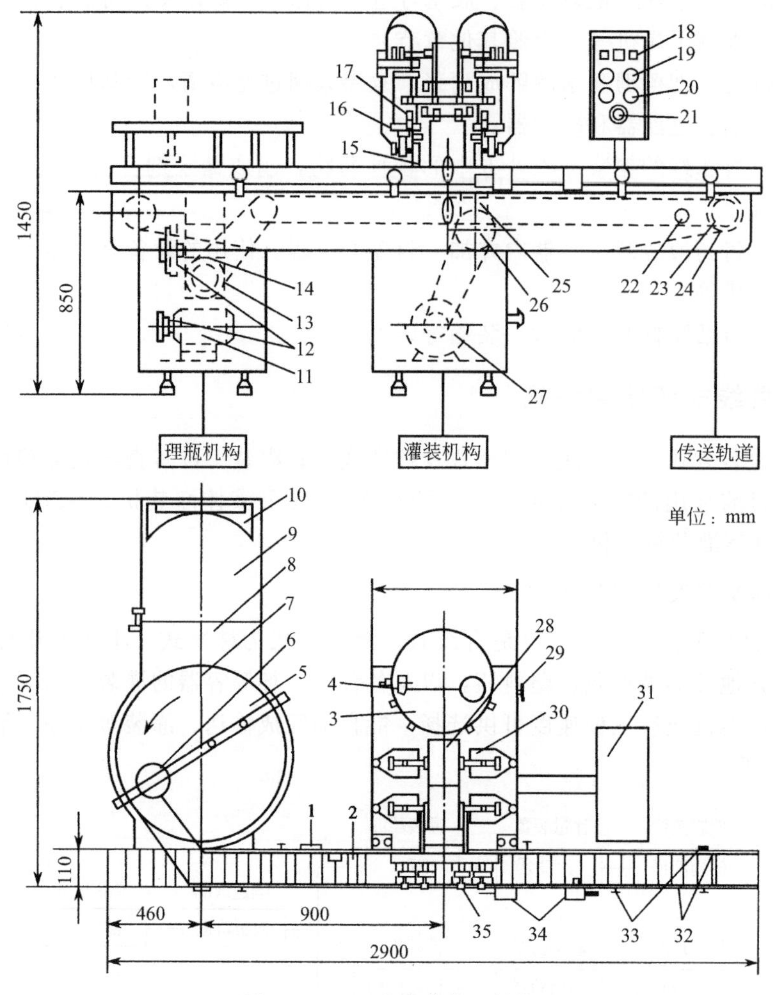

图 12-5 YG 液体灌装机结构

1—限位器；2，24—传送带；3—储液槽；4—液位阀；5—拨瓶杆；6—搅瓶器；7—理瓶盘；8—储瓶盘；9—翻瓶盘；10—推瓶板；11—电机；12—三级塔轮；13，25—减速机；14—传动齿轮；15—容量调节；16—曲柄；17—导向器；18—开关；19—供瓶开关；20—灌装开关；21—调速旋钮；22—输瓶电机；23—动力箱；26—调速塔轮；27—直流电机；28—电源开关；29—灌装机头；30—计量泵；31—电器箱；32—前后导轨；33—导轨调节器；34—电磁挡瓶器；35—喷嘴调节器

3. 主要技术参数

(1) 生产能力 25～90 瓶/min（无级变速）。

(2) 灌装容量 25～1000mL。

(3) 计量误差 ±0.5%。

(二) 直线式液体灌装旋盖机

YGXB-100 型直线式液体灌装旋盖机，它集灌装、上盖、旋盖、出瓶于一体，主要适于制药、医疗、食品、化工等行业的酊剂、糖浆剂及各类酒类、油类等的灌装。

1. 结构

如图 12-6 所示，YGXB-100 型直线式液体灌装旋盖机主要由传送带、拨盘、旋盖箱体、灌装头、料槽、转盘、电磁振荡器、计量泵等组成。

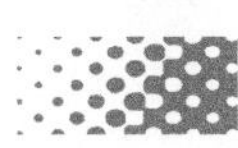

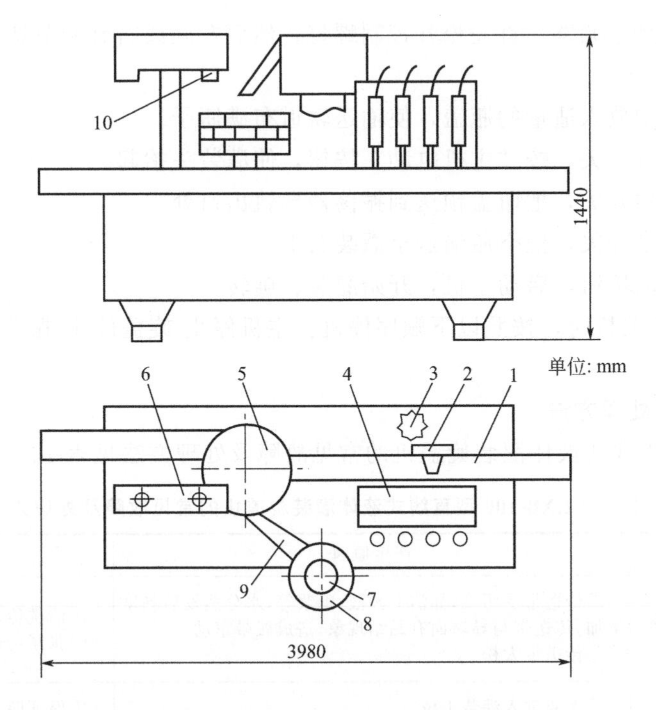

图 12-6 YGXB-100 型直线式液体灌装旋盖机

1—传送带；2—灌装头；3—拨盘；4—计量泵；5—转盘；
6—旋盖箱体；7—电磁振荡器；8—料槽；9—下滑轨；10—旋盖头

2. 工作原理

(1) 灌装　瓶子通过传送带输送至灌装头下方受挡于拨盘停止向前，此时四支灌装头经过凸轮同步下压至瓶子内部，由四支定量活塞泵控制装量完成灌装。

(2) 上盖　瓶盖通过电磁振荡器产生震动，使盖子沿着料槽向上输送，通过下滑轨道送至瓶口上，再由压盖头压紧瓶盖。

(3) 旋盖　灌装完毕的瓶子通过传送带送至转盘上，转盘通过槽轮箱做间歇运转。当载有上盖的瓶子转至旋盖箱体底部做间歇停顿时，旋盖头通过凸轮下压并且顺时针旋转，从而带动瓶盖旋紧。

3. 主要技术参数

(1) 适用范围　100mL 塑料瓶。

(2) 生产能力　52 瓶/min。

(3) 计量精度　±2%。

4. 操作步骤

(1) 机器运行前首先检查外界电源与本机连接是否正确，各电机运行是否正常，机器上的紧固件是否松动、脱落。

(2) 转盘的调整　先松开转盘压盖上的两只螺栓，转动转盘，使其任一瓶槽的中心位置对准瓶座的中心位置，然后收紧螺栓即可。

(3) 转盘与旋盖头的同步调整　主机运转时，转盘做间歇运动，当每个瓶槽的中心对准瓶座的中心做停顿时，旋盖头应同步下压。下压的时间可以通过调整主机传动轴上的凸轮来完成，调整时只需松开凸轮上的紧固螺钉，调整到适当的位置再锁定。

（4）计量泵的计量调整　首先松开控制螺母，然后左旋或右旋调节螺栓，来调整计量的大小。

（5）在振荡器中放入适量的瓶盖，使输送轨道布满瓶子。

（6）启动总电源开关，按“主机电动”按钮，使灌装头抬起。

（7）打开振荡器开关，把瓶盖预送到振荡器导轨出口处。

（8）启动输送带开关，把空瓶输送至灌装头下。

（9）按主机启动按钮，启动主机，开始灌装、旋转。

（10）生产结束关机时，按照以下顺序停机：主机停止-旋盖停止-振荡器关-输送带停止-总电源关。

5. 常见故障及处理方法

YGXB-100 型直线式液体灌装旋盖机的常见故障及处理方法见表 12-1。

表 12-1　YGXB-100 型直线式液体灌装旋盖机的常见故障及处理方法

常见故障	产生原因	处理方法
传送带运动有传动现象	①传送带受污染，如沾上药液、糖浆等，水分蒸发后黏度增加，传送带与导轨面有黏结现象，造成履带窜动 ②传送带太松	①清洗传送带 ②张紧传送带
液体外溢	①无瓶进入灌装工位 ②计量泵的实际排量超过瓶子容量 ③灌装头没有对准瓶口	①保证四个瓶进入灌装工位 ②调整计量泵的实际排量 ③调整灌装头位置
四只泵计量不一致	①管路有气泡 ②灌装头有滴漏现象 ③四泵偏心不一致	①消除管路中的气泡 ②密封不够，更换密封环 ③调整偏心距
瓶子不进转盘	①拦瓶圈间隙太大，瓶子不进转盘 ②有倒瓶致使瓶子供应不上	①调整拦瓶圈间隙 ②保证瓶子供应，防止倒瓶
瓶盖盖不上	①飞盖 ②下盖轨道尺寸太小或有毛刺 ③盖子不入下盖轨道	①调整下盖轨道与瓶口的位置 ②改变下盖轨道尺寸，去毛刺 ③调节振荡线圈电压
瓶盖旋不好	①瓶子严重跟转 ②旋盖头过低或过高 ③旋盖头偏位 ④瓶子的间歇停顿与旋盖头下压不同步	①夹紧瓶子 ②调整箱体高度 ③调整箱体旋盖头方向 ④调整传动轴上凸轮的位置
主机不运作或速度极慢	①电机有故障 ②电气线路有故障	①更换电机 ②检查电气线路

二、糖浆剂生产联动线

糖浆剂生产联动线是将糖浆剂生产过程中所用的设备进行整合，形成一套生产线，既能减轻工人劳动强度，又能提高工作效率。

（一）液体灌装自动线

如图 12-7 所示，YZ20/1000A 型液体灌装自动线主要由 CXB20/1000 型冲洗洗瓶机、GCB4D 型四泵直线式灌装机、FTZ30/80 型防盗轧盖机（XGB30/80 型单头旋盖机）、ZTB05/30 型卧式不干胶贴标机（或 TNJ30/80 型不干胶贴标机）组成，可自动完成理瓶、送瓶、翻瓶、冲洗瓶、灌装、轧盖、贴签、打印产品批号等工序。

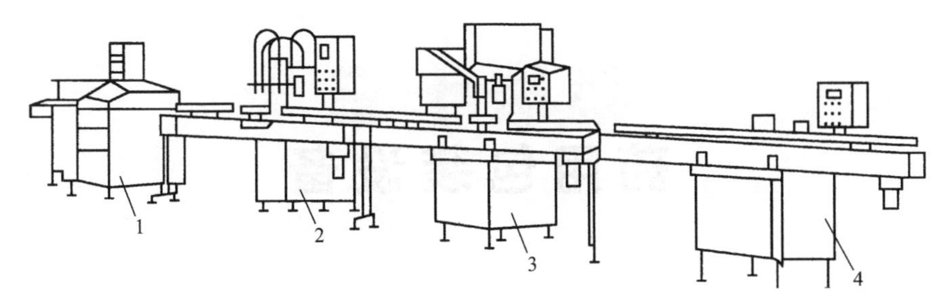

图 12-7　YZ20/1000A 型液体灌装自动线

1—贴标机；2—旋盖机；3—四泵直线式灌装机；4—洗瓶机

其主要技术参数如下。

（1）生产能力　20～80 瓶/min。

（2）灌装规格　30～1000mL。

（二）塑料瓶糖浆灌装联动线

塑料瓶糖浆灌装联动线由 SP-700 型输瓶机、LPB 型塑料扁瓶自动理瓶机、YGXB-100 型直线式液体灌装封盖机、TZJS 双面不干胶自动贴签机组成。

目标检测

1. 超声波直线式洗瓶机的主要操作步骤是什么？
2. RYGF12A 型口服液灌装轧盖机的传动原理是什么？
3. RYGF12A 型口服液灌装轧盖机盖压不紧，应如何调整？
4. YGXB-100 型直线式液体灌装封盖机的主要操作步骤是什么？
5. YGXB-100 型直线式液体灌装封盖机液体外溢，应如何调整？
6. YG-4A 型液体灌装机的结构和原理是什么？

PPT 课件

模块十三
药用包装设备

学习目标

学习目的：药用包装设备是药物制剂包装的基本设备，通过学习本模块知识或技术方法，为以后从事制剂包装岗位奠定好基础。

知识要求：掌握药用包装典型设备的结构、原理。
熟悉药用包装典型设备的特点、基本操作。
了解包装设备的应用和维护。

能力要求：会正确操作包装设备。
学会对药用包装设备的日常维护，能排除常见故障。

一、药品包装的作用

药品包装是药品生产的继续，是对药品施加的最后一道工序。药物制剂包装是指选用适宜的材料和容器，利用一定技术对药物制剂的成品进行分（灌）、封、装、贴签等加工过程的总称。对绝大多数药品而言，只有进行了包装，药品生产过程才算完成。一个（种）药品，从原料、中间体、成品、制剂、包装到使用，一般要经过生产和流通（含销售）两个领域。在整个转化过程中，药品包装起着重要的桥梁作用，有其特殊的功能，即保护药品、方便流通和销售。

二、药品包装的分类

药品包装主要分为单剂量、内包装和外包装三类。

（1）单剂量包装　指对药物制剂按照用途和给药方法，对药物成品进行分计量并进行包装的过程，如将颗粒剂装入小包装袋，注射剂的玻璃安瓿包装，将片剂、胶囊剂装入泡罩式铝塑材料中的分装过程等，此类包装也称分剂量包装。

（2）内包装　指将数个或数十个成品装于一个容器或材料内的过程称为内包装，如将数粒成品片剂或胶囊包装入一板泡罩式的铝塑包装材料中，然后装入一个纸盒、塑料袋、金属容器等，以防止潮气、光、微生物、外力撞击等因素对药品造成破坏性影响。

（3）外包装　将已完成内包装的药品装入箱中或其他袋、桶和罐等容器中的过程称为外包装。进行外包装的目的是将小包装的药品进一步集中于较大的容器内，以便药品的储存和运输。

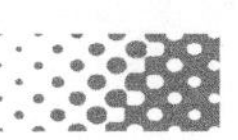

三、包装机械的分类

1. 按包装机械的自动化程度分类

(1) 全自动包装机　全自动包装机是自动供送包装材料和内装物，并能自动完成其他包装工序的机器。

(2) 半自动包装机　半自动包装机是由人工供送包装材料和内装物，但能自动完成其他包装工序的机器。

2. 按包装产品的类型分类

(1) 专用包装机　专用包装机是专门用于包装某一种产品的机器。

(2) 多用包装机　多用包装机是通过调整或更换有关工作部件，可以包装两种或两种以上产品的机器。

(3) 通用包装机　通用包装机是在指定范围内，适用于包装两种或两种以上不同类型产品的机器。

3. 按包装机械的功能分类

包装机械按功能不同，可分为充填机械、灌装机械、裹包机械、封口机械、贴标机械、清洗机械、干燥机械、杀菌机械、捆扎机械、集装机械、多功能包装机械，以及完成其他包装作业的辅助包装机械。我国国家标准采用的就是这种分类方法。

4. 包装生产线

由数台包装机和其他辅助设备联成的、能完成一系列包装作业的生产线，即包装生产线。

在制药工业中，一般是按制剂剂型及其工艺过程进行分类。

四、药用包装机械的组成

药用包装机械作为包装机械的一部分，包括以下 8 个组成要素。

① 药品的剂量与供送装置。

② 包装材料的整理与供送系统。

③ 主传送系统。

④ 包装执行机构。

⑤ 成品输送机构。

⑥ 动力机与传送系统。

⑦ 控制系统。

⑧ 机身。

对于片剂和胶囊剂，其包装虽然有各种类型，主要有如下三类。

① 条带状包装，亦称条式包装，其中主要是条带状热封合（SP）包装。

② 泡罩式包装（PTP），亦称水泡眼包装。

③ 瓶包装或袋类的散包装。

第①、②类为适合于患者使用的药剂包装，第③类瓶包装包括玻璃瓶和塑料瓶包装。

五、自动制袋装填包装机

自动制袋装填包装机常用于包装颗粒冲剂、片剂、粉剂，以及流体和半流体物料。其特

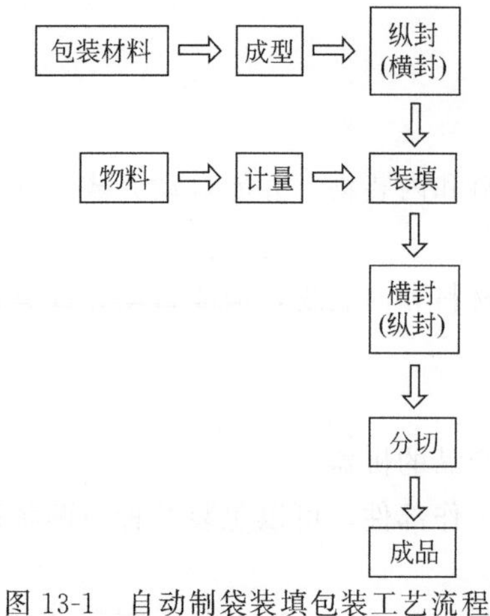

图 13-1　自动制袋装填包装工艺流程

点是直接用卷筒状的热封包装材料，自动完成制袋、计量和充填、排气或充气、封口和切断等多种功能。热封包装材料主要有各种塑料薄膜，以及由塑料、铝箔等制成的复合材料。它们具有防潮阻气、易于热封和印刷、质轻柔、价廉、易于携带和开启等优点。自动制袋装填包装机普遍采用的包装流程如图 13-1 所示。根据不同的机型，包装流程及其结构会有所差别，但其包装原理却大同小异。

自动制袋装填包装机的类型多种多样，按总体布局分为立式和卧式两大类；按制袋的运动形式分为连续式和间歇式两大类。

下面主要介绍在冲剂、片剂包装中广泛应用的立式自动制袋装填包装机的原理和结构。

项目一　立式连续制袋装填包装机的操作与养护

一、操作前准备知识

立式连续制袋装填包装机有一系列多种型号，适用于不同的物料及多种规格范围的袋型。虽然如此，但其外部及内部结构是基本相似的，以下介绍其共通的结构和包装原理。

典型的立式连续制袋装填包装机总体结构如图 13-2 所示。整机包括七大部分：传动传统、薄膜供送装置、袋成型装置、纵封装置、横封及切断装置、物料供给装置及电控检测系统。

如图 13-2 所示，机箱 18 内安装有动力装置及传动系统，驱动纵封滚轮 11 和横封辊 14 转动，同时传送动力给定量供料器 7 使其工作给料。

包装卷膜 4 安装在退卷架 5 上，可以平稳地自由转动。在牵引力的作用下，薄膜展开经导辊 3 引导送出。导辊对薄膜起到张紧平整及纠偏的作用，使薄膜能正确地平展输送。

袋成型装置的主要部件是一个制袋成型器 8，它使薄膜由平展逐渐形成袋型，是纸袋的关键部件。它有多种的设计形式，可根据具体的要求而选择。制袋成型器在机上通过支架固定在成型器安装架 10 上，可以调整位置。在操作中，需要正确调整成型器对应纵封滚轮 11 的相对位置，确保薄膜成型封合的正确和顺利。

纵封装置主要是一对相对旋转的纵封滚轮 11，其外圆周滚花，内装发热元件，在弹簧力作用下相互压紧。纵封滚轮有两个作用，其一是对薄膜进行牵引输送，其二是对薄膜成型后的对接纵边进行热封合。这两个作用是同时进行的。

横封装置主要是一对横封辊 14，相对旋转，内装发热元件。其作用也有两个：其一是对薄膜进行横向热封合。一般情况下，横封辊旋转一周进行一次或两次的封合动作。当每个横封辊上对称加工有两个封合面时，旋转一周，两辊相互压合两次。其二是切断包装袋，这

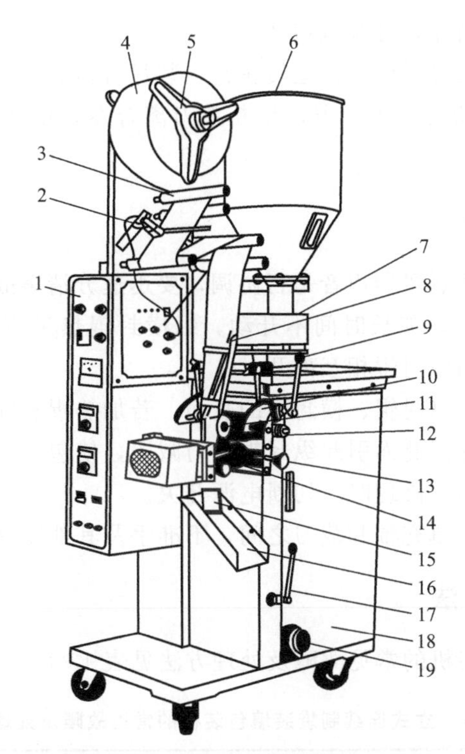

图 13-2　立式连续制袋装填包装机

1—电控柜；2—光电检测装置；3—导辊；4—包装卷膜；5—退卷架；6—料仓；7—定量供料器；8—制袋成型器；9—供料离合手柄；10—成型器安装架；11—纵封滚轮；12—纵封调节旋钮；13—横封调节旋钮；14—横封辊；15—包装成品；16—卸料槽；17—横封离合手柄；18—机箱；19—调速旋钮

是在热封合的同时完成的。在两个横封辊的封合面中间，分别装嵌有刃刀及刀板，在两辊压合热封时能轻易地切断薄膜。在一些机型中，横封和切断是分开的，即在横封辊下另外配置有切断刀，包装袋先横封再进入切断刀分割。不过，这种方法已较少采用，因为不但机构增加了，而且定位控制也变得复杂。

物料供给装置是一个定量供料器 7。对于粉状及颗粒物料，主要采用量杯式定容计量，量杯容积可调。图 13-2 所示定量供料器 7 为转盘式结构，从料仓 6 流入的物料在其内由若干个圆周分布的量杯计量，并自动充填入成型后的薄膜管内。

电控检测系统是包装机工作的中枢系统。在此机的电控柜上可按需设置纵封温度、横封温度及对印刷薄膜设定色标检测数据等，这对控制包装质量起到至关重要的作用。

二、标准操作规程

（1）接通电源开关，纵封辊与横封辊加热即可通电。

（2）调整纵封、横封辊温度控制器旋钮，调至所需要（按使用的包装材料）的温度，一般在 100～110℃之间。

（3）将薄膜沿导槽送至纵封辊附近，使两端对齐，空袋前进看其是否黏结牢固，适当微调温度。

（4）按动手动按钮，送进薄膜入横封辊，使薄膜的光点位于横封热合中间，将光电头对准薄膜的光点，接通光电面板电源开关。

（5）接通裁刀离合器、转盘离合器，调整供料时间。

(6) 被包装物料装入料斗，开车试包装。

(7) 调节封口温度及批号号码，待运转正常、装量合格后，正式开机试生产。

(8) 停机顺序为先切断转盘离合器，切断裁刀离合器，切断电机开关，最后切断电源开关。

三、安全操作注意事项

(1) 在运转当中，应注意机器声音是否协调，要迅速分清事故前的异常运转声音。

(2) 把包装材料装入后，如长时间不开动，纵横封辊热量不断传至薄膜，可将薄膜烧坏，此时应将两纵封辊和两横封辊相互离开。

(3) 要经常用铜刷清扫纵封辊、横封辊的表面。若加热辊表面黏着包装材料成分及尘土等，则可引起热封不良，并因此而引起纵封辊拉力减弱，使包装失调。

(4) 在进行检查、清扫、修理时应切断电源开关。

(5) 运转过程中，在横填充辊和裁刀之间，不准手及其他物品靠近。

四、常见故障及处理方法

立式连续制袋装填包装机的常见故障及处理方法见表 13-1。

表 13-1　立式连续制袋装填包装机的常见故障及处理方法

常见故障	处理方法
电机不转	检查熔断丝是否烧断、电机是否损坏，如是要更换； 再检查电气控制元件是否不良
运转有异常声	查看各传动齿轮配合是否恰当，如配合不当应重新调整； 横封、纵封压力是否过大，如是重新调整
包装袋封口不良	查看模具齿口是否不干净，如是需用铜刷清理； 查看成形器调整是否不当，如是需要重新调整； 如夹料，应当降低包装速率； 包装材料质量是否不好，如是要更换
包装袋不封口	设置温度过低，当适当调高； 检查加热件是否烧毁，如是须更换
包装袋封边不齐	检查成型器是否变形或不良，如是要进行校正及更换； 查看包装材料安装是否调整不当，如是要进行调整
包装袋封口夹料	查看下料时间是否不当，进行调整； 物料流动性差，需更换； 如包装速率过快，需降慢速率
切口不良	查看切刀是否磨损，如是要更换刀片； 切刀位置不当，进行适当调整； 横封模具压力不够，需要重新调整
料盘晃动	刮料器过低阻卡料盘，需调整刮料器； 开销、闭销位置不当，进行重新调整； 料盘轴弯了，需要更换料盘轴
下料重量不准，时轻时重	上下料盘未调平行，需要调整； 刮料器过高，需要调整； 料盘晃动严重，需要调整

项目二　泡罩包装机的操作与养护

一、操作前准备知识

泡罩包装机是将透明塑料薄膜或薄片制成泡罩，用热压封合、黏合等方法将产品封合在泡罩与底板之间的机器。

（一）泡罩包装机的工艺流程

由于塑料膜多具有热塑性，在成型模具上使其加热变软，利用真空或正压，将其吸（吹）塑成与待装药物外形相近的形状及尺寸的凹泡，再将单粒或双粒药物置于凹泡中，以铝箔覆盖后，用压辊将无药物处（即无凹泡处）的塑料膜及铝箔挤压粘接成一体。根据药物的常用剂量，将若干粒药物构成的部分（多为长方形）切割成一片，就完成了铝塑包装的过程。

在泡罩包装机上需要完成薄膜输送、加热、凹泡成型、加料、印刷、打批号、密封、压痕、冲裁等工艺过程，如图 13-3 所示。在工艺过程中对各工位是间歇过程，就整体讲则是连续的。

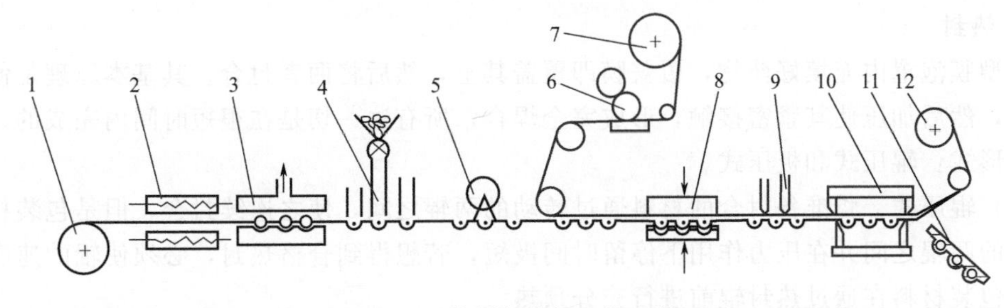

图 13-3　泡罩包装机工艺流程

1—塑料膜辊；2—加热器；3—成型；4—加料；5—检整；6—印字；
7—铝箔辊；8—热封；9—压痕；10—冲裁；11—成品；12—废料辊

1. 成型

成型是整个包装过程的重要工序，成型泡罩方法可分以下四种。

① 吸塑成型（负压成型）。利用抽真空将加热软化的薄膜吸入成型膜的泡罩窝内成一定几何形状，从而完成泡罩成型，如图 13-4（a）所示。吸塑成型一般采用辊式模具，成型泡罩尺寸较小，形状简单，泡罩拉伸不均匀，顶部较薄。

② 吹塑成型（正压成型）。利用压缩空气将加热软化的薄膜吹入成型模的泡罩窝内，形成需要的几何形状的泡罩，如图 13-4（b）所示。成型的泡罩壁厚比较均匀，形状挺括，可成型为尺寸大的泡罩。吹塑成型多用于板式模具。

③ 冲头辅助吹塑成型。借助冲头将加热软化的薄膜压入模腔内，当冲头完全压入时，通入压缩空气，使薄膜紧贴模腔内壁，完成成型加工工艺，如图 13-4（c）所示。冲头尺寸约为成型模腔的 60%～90%。合理设计冲头形状尺寸，冲头推压速率和推压距离，可获得壁厚均匀、棱角挺括、尺寸较大、形状复杂的泡罩。冲头辅助成型多用于平板式泡罩包

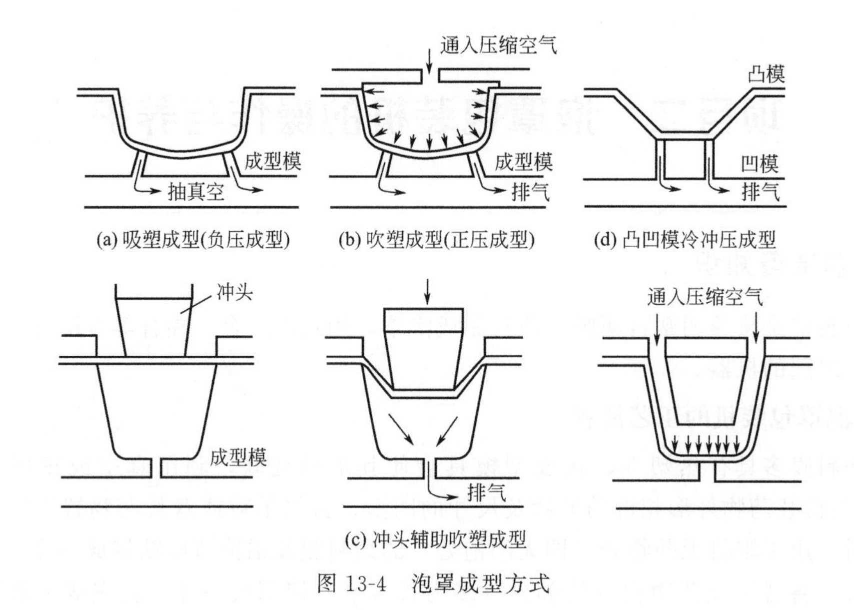

图 13-4　泡罩成型方式

装机。

④ 凸凹模冷冲压成型。当采用包装材料刚性较大［如复合（PA/ALU/PVC）］时，热成型方法显然不能适用，而是采用凸凹模冷冲压成型方法，即凸凹模合拢，对膜片进行成型加工，如图 13-4（d）所示，其中空气由成型模内的排气孔排出。

2. 热封

成型膜泡罩内充填好药物，覆盖膜即覆盖其上，然后将两者封合。其基本原理是使内表面加热，然后加压使其紧密接触，形成完全焊合，所有这一切是在很短时间内完成的。热封有两种形式：辊压式和板压式。

（1）辊压式　将准备封合的材料通过转动的两辊之间，使之连续封合，但是包装材料通过转动的两辊之间并在压力作用下停留时间极短，若想得到合格热封，必须使辊的速度非常慢或者包装材料在通过热封辊前进行充分预热。

（2）板压式　当准备封合的材料到达封合工位时，通过加热的热封板和下模板与封合表面接触，并将其紧密压在一起进行焊合，然后迅速离开，完成一个包装工艺循环。板式模具热封包装成品比较平整，封合所需压力大。

热封板（辊）的表面用化学铣切法或机械滚压法制成点状或网状的网纹，可提高封合强度和包装成品外观质量。但更重要的一点是在封合时起到拉伸热封部位材料的作用，从而消除收缩褶皱。但必须小心，防止在热封过程中戳穿薄膜。

（二）泡罩包装机的结构

泡罩包装机结构形式可以分为平板式、辊筒式和辊板式三大类。

二、平板式泡罩包装机

1. 平板泡罩包装机的结构与特点

该设备泡罩成型和热封合模具均为平板形。如图 13-5 所示。

平板式泡罩包装机的特点：①热封时，上、下模具平面接触，为了保证封合质量，要有足够的温度、压力及封合时间，不易实现高速运转；②热封合消耗功率较大，封合牢固程度

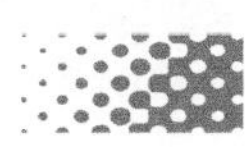

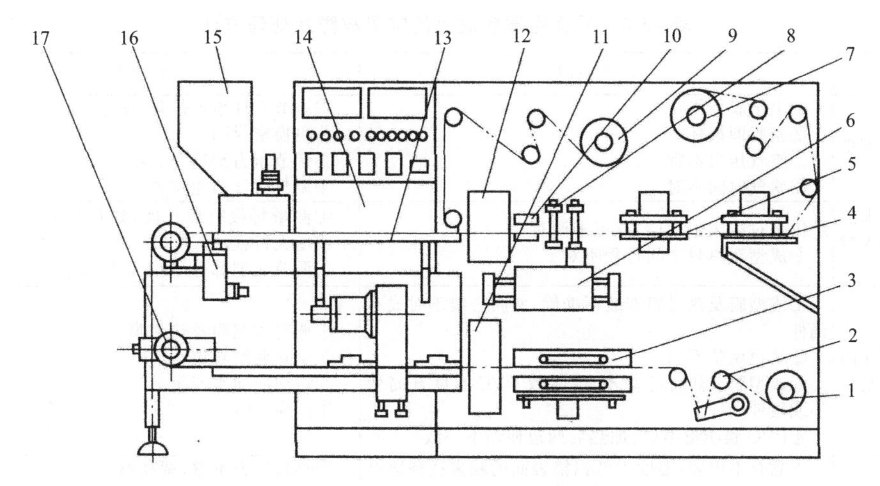

图 13-5　平板式泡罩包装机

1—塑料膜辊；2—张紧轮；3—加热装置；4—冲裁站；5—压痕装置；6—进给装置；7—废料辊；8—气动夹头；9—铝箔辊；10—导向板；11—成型站；12—封合站；13—平台；14—配电、操作盘；15—下料器；16—压紧轮；17—双铝成型压模

不如辊筒式封合效果好，适用于中小批量药品包装和特殊形状物品包装；③泡窝拉伸比大，泡窝深度可达 35mm，满足大蜜丸、医疗器械行业的需求。

2. 平板泡罩包装机的操作

① 备好药品、包材，更换批号，安装好 PVC 硬片及铝箔，检查冷却水，认真清洁设备。

② 打开电源送电，接通压缩空气。

③ 按下加热键，并分别将加热和热封温控表调至合适温度。

④ 将 PVC 硬片经过通道拉至冲切刀下，将铝箔拉至热封板下。

⑤ 加热板和热封板升至合适温度时，将冷却温度表调至合适温度（一般应为 30℃）。

⑥ 待药品布满整个下料轨道时，按下电机按钮，开空车运行；待吹泡、热封和冲切都达到要求后，按下下料开关。

⑦ 调节下料量，使下料合乎要求，进行正常包装。

⑧ 包装结束后，按以下顺序关机：按下下料关机按钮-按下电机红色按钮-主机停-关闭总电源开关-关闭进气阀-关闭进水阀。然后清理机器及现场，保养包装设备。

3. 平板泡罩包装机使用时的注意事项

① 使用前需检查冷却水、压缩空气是否到位。

② 开启加热时，需先将压缩空气开启，使得热封气缸离开铝箔表面，以免长时间受热熔断。

③ 生产过程注意不要用手触摸加热部位，以免烫伤。

④ 正式生产前，先要确定泡窝成型、热封、冲裁是否正常，才可加料生产。否则易造成药品浪费，设备故障。

⑤ 生产结束后，应进行车间的清场及设备的清洁。

4. 平板泡罩包装机的常见故障及处理方法

平板泡罩包装机的常见故障及处理方法见表 13-2。

表 13-2 平板泡罩包装机的常见故障及处理方法

常见故障	产生原因	处理方法
泡罩成型不良	①上下膜不平行 ②密封圈损坏 ③空气压力不宜 ④吹气时间不对	①调节立柱盖形螺母，使上下膜吻合时密封良好 ②更换密封圈 ③调节压力至适合大小 ④调整吹气凸轮位置
塑片泡罩未能准确进入热封模孔	①走过或未走到位，行程未调对 ②成型至热封之间行程不对	①测量每板行程长度，如有差距，可调节手柄缩小或增大行程 ②调节成型部分，使 PVC 前进或后退
PVC 膜横向偏位或单边紧松	①成型膜及热封膜安装不准确，两膜心线不对或有延伸 ②轨道调整不当 ③成型膜或热封冷却不良，导致 PVC 温度升高变形或延伸 ④PVC 膜质量不好，加热后两边伸缩不一致	①调对成型膜及热封膜 ②重新调整轨道 ③增加冷却水流量 ④调换 PVC
热封不良	①黏合不牢固，温度太低铝箔表面的胶未达到熔点 ②网纹不均匀，网纹生锈或有污物 ③热封温度太低 ④上下膜不平行	①热封压力不够，调高温度 ②用钢丝刷或用钢针、锯条磨尖清理污物 ③调高热封温度 ④调整上下平面平行
铝箔被压透	①热封温度太高 ②热风压力太大	①降低热封温度 ②降低热封压力
铝箔斜皱	①铝箔单边松紧 ②铝箔压辊不平行 ③热封膜或成型膜安装不正	①调节调程板，向前或向后移动，改变转节辊平行度 ②使压辊与轨道平面平行 ③装正热封或成型膜
冲裁不良	①直向偏位，行程未调对 ②横向偏位，成型(热封)膜或轨道不正	①调节冲裁移动手柄，使冲裁位置向前或向后移动 ②重新调整成型(热封)膜或轨道

三、相关知识链接

1. 辊筒式泡罩包装机

该设备采用的泡罩成型模具和热封模具均为圆筒形。

辊筒式泡罩包装机的特点：①真空吸塑成型、连续包装、生产效率高，适合大批量包装作业；②瞬间封合、线接触、消耗动力小、传导到药片上的热量少，封合效果好；③真空吸塑成型难以控制壁厚，泡罩壁厚不匀，不适合深泡窝成型；④适合片剂、胶囊剂、胶丸等剂型的包装；⑤具有结构简单、操作维修方便等优点。

2. 辊板式泡罩包装机

该设备泡罩成型模具为平板形，热封合模具为圆筒形。

辊板式泡罩包装机的特点：①结合了辊筒式和平板式包装机的优点，克服了两种机型的不足；②采用平板式成型模具，压缩空气成型，泡罩的壁厚均匀、坚固，适合于各种药品包装；③辊筒式连续封合，PVC 片与铝箔在封合处为线接触，封合效果好；④高速打字、压痕，无横边废料冲裁，高效率，包装材料省，泡罩质量好；⑤上、下模具通冷却水，下模具通压缩空气。

项目三 瓶装设备的操作与养护

瓶装设备能完成理瓶、计数、装瓶、塞纸、理盖、旋盖、贴标签、印批号等工作。许多固体成型药物，如片剂、胶囊剂、丸剂等，常以瓶装形式供应于市场。瓶装机一般包括理瓶

机构、输瓶轨道、数片头、塞纸机构、理盖机构、旋盖机构、贴签机构、打批号机构、电器控制部分等。

一、计数机构

目前广泛使用的数粒（片、丸）计数机构主要有两类，一类为传统的圆盘计数，另一类为先进的光电计数机构。

1. 圆盘计数机构

圆盘计数机构也叫做圆盘式数片机构，如图13-6所示。一个与水平成30°倾角的带孔转盘，盘上有几组（3～4组）小孔，每组的孔数依据每瓶的装量数决定。在转盘下面装有一个固定不动的托板4，托板不是一个完整的圆盘，而具有一个扇形缺口，其扇形面积只容纳转盘上的一组小孔。缺口下边紧接着一个落片斗3，落片斗下口直抵装药瓶口。转盘的围墙具有一定高度，其高度要保证倾斜转盘内可存积一定量的药片或胶囊。转盘上小孔的形状应与待装药粒形状相同，且尺寸略大，转盘的厚度要满足小孔内只能容纳一粒药的要求。转速不能过高（约0.5～2r/min），因为一则要与输瓶带上瓶子的移动频率匹配；二则如果太快将产生过大离心力，不能保证转盘转动时，药粒在盘上靠自重而滚动。当每组小孔随转盘旋至最低位置时，药粒将埋住小孔，并落满小孔。当小孔随转盘向高处旋转时，小孔上面叠堆的药粒靠自重将沿斜面滚落到转盘的最低处。

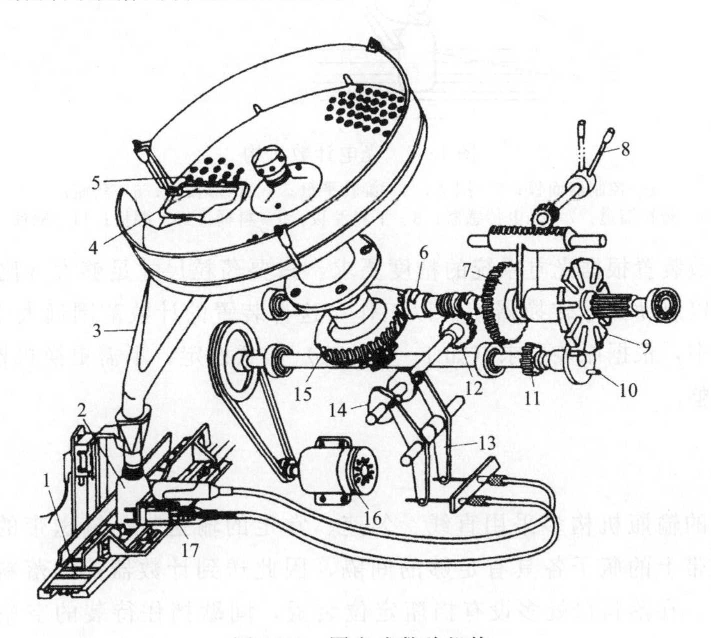

图13-6　圆盘式数片机构

1—输瓶带；2—药瓶；3—落片斗；4—托板；5—带孔转盘；6—蜗杆；7—直齿轮；8—手柄；9—槽轮；10—拨销；11—小直齿轮；12—蜗轮；13—摆动杆；14—凸轮；15—大蜗轮；16—电机；17—定瓶器

为保证每个小孔均落满药粒和使多余的药粒自动滚落，常需使转盘保持非匀速旋转。为此利用图中的手柄8扳向实线位置，使槽轮9沿花键滑向左侧，与拨销10配合，同时将直齿轮7及小直齿轮11脱开。拨销轴受电机驱动匀速旋转，而槽轮9则以间歇变速旋转，因此引起转盘抖动着旋转，以利于计数准确。

为了使输瓶带上的瓶口和落片斗下口准确对位，利用凸轮14带动一对撞针，经软线传输定瓶器 17 动作，使将到位附近的药瓶定位，以防药粒撒落瓶外。

当改变装瓶粒数时，则需更换带孔转盘即可。

2. 光电计数机构

光电计数机构利用一个旋转平盘，将药粒抛向转盘周边，在周边围墙开缺口处，药粒将被抛出转盘。如图 13-7 所示，在药粒由转盘滑入药粒溜道 6 时，溜道设有光电传感器 7，通过光电系统将信号放大并转换成脉冲电信号，输入到具有“预先设定”及比较功能的控制器内。当输入的脉冲个数等于人为预选的数目时，控制器的磁铁 11 发生脉冲电压信号，磁铁动作，将通道上的翻板 10 翻转，药粒通过并引导入瓶。

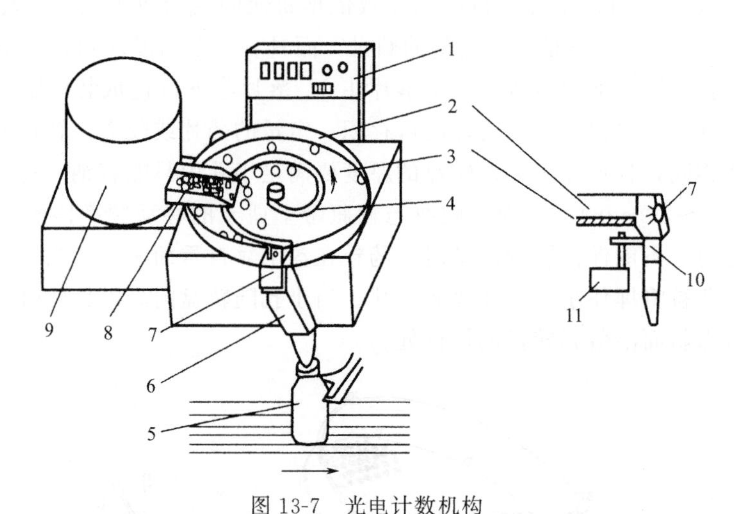

图 13-7　光电计数机构

1—控制器面板；2—围墙；3—旋转平盘；4—回形拨杆；5—药瓶；
6—药粒溜道；7—光电传感器；8—下料溜板；9—料桶；10—翻板；11—磁铁

对于光电计数装置根据光电系统的精度要求，只要药粒尺寸足够大（比如大于 8mm），反射的光通量足以启动信号转换器就可以工作。这种装置的计数范围远大于模板式计数装置。在预选设定中，根据瓶装要求（如 1～999 粒）任意设定，不需更换机器零件，即可完成不同装置的调整。

二、输瓶机构

在装瓶机上的输瓶机构多采用直线、匀速、常走的输送带。输送带的走速可调，由理瓶机送到输瓶带上的瓶子各具有足够的间隔，因此送到计数器前的落料口前的瓶子不该有堆积的现象。在落料口处多设有挡瓶定位装置，间歇挡住待装的空瓶和放走装完药物的满瓶。

也有许多装瓶机是采用梅花轮间歇旋转输送机构输瓶的，如图 13-8 所示。梅花轮间歇转位、停位准确。数片盘及运输带连续运动，灌装时弹簧顶住梅花轮不运动，使空瓶静止装料，灌装后凸轮通过钢丝控制弹簧松开梅花轮，使其运动，带走瓶子。

三、塞入机

塞入机包括塞纸机、干燥剂塞入机、药棉塞入机。在充填药物瓶内塞入纸、棉花或袋状干燥剂，以防药物破碎、潮湿与延长保质期，目前瓶装包装以塞纸或袋状干燥剂为多，如图

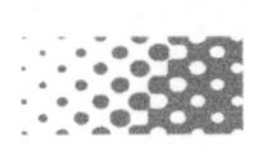

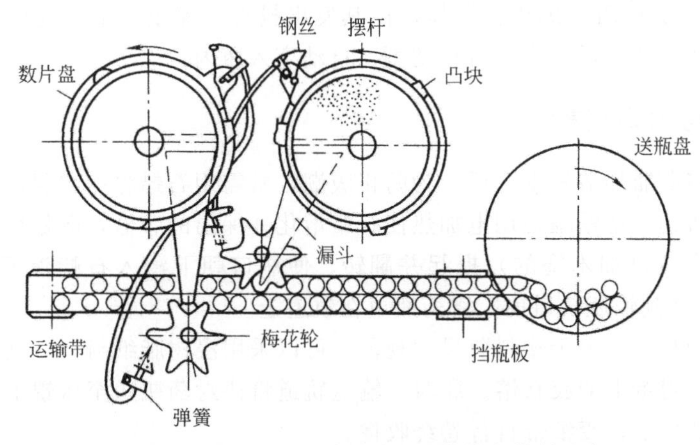

图 13-8　梅花轮间歇旋转输送机构输瓶控制示意

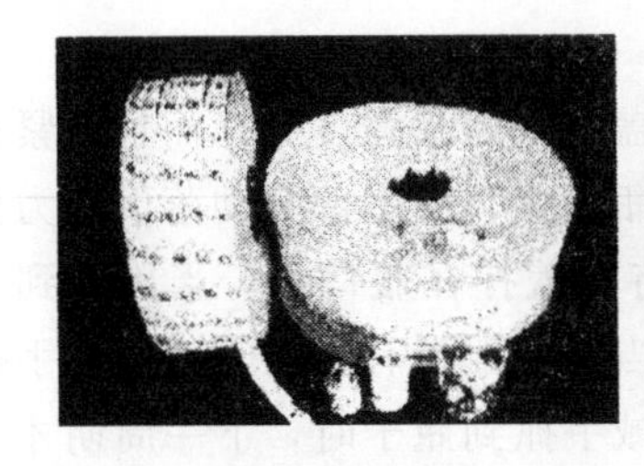
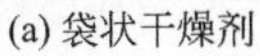
(a) 袋状干燥剂

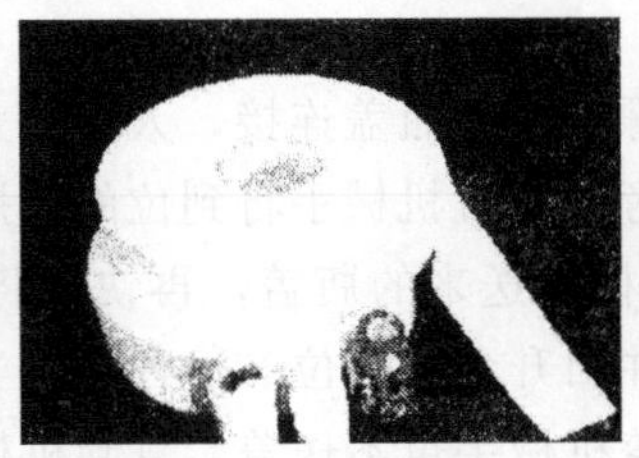
(b) 卷盘纸

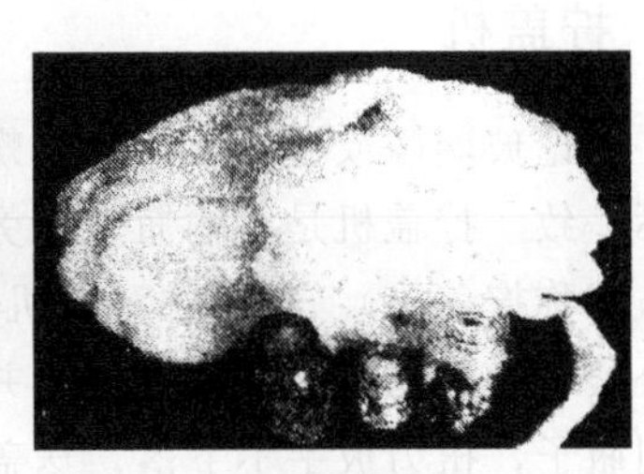
(c) 药棉

图 13-9　塞入机塞入对象

13-9 所示。

1. 塞纸机构

瓶装药物的实际体积均小于瓶子的容积，为防止储运过程中药物相互磕碰，造成破碎、掉末等现象，常用洁净碎纸条或纸团、脱脂棉等填充瓶中的剩余空间。在装瓶联动机或生产线上单设有塞纸机。

常见的塞纸机构有两种：一是利用真空吸头，从裁好的纸中吸起一张纸，然后转移到瓶口处，由塞纸冲头将纸折塞入瓶；另一种是利用钢钎扎起一张纸后塞入瓶中。图 13-10 所示为采用卷盘纸塞纸，卷盘纸拉开后呈条状由送纸轮向前输送，并由切刀切成条状，然后由塞杆塞入瓶内。塞杆有两个，一个是主塞杆，一个是副塞杆。主塞杆塞完纸，瓶子到达下一工位，副塞杆重塞一次，以保证塞纸的可靠性。

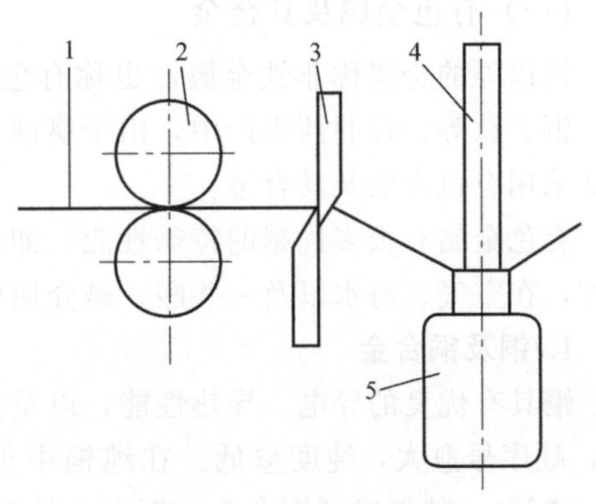

图 13-10　塞纸机构原理

1—条状纸；2—送纸轮；3—切刀；4—塞杆；5—瓶子

2. 袋状干燥剂塞入机

干燥剂塞入机主要由送料、断料与塞入等部件组成。

其采用光电定位、步进电机驱动、智能控制送料长度等技术，控制干燥剂带传送的松紧度、自动识别干燥剂连接缝补的标识；同时，在输送带侧面装有光电传感器对缺瓶与堵瓶进行检测，将此信号传至PLC编程控制器，由其发出投料、停止、定瓶或放瓶等机台运行指示，准确快速地将装袋干燥剂进行自动切割、自动塞入瓶内。

四、封蜡机构与封口机构

封蜡机构是将药瓶加盖软木塞后，为防止吸潮，常需用石蜡将瓶口封固的机械。它应包括熔蜡罐及蘸蜡机构。熔蜡罐是用电加热使石蜡熔化并保温的容器，蘸蜡机构利用机械手将输瓶轨道上的药瓶（已加木塞的）提起并翻转，使瓶口朝下浸入石蜡液面一定深度（2～3mm），然后再翻转到输瓶轨道前，将药瓶放在轨道上。

用塑料瓶装药物时，由于塑料瓶尺寸规范，可以采用浸树脂纸封口，利用模具将胶模纸冲裁后，经加热使封纸上的胶软熔。届时，输送轨道将待封药瓶送至压辊下，当封纸带通过时，封口纸粘于瓶口上，废纸带自行卷绕收拢。

五、拧盖机

无论玻璃瓶或塑料瓶，均以螺旋口和瓶盖连接，人工拧盖不仅劳动强度大，而且松紧程度不一致。拧盖机是在输瓶轨道旁，设置机械手将到位的药瓶抓紧，由上部自动落下扭力扳手（俗称拧盖头）。先衔住对面机械手送来的瓶盖，再快速将瓶盖拧在瓶口上，当旋拧到一定松紧时，扭力扳手自动松开，并回升到上停位。这种机构当轨道上没有药瓶时，机械手抓不到瓶子，扭力扳手不下落，送盖机械手也不送盖，直到机械手抓到瓶子时，下一周期才重新开始。

六、相关知识链接——材料

（一）有色金属及其合金

铁以外的金属称非铁金属，也称有色金属。有色金属及其合金的种类很多，常用的有铝、铜、钛等。在制药生产中，由于腐蚀、低温、高温等特殊工艺条件，有些设备及其零部件常采用有色金属及其合金。

有色金属有很多优越的特殊性能，如良好的导电性、导热性，密度小，熔点高，有低温韧性，在空气、海水以及一些酸、碱介质中耐腐蚀等。但有色金属价格比较昂贵。

1. 铜及铜合金

铜具有优良的导电、导热性能，以及良好的耐腐蚀性和塑性，强度不高。牌号为T1～T4，顺序号愈大，纯度愈低。在纯铜中加入某些合金元素（如锌、锡、铝、铍、锰、硅、镍、磷等），就形成了铜合金。铜合金具有较好的导电性、导热性和耐腐蚀性，同时具有较高的强度和耐磨性。铜合金按加入元素的不同，可分为黄铜和青铜等。

（1）黄铜　黄铜是以锌为主要合金元素的铜合金。黄铜又可分为普通黄铜和特殊黄铜两种。

普通黄铜是铜锌二元合金，由于其塑性好，适于制造板材、棒材、线材、管材及深冲压件，如冷凝管、散热管及机械、电器零件等。黄铜牌号用“黄”的汉语拼音首字母“H”加数字表示，数字表示含铜量，如H70表示含铜量70%、含锌量30%的普通黄铜。

为了获得更高的强度、耐蚀性和良好的铸造性能，在铜锌合金中加入铝、硅、锰、铅、锡等元素，就形成了特殊黄铜，如铅黄铜、锡黄铜、铝黄铜、硅黄铜、锰黄铜等。铅黄铜的切削性能优良、耐磨性好，广泛用于制造钟表零件，也可以铸造制作轴瓦和衬套。锡黄铜的

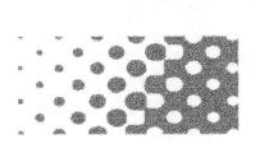

耐蚀性能好，广泛用于制造海船零件。铝黄铜中的铝能提高黄铜的强度和硬度，提高其在大气中的耐蚀性，用于制造耐蚀零件。硅黄铜中的硅能提高铜的力学性能、耐磨性和耐蚀性，主要用于制造海船零件及化工机械零件。

(2) 青铜　青铜原指铜锡合金，但目前工业上都已称含铝、硅、铅、铍、锰等的铜合金为青铜，所以青铜实际上包括锡青铜、铝青铜、铍青铜、硅青铜、铅青铜等。青铜主要可以分为压力加工青铜和铸造青铜两类。

以锡为主要合金元素的铜合金称为锡青铜。工业中使用的锡青铜，锡含量大多在3%～14%之间。锡含量小于5%的锡青铜适于冷加工，含量为5%～7%的锡青铜适于热加工，含量大于10%的锡青铜适于铸造。锡青铜在造船、化工、机械、仪表等工业中得到了广泛应用，它主要用于制造轴承、轴套等耐磨零件和弹簧等弹性元件以及耐蚀、抗磁零件等。

以铝为主要合金元素的铜合金称为铝青铜。铝青铜的力学性能比黄铜和锡青铜高。在实际应用中，铝青铜的铝含量一般在5%～12%之间，含铝为5%～7%的铝青铜塑性最好，适于冷加工使用。铝含量大于7%～8%后，铝青铜强度增加，但塑性急剧下降。铝青铜的耐磨性以及在大气、海水、海水碳酸和大多数有机酸中的耐蚀性，均比黄铜和锡青铜的要高。铝青铜可以用来制造齿轮、轴套、蜗轮等高强度抗磨零件以及高耐蚀性弹性元件。

以铍为基本元素的铜合金称为铍青铜。铍青铜的铍含量为1.7%～2.5%。铍青铜的弹性极限、疲劳极限都很高，耐磨性和耐蚀性优异，具有良好的导电性和导热性，还具有无磁性、受冲击时不产生火花等优点。铍青铜主要用于制作精密仪器的重要弹簧、钟表齿轮、高速高压下工作的轴承、衬套以及电焊机电极、防爆工具、航海罗盘等重要机件。

2. 铝及铝合金

铝（L）：良好的耐蚀性和塑性、良好的导电性、强度低。

铝中加入合金元素就形成了铝合金。铝合金具有较高的强度和良好的加工性能。根据其成分及加工特点的不同，一般将铝合金分为形变铝合金和铸造铝合金。

(1) 形变铝合金　形变铝合金通常包括有防锈铝合金、硬铝合金、超硬铝合金等。因其塑性好，故常利用压力加工方法制造冲压件、锻件等，如铆钉、焊接油箱、管道、容器、发动机叶片、飞机大梁及起落架、内燃机活塞等。

(2) 铸造铝合金　铸造铝合金是用于制造铝合金铸件的材料。按其主要合金元素的不同，铸造铝合金分为铝硅合金、铝铜合金、铝镁合金和铝锌合金。

铝硅合金是应用最广的铸造铝合金，通常称为硅铝明。常用合金代号有ZL101、ZL104、ZL105等。其铸造性能好、密度小，并有相当好的耐蚀性和耐热性，适于制造低、中强度的形状复杂的零件，如泵体、电动机壳体、发动机的气缸头、活塞，以及汽车、飞机、仪器上的零件，也可制造日用品。

铝铜合金的强度较高，耐热性较好，铸造性能较差。常用的合金代号有ZL201、ZL202、ZL203等。常用于制造内燃机气缸头、活塞等零件，也可作为结构材料铸造承受中等载荷、形状较简便的零件。

铝镁合金的强度高、密度小，有良好的耐蚀性，但铸造性能不好。常用的合金代号有ZL301、ZL303等。多用于制造承受冲击载荷、在腐蚀性介质中工作、外形简单的零件，如舰船和动力机械零件。

铝锌合金的价格便宜、铸造性能优良、强度较高，但耐蚀性差、热裂倾向大。常用的合金代号有ZL401、ZL402等。常用于制造汽车、拖拉机发动机的零件，以及形状复杂的仪器元件，也可用于制造日用品。

3. 钛与钛合金

钛的密度小、强度高、耐腐蚀性好、熔点高。这些特点使钛在军工、航空、化工领域中日益得到广泛应用。

典型的工业纯钛牌号有 TA1、TA2、TA3（编号愈大，杂质含量愈多)。纯钛塑性好，易于加工成型，冲压、焊接、切削加工性能良好；在大气、海水和大多数酸、碱、盐中有良好的耐蚀性。钛也是很好的耐热材料。它常用于飞机骨架、耐海水腐蚀的管路、阀门、泵体、热交换器、蒸馏塔及海水淡化系统装置与零部件。在钛中添加锰、铝或铬钼等元素，可获得性能优良的钛合金。供应的品种主要有带材、管材和钛丝等。

（二）高分子材料

高分子是由碳、氢、氧、硅、硫等元素组成的、分子量足够高的有机化合物。常用高分子材料的分子量在几百到几百万之间，对化合物性质的影响就是使它具有了一定的强度，从而可以作为材料使用。另一方面，人们还可以通过各种手段，用物理或化学的方法，或者使高分子与其他物质相互作用后产生物理或化学变化（合成反应)，从而使高分子化合物成为能完成特殊功能的高分子合成材料。工程塑料、橡胶、纤维和黏结剂等均可通过合成反应来制取，以下分别加以介绍。

1. 工程塑料

工程塑料是应用最广的有机高分子材料，其主要成分是合成树脂。它具有很多的优良性能，如密度小、耐腐蚀、耐磨和减磨性好、良好的电绝缘性和成型性等，现已有几百种工程塑料在工业生产中被广泛应用。其不足之处是强度、硬度较低，耐热性差，易老化等。工程塑料可分为热固性塑料和热塑性塑料两大类。热固性塑料可在常温或受热后起化学反应，固化成型，再加热时不可能恢复到成型前的化学结构，也就是说不可回收再生。热塑性塑料受热后软化、熔融，冷却后固化，可以多次反复而其化学结构基本不变。

塑料主要有以下特性：①大多数塑料质轻，化学性稳定，不会锈蚀；②耐冲击性好；③具有较好的透明性和耐磨耗性；④绝缘性好，导热性低；⑤一般成型性、着色性好，加工成本低；⑥大部分塑料耐热性差，热膨胀率大，易燃烧；⑦尺寸稳定性差，容易变形；⑧多数塑料耐低温性差，低温下变脆；⑨容易老化；⑩某些塑料易溶于溶剂。

(1) 热固性塑料　热固性塑料是指在受热或其他条件下能固化或具有不溶（熔）特性的塑料。最常用的热固性塑料是酚醛塑料和氨基塑料。它们的脆性都较大，常需加入石棉纤维、木屑、纸屑等填充料，以提高其强度和弹性，降低脆性。加入填充料的热固性塑料制品是在模压机上加工成型的，所以也称模压塑料。酚醛塑料常用作电器产品的壳体及开关等。氨基塑料多用作器具及电工器材等。将酚醛塑料脂浸泡过的布料或纸压制成板料或各种形状的制品，称为层压塑料。它比模压塑料更加坚固，并可以切削加工，许多齿轮、轴套、垫板及电器都用它制成。

(2) 热塑性塑料　热塑性塑料是指在特定温度范围内能反复加热软化和冷却硬化的塑料。热塑性塑料的种类很多，常用的有聚氯乙烯、聚乙烯、聚丙烯、聚四氟乙烯和聚酰胺等。

① 聚乙烯（PE)。密度小，耐溶剂性好，耐水性好，介电常数小，电绝缘性高。聚乙烯分为高压聚乙烯和低压聚乙烯。高压聚乙烯分子量小、密度和结晶度低、柔顺性和透明性好，用于制造薄膜、软管；低压聚乙烯分子量大、密度和结晶度高、刚硬耐磨，用于制造塑

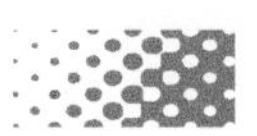

料管、板及载荷不高的轴、齿轮等结构件。

② 聚丙烯（PP）。密度小，强度、硬度和刚度优于聚乙烯，有良好的耐蚀性、耐水性、绝缘性、耐热性（150℃不变形）和耐曲折性（100万次以上）；耐光性差，易老化，低温易脆化，用于制造机械零件、医疗器械、生活用品等。

③ 聚氯乙烯（PVC）。是应用最广的塑料，分软硬两种。硬聚氯乙烯可代替金属材料制作各种机械零件。它耐酸、耐碱，但耐热性差；软聚氯乙烯为硬聚氯乙烯加软化剂而成，多用于制作软管。聚乙烯是由乙烯聚合而成的轻塑料。它无毒、耐酸、耐碱及油脂，且不渗水，有很好的绝缘性，但它溶于汽油，常用作容器材料、包装材料和绝缘材料。

④ 聚苯乙烯（PS）。密度小、无色透明、吸水性极微，具有良好的耐蚀性、电绝缘性和尺寸稳定性，但耐热、耐油性差，易燃、易脆裂。用于制造仪表零件、设备外壳、日用装饰品。聚苯乙烯泡沫塑料相对密度只有0.33，用于隔音、包装、救生等器材。

⑤ ABS塑料。是丙烯腈（A）、丁二烯（B）和苯乙烯（S）的三元共聚物。用于制造轴承、齿轮、叶片、叶轮、设备外壳、管道、容器和仪器、仪表零件。

⑥ 聚酰胺（PA）（尼龙或锦纶）。具有较高的强度和韧性、优良的耐磨性和自润滑性，以及良好的成型加工性，抗霉、抗菌、无毒，但吸水性较大、尺寸稳定性差。用于制造轴承、齿轮、轴套、螺母、垫圈等。

⑦ 聚甲醛（POM）。具有优异的综合性能。用于制造齿轮、轴承、凸轮、阀门、仪表外壳、化工容器、叶片、运输带等。

⑧ 聚碳酸酯（PC）。是一种透明的无定形热塑性聚合物，无毒、无味。具有良好的综合性能，尤其是冲击韧度特别突出，是刚而韧的工程塑料。用作防盗防弹玻璃、安全帽、挡风玻璃等。

⑨ 聚四氟乙烯（PTFE）（塑料王）。相对密度为2.1～2.3，在很宽的范围内性能相当稳定，可长期在－180～240℃之间使用，耐热性和耐寒性极好，具有极高的耐蚀性、极优良的减摩性和自润滑性，但加工成型困难。用于化工管道、泵、阀门，各种机械的密封圈、活塞环、轴承及医疗代用血管、人工心脏等。

⑩ 聚甲基丙烯酸甲酯（PMMA）（有机玻璃）。可耐稀酸、碱，不易老化，表面硬度低，易擦伤，较脆。用于制造油标、窥镜、透明管道和仪器、仪表零件。

2. 橡胶

橡胶分为天然橡胶和合成橡胶两种。天然橡胶主要来源于三叶橡胶树，当这种橡胶树的表皮被割开时，就会流出乳白色的汁液，称为胶乳。胶乳经凝聚、洗涤、成形、干燥即得天然橡胶。合成橡胶是由人工合成方法而制得的，即以生胶为基础加入适量的配合剂而制成的高分子材料。橡胶也是一种高分子材料，它有很高的弹性、优良的伸缩性能和很好的积储能量的能力，故其成为常用的密封、抗震、减震和传动材料。橡胶还有良好的耐磨性、隔音性和阻尼特性。综合性能较好的天然橡胶，主要用来制造轮胎；气密性好的丁基橡胶，主要用于制造内胎；耐油性好的丁腈橡胶，主要用于制造输油管及耐油密封圈等。

（三）复合材料

复合材料是指由两种或两种以上物理、化学性质不同的物质，经人工合成的一种多相固体材料。一般由低强度、低模量、韧度好的基体材料和高强度、高模量、脆性大的增强材料所组成。它不仅具有各组成材料的优点，而且还可以获得单一材料不具备的优良综合性能。

其有高的比强度（即材料的强度与其密度之比）和比模量（材料的模量与密度之比）。材料的比强度越高，则构件自重越小；比模量越高，则构件的刚度越大。不仅如此，它还有较好的疲劳强度和耐蚀、耐热、耐磨性，同时还有一定的减震性。它已成为一种大有发展和应用前途的新型工程材料。复合材料的基体材料分为金属和非金属两大类。金属基体材料主要有铝、镁、铜、钛及其合金，非金属基体材料主要有合成树脂、橡胶、陶瓷、石墨、碳等。增强材料主要有玻璃纤维、碳纤维、硼纤维、芳纶纤维、碳化硅纤维、石棉纤维、晶须、金属丝和硬质细粒等。

目标检测

1. 药物制剂包装的生产设备有哪些？各自适合何种药物的包装？其结构和原理各自有哪些特点？

2. 简述立式连续制袋装填包装机纵封和横封的作用。

3. 铝塑泡罩包装机的成型方式有哪些？

4. 铝塑泡罩包装机的热封方式有哪些？

5. 试比较三种铝塑泡罩包装机的特点。

6. 简述铝塑泡罩包装的常用材料与特点。

7. 列举几种常见的数片方法。

8. 请解释平板式铝塑泡罩包装机成型质量不好的原因与解决方法。

9. 平板式铝塑泡罩包装机的成型与热封工位不同步应如何调整？

10. 平板式铝塑泡罩包装机在包装时如出现塑料片与铝箔偏斜，应如何调整？

PPT 课件

模块十四
净化空调设备

学习目标

学习目的： 通过学习净化空调设备和洁净厂房设计、洁净室平面布置的有关知识，为今后从事药品生产，在净化空调设备和管理岗位工作奠定专业基础。

知识要求： 掌握空气洁净度级别、洁净室特点和分类。

熟悉净化空调系统的分类、空气过滤器、洁净工作台和层流罩。

了解制药洁净车间布置、净化空调系统的特征与划分原则。

能力要求： 能看懂药厂生产厂房的净化设计图和净化空调的运行原理。

学会净化空调设备的开机、关机、日常维护、各级净化过滤器的清洗、简单故障的排除等。

项目一 净化空调设备的操作与养护

一、操作前准备知识

空气洁净技术是由处理空气的空调净化设备、输送空气的管路系统和用来进行生产的洁净室三大部分构成。

（一）空气洁净度级别

虽然药品的检验、检测非常重要，但药品质量的保证主要是靠设计和生产，所以GMP要求药品生产质量应着眼于生产全过程的控制。空气洁净度是指洁净环境中空气含尘量和含菌量多少的程度。无菌药品生产所需的洁净区可分为以下4个级别。

（1）A级 高风险操作区，如灌装区、放置胶塞桶、敞口安瓿瓶、敞口西林瓶的区域及无菌装配或连接操作的区域。通常用层流操作台（罩）来维持该区的环境状态。层流系统在其工作区域必须均匀送风，风速为0.36～0.54m/s（指导值）。应有数据证明层流的状态并须验证。在密闭的隔离操作器或手套箱内，可使用单向流或较低的风速。

（2）B级 指无菌配制和灌装等高风险操作A级区所处的背景区域。

（3）C级和D级 指生产无菌药品过程中重要程度较低的洁净操作区。

非无菌制剂生产应当参照“无菌药品”附录中D级洁净区的要求设置，企业可根据产品的标准和特性对该区域采取适当的微生物监控措施。

GMP定义的空气洁净度级别及标准参见表14-1和表14-2。

原料药、中药制剂、西药制剂和生物制剂生产过程的不同工序对洁净度有不同的具体要求，应按国家GMP有关具体规定为准。

表14-1 空气洁净度级别及标准（2010年版）

洁净级别	悬浮粒子最大允许数/m³			
	静态(At rest)		动态(In operation)	
	≥0.5μm	≥5.0μm	≥0.5μm	≥5.0μm
A	3520	20	3 520	20
B	3520	29	352000	2900
C	352000	2900	3520000	29000
D	3520000	29000	不做规定	不做规定

表14-2 空气洁净度级别及微生物控制动态标准（2010年版）

洁净级别	浮游菌/(CFU/m³)	沉降碟(φ90mm)/(CFU/4h)	接触碟(φ55mm)/(CFU/碟)	5指手套/(CFU/手套)
A	1	1	1	1
B	10	5	5	5
C	100	50	25	—
D	200	100	50	—

空气洁净是实现GMP的一个重要因素。同时应该看到空气洁净技术并不是实施GMP的唯一决定因素，而是一个必要条件。没有成熟先进的处方和工艺，再有多么高的空气洁净度级别，也生产不出合格的药品。

（二）洁净室空气的温、湿度控制

洁净室温、湿度控制是为了满足产品质量要求和操作人员的舒适性要求。我国2010年版GMP规定洁净室（区）温度为18～26℃，相对湿度为45%～65%。

1. 空气的增湿方法

（1）往空气中通入直接蒸汽。

（2）喷水，使水以雾状喷入不饱和的空气中，使其增湿。

2. 空气的减湿方法

（1）喷淋低于该空气露点温度的冷水。

（2）使用热交换器把空气冷却至其露点以下。这样原空气中的部分水汽可冷凝析出，以达到空气减湿目的。

（3）空气经压缩后冷却至初温，使其中水分部分冷凝析出，使空气减湿。

（4）用吸收或吸附方法除掉水汽，使空气减湿。

（5）通入干燥空气，所得的混合空气的湿含量比原空气的低。

3. 空气的温度控制

空气的温度控制较为简单，通过常规的制冷、制热即可实现。由于空气温度的变化会影响湿度的变化，故温度的控制需与湿度控制相联动。

（三）净化空调系统的特征与划分原则

1. 净化空调系统的特征

洁净室用净化空调系统与一般空调系统相比有以下特征。

（1）净化空调系统所控制的参数除一般空调系统的室内温、湿度之外，还要控制房间的洁净度和压力等参数，并且温度、湿度的控制精度较高。

（2）净化空调系统的空气处理过程必须对空气进行预过滤、中间过滤、末端过滤等。还必须进行温度和湿度处理。

（3）洁净室的气流分布、气流组织方面，要尽量限制和减少尘粒的扩散，减少二次气流和涡流，使洁净的气流不受污染，以最短的距离直接送到工作区。

（4）为确保洁净室不受室外污染或邻室的污染，洁净室与室外或邻室必须维持一定的压差（正压或负压），最小压差在 10Pa 以上，这就要求有一定的正压风量或一定的排风。

（5）净化空调系统的风量较大（换气次数一般十次至数百次），相应的能耗就大，系统造价也就高。

（6）净化空调系统的空气处理设备、风管材质和密封材料根据空气洁净度等级的不同都有一定的要求。风管制作和安装后都必须严格按规定进行清洗、擦拭和密封处理等。

（7）净化空调系统安装完毕后应按规定进行调试，对各个洁净区域综合性能指标进行检测，达到所要求的空气洁净度等级；对系统中的高效过滤器及其安装质量均应按规定进行检漏等。

2. 净化空调系统的划分原则

洁净室用净化空调系统应按其所生产产品的工艺要求确定，一般不应按区域或简单地按空气洁净度等级划分。净化空调系统的划分原则如下。

（1）一般空调系统、两级过滤的送风系统与净化空调系统要分开设置。

（2）运行班次、运行规律或使用时间不同的净化空调系统要分开设置。

（3）产品生产工艺中某一工序或某一房间散发的有毒、有害、易燃、易爆物质，或气体对其他工序、房间产生有害影响或危害人员健康，或产生交叉污染等，应分别设置净化空调系统。

（4）温度、湿度的控制要求或精度要求差别较大的系统宜分别设置。

（5）单向流系统与非单向流系统要分开设置。

（6）净化空调系统的划分要考虑送回风和排风管路的布置，尽量做到布置合理，使用方便，力求减少各种风管管路交叉重叠；必要时，对系统中个别房间可按要求配置温度、湿度调节装置。

（四）净化空调系统的分类

1. 集中式净化空调系统的结构

集中式净化空调系统（图 14-1）主要由风机、冷却器、加热器、加湿器、粗中效过滤器、传感器和控制器等组成。净化空调机组集中设置在空调机房内，用风管将洁净空气送给各个洁净室。净化型空调机组一般设有新回风混合段与过滤段、粗效过滤段、二次回风段、表冷挡水段、蒸汽加热段、电加热段、干蒸汽加湿段、中效过滤段、均流段、消声段、风机送风段等功能段。

（1）空气过滤器　空气过滤器是空气洁净技术的主要设备，是创造各类洁净环境不可缺少的设备。

图 14-1 集中式净化空调系统

根据过滤器的过滤效率分类，通常可分为粗效、中效、高中效、亚高效和高效五类，按过滤效率进行分类的方法是人们比较熟悉和常用的方法，现简述如下。

① 粗效过滤器。从主要用于首道过滤器考虑，应该截留大微粒，主要是5μm以上的悬浮性微粒和10μm以上的沉降性微粒及各种异物，防止其进入系统，所以粗效过滤器的效率以过滤5μm为准，过滤效率可达20%～80%。粗效过滤器用于防止中、高效过滤器被大粒子堵塞，以延长中、高效过滤器的寿命，通常设在上风侧作新风过滤。粗效过滤器的滤材一般由涤纶无纺布（毡）、玻璃纤维、人造纤维、金属丝网及粗、中孔泡沫塑料等制作。外框主要有纸框、镀锌框、铝合金框、不锈钢框。制作方法大多为折叠成型。

② 中效过滤器。由于其前面已有预过滤器截留了大微粒，它又可作为一般空调系统的最后过滤器和高效过滤器的预过滤器，所以主要用以截留1～10μm的悬浮性微粒，它的效率即以过滤1μm为准，过滤效率达到20%～70%。中效过滤器一般装在高效过滤器之前，用于保护高效过滤器。中效过滤器的滤材一般由中、细孔泡沫塑料、人造纤维合成的无纺布（毡）以及细玻璃纤维等制成，形状做成平板式或袋式。外框主要有纸框、镀锌框、铝合金框、不锈钢框等。

③ 高中效过滤器。可以用于一般净化系统的末端过滤器，也可以用于提高系统净化效果，更好地保护高效过滤器，而用作中间过滤器，所以主要用于截留1～5μm的悬浮性微粒，它的效率也以过滤1μm为准。

④ 亚高效过滤器。既可以作为洁净室末端过滤器使用，达到一定的空气洁净度级别，也可以作为高效过滤器的预过滤器，进一步提高和确保送风洁净度，还可以作为新风的末级过滤，提高新风品质。所以，和高效过滤器一样，它主要用于截留1μm以下的亚微米级的微粒，其效率即以过滤0.5μm为准，过滤效率在95%～99.9%之间，置于高效过滤器之前以保护高效过滤器，常采用叠式过滤器，滤材主要采用玻璃纤维或棉短绒纤维滤纸。

⑤ 高效过滤器。它是洁净室最主要末级过滤器，以实现0.5μm的各洁净度级别为目的，但其效率习惯以过滤0.3μm为准，过滤效率在99.97%以上。高效过滤器的滤材一般以超细玻璃纤维滤纸和超细过氯乙烯滤布等制作，单元过滤器以折叠式过滤器为主，结构由外框、褶状滤材、波纹分隔板等部分组成，外框有木板、多层板、镀锌铁皮、不锈钢板等不同材料制成，波纹分隔板可用纸质、铝箔、塑料等材料压制而成。滤芯制作方法大致上分为横向绕制和竖向绕制两种。高效过滤器具有效率高、阻力大、不能再生、安装方向不能倒装

等特点。如果进一步细分，若以实现 0.1μm 的洁净度级别为目的，则效率就以过滤 0.1μm 为准，称为超高效过滤器。

（2）过滤材料　过滤材料主要有滤纸过滤器、纤维层过滤器和泡沫材料过滤器。

① 滤纸过滤器。这是洁净技术中使用最为广泛的一种过滤器，目前滤纸常用玻璃纤维、合成纤维、超细玻璃纤维以及植物纤维素等材料制作，根据过滤对象的不同，用不同的滤纸制作成 0.3μm 级的普通高效过滤器或亚高效过滤器，以做成 0.1μm 级的超高效过滤器。

② 纤维层过滤器。这是用各种纤维填充制成过滤层的过滤器。纤维层过滤器属于低填充率的过滤器，阻力较小，通常用作中等效率的过滤器。

③ 泡沫材料过滤器。是一种采用泡沫材料的过滤器，此类过滤器的过滤性能与其孔隙率关系密切，但目前国产塑料的孔隙率控制困难，各制造厂家制作的泡沫材料的孔隙率差异很大，制成的过滤器性能不稳定，所以现在很少使用。

（3）干蒸汽加湿器　干蒸汽加湿器使用外部汽源，如锅炉或局域蒸汽系统的蒸汽。干蒸汽加湿器为不锈钢材质，采用网状不锈钢汽水分离器，进行二次蒸发汽化，使蒸汽和水彻底分离。其工作原理：带有水滴的锅炉蒸汽进入加湿器后，进入管外部的套管，套管内流动的热蒸汽有效地消除喷管内的冷凝和滴水现象；带有水滴的蒸汽进入干燥罐后，因截面积增大，流速降低，在汽水分离器上进行分离；分离后的蒸汽升入干燥罐的上部，进入网状不锈钢汽水分离器上，进行二次蒸发汽化，分离出的水进入疏水器排出；蒸汽调节阀控制进入已经被预热的喷管里的蒸汽量；蒸汽经喷管的喷孔均匀地扩散到气流中。

（4）电极式加湿器　工作原理：电极加湿器是当自来水进入电极加湿罐时，水位逐渐上升，直到水位漫过加湿罐内的电极时，电极将通过水构成电流回路，并把水加热至沸腾，产生洁净蒸汽。电极加湿器是通过控制加湿罐中水位的高低和电导率的大小来控制蒸汽的输出量的。电极加湿器开机后，电脑控制器先开启进水阀，使水通过进水盒进入到加湿罐的底部，然后逐渐上升并接触到电极，电极就通过水构成电流回路，加热水并使之沸腾，水位越往上升，电极所流过的电流就越大，水位升到最高点时，电脑控制器就会通过水位检测电极，检测出此信号，并关闭进水阀。随着蒸汽量的不断输出，电极罐中的水位逐渐下降，这时电脑控制器将再次开启进水阀，给电极罐补新水，满足所需要的加湿量要求。当加湿罐中的矿物质不断增多和水的电导率过高时，电脑控制器打开排污阀，排掉部分水及污物，加湿器再次自动补水，确保加湿器工作在最佳状态和达到延长加湿罐寿命的目的。

2. 集中式净化空调系统的工作原理

当风机开动后，室内的回风和室外的新风都被吸入送风室中，空气首先经过初效过滤器，以除去大部分尘埃和细菌；过滤后的空气通过表面冷却器，使空气温度下降，并让空气中的水分冷凝除去。然后通过挡水板除去雾滴，再通过风机，使空气经过蒸汽加热器，进一步调节空气温度和降低湿度，再通过蒸汽加湿器（或水加湿器）调节空气湿度，然后再经过中效过滤器，将洁净空气由各送风管送往操作室，在送风末端通过高效过滤器后进入操作室。室内的空气可经回风管送回送风室，与新风混合后，循环使用。新风应经初效过滤器过滤后进入送风室。

3. 分散式净化空调系统

在集中空调的环境中设置局部净化装置（微环境/隔离装置、空气自净器、层流罩、洁净工作台、洁净小室等）构成分散式送风净化空调系统，也可称为半集中式净化空调系统。

在分散式柜式空调送风的环境中设置局部净化装置（高效过滤器送风口、高效过滤器风机机组、洁净小室等）构成分散式送风的净化空调系统。

二、标准操作规程

以集中式净化空调系统操作介绍为例。

1. 操作前的准备工作

（1）检查空调机组，送、回风口，工具是否洁净。

（2）按 GMP 要求着装，检查生产环境卫生，应符合 GMP 要求，准备好生产记录。

（3）设备状况检查。

① 在启动主风机前，保持所有手动风阀处于开启状态，检修关闭状态良好，禁止在新风口、送回风口关闭状态下启动风机。

② 开机前检查冷、热水管道阀门开通，打开加湿蒸汽管旁通阀排除冷凝水，并注意检查管道有无渗漏水现象。

③ 检查冷却器及加热器上的翅片无损坏，确认冷却器、加热器和加湿器上的阀门在正确状态。

④ 空调器投入运行前应做好各项准备工作，彻底清扫空调器及风道中的垃圾及尘土，检查风机及各个构件的紧固程度以及各部件和开关是否灵活；检查送排风机组电控箱、电源线路是否正常。

⑤ 检查风机皮带的松紧程度，通过调整两带轮的中心距来调节松紧程度。

⑥ 确认风机两侧轴承的润滑状况良好，如润滑不足应向风机两侧加油孔添加润滑油。用手转动叶轮，确保叶片转动灵活。

⑦ 检查温度表、压力表、压差计，应处于正常状态。

⑧ 检查控制面板上各个状态参数是否有报警等意外情况。

⑨ 确认初效过滤器、中效过滤器、亚高效过滤器已经装在相应的过滤段上，并检查过滤器的安装，使气流与箭头指的方向一致，并固定在框架上。

⑩ 检查风量调节阀是否转动灵活，锁紧装置是否可靠。

2. 开机运行

（1）按照控制面板上操作指南开机。其顺序应该是先开风机，再开表冷器入口阀门或加热器、加湿气入口阀门。

（2）启动后确认风机叶片转向与机壳上的箭头方向一致。如有异常震动和噪声，应立即停车并全面检查。

（3）机组运行期间，通过控制面板查看空调系统温湿度、压差、空调系统运行相关信息。并做好记录。

（4）连续送风 24h 以上，静态下测控制区尘埃粒子数是否达到洁净厂房级别要求，否则继续循环送风到合格为止。

（5）如有喷淋系统，应先开、关风机，后开、关喷水管路。

3. 停车

（1）关机顺序与开机顺序相反。

（2）关闭空调器时，检查是否关闭表冷器入口阀门或加热器、加湿气入口阀门，以免空调机组内温升过高，烧伤机组内部构件。

4. 安全操作注意事项

(1) 严禁空调风机在送、回风管关闭的情况下启动；严禁空调风机停止运行状态下，开启冷、热水和加湿蒸汽阀门；严禁在检修门开启状态下启动风机。

(2) 试车或运转中发生异常震动和噪声等现象应立即停车，查明原因及时处理。

(3) 严冬季节，室内温度低于0℃时，停车时放尽表冷器中的冷却水，以免冻坏设备。

(4) 停车处理问题时，启动按钮处应挂“禁止开启”警示牌。

(5) 在运转时切勿将手伸入机体内处理故障，如处理故障应停车。

三、维护与保养

以集中式净化空调系统的维护与保养为例介绍。

(一) 维护与保养

(1) 空调机组每月擦洗1次，保持机身内、外清洁。

(2) 过滤器维护。

① 过滤器必须定期检查、清洗。

② 过滤器阻力达到初阻力的2倍时应更新滤料，重复使用的滤料应用清洗剂浸泡后反复挤压，用清水反复清洗晾干，并保持滤料完整无破损。

③ 若发现滤料出现严重疏松或孔洞，必须立即进行更换。

④ 过滤器清洗必须用中性洗涤剂进行漂洗。

(3) 初、中效过滤器如清洁后压差仍达到初阻力的2倍，表示相应滤材失效，应立即更换；高效过滤器每年更换1次，主要生产区房间高效过滤器压差高于400Pa，表示相应滤材失效，应立即更换。

(4) 定期检查密封条、风机出口软管是否老化破损，如有，应及时更换。真空表、温度计及安全阀应定期检验，每年至少1次。

(5) 机组电器设备应经常进行安全检查，保持接地良好，防止震动、摩擦损坏绝缘层，导致漏电。

(6) 机组岗位人员要严格遵守岗位职责，加强经常性的维护、保养和检修。机房内应保持清洁和良好的通风环境，清除尘土积水现象。

(7) 不得擅自拆除或堵塞空调器冷凝水封管。

(二) 常见故障及处理方法

净化空调系统的常见故障及处理方法见表14-3。

表14-3 净化空调系统的常见故障及处理方法

常见故障	产生原因	处理方法
机组停机	①供电故障 ②控制线路、变压器故障或二次线路跳闸 ③风机过载跳闸	①检查机组供电 ②查出故障原因、排除相关故障 ③系统风量超过额定风量，检查系统调节阀
表冷器冷量不够，达不到设定值	①冷水管道堵塞 ②压力太低 ③系统旁通执行器损坏	①检查并清理管道 ②检查冷凝机组及冷水泵 ③检查并维修或更换
加热器热量不够，达不到设定的温度	①蒸汽管道堵塞 ②蒸汽压力低 ③执行器损坏	①检查并清理管道 ②检查蒸汽供应系统，做相应的处理 ③检查并维修或更换

续表

常见故障	产生原因	处理方法
空调内积水	①蒸汽加热器损坏泄漏 ②水封堵塞,冷凝水无法排出 ③加湿器堵塞引起积水	①确认后通知设备供应商维修 ②拆除并清洗疏通 ③检查疏水阀是否有问题
机组运行时发出尖锐的声音	①机组密封出现泄漏 ②风机轴承损坏	①检查风机轴承温度,若不高,检查硅胶密封 ②若温度过高,应立即停机,联系设备供应商处理
送风量不够	①过滤器堵塞 ②漏风	①清洗或更换过滤器 ②检查漏风位置并消除漏风

项目二　洁净室的平面布置

无菌洁净室是指对空气中的悬浮微生物按无菌要求管理的洁净室。洁净室是指根据需要，对空气中尘粒（包括微生物）、温度、湿度、压力和噪声进行控制的密封空间，并以其洁净度等级符合 GMP 规定为主要特征。

一、制药洁净车间布置的一般要求

1. 合理布置有洁净等级要求的房间

（1）洁净等级要求相同的房间应尽可能集中布置在一起，以利于通风和空调的布置。

（2）洁净等级要求不同的房间之间的联系要设置防污染设施，如气闸、风淋室、缓冲间及传递窗等。

（3）在有窗的洁净厂房中，一般应将洁净等级要求较高的房间布置在内侧或中心部位。若窗户的密闭性较差，且将无菌洁净室布置在外侧时，应设一封闭式的外走廊作为缓冲区。

（4）洁净等级要求较高的房间宜靠近空调室，并布置在上风向。

2. 管路尽可能暗铺

洁净室内的管路很多，如通风管路、上下水管路、蒸汽管路、压缩空气管路、物料输送管路以及电器仪表管线等。为满足洁净室内的洁净等级要求，各种管路应尽可能采用暗铺。明铺管路的外表面应光滑，水平管线宜设置技术夹层或技术夹道，穿越楼层的竖向管线宜设置技术竖井。此外，管路的布置应与通风夹墙、技术走廊等结合起来考虑。

3. 室内装修应利于清洁

洁净室内的装修应便于进行清洁工作。洁净室内的地面、墙壁和顶层表面均应平整光滑、无裂缝、不积聚静电，接口应严密、无颗粒物脱落，并能经受清洗和消毒。墙壁与地面、墙壁与墙壁、墙壁与顶棚等的交界连接处，宜做成弧形或采取其他措施，以减少灰尘的积聚，并有利于清洁工作。

4. 防止污染或交叉污染

（1）GMP 要求在满足生产工艺要求的前提下，要合理布置人员和物料的进出通道，其出入口应分别独立分开设置，并避免交叉、往返。

（2）应尽量减少洁净车间的人员和物料出入口，以利于全车间洁净度的控制。

 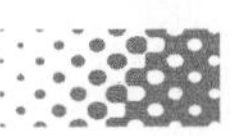

(3) 进入洁净室（区）的人员和物料应有各自的净化用室和设施，其设置要求应与洁净室（区）的洁净等级相适应。

(4) 洁净等级不同的洁净室之间的人员和物料进出，应设置防止交叉污染的设施。

(5) 若物料或产品会产生气体、蒸汽或喷雾物，则应设置防止交叉污染的设施。

(6) 进入洁净厂房的空气、压缩空气和惰性气体等均应按工艺要求净化。

(7) 输送人员和物料的电梯应分开设置，且电梯不宜设在洁净区内；必须设置时，电梯前应设气闸室或其他防污染设施。

(8) 根据生产规模的大小，洁净区内应分别设置原料存放区、半成品区、待验品区、合格品区和不合格品区，以最大限度地减少差错和交叉污染。

(9) 不同药品、规格的生产操作不能布置在同一生产操作间内。当有多条包装线同时进行包装时，相互之间应分隔开来或设置可有效防止混淆及交叉污染的设施。

(10) 更衣室、浴室和厕所的设置不能对洁净室产生不良影响。

(11) 要合理布置洁净区内水池和地漏的安装位置，以免对药品产生污染。A、B 级洁净区内不得设地漏。

5. 设置安全出入口

工作人员需要经过曲折的卫生通道才能进入洁净室内部，因此必须考虑发生火灾或其他事故时工作人员的疏散通道。

洁净厂房的耐火等级不能低于二级，洁净区（室）的安全出入口不能少于两个。无窗的厂房应在适当位置设置门或窗，以备消防人员出入和车间工作人员疏散。

安全出入口仅作应急使用，平时不能作为人员或物料的通道，以免产生交叉污染。

6. 尽量减少洁净厂房的建筑面积

一般情况下，厂房的洁净等级越高，投资、能耗和成本就越大。有洁净等级要求的车间，不仅投资较大，而且水、电、气等经常性费用也较高。因此，在满足工艺要求的前提下，应尽量减少洁净厂房的建筑面积。比如，可布置在一般生产区（无洁净等级要求）进行的操作不要布置在洁净区内进行，可布置在低等级洁净区内进行的操作不要布置到高等级洁净区内进行，以最大限度地减少洁净厂房尤其是高等级洁净厂房的建筑面积，达到降低药品生产成本的目的。

二、洁净室的平面布置设计

1. 人身净化

人身净化是指人员在进入洁净区前必须经过净化处理，简称“人净”。洁净厂房内众多的污染源中，人是主要的污染源之一，尤其是工作人员在洁净环境中的活动，会明显地增加洁净环境的污染程度。洁净环境内工作人员的发尘量与其衣着情况、不同的动作形式和幅度以及洁净服的内着服装的材质等因素有关。工作人员所散发的尘粒，一般是辐射状向外扩散，距离人体越近，空气中含尘浓度越高。在水平单向流洁净室内，人体活动造成下风侧的污染，在非单向流洁净室内，人体活动时造成周围环境的污染。

为了在操作中尽量减少人活动产生的污染，人员在进入洁净区之前，更换洁净服，戴手套或手消毒，戴帽和口罩，有的还要淋浴、空气吹淋等。平面上的人身净化布置应有以下几个部分：更衣（含鞋）、盥洗、缓冲。

2. 物料净化

物料净化是指各种物件在送入洁净区前必须经过净化处理，简称“物净”。有的物件只需一次净化，有的需二次净化。一次净化不需室内环境的净化，可设于非洁净区内；二次净化要求室内也具备一定的洁净度，故宜设于洁净区内或与洁净区相邻。

物料路线与人员路线应尽可能分开。如果物料与人员只能在同一处进入洁净厂房，也必须分门进入，物料先经粗净化处理。对于生产流水性不强的场合，在物料路线中间可设中间库；如果生产流水性很强，则采用直通式物料路线。平面上的“物净”布置包括以下几个部分：脱包、传递和传输。

3. 防止昆虫进入

昆虫是造成污染特别是交叉污染的一个重要因素，除了在门口设置灭虫灯外，还可采取设置隔离带和空气幕等措施。

4. 安全疏散

洁净厂房具有空间密闭、平面布置曲折，并有通风装置等特点，易发生火灾。洁净厂房应设置安全出口，并有明显的引导标志和紧急照明。安全出口应分散在不同方向，最好是相对方向布置，从生产地点至安全出口不得经过曲折的人员净化路线。人净入口不应作安全出口。安全出口的门不能锁，应能从里面开启。安全门内面如有玻璃隔离，必须配备能敲碎玻璃的用具，以备急用。无窗的洁净厂房应在适当位置设门或窗，并有明显标志，作为供消防人员进入的消防口。空气净化是指去除空气中的污染物质，使空气洁净的行为。

空气净化过程首先由送风口向室内送入干净空气。室内产生的尘菌被干净空气稀释后，强迫其由回风口进入系统的回风管路，在空调设备的混合段和从室外引入的、经过过滤处理的新风混合，再经过空调机处理后又送入室内。室内空气如此反复循环，就可以在一个时期内把污染控制在一个稳定的水平上。

目标检测

1. 怎样才能防止污染或交叉污染？
2. 洁净工作台应具备哪几项基本功能？
3. 净化空调系统的划分原则是什么？
4. 净化空调系统有哪些特征？
5. 请回答空气过滤器按过滤效率的分类情况。
6. 若净化空调系统的相对湿度达不到要求应如何调整？

PPT 课件

参 考 文 献

[1] 邓才彬，王泽．药物制剂设备．第3版．北京：人民卫生出版社，2017.
[2] 刘精婵．中药制药设备．第3版．北京：人民卫生出版社，2017.
[3] 谢淑俊．药物制剂设备．北京：化学工业出版社，2013.
[4] 张绪峤．药物制剂设备与车间工艺设计．北京：中国医药科技出版社，2000.
[5] 王韵珊．中药制药工程原理与设备．上海：上海科学技术出版社，2008.
[6] 唐燕辉．药物制剂工程与技术．北京：清华大学出版社，2009.
[7] 董天梅，于天明．制剂设备实训教程．济南：山东人民出版社，2016.
[8] 罗合春．生物制药工程技术与设备．北京：化学工业出版社，2017.
[9] 张宏丽．制药单元操作技术．第2版．北京：化学工业出版社，2015.
[10] 印建和．制药过程原理及设备．北京：人民卫生出版社，2009.
[11] 孙传瑜．药物制剂设备．山东：山东大学出版社，2010.
[12] 任晓文．药物制剂工艺及设备选型．北京：化学工业出版社，2010.